普通高等教育"十三五"规划教材(计算机专业群)

网页设计与制作

主 编 杨 毅

·北京·

内 容 提 要

本书主要介绍运用 Dreamweaver CS6 进行网页设计的相关知识和技能，此外还涉及使用 Flash CS6 制作网页动画和 ASP 动态网页开发技术等。通过本书的学习可使读者全面了解小型网站的制作流程与开发方法，熟练掌握静态网页的设计技能。

全书共 14 章，主要内容包括网页设计基础、Dreamweaver 入门、基本网页制作、超链接的应用、表格的应用、网页的修饰技术、网页动画制作、动态网页开发技术和网站开发。每章后还有实践演练和思考与练习。本书内容符合网页设计的认知体系，让读者先了解基本理论知识，然后通过实践演练掌握开发设计技能，最后通过思考与练习巩固所学知识。

本书内容全面，注重实践，理论深浅适宜、条理清晰，实践部分精选案例、联系实际应用，图文并茂，易于理解。本书适合网页设计初学者使用，可作为各高校及 IT 培训学校的教材，同时也可作为社会不同行业人员自学网页设计的参考书。

本书配套的电子素材及源文件，读者可以从中国水利水电出版社网站以及万水书苑免费下载，网址为：http://www.waterpub.com.cn/softdown/ 和 http://www.wsbookshow.com。

图书在版编目（CIP）数据

网页设计与制作 / 杨毅主编. -- 北京：中国水利水电出版社，2017.1（2018.8 重印）
普通高等教育"十三五"规划教材. 计算机专业群
ISBN 978-7-5170-5019-3

Ⅰ. ①网… Ⅱ. ①杨… Ⅲ. ①网页制作工具－高等学校－教材 Ⅳ. ①TP393.092.2

中国版本图书馆CIP数据核字(2017)第005094号

责任编辑：石永峰 周益丹　　加工编辑：夏雪丽　　封面设计：李 佳

书　名	普通高等教育"十三五"规划教材（计算机专业群） 网页设计与制作　WANGYE SHEJI YU ZHIZUO
作　者	主　编　杨　毅
出版发行	中国水利水电出版社 （北京市海淀区玉渊潭南路 1 号 D 座　100038） 网址：www.waterpub.com.cn E-mail：mchannel@263.net（万水） 　　　　sales@waterpub.com.cn 电话：（010）68367658（营销中心）、82562819（万水）
经　售	全国各地新华书店和相关出版物销售网点
排　版	北京万水电子信息有限公司
印　刷	三河市鑫金马印装有限公司
规　格	184mm×260mm　16 开本　23.5 印张　577 千字
版　次	2017 年 1 月第 1 版　2018 年 8 月第 2 次印刷
印　数	2001—4000 册
定　价	54.00 元

凡购买我社图书，如有缺页、倒页、脱页的，本社营销中心负责调换

版权所有·侵权必究

前 言

现代社会互联网广泛应用于学习、工作和生活的方方面面，因此掌握一定的互联网应用知识与技能是现代大学生的基本素养之一。网页是互联网上信息的主要载体，是人们与互联网交互的桥梁。网页设计不仅是一种计算机应用技能，也是学生深入了解互联网信息呈现方式、提高自己信息技术素养的一种途径。

本教材面向初学者，是针对非计算机专业本科生的普通高等学校通用教材。教材的编写者是工作在教学第一线、经验丰富的教师团队。本教材的编写宗旨是为培养应用型人才的目标服务，为培养具有创新、创业能力的本科生服务。本教材的特点是面向应用、内容全面、注重实践、易于掌握。每一章后的实践演练都是一些经典实例，尽量覆盖本章的主要知识点，既可作为教师教学时的案例，又可以供学生实践练习。教材内容力争做到知识为应用服务，理论为实践服务，使学生真正掌握网页设计的知识和操作技能。

本书主要介绍 Dreamweaver 的使用，同时还包含网页动画制作软件 Flash CS6 及动态网页开发工具 ASP 的简要介绍。第 1 章主要介绍网页设计的基础知识、相关概念、网页设计的原则及 HTML 语言的相关内容，为后续网页设计的学习做准备。第 2 章介绍 Dreamweaver CS6 的基本操作、创建与管理本地站点以及通过 FTP 与远程站点传输文件等操作。第 3 章具体介绍网页制作时文本、图像、声音、动画和视频等网页元素的插入与编排。第 4 章介绍网页中超链接的概念、种类与创建方法。第 5 章介绍表格在网页中的应用，表格是网页中常用的信息展示方式，也是页面布局的重要工具。第 6 章介绍使用 CSS 对网页进行排版、修饰和美化的相关知识。第 7 章介绍 Div 与 AP Div 的创建与使用，并结合实际应用介绍 Div 和 CSS 设计网页的方法与技巧。第 8 章介绍使用框架进行网页布局的操作方法与应用。第 9 章介绍应用网页模板与库提高网页制作效率，介绍创建网页模板、更新库项目等操作。第 10 章主要介绍行为的概念、添加和设置行为及应用行为设置对象的特殊效果等内容。第 11 章介绍常用的表单对象、Spry 表单验证构件及 Spry 布局构件的相关知识与应用，是设计动态网页的基础。第 12 章介绍了使用 Flash 设计网页动画的相关知识。第 13 章介绍使用 ASP 设计动态网页的基础知识与简单应用，使学生更好地理解动态网页的设计方法。第 14 章系统介绍了网站的开发过程，并以一个企业网站为例详细介绍了网站开发设计的方法。

本书第 1 章由张宇编写，第 2 章和第 11 章由杨毅编写，第 3 章由黄海玉编写，第 4 章由王毅编写，第 5 章由秦凯编写，第 6 章和第 14 章由杨明学编写，第 7 章和第 9 章由姚晓杰编写，第 8 章由梁宁玉编写，第 10 章由王立武编写，第 12 章和第 13 章由姜雪编写。本书由杨毅担任主编，负责统稿和校对，张宇负责审定。

由于作者的经验和水平有限，书中难免有疏漏和不足之处，恳请广大读者和专家批评指正。

编 者
2016 年 9 月

目 录

前言

第1章 网页设计基础 ·········· 1
1.1 网页设计基础知识 ·········· 1
1.1.1 网页的相关概念 ·········· 1
1.1.2 网页的类型 ·········· 2
1.1.3 网页中的基本元素 ·········· 4
1.1.4 网页的组成 ·········· 5
1.1.5 网页制作工具简介 ·········· 7
1.2 网页设计的原则 ·········· 8
1.2.1 版面设计 ·········· 8
1.2.2 网页色彩设计 ·········· 10
1.2.3 网页中图像与文字的排版设计 ·········· 11
1.2.4 网页的总体设计原则 ·········· 11
1.3 HTML语言简介 ·········· 14
1.3.1 HTML基本概念 ·········· 14
1.3.2 HTML语言的基本标志 ·········· 14
1.3.3 页面格式标志 ·········· 16
1.3.4 文本标志 ·········· 19
1.3.5 图像标志 ·········· 20
1.3.6 表格标志 ·········· 21
1.3.7 链接标志 ·········· 22
1.3.8 框架标志 ·········· 23
1.3.9 表单标志 ·········· 25
1.3.10 其他标志 ·········· 27
1.4 实践演练 ·········· 29
1.4.1 典型网页浏览 ·········· 29
1.4.2 HTML标志练习 ·········· 29
1.4.3 HTML网页的效果演示 ·········· 31
思考与练习 ·········· 33

第2章 Dreamweaver入门 ·········· 34
2.1 Dreamweaver CS6操作界面简介 ·········· 34
2.1.1 菜单栏和布局切换按钮 ·········· 35
2.1.2 文档窗口 ·········· 36
2.1.3 文档工具栏 ·········· 36
2.1.4 "属性"面板 ·········· 37
2.1.5 状态栏 ·········· 37
2.1.6 面板组 ·········· 38
2.2 创建与管理本地静态站点 ·········· 38
2.2.1 站点概述 ·········· 38
2.2.2 创建本地站点 ·········· 39
2.2.3 管理本地站点 ·········· 40
2.2.4 编辑站点内容 ·········· 41
2.3 利用FTP服务器传输站点 ·········· 42
2.3.1 在服务器端运行FTP服务器程序 ·········· 42
2.3.2 在客户端设置FTP服务器的参数 ·········· 43
2.3.3 站点与FTP服务器之间传递文件 ·········· 45
2.4 实践演练 ·········· 46
2.4.1 创建本地站点 ·········· 46
2.4.2 在"设计"视图编辑网页文档 ·········· 49
2.4.3 自定义Dreamweaver编辑环境 ·········· 52
思考与练习 ·········· 54

第3章 基本网页制作 ·········· 55
3.1 文本的编辑 ·········· 55
3.1.1 输入文本内容 ·········· 55
3.1.2 编辑文本 ·········· 60
3.1.3 文本中的列表 ·········· 62
3.2 图像的使用 ·········· 64
3.2.1 在Web中使用的图像格式 ·········· 64
3.2.2 图像的插入 ·········· 64
3.2.3 插入图像占位符 ·········· 68
3.2.4 插入鼠标经过图像 ·········· 69
3.2.5 设置网页背景 ·········· 70
3.2.6 给图像加文字说明 ·········· 71
3.3 多媒体对象的使用 ·········· 72
3.3.1 插入声音 ·········· 72
3.3.2 插入动画和视频 ·········· 74
3.3.3 插入其他多媒体元素 ·········· 78

3.4 实践演练…………………………………80
　3.4.1 编辑我的网页空间………………80
　3.4.2 创作图文混排的网页文档………82
　3.4.3 插入 Flash 对象并设置…………83
思考与练习……………………………………84
第 4 章 超链接的应用……………………85
4.1 超链接基础………………………………85
　4.1.1 超链接的概念………………………85
　4.1.2 超链接的分类………………………86
　4.1.3 链接路径……………………………86
　4.1.4 链接的颜色…………………………87
4.2 创建超链接………………………………88
　4.2.1 到网站内页面的超链接
　　　　——内部链接………………………88
　4.2.2 到网站外页面的超链接
　　　　——外部链接………………………89
　4.2.3 创建到网页某一特定位置的超链接
　　　　——锚点链接………………………90
　4.2.4 建立电子邮件链接…………………91
　4.2.5 建立无地址链接——空链接……92
　4.2.6 图像热点链接………………………93
　4.2.7 脚本链接……………………………94
4.3 超链接的管理……………………………95
　4.3.1 自动更新链接………………………95
　4.3.2 改变链接和删除链接………………96
　4.3.3 在整个站点范围内更新链接………97
4.4 实践演练…………………………………97
　4.4.1 在网页中建立各种超链接…………97
　4.4.2 创建锚点链接……………………100
　4.4.3 创建热区链接……………………103
思考与练习…………………………………104
第 5 章 表格的应用……………………105
5.1 插入表格………………………………105
5.2 输入表格内容…………………………106
5.3 嵌套表格………………………………106
5.4 设置表格属性…………………………108
5.5 实践演练………………………………109
　5.5.1 制作课程表………………………109
　5.5.2 制作个人简历……………………111

思考与练习…………………………………113
第 6 章 使用 CSS 样式表修饰美化网页……114
6.1 CSS 样式概述…………………………114
　6.1.1 CSS 样式的概念…………………114
　6.1.2 CSS 样式的基本语法格式………115
　6.1.3 CSS 样式的存放位置……………116
　6.1.4 CSS 样式的分类…………………117
6.2 CSS 样式的创建及应用………………118
　6.2.1 CSS 样式面板……………………118
　6.2.2 内部 CSS 样式的创建及应用……119
　6.2.3 外部 CSS 样式的创建及应用……128
6.3 设置 CSS 属性…………………………132
　6.3.1 设置类型属性……………………132
　6.3.2 设置背景属性……………………133
　6.3.3 设置区块属性……………………135
　6.3.4 设置方框属性……………………136
　6.3.5 设置边框属性……………………137
　6.3.6 设置列表属性……………………138
　6.3.7 设置定位属性……………………139
　6.3.8 设置扩展属性……………………140
6.4 实践演练………………………………144
　6.4.1 创建内部 CSS 样式美化网站首页…144
　6.4.2 创建外部样式文件………………149
　6.4.3 导出内部 CSS 样式到外部样式
　　　　文件…………………………………150
　6.4.4 将外部样式文件链接/导入到
　　　　网页文档……………………………153
思考与练习…………………………………155
第 7 章 布局对象 Div 的使用……………157
7.1 Div 与 AP Div 概述……………………157
　7.1.1 Div 标签……………………………157
　7.1.2 AP Div 元素………………………159
7.2 AP Div 管理及操作……………………161
　7.2.1 AP Div 的管理……………………161
　7.2.2 AP Div 元素的操作………………164
　7.2.3 AP Div 与表格的相互转换………166
7.3 使用 CSS 和 Div 布局网页……………168
　7.3.1 Div+CSS 盒子模型………………169
　7.3.2 Div+CSS 的定位（Position）……170

7.3.3 Div+CSS 的 Float 定位（浮动）……171
7.3.4 Div+CSS 布局……173
7.4 实践演练……179
7.4.1 应用 AP Div 制作"照片墙"……179
7.4.2 使用 Div+CSS 布局制作水乡古镇旅游网页……180
思考与练习……186

第 8 章 使用框架布局网页……187
8.1 框架与框架集……187
8.2 创建框架集……187
8.2.1 创建预定义框架集……188
8.2.2 创建自定义框架集……189
8.3 框架集的基本操作……190
8.3.1 选择框架和框架集……190
8.3.2 删除框架……191
8.3.3 改变框架大小……192
8.3.4 保存框架和框架集……192
8.4 设置框架和框架集的属性……194
8.4.1 设置框架属性……194
8.4.2 设置框架集属性……196
8.5 框架中链接的使用……197
8.6 实践演练……197
8.6.1 框架集的设计与制作……198
8.6.2 标题区的制作……203
8.6.3 导航区的制作……206
8.6.4 图书搜索区的制作……208
8.6.5 详细内容区的制作……209
思考与练习……212

第 9 章 模板和库的应用……213
9.1 模板的创建……213
9.1.1 模板的作用……213
9.1.2 模板的创建……213
9.1.3 编辑网页模板……215
9.1.4 管理和维护网页模板……218
9.2 利用模板创建网页……220
9.3 库的创建与利用……224
9.3.1 什么是库和库项目……224
9.3.2 创建库项目……225
9.3.3 在页面中插入库项目……226
9.3.4 修改及更新库项目……227
9.4 实践演练……228
思考与练习……238

第 10 章 行为的应用……239
10.1 行为概述……239
10.1.1 "行为"面板……239
10.1.2 事件……241
10.1.3 动作类型……242
10.2 行为的应用……242
10.2.1 调用 JavaScript 行为……242
10.2.2 打开浏览器窗口行为……243
10.2.3 弹出信息行为……244
10.2.4 显示-隐藏元素行为……245
10.2.5 预先载入图像行为……245
10.2.6 交换图像行为……246
10.2.7 转到 URL 行为……248
10.2.8 设置文本……249
10.3 实践演练……253
10.3.1 增大/收缩效果……253
10.3.2 挤压效果……254
10.3.3 晃动效果……255
思考与练习……255

第 11 章 用表单创建交互式网页……256
11.1 关于表单……256
11.1.1 表单概述……256
11.1.2 在页面中插入表单……257
11.1.3 用表格实现表单布局示例……258
11.2 表单对象的使用……259
11.2.1 文本域与文本区域……259
11.2.2 单选按钮与单选按钮组……262
11.2.3 复选框与复选框组……263
11.2.4 列表或菜单……264
11.2.5 按钮和图像域……265
11.3 Spry 表单构件……266
11.3.1 Spry 验证文本域……267
11.3.2 Spry 验证密码……268
11.3.3 Spry 验证确认……269
11.4 Spry 布局构件……270
11.4.1 Spry 菜单栏……270

11.4.2　Spry 选项卡式面板 ……………… 271
11.4.3　Spry 折叠式构件 …………………… 272
11.5　实践演练 ………………………………… 273
11.5.1　制作问卷调查网页界面 …………… 273
11.5.2　制作注册页面 ……………………… 276
11.5.3　制作网页教程页面的目录 ………… 277
思考与练习 ………………………………………… 279

第 12 章　网页动画制作 ………………………… 280
12.1　Flash CS6 简介 ………………………… 280
12.1.1　启动 Flash CS6 ……………………… 280
12.1.2　Flash CS6 工作界面 ………………… 281
12.1.3　绘图工具的使用 …………………… 282
12.1.4　编辑图形工具 ……………………… 283
12.1.5　填充的应用 ………………………… 284
12.1.6　"时间轴"面板的使用 …………… 287
12.1.7　文本工具的使用 …………………… 290
12.1.8　元件的使用 ………………………… 294
12.2　利用 Flash CS6 制作网页动画 ………… 296
12.2.1　制作简单动画 ……………………… 296
12.2.2　制作高级动画 ……………………… 300
12.2.3　声音的使用 ………………………… 304
12.2.4　视频的使用 ………………………… 305
12.3　在网页中加入 Flash 动画 ……………… 306
12.4　实践演练 ………………………………… 308
思考与练习 ………………………………………… 315

第 13 章　ASP 动态网页开发 …………………… 316
13.1　ASP 开发环境设置 ……………………… 316
13.2　数据库应用 ……………………………… 319

13.2.1　创建 Access 2010 数据库 …………… 319
13.2.2　数据库连接方法 …………………… 322
13.3　ASP 应用程序开发 ……………………… 325
13.3.1　基于 GET 方式提交用户信息 ……… 325
13.3.2　基于 POST 方式提交用户信息 …… 327
13.3.3　重定向 ……………………………… 329
13.3.4　获取服务器的运行参数 …………… 329
13.3.5　简单的网站计数器实现 …………… 330
13.3.6　利用 Session 对象记录用户信息 …… 331
13.3.7　使用 Session 变量控制计数器 ……… 334
13.3.8　使用 ADO 访问数据库 ……………… 335
13.4　实践演练 ………………………………… 336
思考与练习 ………………………………………… 341

第 14 章　网站开发 ……………………………… 342
14.1　网站制作 ………………………………… 342
14.2　网站的发布流程 ………………………… 344
14.2.1　网站的测试 ………………………… 344
14.2.2　域名的注册和备案 ………………… 346
14.2.3　网站的发布 ………………………… 347
14.2.4　网站的推广 ………………………… 348
14.3　制作一个企业网站 ……………………… 348
14.3.1　网站设计规划 ……………………… 349
14.3.2　首页制作 …………………………… 351
14.3.3　栏目页面的制作 …………………… 355
14.3.4　测试与发布网站 …………………… 361
14.4　实践演练 ………………………………… 365
思考与练习 ………………………………………… 366

参考文献 ………………………………………… 367

第 1 章　网页设计基础

【本章导读】

本章主要介绍网页的基础知识、相关概念、设计原则及 HTML 语言的相关内容，为后续网页设计的学习做准备。

【本章要点】

- 掌握网页相关概念：网站、首页、服务器/客户机、URL。
- 了解网页设计的原则。
- 了解 HTML 文档的结构、语法格式及各种标志的含义。

1.1　网页设计基础知识

1.1.1　网页的相关概念

网页设计和网站开发是计算机网络、平面设计、计算机编程的交叉学科，在学习网页设计和网站开发之前，先来了解一下网页相关的概念。

1. 网页

网页（Web page）实际上就是一个文件，通过超链接将各种文档连接起来的一个大规模的信息集合。网页存放在与互联网相连的某一部计算机中，经由网址（URL）来识别与存取，可以在 WWW（World Wide Web）网上传输，并能被浏览器识别和翻译，当我们在浏览器中输入网址后，网页文件会被传送到用户的计算机，通过浏览器的解释，网页的内容可在浏览器上显示出来。

2. 网站

网站（Website）是网页文件的集合，一个完整的网站是由首页和若干个独立的网页（也称内页或子页）组成的，在设计时，设计者首先需要规划网站的结构，再依据结构要求制作出呈现不同内容的网页，通过超链接将网页链接在一起组成网站。

根据需要，网站有大有小，有综合门户网站，如新浪、网易、搜狐等，这类网站内容丰富，结构庞大；有企业网站，内容相对简洁；也有搜索类网站，如百度、谷歌等。

3. 首页

网站首页（home page）是一个网站的入口网页，故往往会被设计得易于了解该网站，并引导互联网用户浏览网站其他部分的内容。它是一个单独的网页，和一般网页一样，可以存放各种信息，同时又是一个特殊的网页，作为整个网站的起始点和汇总点。例如，当浏览者输入网站地址"www.sohu.com"后出现的第一个页面，即搜狐网站的首页。

4. 服务器/客户机

网站及网页的信息是存放在服务器上的，服务器的作用是管理大量的资源，并为多种用户提供服务。

服务器的种类很多，典型的有：提供文件的存储，供用户访问的文件服务器；用于提供数据的索引和查询的数据库服务器；以及各种各样的基于互联网服务的应用服务器，如网页服务器、邮件服务器、FTP 服务器、域名服务器、代理服务器等。在网页设计中，通常所说的服务器指的是为用户提供网页发布的网页服务器。

客户机是服务于用户，调用服务器程序的计算机。客户机并没有严格的分类，所有通过访问服务器获得服务的计算机都可以称为客户机。在网页设计中，网页设计者和网页浏览者使用的计算机都可以称为客户机。网页设计者将本地客户机上设计的网页上传到服务器中，通过服务器发布给所有的用户，用户通过客户机浏览网页。

5. 超链接

网站的各个网页是通过超链接链接在一起的。超链接是指从一个网页指向一个目标的连接关系，这个目标可以是另一个网页，也可以是相同网页上的不同位置，还可以是一个图片，一个电子邮件地址，一个文件，甚至是一个应用程序。网页中用来作为超链接的对象，可以是一段文本或者是一个图片或图片的一部分，当浏览者单击已经设置了超链接的文字或图片时，链接目标将显示在浏览器上，并且根据目标的类型来打开或运行。

6. 统一资源定位器 URL

URL（Uniform/Universal Resource Locator）即统一资源定位器，URL 路径是一种互联网中标准的资源位置标识方式，使用 URL 路径可以标识位于互联网的计算机中任意位置的文件，用来指定网络上的资源位于哪台计算机的哪个目录中，其格式如下：

<信息服务类型>://<信息资源地址>/<文件路径>

<信息服务类型>：主要包括 ftp（文件传输服务）、http（超文本传输服务）、mailto（电子邮件服务）等。

<信息资源地址>：指定一个网络主机的域名或 IP 地址。有些情况下，主机域名后还要加上端口号，域名和端口号之间用冒号":"隔开。端口号是指操作系统用来辨认特定信息服务的软件端口，一般服务器采用标准的保留端口号，因此用户在 URL 中可以省略它们。

例：http://www.syu.edu.cn

ftp://ftp.w3.org/pub/www/doc

1.1.2 网页的类型

在浏览网页时，可以看到网页上的文字、图片、动画、视频、音频等网页元素，但网页的执行过程及与网页相关的应用程序的执行过程是不可见的，不同内容的网页被执行的过程是不同的，根据网页被执行的过程可以将其分为静态网页和动态网页两类。

1. 静态网页

静态网页又称基本网页，是相对于动态网页而言的。静态网页是指没有后台数据库、不含程序和交互功能的网页，它是标准的 HTML 文件，它的文件扩展名是.htm、.html，可以包含文本、图像、声音、Flash 动画、客户端脚本、ActiveX 控件及 Java 小程序等。静态网页的内容是固定的，不会随着访问的用户不同而呈现不同的内容，其修改和更新比较麻烦，适用于一般更新较少的展示型网站。静态页面也可以出现各种动态的效果，如 GIF 格式的动画、Flash、滚动字幕等。

静态网页的工作原理如图 1-1 所示。

图 1-1　静态网页的工作原理

客户端浏览器向服务器发出请求，服务器接受请求找到相应的网页并将网页传到客户端浏览器。

2. 动态网页

动态网页是将基本的 html 与网页设计语言（如 ASP、JSP、PHP、ASP.NET 等）、数据库编程等多种技术相融合，网页的生成结合了 HTML 以外的高级程序设计语言和数据库技术。静态网页随着 HTML 代码的生成，页面的内容和显示效果基本上不发生变化，除非修改 HTML 代码。动态网页在运行时页面代码虽然没有变，但是显示的内容却可以根据用户的要求而改变，如网页上的登录、注册、网上购物等都属于动态网页。

动态网页中除了基本网页的元素外，还包括一些应用程序，应用程序由应用程序服务器执行。应用程序服务器的作用是读取动态网页上的代码，根据代码中的指令完成网页，然后将该网页传送回网页服务器，网页服务器将网页发送到浏览器。

动态网页有两种：一种是普通动态网页，它不包含数据库；另一种是包含数据库的动态网页。

（1）普通动态网页，其工作过程如图 1-2 所示，具体工作过程如下：

1）客户端浏览器向网络中的 Web 服务器发出请求，指向某动态网页。

2）服务器接受请求信号后，将该网页送到应用程序服务器。

3）应用程序服务器检查该网页，并执行其中的 ASP.NET 等应用程序代码，如 JavaScript、VBScript、ASP、JSP、PHP。

4）应用程序服务器将完成的网页传回给服务器。

5）服务器将处理完成的网页传回给浏览器。

6）客户端浏览器收到服务器传来的信号后，开始解读 HTML 标志，将结果显示出来。

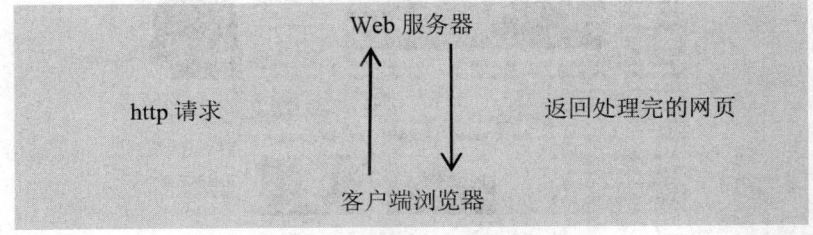

图 1-2　普通动态网页工作过程

（2）包含数据库的动态网页，如 Access、SQL、MySQL 等，其工作过程如图 1-3 所示。具体工作过程如下：

1）浏览器向网络中的服务器发出请求，指向某个动态网页。
2）服务器接受请求信号后，将该网页送至应用程序服务器。
3）应用程序服务器检查该网页，查询网页中的应用程序指令。
4）应用程序服务器将查询指令发送到数据库驱动程序。
5）数据库驱动程序对数据库进行查询。
6）记录集被返回给数据库驱动程序。
7）驱动程序再将记录集送到应用程序服务器。
8）应用程序服务器将数据插入网页，此时动态网页又变成静态网页。
9）服务器将完成的静态网页传回给浏览器。
10）浏览器接到服务器送来的信号后，开始解读 HTML 标志，然后将其结果进行转换并显示。

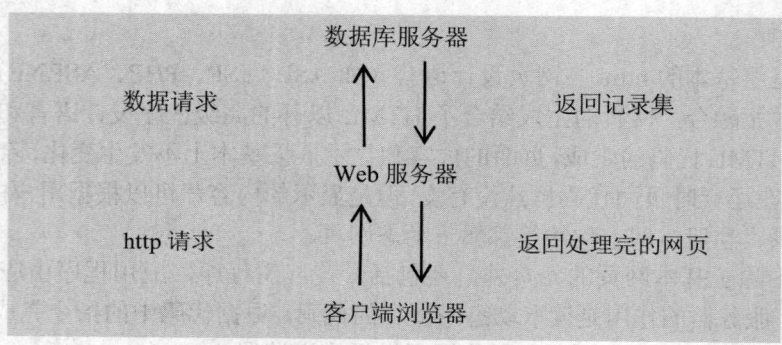

图 1-3　包含数据库的动态网页工作过程

1.1.3　网页中的基本元素

网页是由一些基本元素构成的，包括文本、图像、动画、声音和视频、表格、表单等，如图 1-4 所示的网易首页。

图 1-4　网易首页

1. 文本

文本在网页中的主要作用是显示信息或设置文字超链接。文本可以准确地表达信息的内容和含义,可以通过设置文本的字体、字号、颜色等属性,根据需要对文本设置不同的格式,来突出显示其中的重要内容,还可以设置各种各样的文字列表。文本还可以作为超链接的链接对象,通过设置文本的超链接,链接到指定的链接目标。

2. 图像

图像在网页中不仅可以直观地提供信息,还可以起到美化网页及体现网页风格的作用。网页的标题、导航、网站的标志、背景、超链接等,都可以利用图像来设计完成,使网页呈现不同的设计风格。网页中常用的图像格式有 GIF、JPEG、PNG 等格式。

3. 动画

为了更直观地呈现网页内容吸引浏览者注意,可在网页中会插入动画,利用动画可以提供信息、展示作品、装饰网页等,网页中使用较多的是 GIF 动画和 Flash 动画。

GIF 动画制作简单,大多数浏览器都支持播放;Flash 是 Adobe 公司出品的用在网页中的动态交互式多媒体技术。

4. 声音和视频

在网页中添加声音和视频可以增加网页的效果,视频文件还会增加网页内容的可读性,使网页更加精彩。声音文件的格式很多,网页中常用的有 MIDI、WAV、MP3 和 AIF 格式等,视频文件的格式也非常多,常用的有 WMV、AVI、RM、MPEG 等。在添加声音或视频文件时,需要考虑用途、格式、文件大小、声音品质、图像品质及浏览器差别等因素,不同浏览器对声音或视频文件的处理方式不同,有的浏览器不需要插件即可支持播放,有的需要安装插件才能播放,有的格式的文件只能在指定的浏览器中播放。

5. 表格

在网页中,表格可以用来显示信息或控制页面的布局。使用表格的行和列来布局网页,可以精确控制文本、图像以及其他网页元素在网页中的显示位置。

6. 表单

表单提供了客户端与服务器信息交流的平台,一般用来收集联系信息,接收用户要求,获得反馈意见,如会员注册、登录、调查问卷、留言簿等。

根据表单的功能和处理方式的不同,通常可以将表单分为用户反馈表单、留言簿表单、搜索表单和用户注册表单等类型。

7. 其他元素

网页中除了以上几种基本元素外,还有一些其他的元素,如 Java Applet、ActiveX 控件等。

1.1.4 网页的组成

文本、图像、动画、声音、视频、表格、表单等基本元素组成了网页,由于网页呈现的内容不同,决定了网页的形式是多种多样的,从网页的布局及各部分完成的功能来划分,可以将网页划分成以下几部分:标题、网站标志、导航栏、网页头部和底部、主体内容、广告以及其他内容。

1. 标题

网页的标题部分在浏览器的标题栏中显示,标题应能够体现网页设计的目的,在很大程度上决定了网页其他元素的定位。网站中的每个页面都要有明确的标题，如图 1-5 所示的搜狐、网易、新浪首页等。

图 1-5　网页的标题

2. 网站标志

网站标志也叫 LOGO，如同一个产品的商标，是网站风格和主体的集中体现，可以由文字、符号、图案等元素构成，集中体现了网站的特色、内容、文化内涵及个性。一般网站的标志都十分醒目、独特，并设置在网页的显要位置，给浏览者留下深刻的印象，如图 1-6 所示为各网站的网站标志。

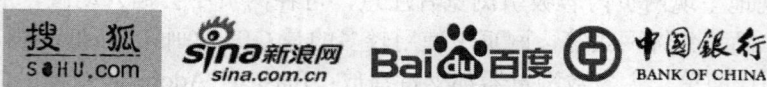

图 1-6　网站的标志

3. 导航栏

导航栏是整个网站内容的模块提示，用来帮助浏览者熟悉网站结构，方便地访问想要浏览的内容。导航栏的位置对网页的结构和整体布局起着至关重要的作用，导航栏的位置一般有 4 种：页面左侧、右侧、顶部和底部，如图 1-7 所示为搜狐首页的导航栏。

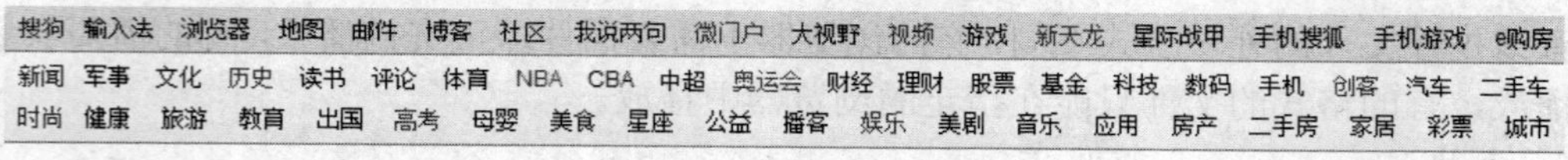

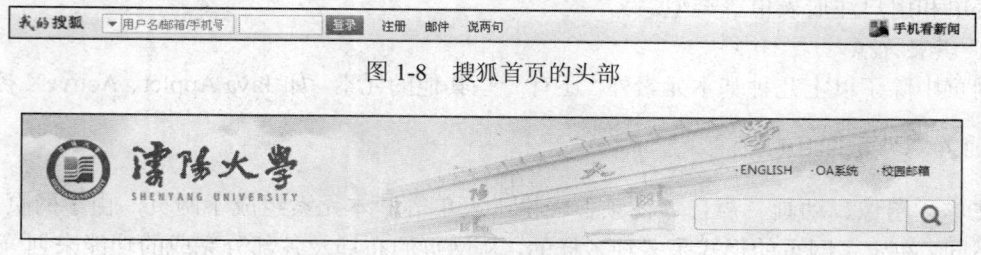

图 1-7　导航栏

4. 网页头部和底部

网页的头部（header）在网页的顶端，导航栏以上，通常会放置网站的 LOGO、登录、注册信息、网站的宣传广告等，根据具体需要设计。网页头部的设计可以采用多种设计手法，搭配创意优秀的图片，让网页突破空间界限，给人留下深刻的印象，如图 1-8 所示为搜狐首页的头部，图 1-9 所示为沈阳大学首页的头部。

图 1-8　搜狐首页的头部

图 1-9　沈阳大学首页的头部

网页的底部（footer）通常会放置版权信息、公司地址、联系方式等。网站的底部设计得漂亮，可以给网站呈现来一个完美的结尾，如图 1-10 所示为搜狐首页的底部、图 1-11 所示为沈阳大学首页的底部。

图 1-10 搜狐首页底部

图 1-11 沈阳大学首页底部

5. 主体内容

网页的头部和底部中间的部分称为网页的正文部分，正文部分呈现网页中需主要呈现的内容。主体内容主要由如下几部分构成：

（1）背景

背景用于衬托前景，使用背景是实现网站整体风格统一的方法之一。根据网页主题的不同，合理选择背景，可以设置背景颜色或背景图像，但背景的设置不应妨碍浏览者浏览网页内容，背景图片的格式不宜过大，以免影响网页的下载速度。

（2）文字

文字是网页信息的主要载体，文字的内容要符合主题，文字的字体、字号、颜色等要与网页的整体相协调。

（3）图片、动画、视频

在网页的主体部分插入图片、动画、视频等元素，可以直观地展现内容，但有的图片仅仅是为了装饰。

6. 广告

网页页面中放置的各种形式的链接广告，可包括 Banner 型、Flash、文字链接型等各种类型。如图 1-1 所示的搜狐首页主体部分中有文字、图片、动画、广告等。

7. 其他内容

为了使网站更具有特色，可适当地使用一些网页制作技巧，如添加背景音乐、视频、制作动态网页等。

1.1.5 网页制作工具简介

Dreamweaver、Flash、Fireworks 以其强大的功能和易学的特性，成为网页制作的梦幻工具组合，被称为"网页三剑客"。

1. 网页编辑工具——Dreamweaver

Dreamweaver 是 Adobe 公司推出的一款用于网页设计的专业软件，因其功能强大和易操作性使它成为同类开发软件中的佼佼者。Dreamweaver 是一款"所见即所得"的网页编辑工具，它支持 HTML 和 CSS，能够使网页和数据库相关联，用于 Web 站点、Web 页面和 Web 应用的程序设计、编码和开发，既适用于专业人员，也适用于网页制作爱好者。

2. 网页动画制作工具——Flash

Flash 是 Adobe 公司推出的一款功能强大的动画制作软件，它将动画设计与处理推向了一个更高、更灵活的艺术水准。Flash 是一种交互式动画设计工具，用 Flash 制作的动画具有生动活泼、容量小、表现力丰富、网络功能强大等特点，它能通过对声音、文字、动画的结合来综合表现作者的创意，制作出高品质的动画。

3. 网络图像处理软件——Fireworks

Fireworks 是 Adobe 公司推出的创建、编辑和优化网页图像的多功能应用程序，该软件可以加速网页设计与开发，是一款创建与优化网页图像和快速构建网站界面的理想工具，它不仅具备编辑矢量图形与位图图像的灵活性，还提供了一个预先构建资源的公用库。在 Fireworks 中可以设计网页中的图像，如设计网页标志、网页按钮、网络广告、网站的整体页面效果和处理产品图像等。

1.2 网页设计的原则

网页设计包括网页的内容、版式、色彩搭配、文字与图像的排版等方面的内容。在设计网页时每个方面的设计都应遵循一定的设计原则，使设计出的网页实用美观，既便于用户浏览使用，又符合人们的审美心理，给人以艺术美感和视觉享受。

1.2.1 版面设计

版面指的是浏览器看到的完整的一个页面布局，版面设计就是以最适合浏览的方式安排网页的各部分在页面上的位置。

1. 网页版面布局原则

网页版面布局设计一般应遵循以下原则：

- 平衡性：文字、图像等要素在空间占用上分布均匀；色彩平衡，要给人一种协调的感觉。
- 对称性：对称是一种美，我们生活中有许多事物都是对称的。但过度强调对称性就会给人一种呆板、死气沉沉的感觉，因此要适当地打破对称，制造一点变化。
- 对比性：让不同的形态、色彩等元素相互对比，来形成鲜明的视觉效果。例如黑白对比、圆形与方形对比等，它们往往能够创造出富有变化的效果。
- 疏密度：网页要做到疏密有度，即平常所说的"密不透风，疏可跑马"。避免整个网页一种样式，要适当进行留白，运用空格，改变行间距、字间距等制造一些变化的效果。

2. 常用的版面布局形式

（1）T 结构布局：最上方是广告条，页面下方左侧是菜单，右侧显示页面内容，整体上类似英文字母"T"，所以我们称之为 T 结构布局或 T 字形布局，如图 1-12 所示。这种布局条理清晰、主次分明，但略微有点呆板。

（2）"口"形布局：这种布局类似一个方框，上下是广告条，左侧是菜单，右侧是友情链接，中间是网页内容，如图 1-13 所示。这种布局方式页面布局紧凑、信息丰富，但四面封闭，容易给人一种压抑的感觉。

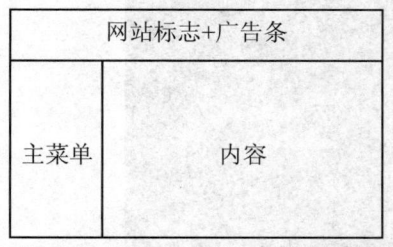
图1-12 T结构布局

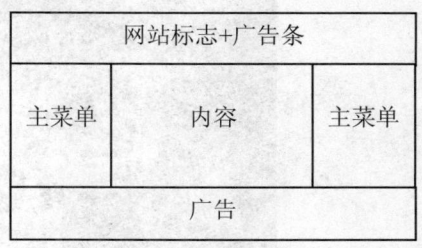
图1-13 "口"形布局

（3）"三"形布局：这种布局多见于国外站点，国内用得不多。如图1-14所示，特点是页面上横向条形色块，将页面整体分割为三部分，色块中大多放广告条，如图1-15所示的网页实例。

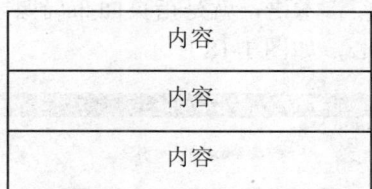
图1-14 "三"形布局

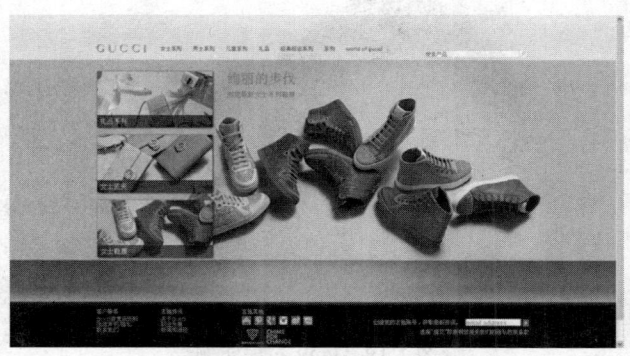
图1-15 "三"形布局实例

（4）对称对比布局：采取左右或者上下对称的布局，一半深色，一半浅色，如图1-16所示，一般用于设计型站点。如图1-16所示的上下对称布局，图1-17所示为左右对称网页实例。

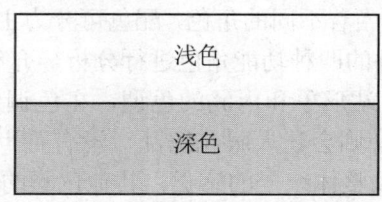
图1-16 上下对称实例

图 1-17　左右对称实例

（5）POP 布局：POP 引自广告术语，就是指页面布局像一张宣传海报，以一张精美图片或 Flash 动画作为页面的设计中心，如图 1-18 所示。

图 1-18　POP 布局实例

1.2.2　网页色彩设计

网页设计的版式、图片、色彩等视觉方面的运用，直接影响到用户对网站的最初感觉，而在这些内容中，色彩的配色方案是至关重要的，网站整体的定位、风格都需要通过颜色带给用户。在配色中，不同的颜色担当着不同的角色，配色可分为主色、配角色、支配色、融合色、强调色，下面就以除配角色以外的四种功能角色进行分析，介绍网页设计的色彩搭配原则。

（1）主色：主色是展示网站形象和内涵的色调，主色调包含的颜色不宜超过三种，如果一个网站的标准色彩超过三种则会让人眼花缭乱，没有重点。主色主要用于网站的标志、标题、主菜单和主色块，给人以整体统一的感觉，其他色彩的使用只能作为点缀和衬托，不能喧宾夺主。

（2）支配色：亦称之为背景色。舞台的中心是主角，但是决定整体印象的却是背景。同样的道理，在决定网页配色的时候，如果背景色十分素雅，那么整体也会变得素雅；背景色如果明亮，那么整体也会给人明亮的印象。

（3）融合色：即能融合在一起的颜色。例如，在网页的不同部位使用相同的颜色，通过颜色的反复效果使同样的颜色产生共鸣，从而使画面更具立体感。这样把分开的部分涂上共同的颜色，像回音一样相互呼应，画面的整体就会融合在一起。

（4）强调色：如果在选用网页配色的时候，画面的整体采用了压抑的颜色，然后在一小块面积上使用与其对比强烈的颜色，就能够起到着重强调的作用，这就是强调色的作用，在使用时，强调色的面积不宜过大，使用强调色的面积越小、颜色越鲜艳，着重的效果也就越强。在网页的色彩搭配时，整体色调越压抑，强调色就越有效果，因为有了重点，网页整体也会产生轻快的动感。

要想在网页设计中运用好色彩，必须要掌握一些色彩的基础理论知识，再结合自己的经验与体会，才能设计出个性化的完美的作品。

1.2.3 网页中图像与文字的排版设计

网页主体的大部分内容是文本和图像，文字、图像排版的效果好，网页能给人以清新的视觉印象，否则页面会显得繁杂凌乱。

1. 文字的排版设计原则
- 网页标题区、标题行和正文区应使用不同大小的字体。
- 尽量使用静止的正文，而不要用移动、闪烁或变焦的文字。
- 字体应足够大，字体太小会降低可读性。但也不要太大或太疏，尽量避免看网页时需要很大地滚动。
- 不要将字体设置成绝对尺寸，应尽量使用相对尺寸。
- 使用统一的字体，不要混合使用多种字体，否则会降低阅读速度。
- 文字的颜色应与底色或背景图片对比强烈，易于阅读。

2. 图像的排版设计原则
- 网页中的图形图像必须符合网页的主题，与网页主题较好地统一，有利于信息的表达。
- 在图文混排时，要注意统一、悦目、重点突出。
- 在处理与相关文字编排在一起的图片时，要考虑图片在网页整体中的作用，达到和谐统一。

1.2.4 网页的总体设计原则

前面从网页的版面设计、色彩搭配、图像与文字的排版等方面介绍了网页设计应遵循的原则，这里从网页设计的整体出发，介绍网页设计应遵循的总体原则。

1. 内容设计

形式是为内容服务的，网页的内容是第一位的，网页的内容应考虑以下几个方面：

（1）范围
- 网站的内容既要达到网站设计的目标，又要满足用户的期望。
- 网站的内容应及时更新，以反映当前的最新状态。

(2）准确性
- 写作质量要高，没有语法、拼写和排版错误。
- 文章应该分段，这样用户容易理解。
- 那些既向用户提供信息，又允许用户进行评论的网页，应明确区分信息区和评论区。

（3）著作权
- 每篇文章或文档应标明作者姓名等相关信息。
- 应提供相应的参考文献。
- 应介绍站点拥有者的背景资料，如公司图标、名称、地址、电话号码和 E-mail 地址。

（4）实用性
- 应该标明网站所用资源的产生日期。
- 应指出网页最近修改的时间。

2. 屏幕布局

（1）内容应占据网页的大部分空间，至少应占一半，最好接近 80%，导航部分应不超过 20%。

（2）使用空白区而不是使用粗线条或广告来分隔不同内容。

布局方式、网页各组成部分所占的比例不是绝对的，应根据具体情况选择，屏幕布局应服务于网页内容。

3. 可浏览性
- 每个网页都应该有标题，且网页标题应能表明网页的内容。
- 句子或段落应简短。
- 每个网页都应按照"倒金字塔"原则进行编写，即从一个简单的结论开始渐次展开。
- 使用排版印刷的设计风格，横向排列信息，以符合用户的阅读习惯。
- 要考虑不同的用户环境，选择适合的分辨率。

4. 网页设计

（1）网页的大小

网页的大小应适当，以使用户能够在较短的时间内打开网页。

（2）超链接
- 为链接加上描述信息。
- 当一个链接被点击后，要把所有指向同一目标的链接都表示成已被访问过。
- 在链接旁应注明下载文件的大小，以帮助用户预测下载时间。

（3）框架布局页面

由于有的浏览器不支持框架，因此只有在必要时才使用框架，且在公开网页前应进行多方面测试，使网页在不同的浏览器中能正常显示。

5. 导航
- 每页中都应设有返回主页的链接和指向网站首页的链接。
- 应该把站点的内容按类别分组。
- 用户找到所需内容的点击链接次数要尽可能少（一般不应超过 3 次）。
- 应该保证用户点击链接时不会出现网页不存在的情况。
- 应提供站点结构图以帮助用户更快地找到所需的信息。

- 为用户提供反馈信息，告诉他目前在站点中的位置。

6. 一致性

网站中所有网页的风格应当一致，具体如下：
- 网页布局应该一致。
- 文本的字形、字体和颜色应该保持一致。
- 网页的导航帮助（如菜单条、按钮等）应一致。
- 背景一致，不要每页都采用不同的背景图片，以免每次跳转都要花费时间去下载，采用相同的底色或背景图片还可以增加网页的一致性，树立风格。
- 颜色一致，除了图片和图像之外，不要使用太多的颜色来修饰某个对象；正文和背景色的对比度要大；正文区和其他功能区（如工具条、菜单条等）应使用不同的背景色。

7. 多媒体的使用

（1）音频、动画和视频
- 只有在必要时（如示范、教学、演讲等）才使用。
- 提供到一个多媒体元素的超链接，并说明文件格式和大小，让用户自己判断是否下载。

（2）图形、图像
- 只有当图形或图像真正有助于用户对信息的理解时才使用。
- 使用图像的缩略图技术。
- 不要在搜索页面中使用图形。
- 在必须使用图形时，可以多次使用同一个图形。

8. 可访问性

（1）下载速度

下载网页的时间应使用户能够接受，一般来说在 10~20 秒之间。

（2）浏览器的兼容性
- 保证网页能被所有主流的浏览器兼容。
- 保证网页能被同一浏览器的不同版本兼容。
- 保证网页能被不同类型的显示器兼容。

（3）网站内容的可访问性

以文本形式为多媒体（声音、动画等）提供说明，以便使那些只能使用纯文本浏览器的用户能够获得网页的内容。同样，应为那些不能阅读和阅读困难的用户（如盲人）提供与文字等效的内容（如声音文件等）。

（4）搜索功能
- 提供站内搜索功能，帮助用户更快地查找到所需的信息。
- 利用 meta 标记为搜索引擎提供本网页的关键词和描述信息。
- 按照规范向搜索引擎提交信息以保证站点能够被搜索到。

9. 交互性
- 在网站上提供网站所有者的 E-mail 地址和联机表单，以便获取用户对网站的反馈意见。
- 提供网上论坛、网络会议等功能，让用户能够共享观点并进行讨论。

1.3 HTML 语言简介

HTML 是"HyperText Markup Language"超文本标记语言的缩写,通过 HTML,将所需要表达的信息按某种规则写成 HTML 文件,通过专用的浏览器来识别,并将这些 HTML "翻译"成可以识别的信息,就是我们所见到的网页。

1.3.1 HTML 基本概念

HTML 是一种描述语言,对网页页面中显示内容的属性以标签的形式进行描述。客户机上的浏览器(browser)对这些描述进行解释,将相应页面内容正确显示在显示器上。一个网页页面就是一个 HTML 文档。

HTML 文档是普通文本(ASCII)文件,它可以用任意编辑器,如字处理软件、Windows 中的记事本、写字板等编辑,但保存时要注意文件类型的选择,文件的类型要选择"带换行符的纯文本",并且类型扩展名为".htm"或".html"。早期网页制作的过程就是直接书写 HTML 代码来定义页面元素的过程。

HTML 文档的基本结构如下:

```
<html>
<head>
文档头部
</head>
<body>
文档的主体部分
</body>
</html>
```

HTML 页面以<html>开始,以</html>结束。从结构上讲,HTML 文件由元素组成,主要有三大元素,html 元素、head 元素和 body 元素,每个元素又包含各自相应的标志,标志还可设置属性。html 元素是最外层的元素,里面包含 head 元素和 body 元素。head 元素中包含文档标题、文档搜索关键字、文档生成器等不在页面上显示的网页元素。body 元素是文档的主体部分,包含对网页元素(文本、表格、图片、动画、链接等)进行描述的标志,均会显示在页面上。html 文档中标志一般成对出现,如:<P>和</P>、<html>和</html>等,但也有一些不成对。

1.3.2 HTML 语言的基本标志

HTML 的语法是通过标志(有的也称标签或标记)来体现的,不同标记的符号及其属性构成了该语言的语法特征,通常标志都是由开始标志和结束标志组成,开始标志用"<标志名>"表示,结束标志用"</标志名>"表示。元素指的是包含标志在内的整体,除去标志的部分叫内容。标志的性质和特性通常用属性来描述,属性要在开始标志中指定,以"属性名=值"的形式表示,多个属性用空格隔开,不区分顺序。

1. 文档标志<html></html>

html 标志是对整个文档属性的描述，即告诉浏览器 HTML 文档的开始与结束，两个标志必须成对使用，<html>标志用于 HTML 文档的最前面，用来表示 HTML 文档的开始，而</html>标志放在 HTML 文档的最后边，用来标识 HTML 文档的结束，一个网页文档只能有一对<html></html>标志。

2. 文件头标志<head></head>

<head>和</head>构成 HTML 文档的开头部分，<head></head>两个标志必须成对使用，标志对之间的内容不在浏览器中显示。

在此标志之间可以使用<title></title>、<script></script>、<style></style>等标志对以及<meta>标志。

（1）文件标题标志<title></title>

<title></title>只能用在文件头标志<head></head>之间，标志对之间的文本作为网页的标题显示在浏览器的顶部。

（2）<script></script>

<script></script>标志用于定义客户端脚本，比如 JavaScript，JavaScript 通常的用途是图像操作、表单验证以及内容动态更改。

在<script></script>标志之间，可包含脚本语句，也可通过 src 属性指向外部脚本文件，type 属性规定脚本的 MIME 类型。

（3）<style></style>

<style></style>标志用于为 HTML 文档定义样式信息，规定在浏览器中如何呈现 HTML 文档。可以直接在<style></style>之间写入内部 CSS 样式代码，也可以链接或导入外部 CSS 样式文件。

type 属性是必需的，定义 style 元素的内容，唯一可能的值是"text/css"。

（4）<meta>

<meta>元素可提供有关页面的元信息（meta-information），比如针对搜索引擎和更新频度的描述和关键词。

3. 文件主体标志<body></body>

<body></body>是 HTML 文档的主体部分，表示 HTML 网页文档主体的开始和结束。在此标志对之间可以包含段落、图像、超链接、列表等标记，用来在网页中插入文本、图像、表格、超链接、多媒体等各类网页元素，并进行排版。

<body>标志的常用属性如表 1-1 所示。

表 1-1 body 标志属性表

属性名	取值	含义	默认值
bgcolor	颜色值	页面背景颜色	#FFFFFF
text	颜色值	文字的颜色	#000000
link	颜色值	待链接的超链接对象的颜色	
alink	颜色值	链接中的超链接对象的颜色	
vlink	颜色值	已连接的超链接对象的颜色	

续表

属性名	取值	含义	默认值
background	图像文件名	页面的背景图像	无
topmargin	整数	页面显示区距窗口上边框的距离，以像素点为单位	0
leftmargin	整数	页面显示区距窗口左边框的距离，以像素点为单位	0

例如：设置网页左边距为 50 像素，背景颜色为#9CF000，文本颜色为#FF0000，代码如下：

```
<body leftmargin=50 bgcolor="#9CF000" text="#FF0000">
```

标志的属性在开始标志中指定，多个属性以空格分隔，属性的设置格式是"属性=值"。HTML 文件中许多标志都有颜色设置，颜色值在 HTML 中有如下两种表示方法：

（1）RGB 值表示：用颜色的十六进制 RGB 值表示，如#RRGGBB，R 表示红色，G 表示绿色，B 表示蓝色，如#FF0000 表示红色。

（2）英文单词表示：如 red 表示红色，blue 表示蓝色。

例 1-1 HTML 的基本结构练习。

在 Dreamweaver 的代码窗口中输入如下代码：

```
<html>
    <head>
    <title>此处显示的是网页标题</title>
    </head>
    <body leftmargin=50 bgcolor=" #9CF000" text=" #FF0000">
    <p>网页的背景颜色为绿色，字体为红色</p>
    </body>
</html>
```

网页预览效果如图 1-19 所示，由预览效果可见，<title></title>标志的内容在网页的标题处显示，写在<body></body>标志之间的内容在网页的主体部分显示，<body>中的属性设置了网页的背景颜色和网页的文字颜色。

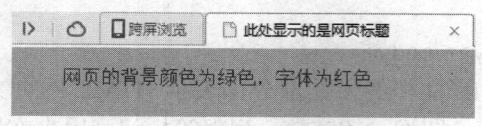

图 1-19 例 1-1 的预览效果

1.3.3 页面格式标志

页面格式标志写在主体标志<body></body>之间，用来设置段落、列表、表格等。

1. 段落标志

（1）<p></p>

<p></p>标志用来创建一个段落，在此标志对之间加入的文本将按照段落的格式显示在浏览器上。

<p>标志的属性 align 用来设置段落文本的对齐方式，其属性取值可以是 left（左对齐）、right（右对齐）、center（居中对齐）三个值其中的一个。

语法如下：

    <p align=属性值>

例如：<p align=center>，即设置段落的文字居中对齐。

（2）<per></per>

<per></per>标志对用来对文本进行预处理操作。

2．换行标志

用来创建一个回车换行，它没有结束标志。

使用时若把
加在<p></p>标志对的外面，将创建一个很大的回车换行，即
前面和后面的文本其行与行之间的距离很大，若放在<p></p>标志对的里面，则
前面和后面的文本其行与行之间的距离比较小。

3．列表标志

列表标志可以创建普通列表、编号列表、项目列表。

（1）普通列表标志<dl></dl>、<dt></dt>、<dd></dd>

<dl></dl>用来创建一个普通列表，<dt></dt>用来创建列表中的上层项目，<dd></dd>用来创建列表中下层项目，<dt></dt>和<dd></dd>都必须放在<dl></dl>标志对之间。

例 1-2 创建普通列表示例。

在 Dreamweaver 的代码窗口中输入如下代码：

```
<html>
<head>
<title>例 1-2  普通列表示例</title>
</head>
<body text="blue">
<dl>
<dt>铜管乐器</dt>
<dd>小号</dd>
<dd>长号</dd>
<dd>短号</dd>
<dt>打击乐器</dt>
<dd>大军鼓</dd>
<dd>小军鼓</dd>
<dd>定音鼓</dd>
</dl>
</body>
</html>
```

切换到设计视图代码的设计结果如图 1-20 所示。

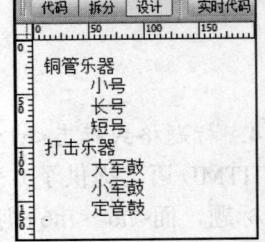

图 1-20 例 1-2 代码效果

（2）编号列表标志<ol></ol>、<li></li>

<ol></ol>标志对用来创建一个列表，<li></li>标志对只能在<ol></ol>标志对之间使用，此标志对用来创建一个数字列表项。

（3）项目列表标志<ul></ul>、<li></li>

<ul></ul>标志对用来创建一个列表，<li></li>标志对只能在<ul></ul>标志对之间使用，此标志对用来创建一个项目列表项，列表项前会有一个圆点。

例 1-3 编号列表、项目列表示例。

在 Dreamweaver 的代码窗口中输入如下代码:

```
<html>
<head>
<title>例 1-3 编号列表、项目列表示例</title>
</head>
<body text="blue">
<ol>
<p>铜管乐器</p>
<li>小号</li>
<li>长号</li>
<li>短号</li>
</ol>
<ul>
<p>打击乐器</p>
<li>大军鼓</li>
<li>小军鼓</li>
<li>定音鼓</li>
</ul>
</body>
</html>
```

切换到设计视图代码的设计结果如图 1-21 所示。

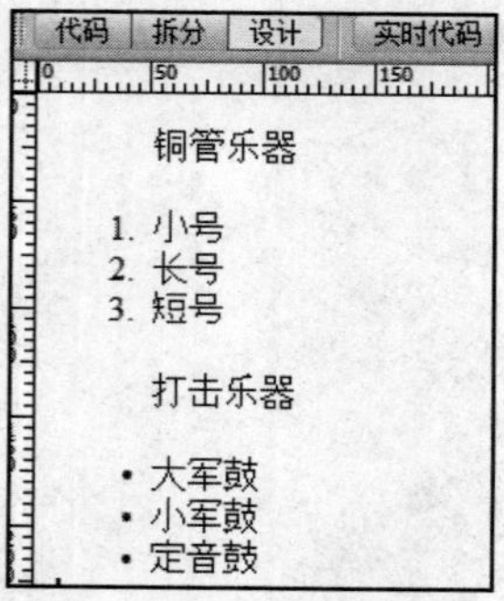

图 1-21 例 1-3 代码效果

4. 标题格式标志<h1></h1>…<h6></h6>

HTML 语言提供了 6 对标题的标志对，h 后面的数字越大标题文本越小，<h1></h1>是最大的标题，而<h6></h6>则是最小的标题。

例 1-4 标题级别示例。

在 Dreamweaver 的代码窗口中输入如下代码:

```
<html>
<head>
<title>例 1-4 标题级别示例</title>
</head>
<body>
<h1>标题 1</h1>
<h2>标题 2</h2>
```

```
    <h3>标题 3</h3>
    <h4>标题 4</h4>
    <h5>标题 5</h5>
    <h6>标题 6</h6>
</body>
</html>
```

切换到设计视图代码的设计结果如图 1-22 所示。

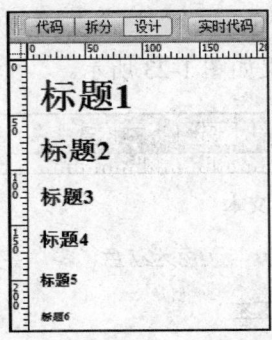

图 1-22 例 1-4 代码效果

1.3.4 文本标志

文本标志控制网页文本的字体、字形、字号、文本颜色等显示方式。

1. 字形标志

字形标志主要有以下几种：

- <b></b>：黑体字，文本以黑体字的形式输出。
- <i></i>：斜体字，文本以斜体字的形式输出。
- <u></u>：下划线，文本下以加下划线的形式输出。
- <tt></tt>：用来输出打字机风格字体的文本。
- <cite></cite>：用来输出引用方式的字体，通常是斜体。
- <em></em>：用来输出需要强调的文本，通常是斜体加黑体。
- <strong></strong>：用来输出加重文本，文本加粗。

2. 文本字体、字号、颜色标志<font></font>

<font></font>标志对有 size 和 color 属性，通过修改 face、size 和 color 属性可以对输出文本的字体、字号、颜色进行控制。

- face：用来设置文本的字体，值为"楷体""隶书""宋体"等。
- size：字号，取值可以是-N、N 和+N。
- color：用来改变文本的颜色，取值可以是十六进制 RGB 颜色码或 HTML 语言给定的颜色常量名。

例 1-5 文本标志的综合示例。

在 Dreamweaver 的代码窗口中输入如下代码：

```
<html>
<head>
```

```
<title>例 1-5 文本标志的综合示例</title>
</head>
<body>
<p><b>黑体字文本</b></p>
<p><i><font size="+1" color="#FF0000">字号为 1，颜色为红色、斜体字文本</font></i></p>
<p><u>下划线文本</u></p>
<p><strong>字体加粗文本</strong></p>
</body>
</html>
```

切换到设计视图代码的设计结果如图 1-23 所示。

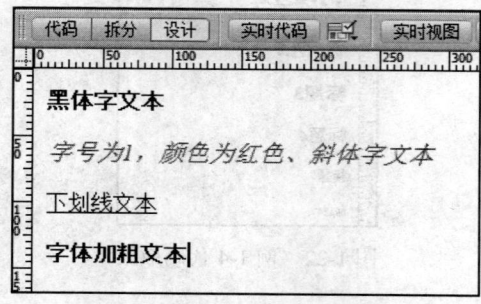

图 1-23　例 1-5 代码效果

1.3.5　图像标志

利用图像标志可以在网页中插入图片，常用的图片格式有 .gif 格式、jpeg 格式、.jpg 格式及 .png 格式。

图像标志为 <img>，它没有结束标志。

<img> 标志常用的属性为 src，src 的取值为图片文件的文件名，包括路径，路径可以是相对路径，也可以是网址。

相对路径是指所要链接或嵌入到当前 HTML 文档的文件与当前文件的相对位置所形成的路径，通常有如下情况：

（1）假如当前 HTML 文档与图片文件（假设文件名为 logo.gif）在同一个目录下，则代码为 <img src="logo.gif">。

（2）假如图形文件放在当前 HTML 文档所在目录的一个子目录（假设是 images）下，则代码应该为 <img src="images/logo.gif">。

（3）假设图形文件放在当前网页文档所在目录的上层目录（假设是 home 文件夹）下，则相对路径必须是准网址。即用"../"表示网站，然后在后面紧跟文件在网站中的路径。假设 home 是网站下的一个目录，则代码应为 <img src="../home/logo.gif">，若 home 是网站下的目录 king 下面的一个子目录，则代码应该为 <img src="../king/home/logo.gif">。

src 属性是 <img> 标志中不可缺少的一部分，必须赋值。除此之外，<img> 标志还有 alt、align、border、width 和 height 属性。

其中：
- alt：设置当鼠标移动到图像上时显示的文本。

- align:设置图像的对齐方式。
- border:设置图像的边框,可以取大于或者等于 0 的整数,默认单位是像素。
- width 和 height:设置图像的宽和高,默认单位是像素。

1.3.6 表格标志

表格是常用的网页元素,许多页面都会用到表格。利用表格可以清晰直观地显示数据,也可以布局页面。在 HTML 中,表格是由表格标题、表格行以及在表格行中的各个单元格构成。

定义表格的语法结构:

```
<table>
[<caption>表格标题</caption>]
    <tr>
        <td>单元格内容</td>
        <td>单元格内容</td>
        …
    </tr>
    …
</table>
```

<table></table>标志对定义表格的开始和结束,<caption></caption>标志对定义表格的标题,是可选项,<tr></tr>标志对定义表格的行,<td></td>定义表格行内的单元格。标志的属性用来定义表格的显示特性,利用表格标志的属性可以设计出各种复杂的表格,下面举例说明构成表格的各个标志及其常用的属性的使用。

例 1-6 简单表格示例,利用表格显示数据。

在 Dreamweaver 的代码窗口中输入如下代码:

```
<html>
<head>
<title>例 1-6 简单表格示例,利用表格显示数据</title>
</head>
<body>
<table width="21%" border="1" cellspacing="0" cellpadding="0">
<caption>
里约奥运金牌榜
</caption>
<tr>
<th width="19%" align="center" scope="col">名次</th>
<th width="53%" align="center" scope="col">国家</th>
<th width="28%" align="center" scope="col">数量</th>
</tr>
<tr>
<td align="center">1</td>
<td align="center" valign="middle" ><img src="image/f3.png" width="24" height="24" />美国</td>
<td align="center">46</td>
</tr>
<tr>
<td align="center">2</td>
```

```
            <td align="center" valign="middle"><img src="image/f2.png" width="23" height="24" />英国</td>
            <td align="center">27</td>
        </tr>
        <tr>
            <td align="center">3</td>
            <td align="center" valign="middle"><img src="image/f1.png" width="27" height="21" />中国</td>
            <td align="center">26</td>
        </tr>
    </table>
</body>
</html>
```

切换到设计视图代码的设计结果如图 1-24 所示。

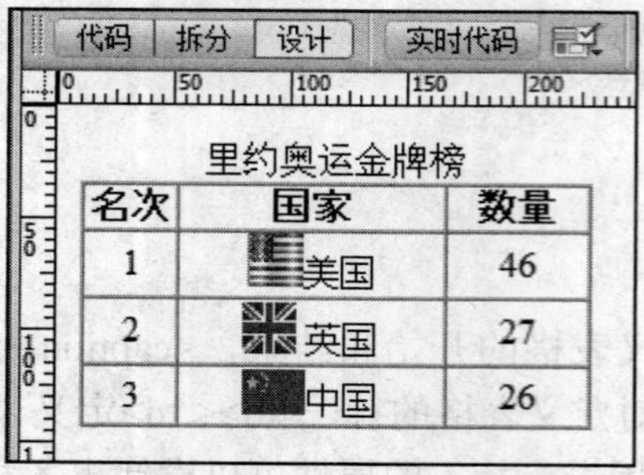

名次	国家	数量
里约奥运金牌榜		
1	美国	46
2	英国	27
3	中国	26

图 1-24　例 1-6 代码效果

1.3.7　链接标志

超链接（也称超级链接）是网页中使用比较频繁的 HTML 元素，超链接完成了页面之间的跳转，各种页面由超链接串接而成。超链接有文字超链接、图片超链接、图片热点超链接、锚点超链接、邮箱超链接，利用链接标志的属性可以实现不同的超链接。

1. 链接标志<a></a>

定义超链接，用于从一个页面链接到另一个页面，<a>表示一个超链接的开始，</a>表示一个超链接的结束，单击<a>与</a>中间包含的内容，即可以跳转到链接的目标网页。

2. 链接标志常用属性

<a>标签内必须提供 href 或 name 属性。

（1）href 属性

href 是最重要的属性，指定超链接目标的 URL。href 属性的值可以是任何有效文档的相对或绝对 URL，包括片段标识符和 JavaScript 代码段。如果用户选择了<a>标签中的内容，那么浏览器会尝试检索并显示 href 属性指定的 URL 所表示的文档，或者执行 JavaScript 表达式、方法和函数的列表。

1）超链接的 URL 可能的取值

- 绝对 URL：指向另一个站点（比如 href="http://www.example.com/index.htm"）。
- 相对 URL：指向站点内的某个文件（如：href="exer-1.htm"）。
- 锚 URL：指向页面中的锚（href="#top"）。

例：文本链接
    <a href="http://www.baidu.com">点击此处链接到百度</a>
表示网页运行时，鼠标单击"点击此处链接到百度"文本，即跳转到百度。
例：图像链接
    <a href="http://www.baidu.com"><img src="image/baidu.jpg"></a>
表示网页运行时，鼠标单击 baidu.jpg 图片，跳转到百度首页。
例：邮箱链接
    <a href="mailto:jmun_jsjxy@163.com">这是我的电子邮箱（E-mail）</a>
表示网页运行时，鼠标单击"这是我的电子邮箱（E-mail）"文本，跳转到邮箱"jmun_jsjxy@163.com"。

2）语法
    <a href="mailto:EMAIL"></a>
表示创建了一个自动发送电子邮件的连接，mailto：后边紧跟着要自动发送的电子邮件的地址（即 E-mail 地址）。

（2）name 属性
name：用于指定锚（anchor）的名称。
例：图片热点超链接
    <p><img src="image/f3.png" width="117" height="71" border="0" usemap="#Map" />
    <map name="Map" id="Map">
    <area shape="circle" coords="82,30,18" href="exer-8.html" target="_blank" />
    </map>
创建此链接之前，应先在文档中插入图片，设置图片热点。
例：锚点链接
    <a href="#a">跳转到指定的锚点位置</a>
#a 为锚点的名称，创建此链接之前应先创建锚点#a。

1.3.8 框架标志

框架（frame）又称为帧，利用框架可以向浏览器窗口中装载多个 HTML 文件，也就是将浏览器显示窗口分割成多个相互独立的区域，每个区域可以显示独立的 HTML 页面。

1. 框架的定义

框架的定义首先要确定如何分割窗口，建立描述窗口分割的主文件，再为每个框架建立相应的 HTML 文件，每个框架都是一个独立的 HTML 文件，主文件和框架文件的相关信息保存在框架集文件中。

框架定义的语法结构为：
    <html>
    <head>[头部标记]</head>
    <frameset>{</frameset>…}
    <frame>
    </frame>
    …
    </frameset>

    [<noframes>字符串</noframes>]
  </html>

2. 框架集标志<frameset></frameset>

<frameset></frameset>标志对放在主文档标志对（<body></body>）的外边，<frameset>标记定义窗口的分割方式（横向或纵向）和大小，<frameset>可以嵌套，内层的<frameset>表示对已分割的窗口再进行分割。分割窗口及框架中页面的特性，由<frameset>的属性描述。

3. 框架标志<frame></frame>

<frame>标志放在<frameset></frameset>之间，用来定义某一个具体的框架。<frameset></frameset>标志之间包含多个<frame></frame>标志，<frame></frame>标志的个数与其所属的<frameset></frameset>标志分割的框架数目相同，按排列顺序与分割的窗口逐个对应。

例1-7 利用框架将窗口分成三个窗口，分别命名为 w1、w2、w3，在 w1 窗口中设置了两个文字超链接，单击超链接文字，链接的目标 URL 将在 w2 窗口中显示，w3 窗口显示网页的版权信息，网页的预览效果如图 1-25 所示。

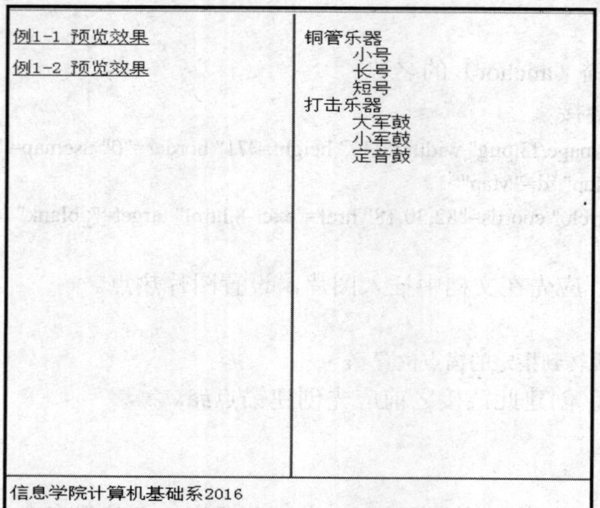

图 1-25 例 1-7 网页的预览效果

主文件 exer-7.html 代码如下：

```
<html>
<head>
<title>例 1-7 框架应用示例</title>
</head>
<frameset rows="*,80" cols="*" framespacing="2" frameborder="yes" border="2" bordercolor="#666666">
<frameset rows="*" cols="238,*" framespacing="2" frameborder="yes" border="2" bordercolor="#666666">
<frame src="exer-7-l.html" name="w1" scrolling="No" noresize="noresize" id="leftFrame" title="leftFrame"/>
<frame src="exer-7-r.html" name="w2" id="mainFrame" title="mainFrame" />
</frameset>
<frame src="exer-7-b.html" name="w3" scrolling="No" noresize="noresize" id="bottomFrame" title="bottomFrame"/>
```

```
    </frameset>
    <noframes><body>
    </body></noframes>
    </html>
```

w1 窗口对应的 exer-7-l.html 文件代码如下：
```
<html>
<head>
<title>w1 窗口</title>
</head>
<body>
<p><a href="exer-1.html" target="mainFrame">例 1-1 预览效果</a></p>
<p><a href="exer-2.html" target="mainFrame">例 1-2 预览效果</a></p>
</body>
</html>
```

w2 窗口对应的 exer-7-r.html 文件代码如下：
```
<html>
<head>
<title>w2 窗口</title>
</head>
<body>
</body>
</html>
```

w3 窗口对应的 exer-7-b.html 文件代码如下：
```
<html>
<head>
<title>w3 窗口</title>
</head>
<body>
信息学院计算机基础系 2016
</body>
</html>
```

本例生成 4 个 html 文件，1 个框架集文件，3 个窗口 w1、w2、w3 生成 3 个文件。在左窗口 w1 设置了 2 个超链接，超链接触发后，相应的目标页面显示在右窗口 w2 中，窗口 w3 中设置了版权信息。

1.3.9 表单标志

表单是 HTML 实现交互功能的主要窗口，表单的使用包含两部分，一部分是界面，供用户输入数据，另一部分是处理程序，可以是客户端程序，在浏览器中执行，也可以是服务器处理程序，处理用户提交的数据，返回结果。这里仅介绍界面部分，表单中的文本域等对象在此不做介绍。

1. 表单定义

表单定义的语法：
```
<form><method>="get|post" action="处理程序名">
    [<input type="输入域种类" name="输入域名">]
```

```
            [<textarea></textarea>]
            [<select></select>]
        </form>
```

说明：

（1）<form></form>为表单标志，<form>表示表单的开始，</form>表示表单的结束。

（2）[<input type="输入域种类" name="输入域名">]为可选项，定义表单的输入域。

（3）[<textarea></textarea>]为可选项，创建一个可以输入多行文本的文本域。

（4）[<select></select>]为可选项，创建一个下拉列表框或可以复选的列表框的列表域。

（5）<input>、<textarea></textarea>、<select></select>标志必须放在<form></form>之间。

2．表单标志<form></form>

<form></form>标志对用来创建一个表单，也就是定义表单的开始和结束位置，在标志对之间的一切都属于表单内容。

处理表单的程序，获取表单信息的方法等由<form>标志属性设置，常用的属性有method、action 和 target。

（1）method：用来定义处理程序从表单中获得信息的方式，取值可以是 get 或 post，二者的区别是：get 方法将在浏览器的 URL 栏中显示所传递变量的值，而 post 方法则不显示，二者在服务器中的数据提取方式也不同。

（2）action：该属性的值是处理程序的程序名（包含绝对路径和相对路径），指出用户所提交的数据将由哪个服务器的哪个程序处理，如：<form action="http://myhome.com/counter.cgi">当用户提交表单时，服务器将执行网址 http://myhome.com/ 上的名为 counter.cgi 的 CGI 程序。可处理用户提交的数据的服务器程序种类较多，如 ASP 脚本程序、ASPX 程序、PHP 程序等。

（3）target：用来指定显示表单的目标窗口或目标帧（框架）。

3．表单元素

表单元素是允许用户在表单中输入信息的元素（如：文本域、下拉列表、复选框等）。用户通常在表单的输入域中设置不同类型的表单元素，表单的输入域有如下三大类，由<input type="">、<textarea></textarea>、<select></select>标志定义。下面举例说明在输入域中通过属性设置使用多种表单元素设计的表单，用于收集问卷调查数据。

例 1-8 设计"电影院问卷调查"网页，效果如图 1-26 所示。

HTML 代码如下：

```
<body>
<p>电影院问卷调查</p>
<form id="form1" name="form1" method="post" action="http://test.com/cgi-bin/runl">
<p><b>性别</b><br/><br/>
<input type="radio" name="ra1" id="na1"/>男
<input type="radio" name="ra2" id="na2"/>女<br/><br/>
<b>平常喜欢看什么类型的电影</b><br/><br/>
<input type="checkbox" value="yes" name="jl" checked="checked" />纪录片
<input type="checkbox" value="yes" name="kh"/>科幻片
<input type="checkbox" value="yes" name="wy"/>文艺片<br/><br/>
<b>能接受的价位：</b><br/><br/>
<select name="xz" size="1" >
```

```
<option value="v1" >30~50 元
<option value="v2" selected="selected">50~70 元
<option value="v3">80~100 元
<option value="v4">100~120 元
</select><br/><br/>
<b>请输入您的要求：</b><br/><br />
<textarea name="yq" rows="5" cols="30">在此输入意见</textarea>
<br/><br/>
<input type="submit" name="ok" value="提交" />
<input type="submit" name="re-input" value="重选" /></p>
</form>
</body>
```

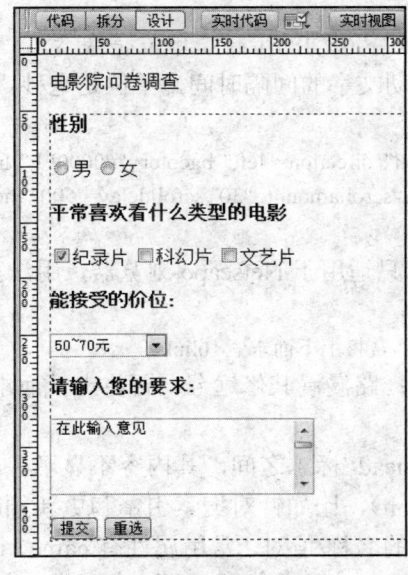

图 1-26　设计效果

1.3.10　其他标志

1. 水平线标志<hr>

<hr>标志在 HTML 文档中加入一条水平线，具有 size、width、color 和 noshade 属性。其中：

- size：设置水平线的粗细。
- width：设置水平线的宽度、默认单位为像素。
- color：水平线的颜色，可以是 RGB 颜色值，也可以是颜色名。
- noshade：规定水平线的颜色呈现为纯色，而不是有阴影的颜色。

例如：

<hr size="4.5" width="500" color="#00FFCC" noshade="noshade" />

2. "跑马灯"标志<marquee></marquee>

该标志使文字或者图片等产生移动效果，属性很多，常用的属性如下：

（1）behavior：设定文字的卷动方式，可选值为：
- scroll：默认值，文字或图片移动到尽头后再重新开始。
- slide：文字或图片移动到尽头就结束。
- alternate：文字或图片向左右两边来回移动。

（2）direction：设置文字卷动方向，left 为默认值，表示向左，right 表示向右。

（3）bgcolor：设置文字移动范围的背景颜色。

（4）height、width：设置文字的移动范围，可以采取相对或绝对，如 30%或 30，也可以像素为单位。

（5）hspace、vspace：设置移动文字的水平及垂直空间位置。

（6）loop：设置文字移动的次数，其值可以是正整数或 infinite，infinite 是默认值，表示无限次循环。

（7）scrollamount：设置文字移动的步长，单位是像素。

（8）scrolldelay：设置移动文字的间隔时间，单位是毫秒。

例如：

    <marquee behavior="scroll" direction="left" bgcolor="#0000FF" height="30" width="150" hspace="0" vspace="0" loop="infinite" scrollamount="30" scrolldelay="500">hello</marquee>

3. <blink>

<blink>标志令文字闪烁，只适用于 Netscape 浏览器，用法直接，没有参数。

例如：

    <blink>路漫漫其修远兮，吾将上下而求索<blink>

显示的结果为闪烁的文字：路漫漫其修远兮，吾将上下而求索。

4. <meta>

<meta>标签放在<head></head>标志之间，其内容不显示在浏览器的窗口中，只提供有关页面的元信息（meta-information），比如针对搜索引擎和更新频度的描述和关键词。<meta>标签的属性定义了与文档相关联的名称/值对，常用属性有 name、content、http-equiv 等，使用时主要分为两种属性组合，下面举例说明其用法。

（1）name 和 content 组合使用

例如：

- 定义网页的关键字，供搜索引擎检索。
  <meta name="keywords" content="HTML 教程">
- 设置网页作者。
  <meta name="author" content="某某某公司">

（2）http-equiv 和 content 组合使用

例如：

- 设置 10 秒内自动刷新跳转到 url 指定的网页。
  <meta http-equiv="refresh" content="3"url=html:www.3wc.com>
- 设置网页编码信息为国际化编码。
  <meta http-equiv="content-type" content="text/html;charset=utf-8>

1.4 实践演练

1.4.1 典型网页浏览

浏览门户网站搜狐（http://www.sohu.com/），购物网站京东（http://www.jd.com/），旅游服务网站去哪儿网（http://www.qunar.com/），教育网站（http://www.syu.edu.cn/），从网站的内容、首页的布局、色彩，文字图片的设置，导航、网页头部及底部几方面，分析各个网站的特点并进行对比。

1.4.2 HTML 标志练习

【任务 1】

【目的要求】用 HTML 设计一个简单的网页，了解 HTML 语言相关标志的使用方法，网页的设计效果如图 1-27 所示。

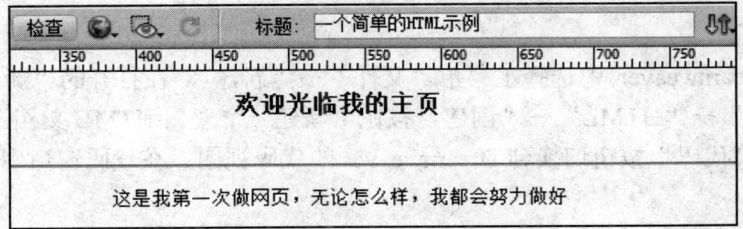

图 1-27　任务 1 的设计效果

【说明】在输入代码时，代码 <meta http-equiv="Content-Type" content="text/html; charset=utf-8"/> 表示 HTML 文件及其编码语系，在输入 HTML 代码时不能删除，否则代码不能正常显示。

【操作步骤】

（1）启动 Dreamweaver。

（2）选择主菜单"文件"→"新建"，在打开的"新建文档"对话框中单击"空白页"→"HTML"→"创建"按钮，新建一个空白 HTML 文档。

（3）单击"代码"按钮切换到 Dreamweaver 的代码视图，在代码窗口中输入如下代码：

```
<html>
<head>
<title>一个简单的 HTML 示例</title>
</head>
<body>
<center>
<h3>欢迎光临我的主页</h3>
</br>
<hr>
这是我第一次做网页，无论怎么样，我都会努力做好
```

        </center>
        </body>
        </html>
（4）选择主菜单"文件"→"保存"或"另存为"，将文档以 exercise1.html 为文件名保存在自己的文件夹中。

（5）按 F12 键或单击文档工具栏中的"预览"按钮，选择浏览器预览设计结果。

【任务 2】

【目的要求】HTML 中字符标记的使用方法练习，了解属性的设置。设计效果如图 1-28 所示。

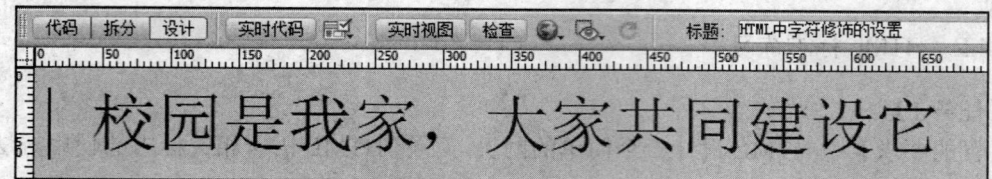

图 1-28　任务 2 的设计效果

【操作步骤】

（1）在 Dreamweaver 中选择主菜单"文件"→"新建"，在打开的"新建文档"对话框中单击"空白页"→"HTML"→"创建"按钮，新建一个空白 HTML 文档。

（2）单击"代码"按钮切换到 Dreamweaver 的代码视图，在代码窗口中输入如下代码：
    <html>
    <head>
    <title>HTML 中字符修饰的设置</title>
    </head>
    <body bgcolor="#99FF99" text="#0000FF">
    <font size="12"><i><u>校园是我家，大家共同建设它</i><u></font>
    </body>
    </html>

（3）选择主菜单"文件"→"保存"或"另存为"，将文档以 exercise2.html 为文件名，保存在自己的文件夹中。

（4）按 F12 键或单击文档工具栏中的"预览"按钮，选择浏览器预览设计结果。

【任务 3】

【目的要求】滚动字幕与超链接 HTML 标志练习，了解 HTML 相关标志及属性设置。

【操作步骤】

（1）在 Dreamweaver 中选择主菜单"文件"→"新建"，在打开的"新建文档"对话框中单击"空白页"→"HTML"→"创建"按钮，新建一个空白 HTML 文档。

（2）单击"代码"按钮切换到 Dreamweaver 的代码视图，在代码窗口输入如下代码：
    <html>
    <head>
    <title>文字滚动、文字超链接</title>
    </head>

```
<body>
<marquee scrollamount="2" width="300" onmouseover="stop()" onmouseout="start()">
<a href=http://www.cctv.com>中央电视台</a></marquee>
</body>
</html>
```

（3）选择主菜单"文件"→"保存"或"另存为"，将文档以 exercise3.html 为文件名，保存在自己的文件夹中。

（4）按 F12 键或单击文档工具栏中的"预览"按钮，选择浏览器预览设计结果。

【任务 4】

【目的要求】利用 HTML 标记设置网页背景，输入如下的代码，观察网页背景的变化，再将代码中的 background="image/mg1.jpg"改为 bgcolor="#66FF99"，观察网页背景的变化。

【操作步骤】

（1）在 Dreamweaver 中选择主菜单"文件"→"新建"，在打开的"新建文档"对话框中单击"空白页"→"HTML"→"创建"按钮，新建一个空白 HTML 文档。

（2）单击"代码"按钮切换到 Dreamweaver 的代码视图，在代码窗口中输入如下代码，观察网页背景的变化。

```
<html>
<head>
<title>网页背景图片</title>
<body background="image/mg1.jpg">
</body></head>
</html>
```

（3）将代码中的 background="image/mg1.jpg"改为 bgcolor="#66FF99"，观察网页背景的变化。

（4）选择主菜单"文件"→"保存"或"另存为"，将文档以 exercise4.html 为文件名，保存在自己的文件夹中。

1.4.3 HTML 网页的效果演示

【目的要求】编写 HTML 代码，设计如图 1-29 所示的网页。了解各种 HTML 标志在网页中的作用与使用方法。

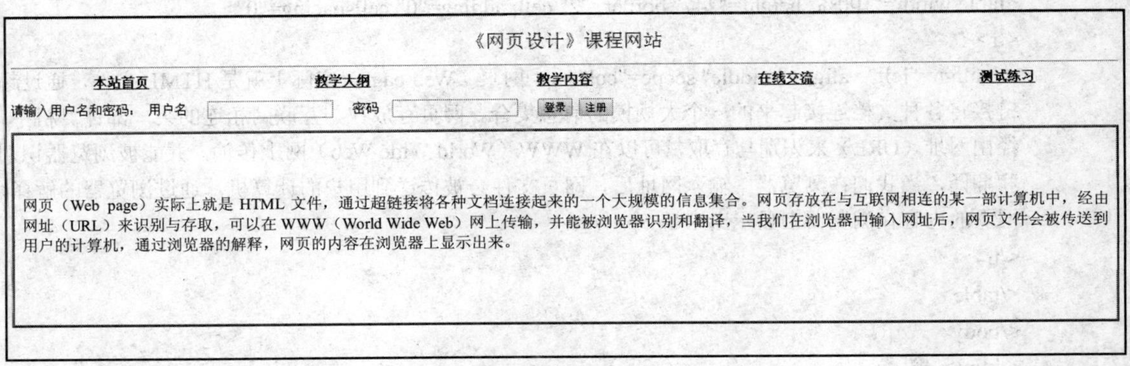

图 1-29 设计效果

【操作步骤】

(1) 在 Dreamweaver 中新建一个空白 HTML 文档。

(2) 切换到 Dreamweaver 的代码视图，在代码窗口中输入如下代码，在设计视图查看效果，或保存文件后按 F12 键在浏览器中预览网页。

参考 HTML 代码如下：

```html
<html>
<head>
<title>网页程序设计</title>
</head>
<body>
<p><center><font size="+2" color="#0000FF" >《网页设计》课程网站</font></center></p><hr />
<table width="100%" border="0" align="center" cellpadding="0" cellspacing="0">
<tr>
<th scope="col"><a href="#">本站首页</a></th>
<th scope="col"><a href="#">教学大纲</a></th>
<th scope="col"><a href="#">教学内容</a></th>
<th scope="col"><a href="#">在线交流</a></th>
<th scope="col"><a href="#">测试练习</a></th>
</tr>
</table>
<p>请输入用户名和密码：用户名
 
<input type="text" name="textfield" id="textfield" />
 
密码 
<label for="textfield2"></label>
<input type="text" name="textfield2" id="textfield2" />
 
<input type="submit" name="button" id="button" value="登录" />
<input type="submit" name="button2" id="button2" value="注册" />
</p>
<table width="100%" height="247" border="2" cellpadding="0" cellspacing="0">
<tr>
<th align="left" valign="middle" scope="col"><p>网页（Web page）实际上就是 HTML 文件，通过超链接将各种文档连接起来的一个大规模的信息集合。网页存放在与互联网相连的某一部计算机中，经由网址（URL）来识别与存取，可以在 WWW（World Wide Web）网上传输，并能被浏览器识别和翻译，当我们在浏览器中输入网址后，网页文件会被传送到用户的计算机，通过浏览器的解释，网页的内容在浏览器上显示出来。</p></th>
</tr>
</table>
</body>
</html>
```

思考与练习

1. 什么是网页、网站、首页、网页、超链接、统一资源定位器（URL）？
2. 举例说明网页的基本类型。
3. 网页有哪些基本元素？
4. 网页由哪些部分组成？
5. 网页中表单的作用？
6. 常用的网页设计工具有哪些？
7. 简述组建一个网站要考虑哪些方面。
8. 举例说明绝对路径和相对路径。
9. 请写出 HTML 文档的基本结构。
10. 简述超文本标记语言 HTML 的特点。
11. 使用 HTML 创建一个简单的新闻页面，要求有文本标题、文本段落、水平线和图片。

第 2 章　Dreamweaver 入门

【本章导读】

本章介绍了 Dreamweaver CS6 操作界面的组成和功能；站点的含义、管理和设置本地站点，以及如何实现本地站点与 FTP 服务器间传输文件等内容。本章是使用 Dreamweaver CS6 创建网站的入门级操作。

【本章要点】

- 熟悉 Dreamweaver CS6 的操作界面，了解属性面板的功能。
- 熟练使用菜单和面板进行基本操作。
- 掌握站点的含义、管理和设置本地站点的操作方法。

2.1　Dreamweaver CS6 操作界面简介

打开 Dreamweaver CS6 软件，首先看到的是图 2-1 所示的欢迎界面。在欢迎界面可以完成打开或新建文档等操作，若要设置下次打开 Dreamweaver 时不显示欢迎界面，则可以单击勾选欢迎界面左下角的"不再显示"选项，因为欢迎界面中的"打开最近的项目""新建"和"主要功能"非常方便实用，因此建议再次打开时保留欢迎界面。例如在欢迎界面通过单击"打开"按钮 打开 ，打开一个网页文档，即可进入文档编辑界面，如图 2-2 所示。

Dreamweaver CS6 的文档编辑界面（即主界面）主要由菜单栏、文档工具栏、文档窗口、状态栏、属性面板、面板组等部分组成，其中"文档窗口"是显示和编辑文档内容的工作区域，是操作的核心区域。

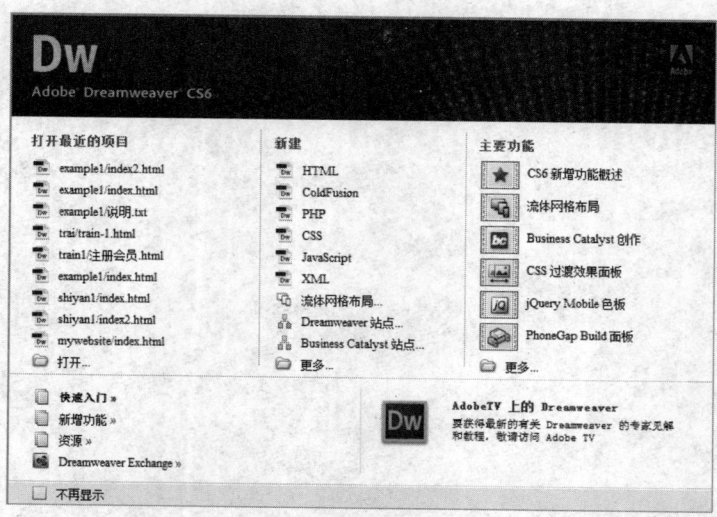

图 2-1　欢迎界面

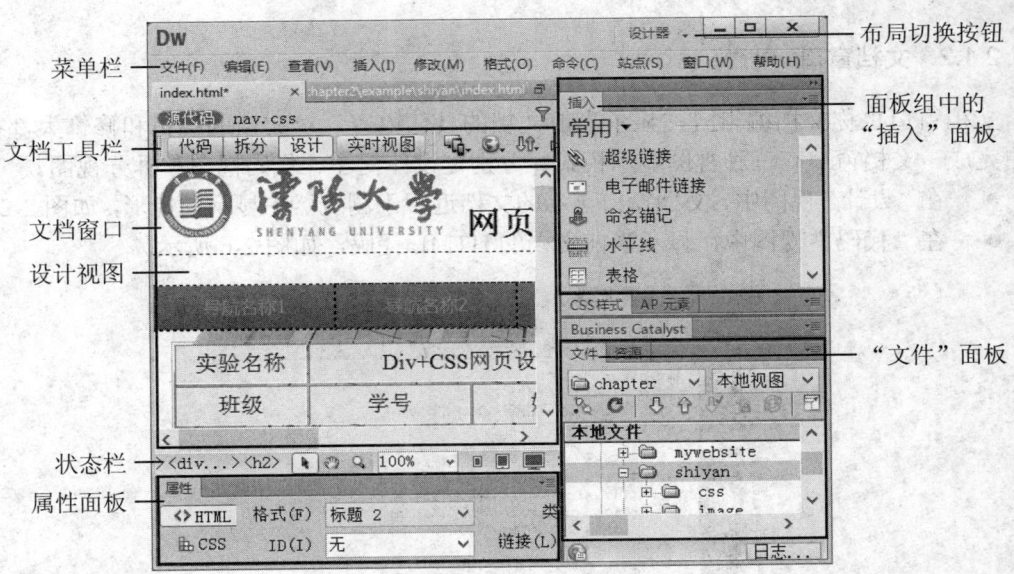

图 2-2　Dreamweaver CS6 主界面

2.1.1　菜单栏和布局切换按钮

菜单栏提供全面的 Dreamweaver CS6 操作命令，包括文件、编辑、查看、插入、修改、格式、命令、站点、窗口和帮助，如图 2-3 所示。在最小化按钮前还有一个显示为"设计器"的工作区布局切换按钮，单击该按钮打开的下拉菜单如图 2-4 所示，可针对不同使用者切换工作区的布局。例如，图 2-5 为"经典"布局界面，与系统默认的"设计器"布局方式基本一致，不同之处在于该布局方式将"插入"面板还原到老版本的"插入"栏形式，以适应老用户的使用习惯。

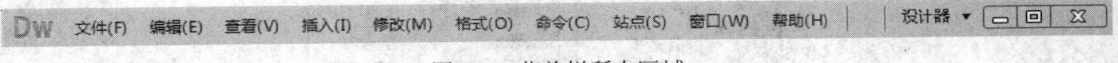

图 2-3　菜单栏所在区域

图 2-4　工作区布局切换菜单

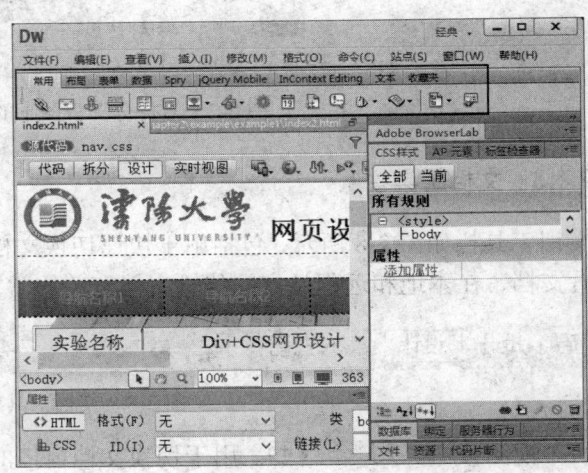

图 2-5　"经典"布局界面

2.1.2 文档窗口

文档窗口也称文档编辑区,显示当前文档的具体内容,对文档的编辑和修饰大都在该窗口中完成。文档窗口有三种视图显示模式,分别是设计视图、代码视图和拆分视图。

- 在"设计"视图中,文档窗口显示的文档近似于浏览器中显示的情形,如图 2-2 所示。
- 在"代码"视图中,显示当前文档的 HTML 代码,如图 2-6 所示。

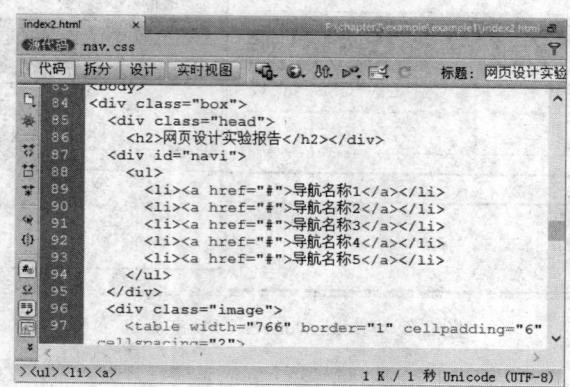

图 2-6 "代码"视图下的文档窗口

- 在"拆分"视图中,分别在左右窗口同时显示上述两种视图,如图 2-7 所示。

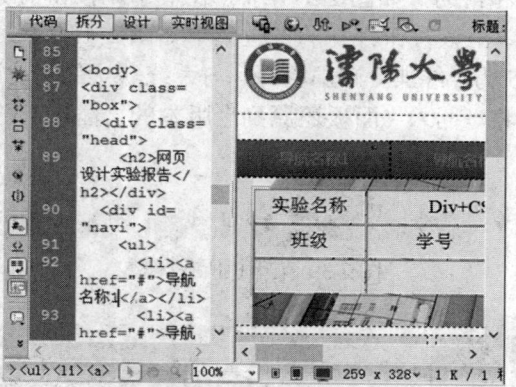

图 2-7 "拆分"视图下的文档窗口

2.1.3 文档工具栏

文档工具栏如图 2-8 所示,包括用于快速切换文档窗口视图的视图按钮,以及一些与显示和查看文档、在本地和远程站点间传输文档有关的常用命令和选项。

图 2-8 文档工具栏

- 视图按钮 代码 拆分 设计 :用于切换文档窗口的三种视图。
- 实时视图按钮 实时视图 :显示不可编辑的、交互式的、基于浏览器的文档视图。

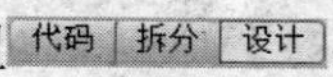

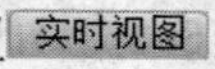

- 多屏幕按钮：借助"多屏幕预览"面板，为智能手机、平板电脑和台式机进行设计。
- 预览/调试按钮：可以在浏览器中预览或调试当前文档，可以从弹出式菜单中选择一个浏览器。
- 文件管理按钮：当有多个人对一个页面进行过操作时，进行获取、取出、上传、存回等操作。
- W3C 验证按钮：由万维网联盟 W3C 提供的验证服务可以为用户检查 HTML 文档是否符合标准。
- 浏览器兼容性按钮：可以检查所设计的页面对不同类型浏览器的兼容性。
- 可视化助理按钮：允许用户使用不同的可视化助理来设计页面。
- 刷新设计器按钮：修改了网页文档的源代码后单击此按钮将刷新设计视图，使其显示修改后的效果。
- "标题"文本框：显示或输入网页文档的标题。

2.1.4 "属性"面板

"属性"面板（如图 2-9 所示）主要用于查看和更改所选择对象的各种属性，针对所选对象的不同，"属性"面板中的参数会有所不同。其中包含"HTML"和"CSS"两个选项。"属性"面板下部为扩展面板，在"属性"面板右侧的空白处双击可以展开或收起扩展面板。

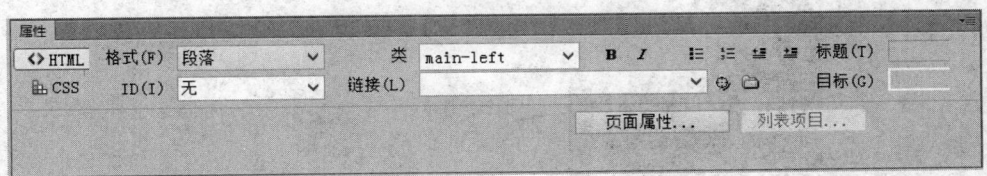

图 2-9 "属性"面板

2.1.5 状态栏

文档窗口底部的状态栏中显示着当前被编辑文档的相关信息，同时还包含了一些显示控制功能，如图 2-10 所示。

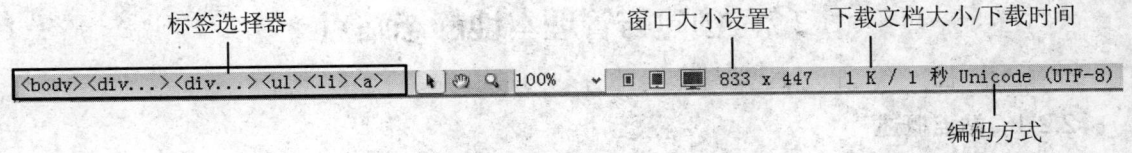

图 2-10 状态栏

- 标签选择器：用于显示当前选定对象的标签层次结构，单击该层次结构中的任何标签名，则在属性面板中显示该标签相关的属性参数。
- 选取工具按钮：默认状态下的鼠标形状。
- 手形工具按钮：对于尺寸较大的文档，特别是超出 Dreamweaver 界面的情况特别有用，通过该工具可任意拖动文档的显示区域。
- 缩放工具按钮和"设置缩放比例"下拉列表：用于为文档设置缩放比例，默认情况下为 100%。
- 标准大小设置按钮 ▫ ▫ ▫：三个按钮分别为手机大小（480×800）、平板电脑大小（768×1024）和桌面电脑大小（1000 宽）。
- "窗口大小设置"下拉列表框：仅在"设计"视图中可见，用来将文档窗口的大小调整到预定义或自定义的尺寸。
- 下载文档大小/下载时间显示器：能够实时显示当前编辑的文档大小和预计的下载时间。
- 编码类型显示器：显示当前文档的编码类型，简体中文网页一般采用 GB2312 或 Unicode（UTF-8）等编码方式。

2.1.6 面板组

面板组一般位于 Dreamweaver 界面的右侧，提供了编辑文档和设置操作时类似于工具栏的功能集合。其中除了"插入"面板之外，还有"CSS 样式""AP 元素""数据库""绑定""服务器行为""文件"和"资源"等多个面板，一般来说面板组中显示的内容与文档中的当前操作有关，可以在"窗口"菜单中设置要显示的面板。图 2-11 所示为面板组展开和折叠之后的界面。

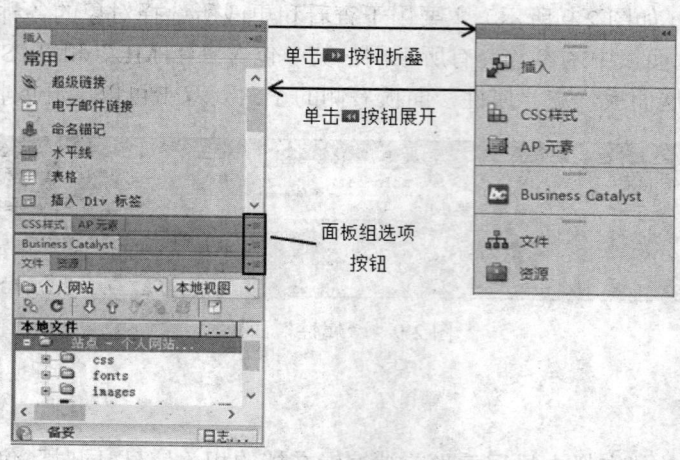

图 2-11 展开与折叠的面板组

2.2 创建与管理本地静态站点

2.2.1 站点概述

1. 站点的含义和分类

Dreamweaver 站点是网站中使用的所有文件和资源的集合。站点中包括网页文件、图片文件、服务器端处理程序和 Flash 动画文件等。站点在操作系统中的形式就是一个层次结构的文件夹，即一个文件夹下包含各种子文件夹及文件，例如某个简单的个人网站站点，在 Windows 的文件夹窗口和 Dreamweaver 中"文件"面板中的显示分别如图 2-12 和图 2-13 所示。其中，在"文件"面板中还可以实现将文件上传到网络服务器，自动跟踪和维护、管理文件以及共享文件等功能。

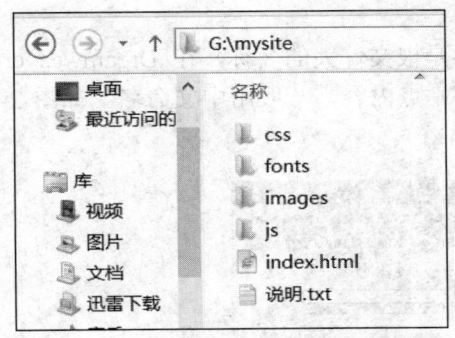
图2-12 文件夹窗口中的站点结构

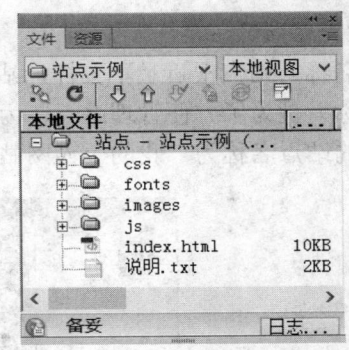
图2-13 "文件"面板中的站点结构

Dreamweaver 中的站点一般分为本地站点和远程站点两种。本地站点用于存放整个网站内容的本地文件夹，是用户的工作目录，一般制作网页时只需建立本地站点。远程站点是指存储于服务器上的站点。

2. 站点的规划原则

在定义站点之前，首先要做好站点的规划，包括站点的目录结构和链接结构等。这里讲的站点目录结构是指本地站点的目录结构，远程站点的结构应该与本地站点相同。目录结构创建是否合理，对于网站的上传、更新、维护、扩充和移植等工作有很大的影响。因此，在设计网站目录结构时，应该遵循以下原则：

（1）将文件分类存放在不同的文件夹中。每个站点对应一个根文件夹，然后创建多个子文件夹。可以将同种类型的文件放在同一子文件夹，如图片文件存放在 images 文件夹下；也可以按网站的栏目划分子文件夹。

（2）给文件或文件夹命名时应使用英文或汉语拼音，不要使用中文目录名，防止因此而引起的链接和浏览错误。命名应有一定规律，便于日后管理。

（3）目录层次不要太深，最好3级以内，不要超过5级。

（4）首页使用率最高，因此建立一个首页文件夹很有必要，用于存放网站首页中的各种文件。

2.2.2 创建本地站点

对于初学者规则站点、设计站点结构比较困难，但创建站点的操作与 Windows 系统下创建文件夹类似，比较容易。

下面以简单的"个人网站站点"为例，介绍本地站点的创建过程。

1. 新建站点

在"站点"菜单中单击"新建站点"命令，如图 2-14 所示，打开"站点设置对象"对话框。

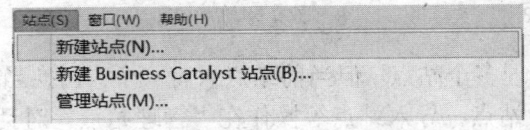
图2-14 菜单中"新建站点"命令

2. 设置站点名称

站点名称与站点根目录不一样,站点名称并不是根文件夹的名称,在 Dreamweaver 中设置站点名称只是为了方便管理站点,为更好地了解站点内容,一般用中文命名。如图 2-15 所示,创建的站点名称为"我的个人网站"。

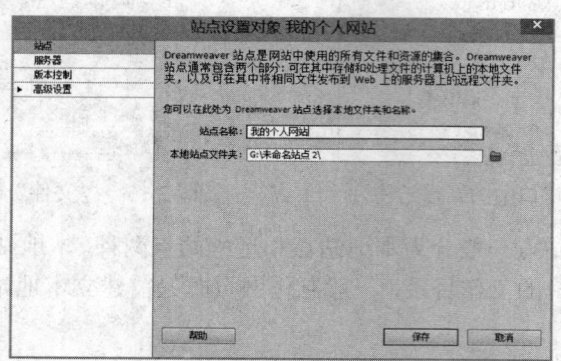

图 2-15 设置站点名称

3. 设置本地站点根文件夹

站点根目录可以在 Windows 的"文件夹窗口"建立完成,也可以在设置站点过程中创建。

- 在"站点设置对象"对话框,单击"本地站点文件夹"后面的浏览文件按钮,打开"选择根文件夹"对话框,如图 2-16 所示。

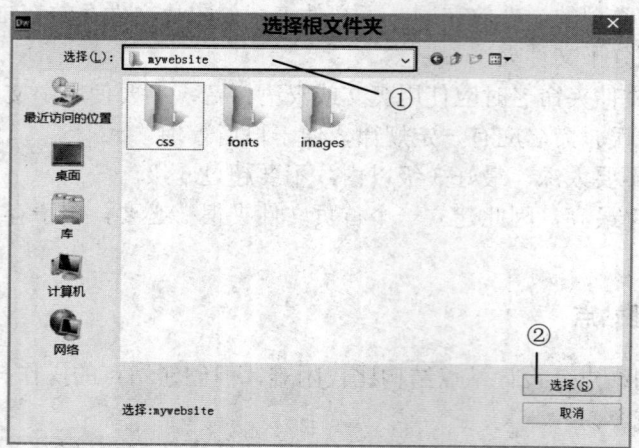

图 2-16 "选择根文件夹"对话框

- 选择或使用新建按钮创建站点根文件夹(如 mywebsite),双击打开该文件夹,单击"选择"按钮,完成操作。新创建的站点会在"文件"面板中显示。

2.2.3 管理本地站点

Dreamweaver 可以管理多个站点,但当前站点只有一个。切换当前站点、创建站点、修改站点名称或根目录、删除站点、导入站点等操作在"管理站点"对话框中完成。

在"站点"菜单中单击"管理站点"命令,打开"管理站点"对话框,如图 2-17 所示。

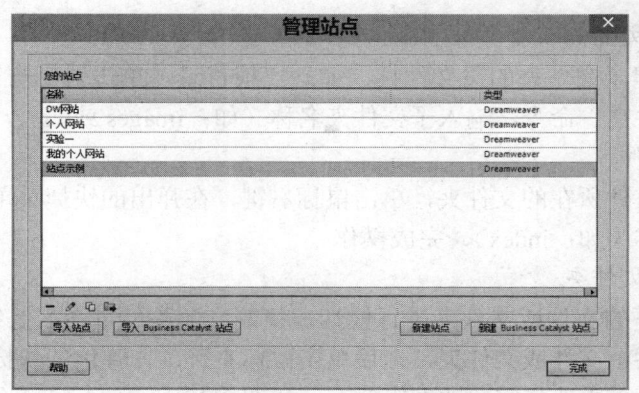

图 2-17 "管理站点"对话框

"管理站点"对话框中，各按钮的功能如下：

- 删除按钮：在"管理站点"对话框中删除当前选定的站点，但被删除的站点文件夹及内容仍存在。
- 编辑按钮：打开"站点设置对象"对话框，修改当前选中站点的名称或根文件夹等内容。
- 复制按钮：复制当前选中的站点，复制站点文件，减少站点开发时间。
- 导出按钮：将 Dreamweaver 中的站点保存成 ste 格式的站点信息文件。当需要备份当前站点定义信息或需要在其他电脑上使用当前站点的定义时，可以对站点进行导出操作。
- 导入站点：将 ste 格式的站点信息文件导入到 Dreamweaver 中。
- 新建站点：创建新的站点，与在"站点"菜单中的"新建站点"命令作用相同。
- 新建 Business Catalyst 站点：用来创建新的 Business Catalyst 站点。
- 导入 Business Catalyst 站点：用来导入 Business Catalyst 站点。

2.2.4 编辑站点内容

站点的内容包括网站用到的所有文件，这些文件以文件夹的形式组织管理。在 Dreamweaver 中编辑站点内容是指：新建文件夹、新建网页文件操作，以及对文件夹或文件进行编辑操作。在"文件"面板中，单击右键会出现有关编辑站点的快捷菜单，如图 2-18 所示。

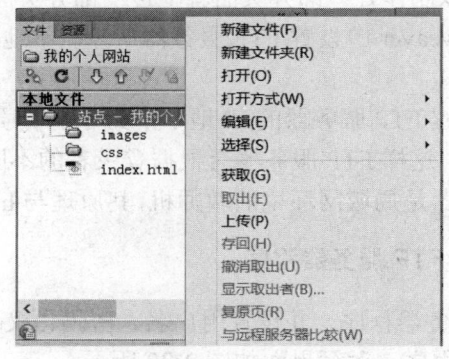

图 2-18 右键快捷菜单

1. 新建站点子文件夹

首先选中要创建子文件夹的父文件夹，如站点根目录，单击鼠标右键，在弹出的快捷菜单中单击"新建文件夹"命令，输入子文件夹名称（如：images 或 css），完成操作。

2. 新建网页文件

首先选中网页文件所在的文件夹，单击鼠标右键，在弹出的快捷菜单中单击"新建文件"命令，输入文件名称（如：index），完成操作。

3. 编辑文件或文件夹

对站点根目录下的文件或文件夹进行剪切、复制、删除、重命名等编辑操作时，首先要选中操作对象，即某个文件或文件夹，之后单击鼠标右键，在弹出的快捷菜单中单击"编辑"命令，在弹出的子菜单中选择需要的编辑命令，如图 2-19 所示。

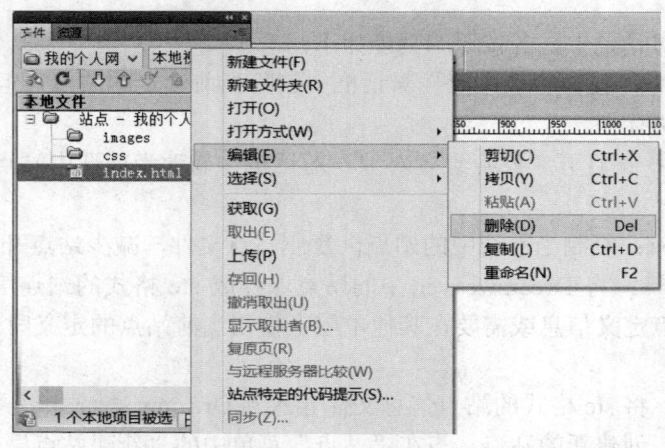

图 2-19　删除 index.html 文件的操作界面

2.3　利用 FTP 服务器传输站点

FTP（File Transport Protocol）即文件传输协议，简单地说就是在本地电脑和远程服务器之间建立通信连接，然后根据需要进行文件的传输操作。通常情况下，小型网站可以在完成本地站点制作后，再设置远程服务器，将网站所有内容上传至远程服务器。有时也可以在创建站点时设置好远程服务器，可以制作好一部分页面就上传一部分页面，便于在网络中查看页面效果。本节介绍如何在 Dreamweaver 中设置 FTP 服务器，并在本地站点和 FTP 服务器之间传输文件。

设置之前首先应知道远程 FTP 服务器的 IP 地址，及用户账号和密码，一般的 FTP 服务器都要求用户输入账号和密码，这样 FTP 服务器会根据登录者的不同等级为其分配不同的权限。下面例子中用到的 FTP 服务器是局域网环境的教师机，其原理与 Internet 上的远程服务器类似。

2.3.1　在服务器端运行 FTP 服务器程序

在服务器端运行 FTP 服务器程序，并设置用户名、密码、权限、共享目录等参数。例如：在教师机端运行 FTP Server 程序，运行界面如图 2-20 所示。

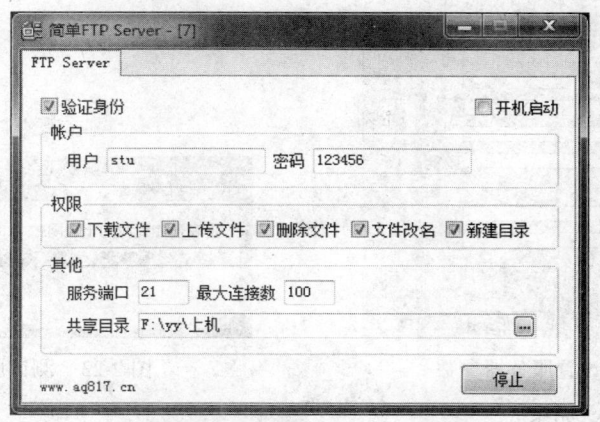

图 2-20　FTP Server 的运行界面

2.3.2　在客户端设置 FTP 服务器的参数

以学生机为客户端，要上传的网站以"我的个人网站"为例，如果将此站点与远程服务器之间建立 FTP 连接，则按下面的步骤设置 FTP 服务器的参数。

单击选择"站点"菜单→"管理站点"命令，打开"管理站点"对话框。选择当前站点（如：我的个人网站）后，单击编辑按钮 ，打开"站点设置对象"对话框，如图 2-21 所示。

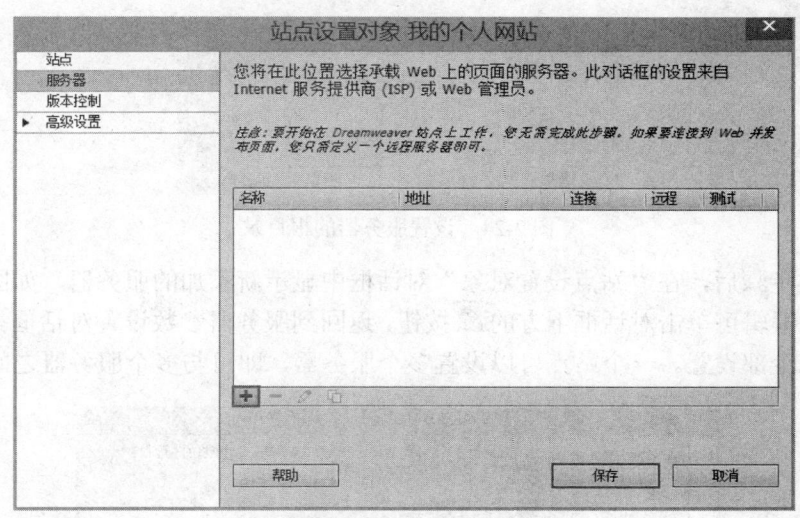

图 2-21　设置添加服务器

1. 设置服务器参数

在"站点设置对象"对话框中单击选择左侧的"服务器"选项后，单击 按钮打开"服务器"选项设置界面，输入 FTP 服务器的 FTP 地址、用户名、密码等信息，如图 2-22 所示。

2. 测试服务器连接

单击"测试"按钮，弹出"文件活动"对话框，如图 2-23 所示，显示正在与设置的远程服务器连接。连接成功后，弹出提示框"Dreamweaver 已经成功连接您的 Web 服务器"时，说明所设置的 FTP 服务器参数正确。

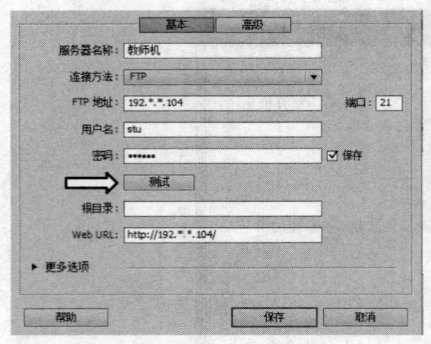
图 2-22　设置服务器参数

图 2-23　测试服务器连接

服务器参数的含义如下：
- 服务器名称：指定服务器的名称。
- 连接方法：指与服务器连接时所用的网络连接协议等，这里选 FTP。
- FTP 地址：指 FTP 服务器的 IP 地址。
- "用户名"和"密码"：如果服务器端有权限设置，则按要求输入用户名和密码。
- 根目录：输入 FTP 服务器用于存放上传站点内容的文件夹路径。例如每个学生在教师机都有自己对应的文件夹，则可将该文件夹设置为根目录，如图 2-24 所示。
- Web URL：上面的根目录对应的 URL。

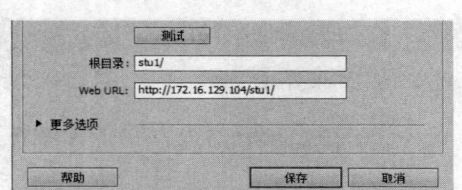
图 2-24　设置服务器的根目录

完成上述步骤后，在"站点设置对象"对话框中显示新添加的服务器，如图 2-25 所示。如果需要再次编辑可单击对话框下方的 按钮，返回到服务器参数设置对话框。否则单击"保存"按钮结束全部设置。一个站点可以设置多个服务器，即可与多个服务器之间传递文件。

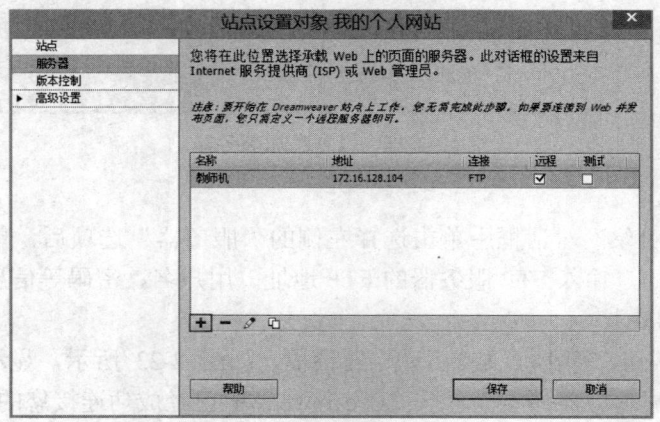
图 2-25　服务器设置完成

2.3.3 站点与 FTP 服务器之间传递文件

完成站点的 FTP 服务器设置后，可以在"文件"面板实现站点与服务器之间的文件传输，如图 2-26 所示。

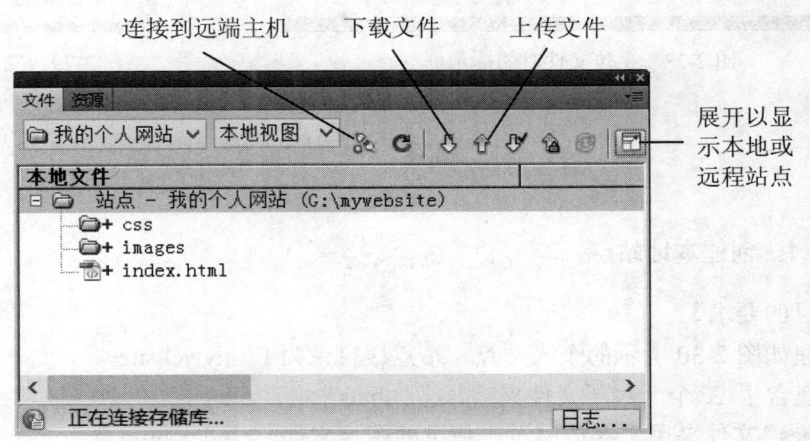

图 2-26 "文件"面板

1. 上传文件至 FTP 服务器

单击"文件"面板上的"连接到远程服务器"按钮 可建立与远程服务器的 FTP 连接。再单击"展开以显示本地或远程站点"按钮 ，展开为双窗模式，左侧窗格中为 FTP 服务器文件树，右侧为本地文件树，如图 2-27 所示。

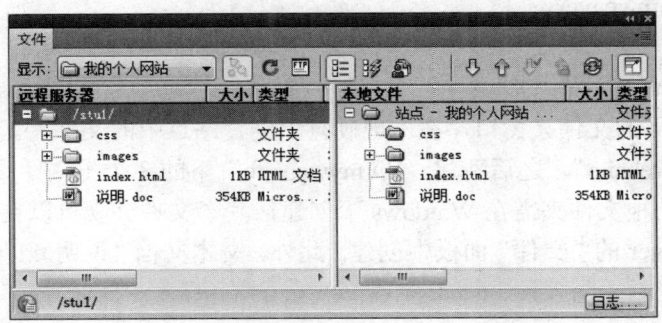

图 2-27 显示远程服务器与本地站点的双窗模式

选中右侧窗格中需要上传的单个或多个文件/文件夹，单击"上传文件"按钮 即可将文件上传至远程服务器。上传过程中将提示上传相关文件（如 CSS 样式表文件、网页中引用的多媒体文件等），单击"是"按钮则可将相关文件一并上传，上传过程如图 2-28 所示。

2. 从 FTP 服务器下载文件至本地硬盘

在左侧远程服务器窗口中选择下载的单个或多个文件/文件夹，单击"获取文件"按钮可将将选中文件下载至本地电脑，下载过程中同样会提示获取相关文件，单击"是"按钮则可将相关文件一并下载，进行下载操作时应注意下载的文件会直接覆盖本地同名文件，不会出现任何提示。如图 2-29 所示为下载根目录下所有内容即整个站点的操作提示。

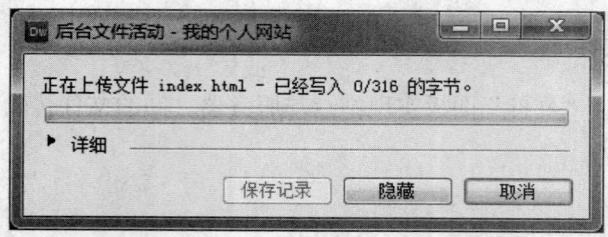
图 2-28　上传文件时的提示框

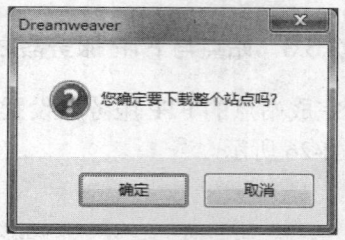
图 2-29　确认下载提示框

2.4　实践演练

2.4.1　创建本地站点

【目的要求】

创建如图 2-30 所示的个人站点，站点根目录为 E:\mywebsite，站点中包含了 3 个一级子文件夹"css""fonts"和"images"，其中"images"文件夹用于存放网页中使用的图片文件。"index.html"为网站中的主页文件，"说明.txt"为有关网站说明的文本文件。

【说明】

（1）首先在 Windows 的文件夹窗口创建站点的文件夹结构。

（2）从网络上下载一个图片文件，存入 E:\mywebsite\images 文件夹下。

图 2-30　站点结构图

（3）启动 Dreamweaver。

【操作步骤】

1. 在本地硬盘创建站点文件夹

打开 Windows 下的文件夹窗口，在本地硬盘上创建站点中的文件夹。如在 E 盘根目录下创建新文件夹"mywebsite"，之后新建"E:\ mywebsite"下的 3 个子文件夹，如图 2-31 所示。需要注意的是站点的根文件夹需在 Windows 下创建，其子文件夹既可以在 Windows 下创建，也可以在 Dreamweaver 的"文件"面板中创建。此外，文本文档"说明.txt"也可以在 Windows 下创建。

图 2-31　Windows 下的文件夹窗口

2. 在 Dreamweaver 中创建以 E:\mywebsite 为根文件夹的站点

在 Dreamweaver 界面，单击选择"站点"菜单→"新建站点"命令，打开"站点设置对象"对话框。其中"站点名称"自己定义（如"我的个人网站"），"本地站点文件夹"设定为刚建立的站点根目录（如"E:\mywebsite"），如图 2-32 所示。设置完成后将在"文件"面板显示如图 2-33 所示的内容。

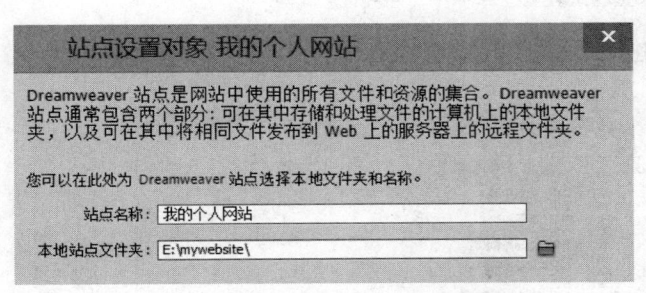
图 2-32　设置站点名称及根文件夹

图 2-33　"文件"面板中显示的站点内容

3. 在"文件"面板编辑站点内容

如果站点内容需要修改，如改变子文件夹名称、创建新的文件夹、删除某个文件或文件夹等，可以在"文件"面板中进行操作。具体方法是：在"文件"面板中选中目标文件或文件夹，单击鼠标右键，在弹出的右键菜单中进行新建或编辑操作，如图 2-34 所示。

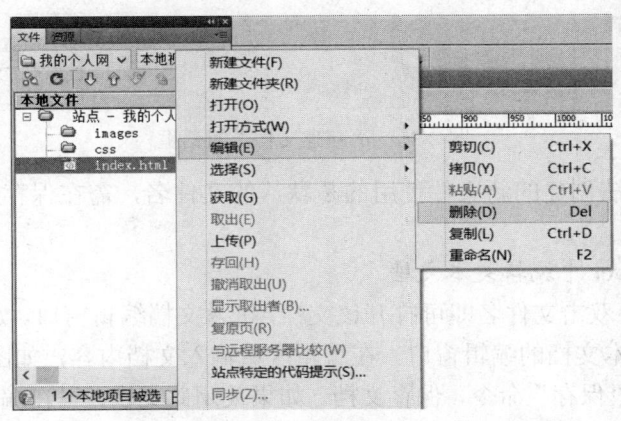
图 2-34　"文件"面板的右键快捷菜单

4. 建立首页文档

在站点中新建网页文档的方法有以下几种：
- 在"文件"面板空白处单击鼠标右键，在右键快捷菜单中单击"新建文件"命令，即可新建一个网页文档，在图 2-35 所示的默认文档名处输入主页文件名"index"完成操作。如果编辑此文档，可在文件名"index.html"上双击。
- 在欢迎界面，单击选择新建分组中的"HTML"，进入新建文档的编辑窗口。
- 单击选择"文件"菜单→"新建"命令，或者按下快捷键 Ctrl+N，将弹出如图 2-36 所示的"新建文档"对话框。在该对话框中按默认选项进行选择，单击"创建"按钮，进入新建网页文档的编辑窗口。

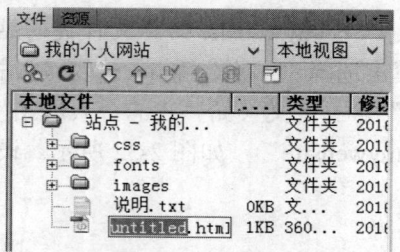

图 2-35 新建网页文档并更改默认文件名

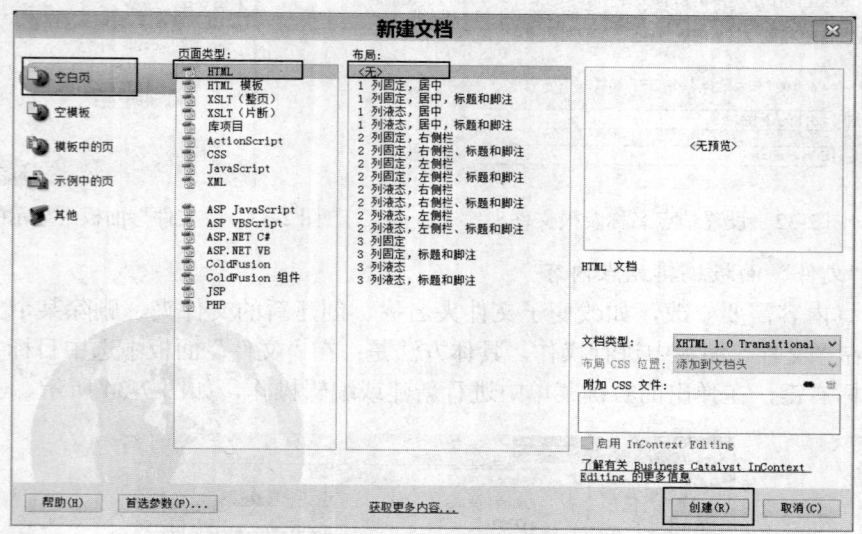

图 2-36 "新建文档"对话框

说明：后两种方法创建的新文件使用的是默认的文件名，需在保存文件时输入主页的文件名"index.html"。

5. 在 Dreamweaver 中编辑文本文档

在"文件"面板中双击文件名即可打开该文档，进入文档编辑窗口。如在文件名"说明.txt"上双击，即可打开文本文档的编辑窗口。在编辑区域输入文档内容，如图 2-37 所示，然后在"文件"菜单中选择"保存"命令，保存文档。如果关闭此文档，可在编辑窗口文档选项卡名称处单击关闭按钮 ×，或在"文件"菜单中单击"关闭"命令。

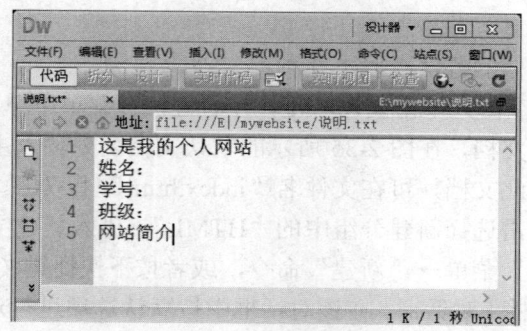

图 2-37 文本文档编辑窗口

2.4.2 在"设计"视图编辑网页文档

【目的要求】

打开"文件"面板中的 index.html 文档,在文档窗口"设计"视图中编辑网页的内容,如图 2-38 所示。网页中的元素有文本、水平线、图片。目的是让大家熟悉 Dreamweaver "设计"视图下网页文档的编辑方法和过程,熟悉 Dreamweaver 菜单及面板中的相关操作命令。

图 2-38 网页内容示例

【说明】打开 mywebsite 站点根目录下的 index.html 主页文档,或者新建一个网页文档练习本任务。准备两张图片,一张用于做网页背景,一张做网页内容。

【操作步骤】

1. 准备图片素材

下载图片素材到站点存放图片的文件夹下,如"我的个人网站"站点的"mywebsite\images"目录下。

注意:从网上下载图片时尽量不使用默认文件名,可以自己给文件命名,如将背景图片文件命名为"bj1"。此外还要注意图片的大小是否适合使用。

2. 打开 Dreamweaver,进入 index.html 的文档窗口

设置当前站点后,在 Dreamweaver 中新建的文件会自动保存在站点文件夹中。已经创建了"我的个人网站"站点及文件"index.html",在文件名上双击,即可打开该网页文档。如果还没有创建 index.html 网页文件,可以在"文件"菜单中选择"新建"命令,创建一个页面类型为 HTML 的空白页。打开文档窗口并确认此时为"设计"视图,如图 2-39 所示。

3. 在"设计"视图输入网站内容

(1) 文本的输入:直接在光标处输入文本"欢迎光临我的个人网站",回车光标停留在下一行。

(2) 插入"水平线":首先定位插入点,然后以下操作方法任选其一。

- 在"插入"面板操作:选择"常用"类别,单击"水平线",如图 2-40 所示。
- 在"插入"菜单操作:选择"HTML",在弹出的子菜单中单击"水平线"命令。

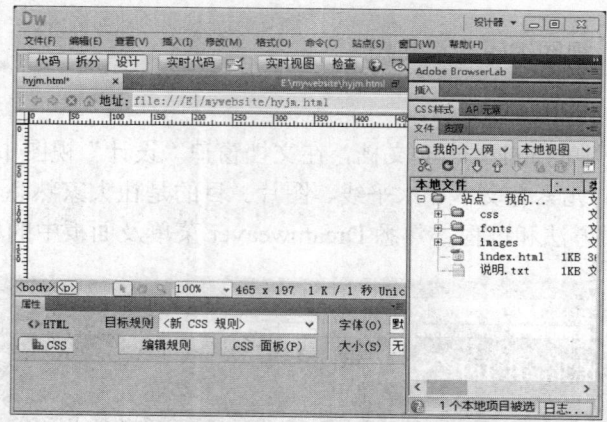

图 2-39 打开 index.html 文档的初始界面

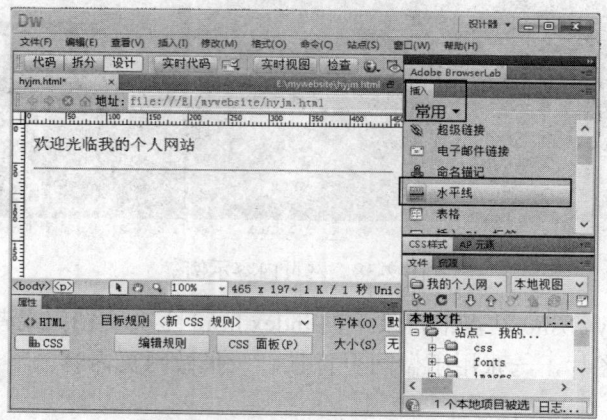

图 2-40 在"插入"面板插入水平线操作

（3）插入"图像"：首先定位插入点，通过以下两种方法打开"选择图像源文件"对话框，在站点的"images"文件夹下，打开相应的图像文件，如图 2-41 所示。

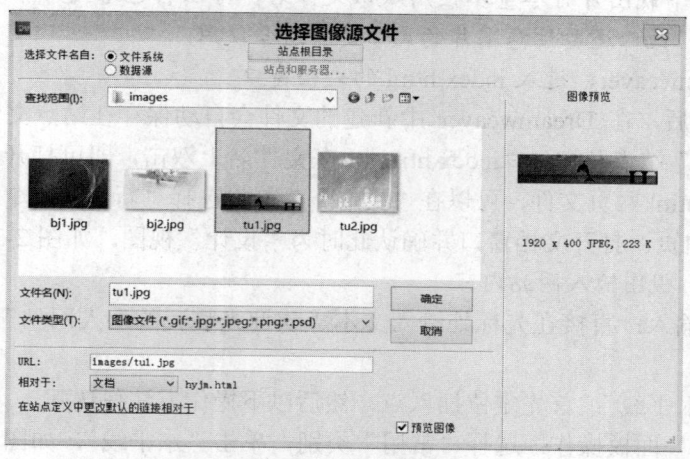

图 2-41 "选择图像源文件"对话框

- 选择"插入"面板→"常用"类别→"图像"选项。
- 单击"插入"菜单→"图像"命令,或者使用快捷键 Ctrl+Alt+I。

(4)版权符号©的输入:单击"插入"面板→"文本"→"字符"下三角按钮,然后在文本类别中选择"©版权"。

(5)插入日期:选择"插入"面板→"文本"→"插入日期"选项,在弹出的"插入日期"对话框中设置日期格式等选项,单击"确定"按钮完成操作。

4. 在"属性"面板中设置文本为"标题1"格式

选中要设置的文本对象,如"欢迎光临我的个人网站"。在"属性"面板左侧单击选中"HTML"按钮,再单击"格式"后面的下拉按钮,在下拉列表中选择"标题1"选项,完成操作。操作界面如图2-42所示。

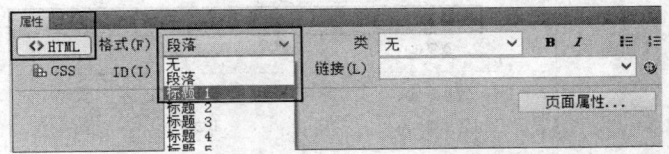

图2-42 设置文本为"标题1"格式

5. 在"属性"面板中设置图像的大小

在如图2-43所示的"属性"面板中,设置图像大小,宽×高为800×200像素。

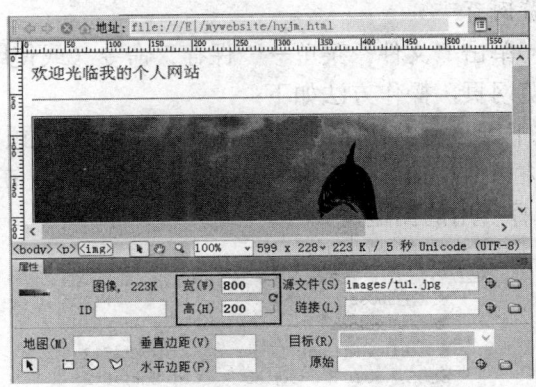

图2-43 在"属性"面板设置图像的宽和高

操作方法:单击选中图像,在界面下方"属性"面板中的"宽"和"高"后面分别输入数值。图中方框选中区域中的"重置按钮" ,其功能为恢复图片原来的大小。

6. 在"页面属性"对话框中设置网页的背景及字体颜色

(1)打开"页面属性"对话框,在以下三种操作方法中任选其一。
- 在"属性"面板操作:单击"页面属性"按钮,如图2-44所示。
- 在"修改"菜单操作:单击"修改"菜单→"页面属性命令"(对应快捷键 Ctrl+J)。

(2)在"页面属性"对话框的"分类"列表中选择"外观(CSS)"。在右侧的参数设置区域,设置"文本颜色"为白色(#FFF);在"背景图像"处,单击"浏览"按钮,选择站点"images"文件夹下的背景文件"bj1.jpg",如图2-45所示。设置好后单击"确定"按钮,则显示如图2-37所示效果。

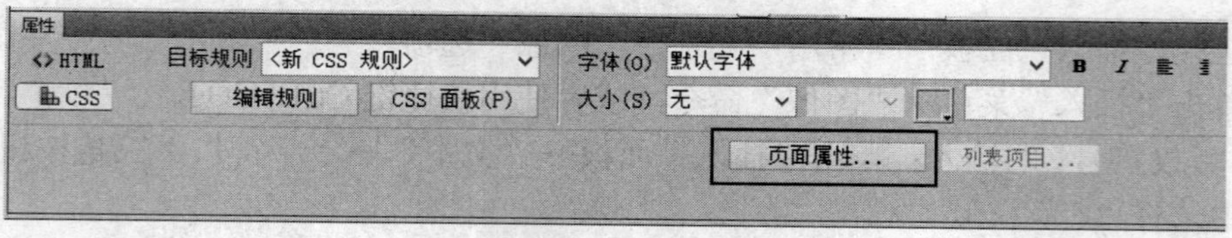

图 2-44 "属性"面板

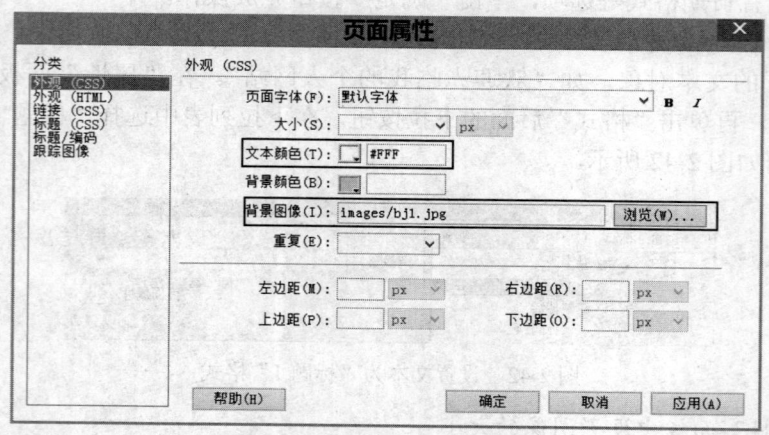

图 2-45 "页面属性"对话框

7. 保存文档，并预览网页

（1）保存文档操作：单击"文件"菜单→"保存"命令（或使用快捷键 Ctrl+S）。

（2）在浏览器中预览网页，操作方法如下：

- 功能键操作：按下键盘上的功能键 F12，将在主浏览器中预览当前网页。
- 在"文档"工具栏单击"在浏览器中浏览/调试"按钮，在打开的如图 2-46 所示的浏览器列表中选择所用的浏览器。

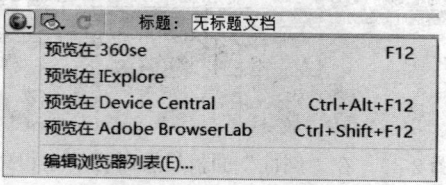

图 2-46 "浏览器"列表

2.4.3 自定义 Dreamweaver 编辑环境

【任务 1】在"首选参数"对话框中设置主浏览器

【目的要求】

一般电脑中经常安装多个浏览器，如有 IE 浏览器、360 浏览器等。但只能有一个为主浏览器，即在预览/调试网页的时候，单击 F12 功能键默认启用的浏览器。有时不同的浏览器对网页的显示效果会有所不同。此处要求将 IExplore 设置为主浏览器。

【操作步骤】

（1）单击选择"编辑"菜单→"首选参数"命令，打开"首选参数"对话框。

（2）如图 2-47 所示，在对话框左侧选择"在浏览器中预览"，然后在右侧的浏览器列表中选中"IExplore"，在"默认："后选中"主浏览器"复选框，单击"确定"按钮完成设置。

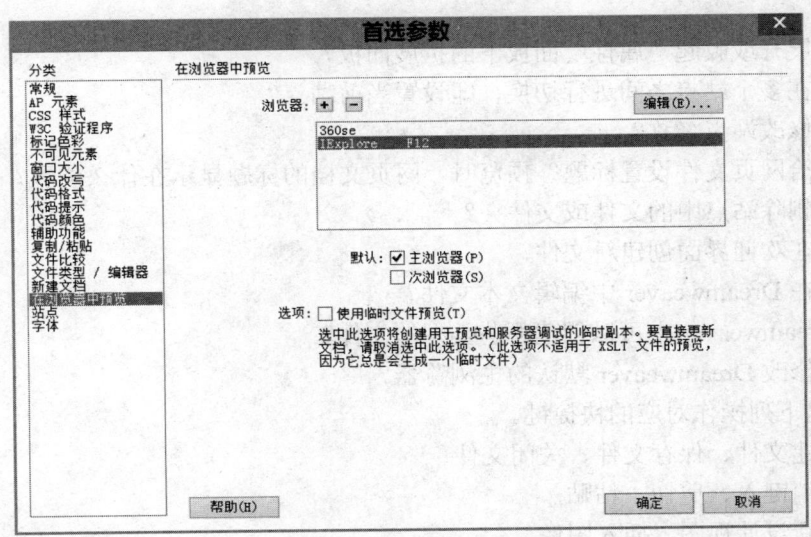

图 2-47 设置主浏览器

【任务 2】在"窗口"菜单设置显示或隐藏所有面板

【目的要求】

隐藏所有面板将使文档窗口获得更大的显示范围。

【操作步骤】

单击"窗口"菜单→"显示面板"/"隐藏面板"命令或者直接按 F4 键，可以显示/隐藏所有面板，如图 2-48 所示。

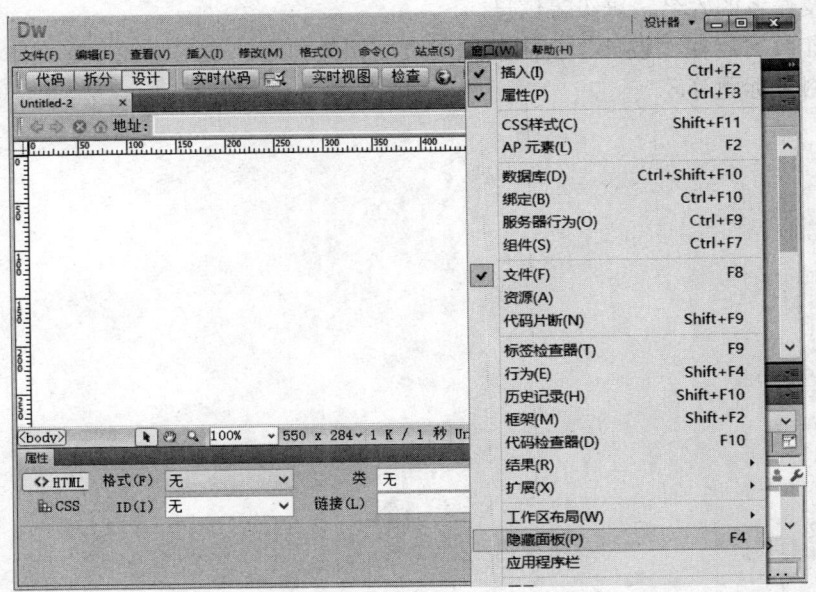

图 2-48 "窗口"菜单中的"隐藏面板"命令

思考与练习

1. 如何展开或收起"属性"面板下的扩展面板？
2. 如何在多个站点之间进行切换，即设置当前站点？
3. 如何修改站点名称？
4. 如何给网页文件设置标题？预览时，网页文档的标题显示在什么位置？
5. 如何删除站点中的文件或文件夹？
6. 能否在欢迎界面创建新文件？
7. 能否在 Dreamweaver 中编辑文本文件？
8. 在 Dreamweaver 中可以创建哪些类型的文件？
9. 如何修改 Dreamweaver 默认的主浏览器？
10. 写出下列操作对应的快捷键。
（1）新建文件、保存文件、关闭文件
（2）撤消键入、剪切、粘贴
（3）刷新设计视图、插入图像
（4）打开"页面属性"对话框
（5）检查站点范围内的链接
（6）显示/隐藏"插入"面板、显示/隐藏"属性"面板
（7）显示/隐藏"文件"面板、显示/隐藏所有面板
（8）在主浏览器中预览/调试网页

11. 操作练习：创建一个个人网站的本地站点，以自己的学号作为站点根文件夹。站点下的子文件夹自拟至少两个。创建一个主页文档，文档内容自拟。创建一个文本文档，输入自己的网站简介及作者的姓名、班级等信息。

12. 操作练习：在"设计"视图设置主页文档的内容，要求页面中有文本、图像，设置网页背景、网页标题等。

第 3 章　基本网页制作

【本章导读】

美观的网页是图文并茂的，本章将具体介绍网页制作的基础知识，包括文本内容的输入、编辑等；图像的插入、图像占位符的插入、如何设置鼠标经过图像等；声音的插入、动画和影像等多媒体元素的插入与编排。掌握了这些基础知识，能帮助我们设计出丰富多彩的网页。

【本章要点】

- 使用"插入"菜单或"插入"面板添加各种页面元素的操作方法。
- 文本的编辑、图像元素的使用方法、多媒体对象的使用，以及各自对应属性的含义和设置方法。

3.1　文本的编辑

要从网页中传递出相关信息，文本是必不可少的元素，一个再绚丽的网页也需要有文本元素，才能表达出网页真正所要表达的含义。本节将在网页中添加文本、水平线、特殊符号、时间和注释等，并对网页中的文本进行相关设置，让文本在网页中显得更加贴切。下面将分别进行介绍。

3.1.1　输入文本内容

1. 普通文本输入

在页面中输入文字的方法有以下三种：

第一种是直接输入，在文档窗口中，将光标定位到要输入文本的地方，直接输入文本即可。

第二种是粘贴法，先在其他文字编辑工具中复制要输入的文本，然后在文档窗口的插入点右击，在弹出的快捷菜单中选择"粘贴"命令。

第三种是导入已有的 Word 文档。在文档窗口中，将光标定位到要导入文本的地方，单击"文件"→"导入"→"Word 文档"命令，弹出"导入 Word 文档"对话框，选择要导入的 Word 文档，单击"打开"按钮，完成 Word 文档的导入，如图 3-1、图 3-2 所示。

Word 文档导入到 Dreamweaver CS6 后，设计视图文本显示结果如图 3-3 所示。

2. 换行

- 自动换行。在输入文字时，若某一行的长度超过了 Dreamweaver CS6 窗口的显示范围，文字将自动换到下一行。自动换行的好处在于不管浏览窗口的大小，网页文字都将依照窗口大小自动换行，避免超出页面之外而需要移动滚动条浏览的情况。
- 按 Enter 键换行。在输入文字后按 Enter 键，文字自动分段，且上下段之间空一行。
- 按 Shift+Enter 组合键换行。如果想要将文字手动换行，中间又不能出现空白行，可以按 Shift+Enter 组合键。

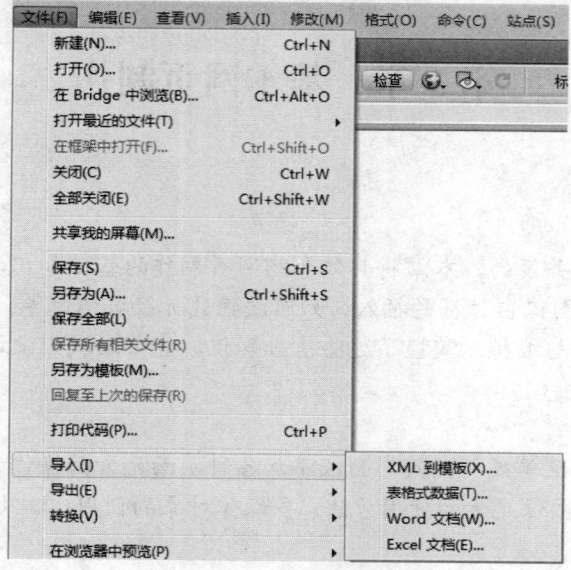

图 3-1 导入文档图示

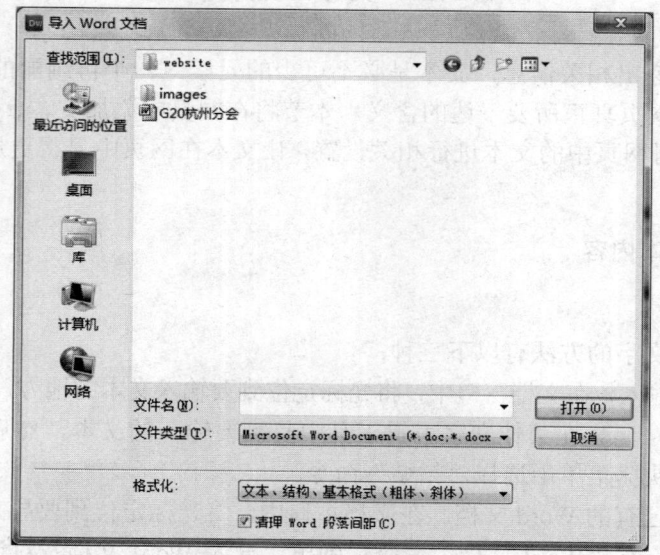

图 3-2 "导入文档"对话框

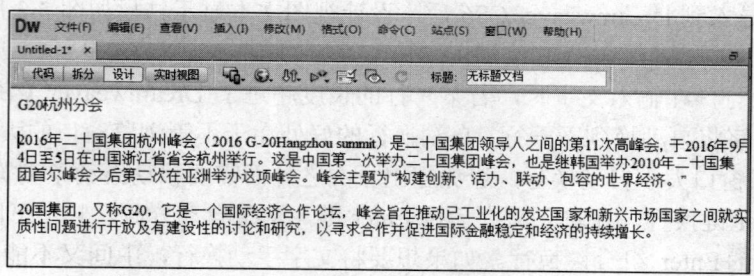

图 3-3 导入文档后的效果图

3. 输入特殊字符

在输入文字时，有些特殊的字符在键盘中找不到，可以通过 Dreamweaver 中输入特殊字符的功能进行输入，选择"插入"→"HTML"→"特殊字符"，在级联菜单中选择相应的特殊字符即可，如图 3-4 所示。

```
换行符(E)              Shift+输入
不换行空格(K)      Ctrl+Shift+Space

版权(C)
注册商标(R)
商标(T)
英镑符号(P)
日元符号(Y)
欧元符号(U)
左引号(L)
右引号(I)
破折线(M)
短破折线(N)
其他字符(O)...
```

图 3-4 "特殊字符"级联菜单

其中，"换行符"实质上是插入一个
标记，也可以用 Shift+Enter 组合键输入。"不换行空格"用于在文档中插入一个不会中断两端内容联系的空格（也可以用 Ctrl+Shift+Space 组合键输入）。

如果要插入更多的字符，也可以选择"其他字符"或通过"插入"→"HTML"→"特殊字符"→"其他字符"菜单命令，显示如图 3-5 所示的对话框，选择需要的字符，单击"确定"按钮即可。

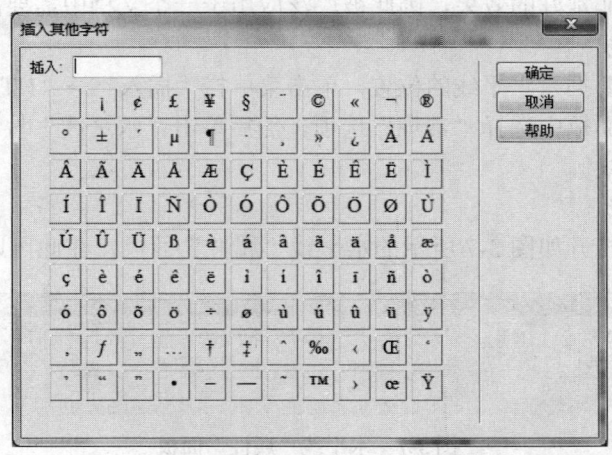

图 3-5 "插入其他字符"对话框

4. 输入连续空格

在 Dreamweaver CS6 中，在文本开始处按空格键是不会输入空格的，在文字之间一般只能输入半个空格，若要输入连续空格，可以采用下面几种方法中的一种：

（1）单击菜单栏"编辑"→"首选参数"命令，打开"首选参数"对话框，选定"分类"

栏中的"常规"选项，然后在右侧"编辑选项"中勾选"允许多个连续的空格"复选框即可，如图 3-6 所示。

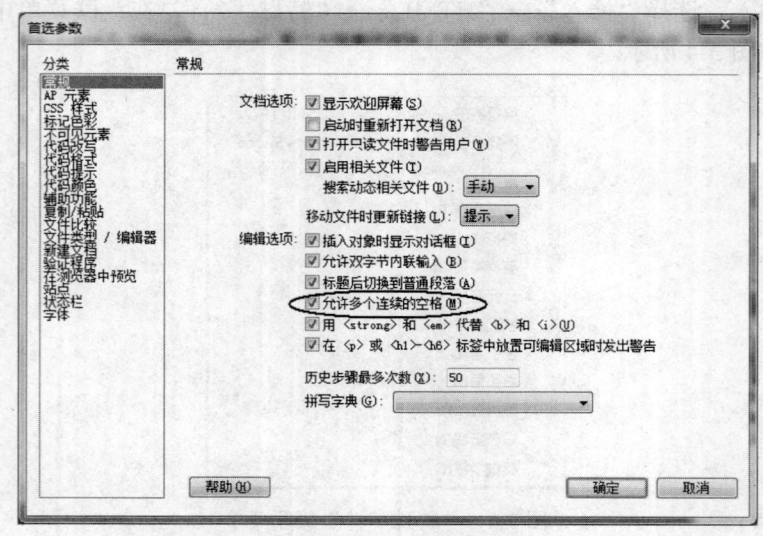

图 3-6 "首选参数"对话框

（2）选择"插入"→"HTML"→"特殊字符"→"不换行空格"命令，执行一次输入半个空格。

（3）按住 Ctrl+Shift 组合键，按一次空格键输入半个空格。

5. 插入水平线

水平线在网页文档中经常用到，它主要用于分割文档内容，使文档结构清晰明了，合理使用水平线可以获得非常好的效果，因此被广泛应用于一个文档中需要区分的不同场景中。

（1）插入水平线

首先将光标移到要插入水平线的位置，单击菜单栏"插入"→"HTML"→"水平线"命令；或者在"插入"面板中选择"常规"选项，然后单击"水平线"按钮，则插入一条默认宽度和粗细的水平线。

（2）修改水平线

选中水平线，会打开如图 3-7 所示的水平线"属性"面板，在此可以设置水平线的属性。

图 3-7 水平线"属性"面板

在水平线"属性"面板上，"宽"和"高"用来设置水平线的宽度和高度（有像素和百分比两种单位）；"对齐"用于设置水平线的对齐方式；"阴影"用于设置水平线的显示方式，选中该复选框表示有阴影，否则无阴影。

（3）设置水平线的颜色

在水平线属性面板上不能设置水平线的颜色，如果要设置水平线的颜色，可以在"代码"

视图中进行。

方法为：水平线的代码是<hr/>，将光标放在 hr 之后输入一个空格，此时会出现属性列表框。从列表框中选择 color 并双击，则在 hr 后会出现 color 属性，并弹出一个选择颜色调色板。单击选择设计需要的水平线颜色，即可完成对水平线颜色的设置。

注意：
- 在代码视图中设置完水平线颜色后，在设计视图中看不到水平线颜色的变化，需要保存文件之后预览才可以看到修改效果。
- 对象的属性面板上所显示的属性是有限的，如果要设置对象属性，而在属性面板上又无法设置，则用户可以采用上述方法在设计视图中进行修改。

6. **添加注释文字**

在网页中加入适当的注释文字，可以为日后修改、管理网页提供方便。由于批注只有在编辑网页时或查看源代码时才能看到，所以不必担心批注文字会破坏版面效果。

方法：将光标移到想要添加注释的地方，然后单击"插入"面板上"常用"组中的"注释"按钮，或单击菜单栏"插入"→"注释"命令，在弹出的对话框中加入批注内容即可。

这时，在"设计"视图中不能显示注释标记，可选择"查看"→"可视化助理"→"不可见元素"命令。当然要确保在"不可见元素"首选参数中选择了"注释"选项，否则将不出现注释标记。如果主窗口工作区处于"设计"视图，则在插入注释处只能看到一个小标志。单击这个小标志，就会发现"属性"面板上立即出现了注释编辑框。可以在注释编辑框中修改批注内容。通过"查看"→"代码"命令，将工作区的状态改变到"代码"视图，就可以清楚地看到批注。当然也可以选择"查看"→"代码和设计"命令，将两者对照起来看。

7. **插入更改日期**

Dreamweaver 提供了一个方便的日期对象，该对象可使用户以喜欢的格式插入当前日期，还可以选择在每次保存文件时都自动更新的日期。

（1）插入日期、星期和时间

将插入点移到要插入日期的位置，执行"插入"→"日期"命令，或者在右侧插入栏中选择常用类，然后单击"日期"按钮，均弹出"插入日期"对话框，选择一种日期格式，单击"确定"按钮完成日期的插入，如图 3-8 所示。

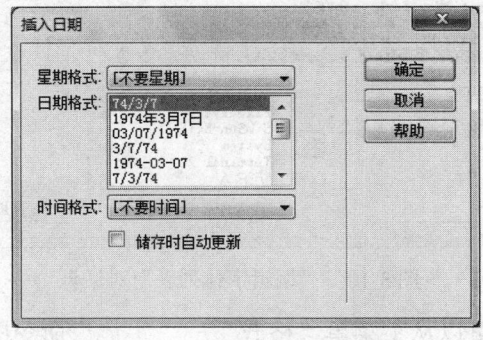

图 3-8 "插入日期"对话框

若要插入星期或时间，则在"插入日期"对话框中选择一种星期格式或时间格式，若插入日期时不插入星期或时间，则在对话框的星期格式或时间格式中分别选择"不要星期"或"不要时间"。

（2）插入更新日期

如果希望插入的日期能够随着时间的变化而自动更新，则在"插入日期"对话框中勾选"储存时自动更新"复选框。

（3）修改日期

要修改网页中已插入的日期，有两种方法：

1）若没有勾选"储存时自动更新"，则直接手动修改日期。

2）若勾选了"储存时自动更新"，则选中日期后可在属性面板中单击 编辑日期格式 按钮，同样弹出"插入日期"对话框，在其中编辑修改日期格式。

3.1.2 编辑文本

1. 设置文本格式

设置文本格式包括对文字字体、大小、颜色和段落对齐方式的设置等。

文本格式的设置一般在其属性面板中进行。在文档窗口的下方有属性面板，如果属性面板隐藏了，可以选择"窗口"→"属性"命令将其显示。文本的"属性"面板如图3-9所示。

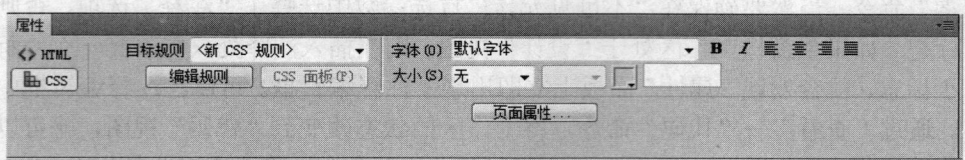

图3-9 文本"属性"面板

（1）设置文本字体

选中文本，可以选择单个文字或文字块、段落甚至整个文档。当选中要设置的文本后，在"属性"面板的字体下拉列表中可以选择需要的字体类型，如图3-10所示。

图3-10 "编辑字体列表"对话框

另外，设置字体，也可以从主菜单"格式"→"字体"命令中选择所需要的字体，如果没有需要的字体，可选择"格式"→"字体"→"编辑字体列表"命令，弹出如图3-10所示的对话框，添加所需要的字体，具体操作步骤同上。例如，若将标题设置为"黑体"。操作方法是：

1）选择该文本。

2）打开"编辑字体列表"对话框，在"可用字体"下拉列表框中选择"黑体"，单击 << 按钮，将"黑体"添加到"选择的字体"列表框中，最后单击"确定"按钮，即可将"黑体"添加到"字体列表"中。

3）选择"黑体"，弹出"新建 CSS 规则"对话框，在该对话框的"选择器名称"下拉列表框中输入"biaoti"，单击"确定"按钮。

注意：对文本字体设置完成后，在"属性"面板中将出现"biaoti"类。如果页面中其他文本也需要设置类似的格式，只需要选中要设置的文本对象，单击"属性"面板中的"目标规则"下拉列表框，选择"biaoti"类即可。

（2）添加或删除中文字体

在 Dreamweaver CS6 中，默认状态只有西文的字体可供选择，要使用中文字体可以事先将计算机里的中文字体添加到 Dreamweaver CS6 的字体列表中。具体步骤如下：

1）选择"格式"→"字体"→"编辑字体列表"命令。

2）在"可用字体"列表框中选择所需添加的一种字体，然后单击 << 按钮，这种字体就会添加到"选择的字体"列表框中。

3）单击"确定"按钮即可将这种字体添加到"字体列表"中。

需要特别说明的是，如果要添加多种字体，一定要不断重复上述步骤1）~3），千万不能取巧。在"可用字体"列表框中不断选择字体，通过单击 << 按钮不断添加到"字体列表"框中，最后再单击"确定"按钮，这样操作只有第一种字体是有效的，后面选择的字体不起作用。或者先单击左上角的 + 按钮，再选择字体，然后单击 << 按钮亦可。这种方法更有效且更快捷。

在"编辑字体列表"对话框中，+ 按钮用来添加字体，− 按钮用来将"字体列表"框中选定的字体删除。

（3）设置字号

选中文本，单击"属性"面板上的"大小"选择框，打开下拉列表，从中选择合适的字体大小。

（4）设置文本样式

文本的"属性"面板中只提供了两种字符样式，即常用的粗体和斜体。其他的文本样式可以通过主菜单"格式"→"样式"命令进行设置。

（5）设置文本颜色

选中文本，单击"属性"面板上的文本颜色按钮，弹出一个常用颜色的选择窗口，使用颜色选择器或吸管从中选择需要的颜色，也可以直接输入颜色的代码。

如果选择窗口中的颜色不是我们所需要的，可以单击窗口右上角的"系统颜色拾取器"按钮，在打开的"颜色"对话框中选择文本颜色即可。

2. 设置段落格式

设置段落格式包括两种情况，对单个段落设置格式和同时对多个段落设置格式。对单个段落设置格式可将插入点定位到该段落内，对多个段落同时设置格式则要先选中这些段落。

在"属性"面板上有 4 种文本对齐按钮，它们分别表示对段落进行：左对齐、居中对齐、右对齐和两端对齐操作。

在"格式"菜单上还有"段落格式"下拉列表，其中有六级标题（标题 1~标题 6），默认每级标题的文字大小依次递减。使用它可以把文字设置为标题格式。

在 Dreamweaver CS6 中，对文字进行复制、粘贴、移动、删除及设置字体字形（粗体、斜体、下划线）等与其他文字处理软件（如 Microsoft Word）的操作方法基本相同。

3. 查找/替换文本的内容

如果要在文档中查找或替换某个文字，可利用 Dreamweaver CS6 提供的查找和替换功能。选择"编辑"→"查找和替换"命令，打开"查找和替换"对话框，如图 3-11 所示。

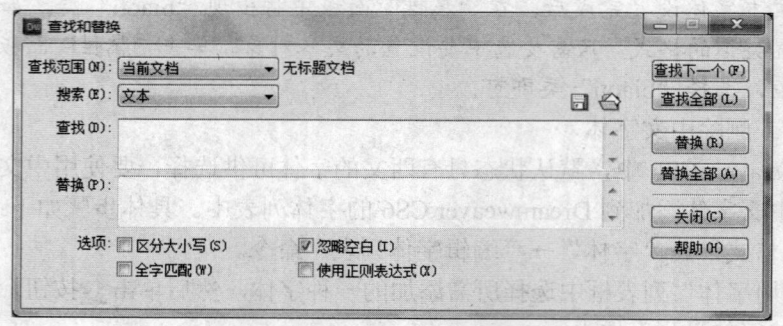

图 3-11　"查找和替换"对话框

在"查找范围"栏中，可以通过单击其右侧的 ▼ 按钮来选择 Dreamweaver CS6 提供的 6 种不同的查找和替换范围：所选文字、当前文档、打开的文档、文件夹、站点中选定的文件和整个当前本地站点。在"搜索"栏中，可以通过单击其右侧的 ▼ 按钮来选择 Dreamweaver CS6 提供的 4 种不同的查找和替换方式：源代码、文本、文本（高级）和指定标签。完成相关设置后单击"查找全部"或"替换全部"按钮，可以完成查找和替换。利用这些功能可以很轻松地完成在各种复杂条件下的查找和替换。

3.1.3　文本中的列表

列表常用于为文档设置自动编号、项目符号等格式信息。列表分为两类：一类是项目列表，这类列表项目前的项目符号是相同的，并且各列表项之间是平等的关系；另一类是编号列表，这类列表项目前的项目符号是按顺序排列的数字编号，并且各列表项之间是顺序排列的关系。列表项可以多层嵌套，使用列表可以实现复杂的结构层次效果。下面将对这两类列表的编辑方法进行介绍。

1. 项目列表

创建项目列表有两种方法：直接创建项目列表和将现有的文本或段落转化为项目列表。

（1）直接创建项目列表。将光标置于网页中要插入项目列表的位置，执行"格式"→"列表"→"项目列表"命令，此时在插入位置前就会显示一个小黑圆点，表示当前插入的是项目列表。

输入文字后按下 Enter 键，这时在新的一行会出现相同的项目符号，可以在该符号后再次输入文字，使用相同的方法，创建列表内容。当需要在一个列表项中输入多行内容时，可使用 Shift+Enter（添加
标签）组合键换行。

当需要结束列表编辑时，连续按下两次 Enter 键即可。

（2）将现有的文本或段落转化为项目列表。选择要转换为列表的文本区域，单击"插入"

面板→"文本"→"项目列表"命令,选中文本区域的每一段都将被设置为列表的一个项目。

创建项目列表后,还可以通过选择"格式"→"列表"→"属性"命令,打开如图 3-12 所示的"列表属性"对话框,在该对话框中可对项目列表的列表类型、样式等进行设置。

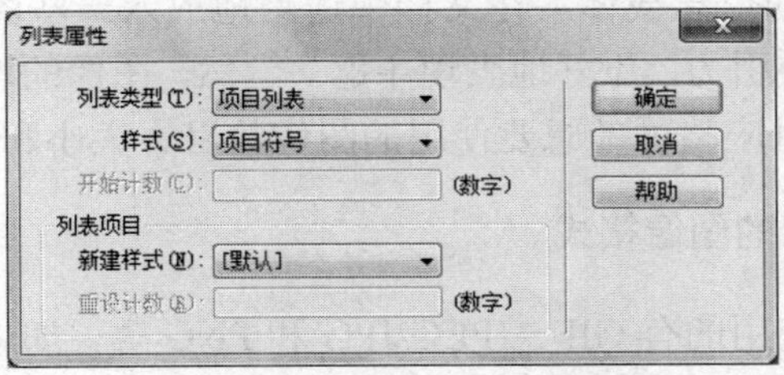

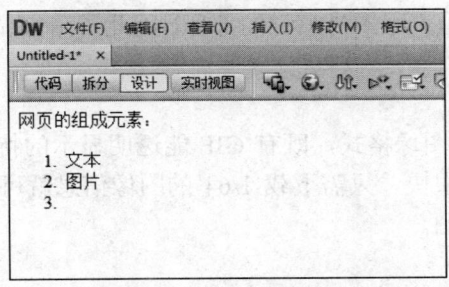

图 3-12　"列表属性"对话框

2. 编号列表

创建编号列表可以使文本更加清晰、有条理。而默认情况下编号列表前的项目符号是以数字进行有序排列的。在网页文档中创建编号列表的方法与创建项目列表的方法基本相似,都可以通过"属性"面板和菜单命令进行创建。下面将对其具体的创建方法进行介绍。

通过"属性"面板创建编号列表:将插入点定位到需要创建编号列表的位置,在其"属性"面板中单击"编号列表"按钮,则会在插入点的位置出现数字编号,输入文本后按 Enter 键,依次输入文本即可,效果如图 3-13 所示。

图 3-13　编号列表效果图

3. 列表的嵌套

列表可以嵌套,创建嵌套列表的操作步骤如下:

(1)定义一个列表。

(2)将鼠标置于第二项最右边,按 Enter 键,然后单击"格式"→"缩进"命令。

(3)输入嵌套列表的内容,效果如图 3-14 所示。

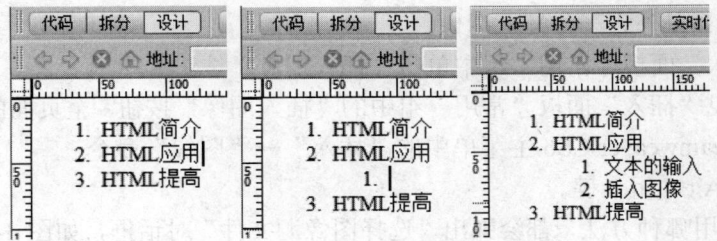

图 3-14　列表的嵌套效果图

3.2 图像的使用

图像本身是一种重要的信息载体。在文档中适当地放入一些图像,不仅可以使文档清晰直观,而且使得文档更具吸引力,更好地表现主题。当然,图像的增加也会使网页的下载时间大大增加,所以设计网页时应整体考虑要使用的图像数目、大小和质量等因素。

3.2.1 在 Web 中使用的图像格式

在网页文件中,通常使用的有 GIF、JPEG/JPG 和 PNG 等,如果要插入的图像文件格式不在此范围内,在浏览器中浏览时将无法正常显示。下面将对图像文件的各种格式进行介绍。

1. GIF 格式

GIF 格式是 Internet 上应用最广泛的图像文件格式之一,是第一个在网页中应用的图像格式,通常用作站点 Logo、广告条 Banner 及网页背景图像等。它的特点是体积小,支持小型翻页型动画。其优点是它可以使图像文件变得相当小,也可以在网页中以透明方式显示,并可以包含动态信息。适合制作徽标、图标、按钮和其他颜色、风格比较单一的图片。

2. JPEG/JPG 格式

JPEG/JPG 也是 Internet 上应用最广泛的图像文件格式之一,它可以保存上百种颜色,采用有损压缩方式,压缩比高,但在压缩的同时也保证了图像的质量,图像文件变小的同时基本不失真,因为其丢失的内容是人眼不易察觉的部分,因此常用来显示颜色丰富的精美图像,如照片等。

3. PNG 格式

PNG 是一种新兴的网络图像格式,既有 GIF 能透明显示的特点,又具有 JPEG 处理精美图像的优势。它的显示速度很快,只需下载 1/64 的图像信息就可以显示出低分辨率的预览图像。常常用于制作网页效果图。

3.2.2 图像的插入

在制作网页时,为了保证图像文件所在目录的正确性,插入的图像应该和网页位于同一个站点内,如果图像不在当前站点,Dreamweaver 会提示用户将文件复制到当前站点的文件夹中。

1. 插入图像

在 Dreamweaver 中插入图像的方法如下:

(1)将光标置于要插入图像的位置。

(2)执行下列操作之一,插入图像。

- 在"插入"面板"常用"组中单击"插入图像"按钮 。
- 直接拖曳"插入"面板"常用"组中的"插入图像"按钮 至页面的光标处。
- 选择 Dreamweaver CS6 主菜单中的"插入"→"图像"命令。
- 按 Ctrl+Alt+I 组合键。

(3)无论使用哪种方法,都会弹出"选择图像源文件"对话框,如图 3-15 所示。在该对话框中需设置插入图像所在的位置,并找到需要插入的图像文件。

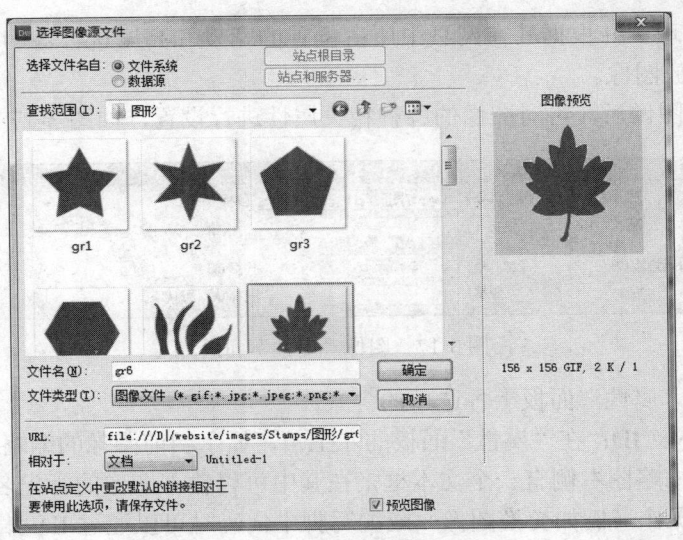

图 3-15 "选择图像源文件"对话框

在"选择图像源文件"对话框中可以执行以下操作：
- 选中"文件系统"单选按钮可以选择一个图像文件（默认选项）。
- 选择"数据源"单选按钮可以选择一个动态图像源。
- 单击"站点和服务器"按钮可以在其中一个 Dreamweaver 站点的远程文件夹中选择一个图像文件。
- 在对话框中选择查找图像文件的路径，选中"预览图像"复选框，选定图像的预览图就会显示在对话框的右侧。

（4）单击"确定"按钮，弹出如图 3-16 所示的"图像标签辅助功能属性"对话框，该对话框允许为此图片定义"替换文本"和"详细说明"。其中，替换文本用于提供对该图像的文字描述。当图像不能正常显示时，该替换文本将显示在图像应该显示的位置。而对于较长的描述，可以在"详细说明"文本框中提供链接，指向提供该图像更多信息的文件。设置完成后单击"确定"按钮，图片就会插入到文档中。

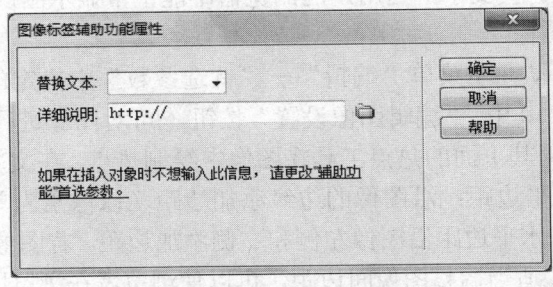

图 3-16 "图像标签辅助功能属性"对话框

2. 设置图像属性

在文档中，单击一个图像即可将其选中，被选中的图像周围会出现选择框和三个控制点。通过手动调整三个控制点可以改变图像的大小。按住 Shift 键，再拖动角上的控制点，可以使图像在拉伸过程中保持宽高比不变。一般来说，在插入图像之前，应该利用其他图像处理软件对图像进行效果处理，并根据其在网页中所占位置的宽度和高度进行裁切或压缩，不推荐在 Dreamweaver 中缩放图像。

在网页中选中图像后，可对图像的各种相关属性进行设置，如图 3-17 所示。

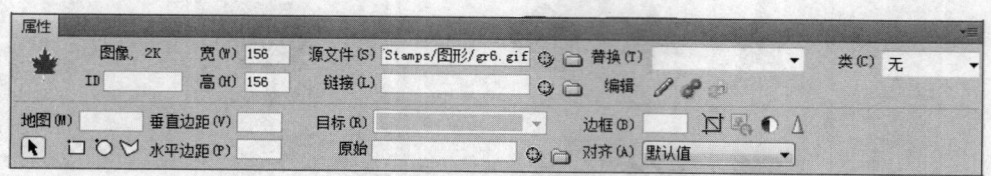

图 3-17　图像"属性"面板

下面介绍图像"属性"面板上各选项的含义：

（1）图像大小及 ID：在"属性"面板的左上角，显示当前图像的缩略图，同时显示该图像文件的大小。在缩略图右侧有一个文本框，在其中可以输入图像的标记名称（ID），在使用 Dreamweaver 进行操作（例如交换图像）或编写脚本代码时可以通过 ID 引用该图像。图像名称应该是英文不能使用特殊字符，而且在输入的内容中不能有空格。

（2）宽和高：以像素为单位指定图像的宽度和高度。在网页中插入图像时，Dreamweaver 自动用图像的原始尺寸更新这些文本框。

在"宽"和"高"文本框中输入新值，实现图像大小的改变，但却与图像的实际宽度和高度不相符，若要恢复图像原始值，可单击"宽"和"高"文本框右侧的"恢复图像到原始大小"按钮重设大小。

（3）源文件：用于显示图像文件的路径。若想选择其他图像，可单击"浏览"按钮后再在"选择图像源文件"对话框中选择新图像。更改图像源文件可采用下列操作之一：

- 将"指向文件"按钮拖到"站点"面板中的某个图像文件上。
- 单击其后的浏览文件按钮。
- 手动输入图像的 URL 地址。

（4）链接：指定图像的超链接。将"指向文件"图标拖到"站点"面板中的某个文件，或单击文件夹图标浏览站点上的某个文档，或手动输入 URL。

（5）替代：图像的替代文字，当用户的浏览器不能正常显示图像时，鼠标经过该图像位置时会用这个文字替代图像。

（6）编辑按钮：启动在主菜单"编辑"→"首选参数"中指定的"外部编辑器"，并打开选定的图像进行编辑。其中，"编辑图像设置"按钮 可对图像进行预览和优化。

（7）地图：可以利用其下面的热点工具在图像中绘制热点，在文本框中为热点区域命名。

（8）垂直边距和水平边距：沿图像的边缘添加边距（以像素为单位）。垂直边距沿图像的顶部和底部添加边距。水平边距沿图像左侧和右侧添加边距。若图像和文字贴得太近，容易使人产生压迫感。因此，适当调整图像间边距，可以使浏览者在浏览网页时更加舒适。

（9）目标：指定链接的页应当在其中载入的框架或窗口（当图像没有链接到其他文件时此选项不可用）。在其下拉列表中有 _blank、_parent、_self 和 _top 四个选项。

- _blank：将链接的文件载入一个未命名的新浏览器窗口中。
- _parent：将链接的文件载入含有该链接框架的父框架集或父窗口中。
- _self：将链接的文件载入该链接所在的同一框架或窗口中，此为默认值。

- _top：将链接的文件载入整个浏览器窗口中，因而会删除所有框架。
（10）边框：设置图像的边框宽度。以像素为单位，默认无边框。该值越大，边框越粗。
（11）裁剪：修剪图像大小，从所选图像中删除不需要的区域。
（12）重新取样：对已调整大小的图像重新取样，提高图片在新形状下的品质。
（13）亮度和对比度：调整图像的亮度和对比度设置。
（14）锐化：用来调整图像的清晰度。
（15）对齐：在其下拉列表中指定图像周围的文本放置方式。

3. 图像的对齐方式

在图像的"属性"面板中，"对齐"下拉列表用来设置图像与文本的相互对齐方式，共有 10 个选项。通过它可以将文字对齐到图像的上端、下端、左端或右端，从而可以灵活地实现文字与图片混排效果。

- 默认值：通常指定基线对齐。
- 基线、底部：将文本（或同一段落中的其他元素）的基线与选定对象的底部对齐。
- 顶端：将图像的顶端与当前行上最高项（图像或文本）的顶端对齐。
- 居中：将图像的中部与当前行的基线对齐。
- 文本上方：将图像的顶端与文本行中最高字符的顶端对齐。
- 绝对居中：将图像的中部与当前行中文本的中部对齐。
- 绝对底部：将图像的底部与文本行的底部对齐。
- 左对齐：将所选图像放置在左边，文本在图像的右侧换行。如果左对齐文本在行上处于对象之前，它通常强制左对齐对象换到一个新行。
- 右对齐：将所选图像放置在右边，文本在图像的左侧换行。如果右对齐文本在行上处于对象之前，它通常强制右对齐对象换到一个新行。

4. 编辑图像

在 Dreamweaver 中插入一张图片，"属性"面板上就多了几个与图片相关的属性图标。改变图片的大小后，在图片大小设置栏旁边就多了一个带箭头的图形按钮图标，可快速使图片还原到原始大小。Dreamweaver CS6 同时还增加了剪切工具（剪切图片）、亮度/对比度调节工具、锐化工具三个图片处理的新功能。有了这些简单的图片处理工具，在编辑网页图片时，不需要启动其他图像处理软件，提高了工作效率。

（1）图片裁剪

1）在 Dreamweaver CS6 中打开一张图片（选择"插入"→"图像"命令）。
2）在"属性"面板中选择裁剪工具，用鼠标在图片上圈出所要选择图形的范围。
3）双击鼠标，将图片裁剪成所需要的尺寸。

（2）亮度的调节

插入一张数码照片，选择"属性"面板中的"亮度和对比度"工具，弹出"亮度/对比度"对话框，如图 3-18 所示。然后修改亮度及对比度，可以看到图片效果发生了改变。

（3）锐化

继续上一步的图片操作，选择"锐化"工具，弹出"锐化"对话框，将参数设置为 5，如图 3-19 所示，这时所看到的图像就清晰了一些。

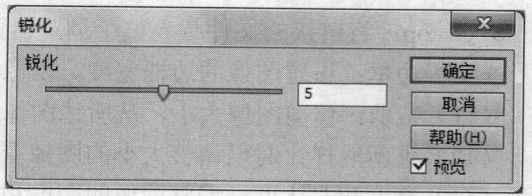

图 3-18 "亮度/对比度"对话框　　　　图 3-19 "锐化"对话框

注意：Dreamweaver 的编辑功能仅适用于 JPEG 和 GIF 图像格式，其他位图文件格式不能使用这些图像的编辑功能。

3.2.3 插入图像占位符

在进行网页布局时，网页设计人员需要先设计出图像在网页中的位置，等设计方案确定后，再将插入图像的位置变成具体的图像。Dreamweaver CS6 提供的"图像占位符"可以满足上述需求。在网页中插入图像占位符的操作步骤如下：

（1）在文档窗口中，将插入点放置在需插入图像占位符的位置。

（2）可通过以下几种方法插入图像占位符：

- 选择"插入"→"图像对象"→"图像占位符"命令，弹出"图像占位符"对话框，如图 3-20 所示。

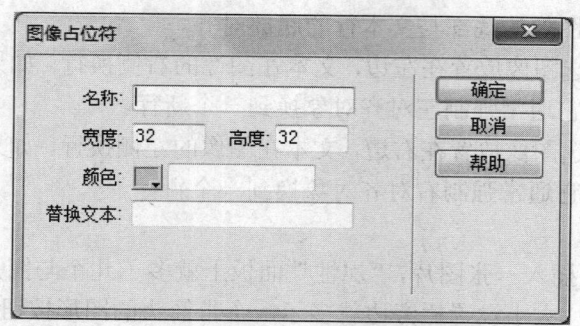

图 3-20 "图像占位符"对话框

- 选择"插入"面板中的"常用"组，单击"图像"按钮右侧的下三角箭头，在弹出的下拉列表中选择"图像占位符"命令，也会弹出如图 3-20 所示的对话框。

（3）在"图像占位符"对话框中设置图像占位符的属性，各参数说明如下：

- 名称（可选）：输入要作为图像占位符的标签显示的文本。此项为可选项，也可以不输入名称，即保留该文本框为空。名称必须以字母开头，并且只能包含字母和数字，不允许用空格和高位 ASCII 字符。
- 宽度和高度（必填）：以像素为单位设置图像大小。
- 颜色（可选）：可用颜色选择器选择颜色或在其后的文本框中直接输入颜色的十六进制值。
- 替换文本（可选）：为使用只显示文本的浏览器的访问者输入描述该图像的文本。

（4）单击"确定"按钮，即在文档中插入了图像占位符。当在浏览器中查看时，不显示标签文字和文本大小。

3.2.4 插入鼠标经过图像

制作网页时常用到一种具有动态交互效果的按钮，当用户移动鼠标到该按钮上时，将出现明显的外观变化效果，这样的交互动作其实是两幅按钮图像交换的结果。在 Dreamweaver CS6 中通过"插入鼠标经过图像"功能可以方便地制作这种按钮。

下面将新建一个 HTML 网页，并在其中插入原始图像，然后再插入一个鼠标经过图像，并对鼠标经过图像进行相应的设置。其具体操作如下：

1. 定位插入点并执行插入操作

（1）新建一个 HTML 网页，并将其保存为"hover.html"网页文档，在目标位置定位插入点。

（2）在"插入"面板的"常用"组中，单击"图像"按钮 右侧的 按钮，在弹出的子菜单中选择"鼠标经过图像"命令，将弹出"插入鼠标经过图像"对话框，如图 3-21 所示。

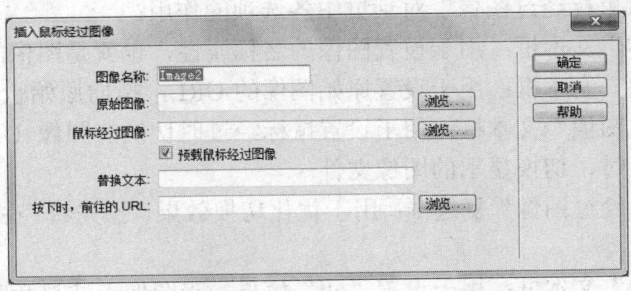

图 3-21　"插入鼠标经过图像"对话框

2. 选择图像

（1）单击"原始图像"文本框右侧的"浏览"按钮。
（2）在打开的"原始图像："对话框中选择"rw1.jpg"图像文件，如图 3-22 所示。
（3）单击"确定"按钮，插入原始图像。

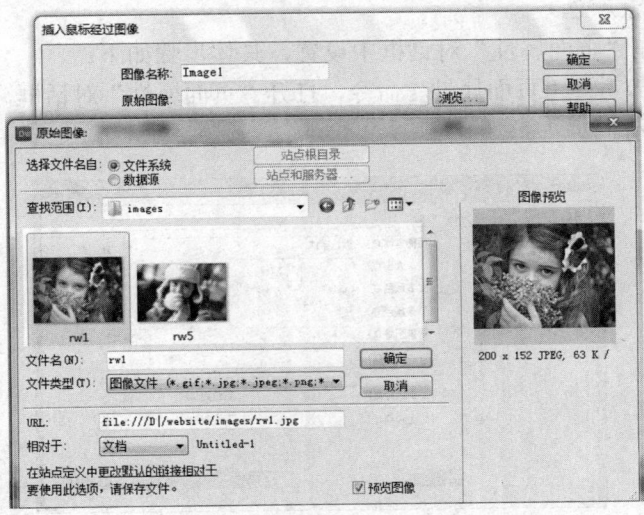

图 3-22　"原始图像："对话框

3. 选择并设置"鼠标经过图像"

（1）在"插入鼠标经过图像"对话框的"鼠标经过图像"文本框中输入路径"images/rw5.jpg"。

（2）在"替换文本"文本框中输入"人物交换"，在"按下时，前往的 URL"文本框中输入"#"。

注意：

- "按下时，前往的 URL"文本框中可显示单击鼠标经过时图像所链接的网页文档或链接图像的 URL 地址，这里所设置的是一个空链接。
- 路径根据实际路径输入即可。

（3）单击"确定"按钮，完成鼠标经过图像的设置。

4. 保存文档并预览效果

按 Ctrl+S 组合键保存网页，并按 F12 键在 IE 浏览器中进行预览。

下面介绍"插入鼠标经过图像"对话框中各选项的作用：

- "图像名称"文本框：用于设置图像的名称属性，也就是图像的 ID。
- "原始图像"文本框：用于设置原始图像的 URL，指向原始状态下的图像文件。
- "鼠标经过图像"文本框：用于设置鼠标经过时切换的图像 URL，指向当鼠标经过该图像元素时，切换显示的图像文件。
- "预载鼠标经过图像"复选框：用于优化切换效果，预先将"鼠标经过图像"下载到本地。
- "替换文本"文本框：用于设置"alt"信息，当图像无法显示时，将显示该信息。
- "按下时，前往的 URL"文本框：用于设置目标 URL 地址，即图像的链接地址。

3.2.5 设置网页背景

改变网页背景的状态可以通过两种方法来实现：一种是设置背景颜色，通常是在网页安全颜色范畴之内选择；另一种是设置背景图像，但并不是所有的图像都可以用作背景。

1. 设置网页背景颜色

网页背景颜色在"页面属性"对话框中设置，具体步骤如下：

（1）选择"修改"→"页面属性"命令，打开"页面属性"对话框，选择"外观（CSS）"类别，如图 3-23 所示。

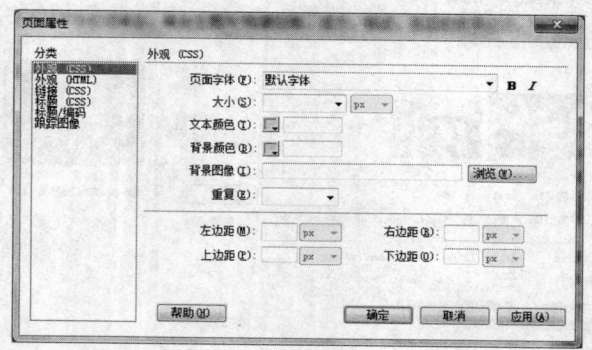

图 3-23 "页面属性"对话框

（2）单击"背景颜色"旁边的图标打开调色板，如图 3-24 所示，在调色板中鼠标指针变成"吸管"的形状。

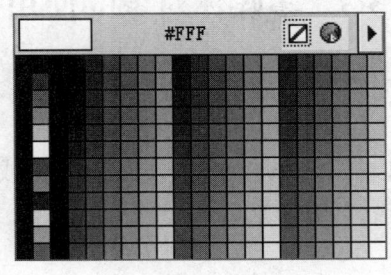

图 3-24　调色板

（3）在调色板内选取一种颜色后单击"确定"按钮，关闭"页面属性"对话框，文档的背景色就改变了。

2．设置背景图像

设置网页背景色只能得到单一颜色的背景。如果要使背景发生更多的变化，则需要设置网页的背景图像。

设置背景图像的方法如下：

（1）选择"修改"→"页面属性"命令，打开"页面属性"对话框。

（2）单击"背景图像"右边的"浏览"按钮，打开"选择图像源文件"对话框。

（3）选择一幅图像后，在"重复"下拉列表框中指定背景图像在页面上的显示方式，单击"确定"按钮，所选择的图像将作为网页背景图像。

注意：

（1）选取背景图像时，不能选择颜色太深的图像，否则文档的内容不易衬托出来。

（2）设置了网页背景图像后，如果背景图像的大小不够，默认会进行平铺操作。用户也可以根据实际情况进行设置，在"页面属性"对话框的"分类"列表框中选择"外观（CSS）"选项，在其右侧空格的"重复"下拉列表框中选择不同的重复方式，如"no-repeat（不重复）""repeat（平铺）""repeat-x（横向平铺）"和"repeat-y（纵向平铺）"。

3.2.6　给图像加文字说明

在浏览网页时，可能会遇到这种情况：当图像不能被浏览器正常显示时，图像区变成了空白区域。利用 Dreamweaver 中为图像添加文字说明的功能可使网页中的图像在不能被浏览器正常显示时以说明文字代替，以帮助访问者了解图像的信息。

操作步骤是：在 Dreamweaver 编辑窗口中打开首页，用鼠标选定图像，然后在"属性"面板的"替换"栏内添加所要说明的文字，如图 3-25 所示。

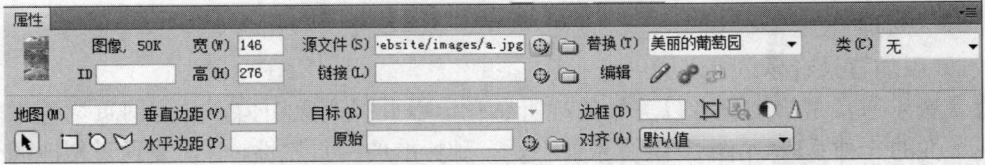

图 3-25　图像"属性"面板

这样添加说明以后，当图像不能正常显示时，图像位置上将显示出所添加的文字说明。

3.3 多媒体对象的使用

在静态网页中插入多媒体元素，可以极大地丰富网页内容和效果，在 Dreamweaver 中可以快速便捷地向页面添加声音、影片或其他交互式元素。

在 Dreamweaver 文档中可以插入 SWF 文件、QuickTime 或 Shockwave 影片、AVI、Java、applet、ActiveX 控件以及各种格式的音频文件。

3.3.1 插入声音

1. 网页中常用的音频文件格式

声音能极好地烘托网页的氛围，可以为网页插入悠扬动听的背景音乐，也可以在页面中链接各种声音文件，实现网上点歌，尽情享受网络音乐。在添加声音时，要考虑多种因素，如添加声音的目的、声音文件的大小、音质和不同浏览器的差异等。网页中常见的声音格式有 MIDI、WAV、AIF、MP3、RA 等，下面简单介绍较为常见的音频文件格式，以供大家在插入声音时选用合适的声音格式。

- .midi 或.mid（乐器数字接口）格式用于乐器。许多浏览器都支持 MIDI 文件，并且不需要插件。很小的 MIDI 文件就可以提供较长时间的声音剪辑。MIDI 文件不能被录制并且必须使用特殊的硬件和软件在计算机上进行合成。
- .aif（音频交换文件格式，或 AIFF）格式与 WAV 格式类似，也具有较好的声音品质，大多数浏览器都可以播放并且不要求插件；同样其文件较大严格限制了可以在 Web 页面上使用的声音剪辑的长度。
- .mp3（运动图像专家组音频，即 MPEG-3）格式是一种压缩格式，它可使声音文件明显缩小。其声音品质非常好，如果正确录制和压缩 MP3 文件，其质量甚至可以和 CD 质量相媲美。MP3 技术可以对文件进行"流式处理"，使访问者不必等待整个文件下载完成即可收听该文件。若要播放 MP3 文件，访问者必须下载并安装辅助应用程序或插件，例如 QuickTime、Windows Media Player 或 RealPlayer。
- .ra、.ram、.rpm 或 Real Audio 格式具有非常高的压缩比，文件大小要小于 MP3。全部歌曲文件可以在合理的时间范围内下载。因为可以在普通的 Web 服务器上对这些文件进行"流式处理"，所以访问者在文件完全下载完之前就可以听到声音。访问者必须下载并安装 RealPlayer 辅助应用程序或插件才可以播放这些文件。
- .qt、.qtm、.mov 和 QuickTime 是由 Apple Computer 开发的音频和视频格式。Apple Macintosh 操作系统中包含了 QuickTime 格式的文件，但是要求特殊的 QuickTime 驱动程序。

2. 声音的插入

（1）添加背景音乐

背景音乐通常是给浏览者以美妙的视听感觉，以此提高吸引力，并为网页增色添彩，从而体现个性的一种手段。由于背景音乐并不是一种标准的网页属性，它需要通过修改源代码的方式进行添加。这种音乐多以 MP3、MIDI 文件为主。

在 HTML 语言中，通过<bgsound>标记可以嵌入多种格式的音乐文件，具体步骤如下：
1）切换到 Dreamweaver CS6 的代码视图。
2）将插入点定位到<body>之前，编写如下代码：
　　<bgsound src="背景音乐的 URL" loop="循环次数">
3）按 F12 键，在浏览器中预览效果，就可以听见背景音乐声。

注意：标记符 bgsound 的基本属性是 src，用于指定背景音乐的源文件。而属性 loop 则用于指定背景音乐重复的次数，若不指定该属性，则背景音乐将无限循环。

bgsound 只适用于 IE 浏览器，在其他浏览器中并不适用。

（2）嵌入声音文件

嵌入音频将直接插入声音播放器于页面中，如果要使用声音作为背景音乐，或者想更多地控制声音自身的表现，则选择嵌入声音文件。例如可以设置音量、设置播放器在页面上的显示方式、设置声音文件的起点与终点。

如果要嵌入音频文件，可执行以下操作：
1）在"设计"视图中，将插入点放置于准备显示播放器的位置。
2）可通过以下几种方法嵌入音乐：
- 在"插入"面板选择"常用"类别，单击"媒体"按钮右侧的下拉按钮，从下拉菜单中选择"插件"选项。
- 选择"插入"→"媒体"→"插件"命令，弹出"选择文件"对话框。
- 在"插入"面板的"常用"类别中选择"媒体"，然后将"插件"图标拖曳到文档窗口中（如果正在处理代码，则拖曳到代码视图窗口中）。

3）在"弹出文件"对话框中选择音频文件，单击"确定"按钮后，插入的插件在文档窗口中显示图标。选中该图标，在如图 3-26 所示的"属性"面板中可以对播放器的属性进行设置。

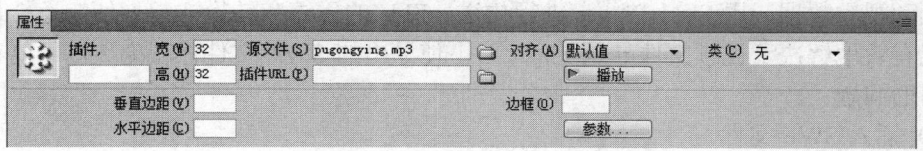

图 3-26　播放器"属性"面板

要实现循环播放音乐的效果，单击"属性"面板中的"参数"按钮，弹出如图 3-27 所示的对话框，在该对话框中，单击"+"按钮，在"参数"列中输入 loop，并在"值"列中输入 true。若要实现自动播放，再单击"+"按钮，添加一行 autostart、true，单击"确定"按钮完成添加。

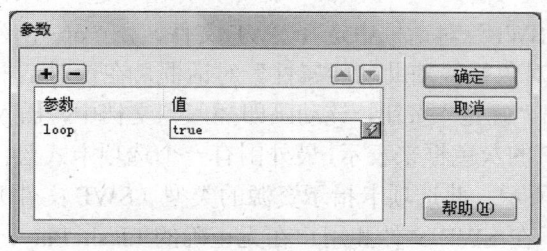

图 3-27　"参数"对话框

4）这个页面实现了嵌入音乐的效果。保存文件并打开浏览器预览，在浏览器中会显示播放插件。

注意：

（1）无论是哪种音乐格式，要使背景音乐正常播放，必须有相应的音乐播放器，Windows 自带的 Windows Media Player 可以播放除 RM 以外的大多数音乐格式。

（2）如果不希望播放背景音乐的播放器在页面中显示，可在属性检查器中将宽度和高度设为"0"；如果希望完整显示操作界面，则应根据不同的音乐文件类型，设置相应的播放器大小。如对于使用 Windows Media Player 播放的背景音乐，宽度和高度至少应该分别大于 270 像素和 40 像素才能保证进行正常的播放控制操作。

3.3.2 插入动画和视频

1. 插入 Flash 动画

（1）Flash 动画的文件类型

Flash 动画是 Internet 上最流行的动画格式，被大量应用于网页中。在 Dreamweaver CS6 中可以很方便地插入 Flash 动画。但在插入动画之前，应先了解 Flash 的几种文件类型。

1）FLA 文件（.fla）：是保存有 Flash 原码的文件，我们可以在 Flash 中打开、编辑和保存它。该类型的文件只能在 Flash 文件中打开，不能在 Dreamweaver 或浏览器中打开，此类型的文件可以发布为 SWF 或 SWT 文件以便在浏览器中使用。

2）SWF 文件（.swf）：是 FLA 文件的编译版本，已进行了优化，便于在浏览器中查看。此文件可以在浏览器中播放并且可以在 Dreamweaver 中进行浏览，但不能在 Flash 软件中编辑此文件。

3）FLV 文件（.flv）：是 Flash Video 的简称，是一种新的流媒体视频文件，它包含经过编码的音频和视频数据，用 Flash Player 进行传送。FLV 的压缩和转换非常方便，适合做短片。它的出现有效地解决了视频文件导入 Flash 后，使导出的 SWF 文件体积庞大，不能在网络上很好使用的问题。

（2）插入 SWF 文件

在网页中插入 SWF 文件的具体操作步骤如下：

1）在"文档"窗口的"设计"视图中，将插入点置于要插入动画的位置。

2）可通过以下方法插入 SWF 文件：

- 在"插入"面板选择"常用"类别，选择"媒体"，单击"SWF"图标，弹出"选择 SWF"对话框。
- 选择"插入"→"媒体"→"SWF"命令，弹出"选择 SWF"对话框。

3）在弹出的"选择 SWF"对话框中选择 SWF 文件，如"qp.swf"，单击"确定"按钮后，弹出如图 3-28 所示的"对象标签辅助功能属性"对话框，在该对话框的"标题"文本框中输入媒体对象的标题，单击"确定"按钮，该动画即插入到文档中，插入的 Flash 动画在"文档"窗口中以一个带有字母 F 的灰色框来表示，最外围有一个选项卡式蓝色外框，即显示一个 SWF 文件占位符，如图 3-29 所示。此选项卡指示资源的类型（SWF 文件）和 SWF 文件的 ID，上面所示的眼睛图标可用于在 SWF 文件和用户在无正确的 Flash Player 版本时看到的下载信息之间切换。

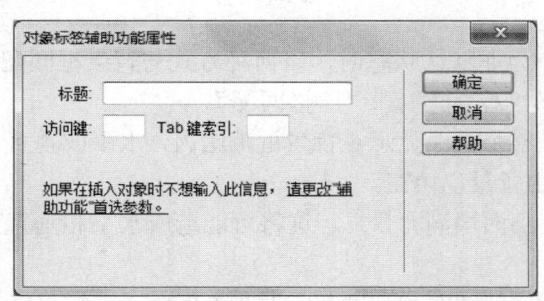
图 3-28 对象标签辅助功能属性对话框

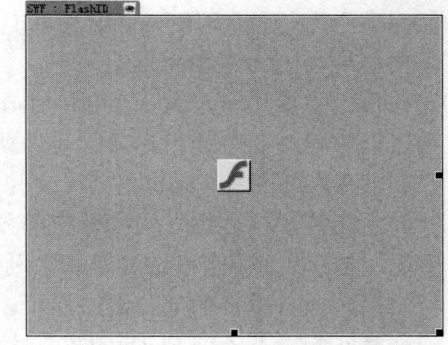
图 3-29 插入 SWF 文件后设计视图显示的效果图

(3) 设置 SWF 文件的属性

在文档窗口选中这个 Flash 动画，就可以在"属性"面板中设置它的属性了，如图 3-30 所示。

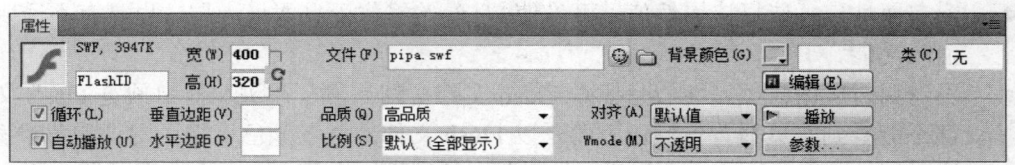
图 3-30 SWF 文件属性对话框

"属性"面板中的各项参数如下：

1) SWF：输入 Flash 动画的名称。

2) 宽、高：指定 Flash 动画的宽度和高度。没有输入单位时，会自动选择像素单位。若想使用 inch、mm、cm 等单位，就要在数字后面输入单位。

3) 文件：用于显示 Flash 文件的路径。更改 SWF 文件可采用下列操作之一：

- 将"指向文件"按钮拖到"站点"面板中的某个 SWF 文件。
- 单击其后的浏览文件按钮。
- 手动输入 SWF 文件的 URL 地址。

4) 源文件：指定 Flash 源文档（FLA）的路径。若要编辑 Flash 文件（SWF），更新影片的源文档，必须指定。如果安装了 Flash 软件，则输入该软件的路径。输入完软件的路径后，单击"编辑"按钮，就会自动运行 Flash 软件。

5) 编辑：允许用户启动 Flash 以更新 FLA 文件。如果计算机上没有安装 Flash，此按钮将被禁用。

6) 背景颜色：指定影片区域的背景颜色。Flash 动画较大时，从网页文件读取 Flash 动画的过程中，动画的位置显示为白色。因此，Flash 动画的背景颜色最好与文本的背景颜色相同，以便在不播放影片时（在加载时和在播放后）也显示此颜色。

7) 自动播放：在浏览器上读取该网页文件的同时，页面加载将自动播放影片。

8) 垂直边距和水平边距：指定影片上、下、左、右空白的像素数。

9) 品质：在动画播放期间控制抗失真。设置越高，影片的观看效果就越好；但这要求更快的处理器以使动画在屏幕上正确显示。"低品质"更注重速度，而"高品质"更注重外观。

"自动低品质"首先注重速度，但如有可能则改善外观。"自动高品质"同时注重这两种品质，但根据需要可能会因为速度而影响外观。

10）比例：主要用于设置当 Flash 动画大小为非默认状态时，以何种方式与背景框匹配。该下拉列表框中包括 3 个选项，分别为"默认""无边框"和"严格匹配"。

- 默认：始终保持 Flash 宽高比例并保证整个画面显示在背景框范围内，水平或垂直方向上与背景框边缘之间的差值部分将由背景色填充。
- 无边框：始终保持 Flash 宽高比例并使画面填满背景框，这将可能造成水平和垂直方向上超出背景框的部分无法显示。
- 严格匹配：不考虑 Flash 的宽高比例，使其宽度和高度都与背景框匹配，这样可能造成动画画面的宽高比例失衡。

11）对齐：确定 Flash 动画在页面上的对齐方式。

12）Wmode：是用于对 Flash 进行透明设置的最常用参数，它已经独立作为下拉列表框存在于 SWF "属性"面板中，该下拉列表框中主要包括窗口、透明和不透明 3 个选项：

- 窗口属性值：选择该属性值，可以使 Flash 始终位于页面最上层，也具有不透明属性值的功能。
- 不透明属性值：该属性值是插入 Flash 文件的默认值，在浏览器中预览 Flash 文件时都不能看到网页的背景颜色，而是以 Flash 文件的背景颜色遮挡了网页的背景颜色。
- 透明属性值：选择该属性值后，与不透明的属性完全相反，在浏览器预览时不会查看到 Flash 对象的背景颜色，可以说是以网页的背景作为 Flash 对象的背景颜色。

13）播放/停止：单击"播放"或"停止"按钮，就会在文档窗口中播放或停止 Flash 动画。

14）参数：用于打开一个对话框，可在其中输入传递给动画的附加参数。SWF 文件必须已设计好，才可以接收这些附加的参数。

15）类：可以选择已经定义好的样式定义该动画。

设置完成后，可以单击"属性"面板上的"播放"按钮，在 Dreamweaver 中播放 Flash，效果如图 3-31 所示。

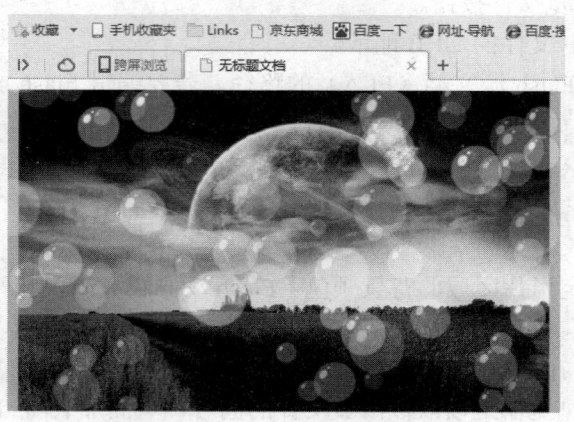

图 3-31　插入 SWF 文件的效果图

2. 插入 FLV 文件

FLV 流媒体格式是一种全新的视频格式，全称是 Flash Video。它的出现有效地解决了文件导入 Flash 后，使导出的 SWF 文件体积庞大，不能在网络上使用等缺点。插入 FLV 文件的操作方法是：

（1）"文档"窗口中将光标定位在需要插入 Flash 视频的位置。

（2）可通过以下几种方法插入 FLV 文件：

1）在"插入"面板选择"常用"类别→"媒体"，单击"媒体"按钮右侧的下拉按钮，从下拉菜单中选择"媒体 FLV"选项，弹出"插入 FLV"对话框，如图 3-32 所示。

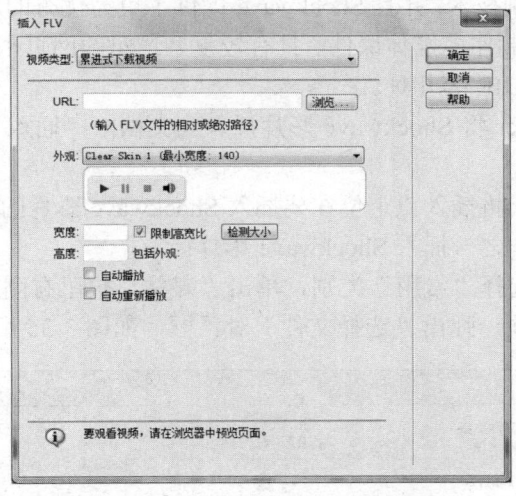

图 3-32　"插入 FLV"对话框

2）选择"插入"→"媒体"→"FLV"命令，弹出"插入 FLV"对话框。

在文档中插入 FLV 视频后在设计视图将看到如图 3-33 所示的效果。选中 Flash 视频图标，可以在"属性"面板中更改 Flash 视频的某些参数，如图 3-43 所示。

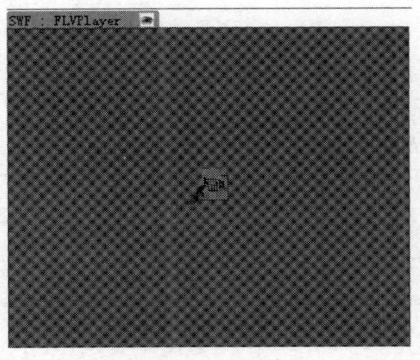

图 3-33　插入 FLV 后设计视图显示效果

图 3-34　FLV"属性"面板

3.3.3 插入其他多媒体元素

在 Dreamweaver CS6 中,为了使网页更加富有动感,除了可以插入 SWF 和 FLV 文件之外,还可以在文档中插入 QuickTime 或 Shockwave 影片、ActiveX 控件或其他音视频对象。

1. 插入 Shockwave 影片

Shockwave 影片也是网页中的一种媒体文件,它是由 Adobe Director 软件制作的,采用了比 Flash 更复杂的播放控制技术,并且 Shockwave 提供了更为优秀的脚本引擎,功能也比 Flash 更为强大,它常常被用于制作多媒体课件、具有较复杂逻辑的网页小游戏等,Shockwave 文件的格式有 DCR、DXR 和 DIR 等几种。

可以使用 Dreamweaver 将 Shockwave 影片插入到文档中。插入 Shockwave 影片的操作步骤为:

(1)在文档窗口中,将插入点定位在要插入 Shockwave 影片的地方。

(2)可通过以下操作之一插入 Shockwave 影片:

1)在"插入"面板选择"常用"类别,单击"媒体"按钮右侧的下拉按钮,从下拉菜单中选择"Shockwave"选项,弹出"选择文件"对话框,如图 3-35 所示。

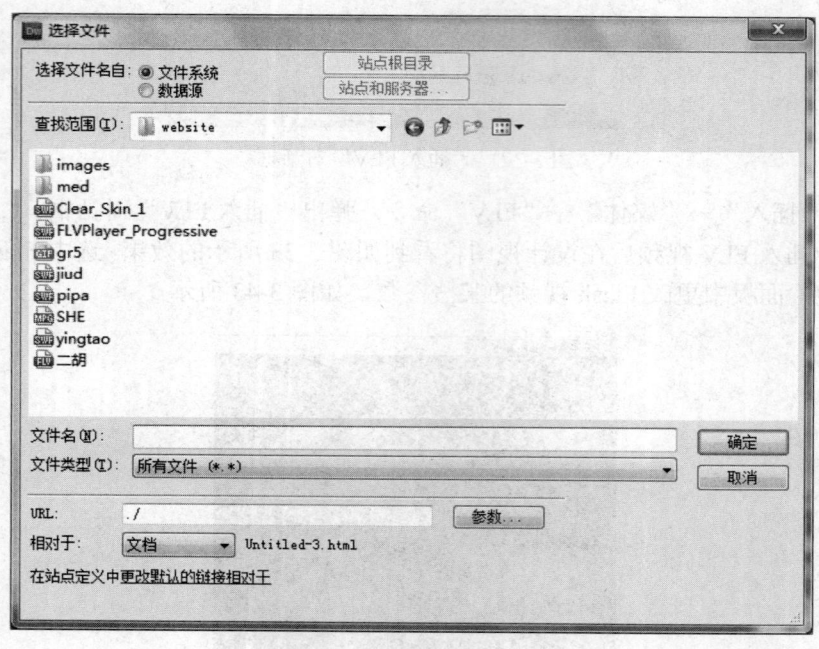

图 3-35 "选择文件"对话框

2)选择"插入"→"媒体"→"Shockwave"命令。

(3)在此对话框中选择 Shockwave 影片文件,将弹出如图 3-36 所示的"对象标签辅助功能属性"对话框,在对话框的"标题"文本框中输入媒体对象的标题,单击"确定"按钮,该影片即插入到文档中。插入影片后,在"属性"面板中可以对其宽、高、边距、参数、背景颜色等属性进行设置。

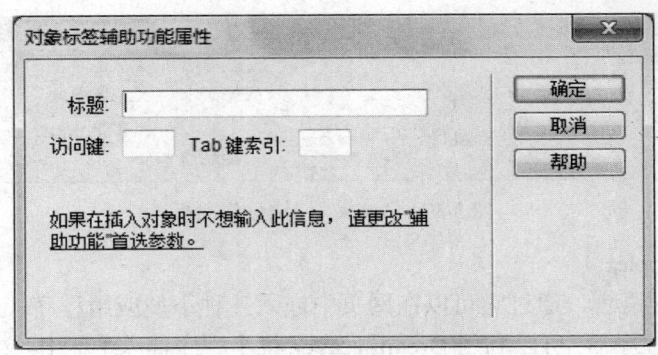

图 3-36 "对象标签辅助功能属性"对话框

注意:

(1) 要想在浏览器中正常播放 Shockwave 影片,必须安装 Shockwave 播放插件。通常在网页中插入 Shockwave 影片时都会有相应的播放插件检查代码,如果检测到访问者没有安装 Shockwave 播放插件,将自动进行下载安装。

(2) 虽然 Shockwave 文件具有比 Flash 更为强大的交互功能,互联网上也有大量的 Shockwave 资源可以使用,但由于其播放插件安装相对繁琐,对客户电脑的要求也相对较高,因此其普及率不如 Flash 文件。

2. 插入 ActiveX 控件

ActiveX 控件(即 OLE 控件)是可以重复调用的组件,类似于微型计算机的应用软件,可以作为浏览器插件使用。这种插件可以在 Windows 系统的 Internet Explorer 浏览器中运行,但是无法在 Macintosh 或 Firefox 中运行。在 Dreamweaver CS6 中,可以为访问者的浏览器提供对于 ActiveX 控件的属性和参数设置。

Dreamweaver 使用 Object 标签来标记页面中出现 ActiveX 控件的位置以及提供 ActiveX 控件的参数设置。

(1) 插入 Active X 控件

ActiveX 是一个开放的集成平台,为开发人员提供了快速、简便地在网页中创建程序集成和内容的方法。使用 ActiveX 可以方便地在网页中插入多媒体效果、交互式对象以及复杂程序。下面将分别介绍插入和设置其属性的方法。

在文件窗口中,将光标置于要插入控件的地方,然后用以下方法之一插入控件:
- 在"插入"面板的"常用"类别中选择"媒体",然后单击 ActiveX 图标 。
- 在"插入"面板的"常用"类别中选择"媒体",然后拖曳 ActiveX 图标到插入点(如果正在处理代码,则拖曳到代码视图窗口)。
- 选择"插入"→"媒体"→ActiveX 命令。

执行上述操作后,一个表示 ActiveX 控件的标记即显示在页面上。

(2) 设置 ActiveX 属性

在插入 ActiveX 对象后,使用"属性"面板设置 Object 标记的属性以及 ActiveX 控件的参数。选中 ActiveX 控件,打开其"属性"面板,如图 3-37 所示。

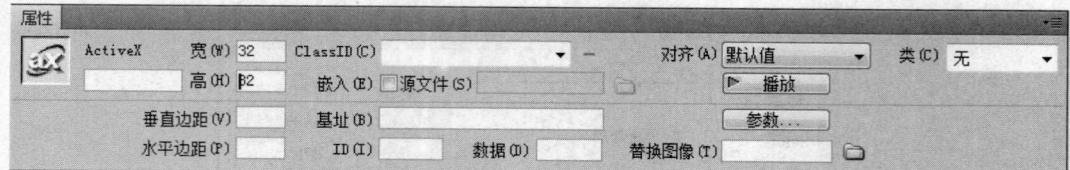

图 3-37 ActiveX "属性" 面板

3. 插入 Java Applet

Java 是一种编程语言，通过它可以在网页中嵌入一种小型应用程序（Applet）。

在创建 Java 小程序后，可以利用 Dreamweaver 将小程序插入 HTML 文件中，Dreamweaver 使用 Applet 标签来标记 Java 小程序文件。

（1）插入 Java 小程序

在网页中插入 Java 小程序的步骤如下：

1）在文件窗口中，将插入点放在要插入 Java 小程序的地方。

2）执行下列操作之一打开 "选择文件" 对话框：

- 在 "插入" 面板的 "常用" 类别中选择 "媒体"，单击 Applet 图标 。
- 在 "插入" 面板的 "常用" 类别中选择 "媒体"，将 Applet 图标 拖曳到文档窗口（如果正在处理代码，则拖曳到代码视图窗口）。
- 选择 "插入" → "媒体" → "Applet" 命令。

3）在 "选择文件" 对话框中选择一个包含 Java 小程序的文件。

4）单击 "确定" 按钮，在插入点出现一个图标 。

（2）设置 Java 小程序属性

在插入 Java Applet 后，单击 图标打开其 "属性" 面板，如图 3-38 所示。在 "属性" 面板中可以设置 Java 小程序的相关参数。

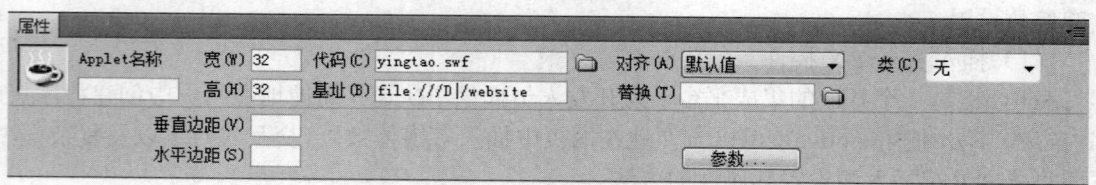

图 3-38 Java 小程序 "属性" 面板

3.4 实践演练

3.4.1 编辑我的网页空间

【目的要求】

本任务通过在 "我的空间" 素材文档中增加页脚来练习插入水平线和各种特殊符号的操作，然后通过对一段文本的格式进行设置，练习文本格式的属性设置方法，最后练习添加网页背景图像，效果如图 3-39 所示。

第 3 章 基本网页制作 | 81

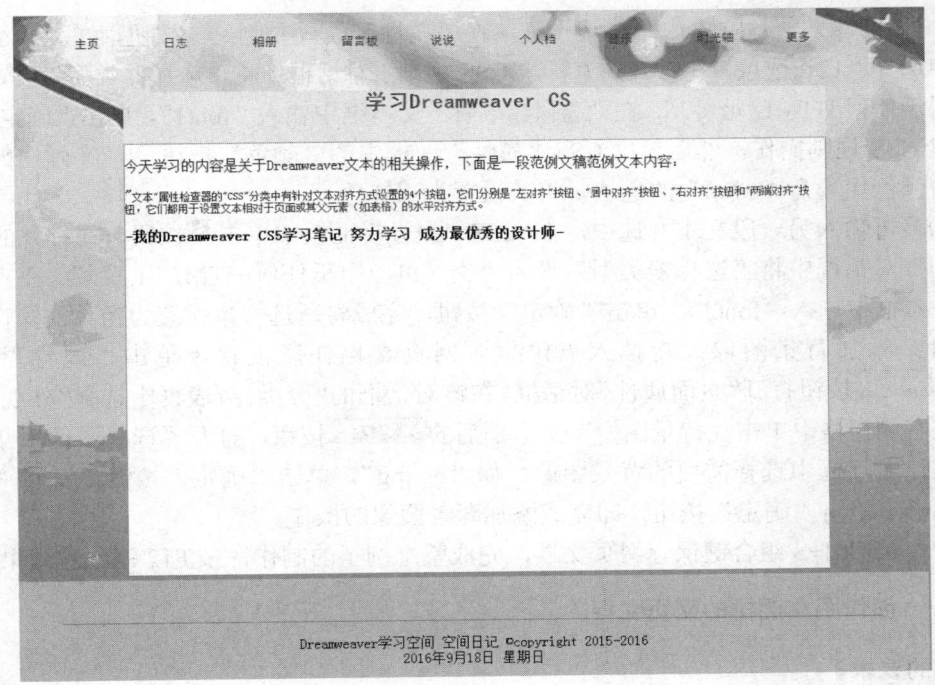

图 3-39 效果图

【操作步骤】

（1）打开"Qzone.html"网页文档，将插入点定位到最下方的"Dreamweaver 学习空间 空间日记"文本前。

（2）按 Ctrl+F2 组合键，打开"插入"面板，在该面板的"常用"组下，单击"水平线"按钮。

（3）在水平线"属性"面板中将"宽"设为"90"，在"高"文本框中输入"1"，在"单位"下拉列表框中选择"%"。

（4）在"Dreamweaver 学习空间 空间日记"文本之后定位插入点。

（5）在"插入"面板的"文本"分类列表下，单击"字符"按钮右侧的下拉按钮，在弹出的下拉列表中选择"版权"选项，如图 3-40 所示。

（6）将插入点定位在版权符号后，输入文本"Copyright 2015-2016"。在"插入"面板的"文本"分类列表下，单击"字符"按钮右侧的下拉按钮，在弹出的下拉列表中选择"换行符"选项，进行换行。

（7）在"插入"面板中的"常用"组列表下，单击"日期"按钮，在打开的对话框中将"星期格式"设置为"星期四"，将"日期格式"设置为"1974 年 3 月 7 日"。

（8）选中 复选框，单击"确定"按钮，完成日期的插入。

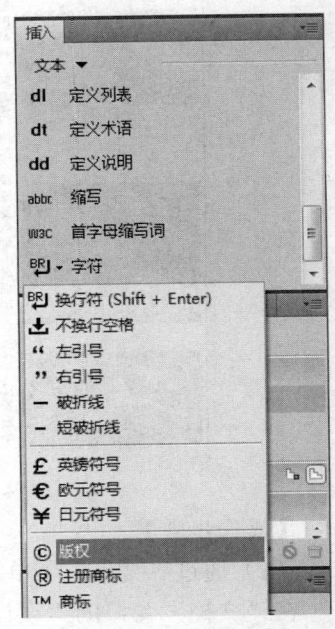

图 3-40 "插入"面板

网页设计与制作

（9）随意输入一段文本内容，选中它，在"属性"面板左侧单击按钮，在"大小"下拉列表框中选择"12"选项，在打开的"新建 CSS 规则"对话框中将"选择器类型"设置为"类（可应用于任何 HTML 元素）"，在"选择器名称"文本框中输入"font1"，单击"确定"按钮，完成新建 CSS 规则操作。然后单击 CSS "属性"面板中的"颜色"按钮，在弹出的颜色面板中单击颜色代码为"#900"的色块，将其设置为深红色。

（10）再输入另一段文本并选中，在 CSS "属性"面板中单击 B 按钮，在打开的"新建 CSS 规则"对话框中将"选择器类型"设为"类（可应用于任何 HTML 元素）"，在"选择器名称"文本框中输入"font2"，单击"确定"按钮，完成将所选文本设置为粗体的操作。

（11）添加背景图像：将插入点定位到网页文档任意位置，单击"属性"面板中 页面属性… 按钮打开"页面属性"对话框，在该对话框的"分类"列表框中选择"外观（CSS）"选项，在右侧窗格中单击"背景图像"文本框后的 浏览(W)… 按钮，打开"选择图像源文件"对话框，在该对话框中选择需要的背景图像，如"bg.jpg"，单击"确定"按钮，返回"页面属性"对话框中单击"确定"按钮，即完成添加背景图像的操作。

（12）按 Ctrl+S 组合键保存网页文档，完成整个例子的制作，按 F12 键预览效果。

3.4.2　创作图文混排的网页文档

【目的要求】

本任务要求综合使用表格、图像和文本设计一个图文混排的网页文档，并在属性面板设置对象的格式，效果如图 3-41 所示。掌握表格、图像、文本等网页元素的基本操作方法。

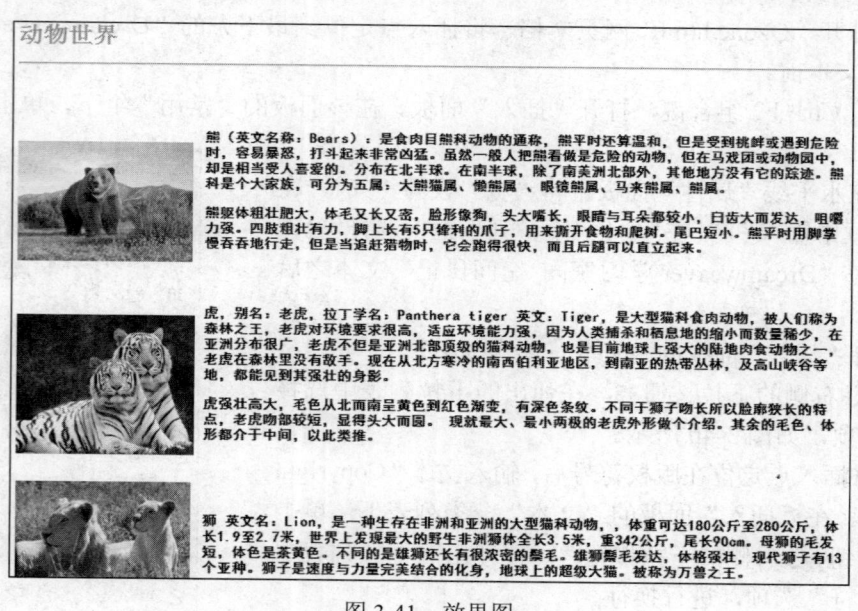

图 3-41　效果图

【操作步骤】

（1）通过"文件"菜单新建一个空白文件，命名为"animal.html"，保存在站点目录下。

在"文档"窗口的"设计"视图中，单击"插入"→"表格"命令，打开"表格"对话框，设置表格为 4 行，1 列，表格宽度为 900px，边框粗细为 0px，标题选择"无"。设置完成后，单击"确定"插入表格。

（2）插入表格后，表格处于选中状态，在表格的"属性"面板中，将对齐方式设置为"居中对齐"。

（3）在"文档"窗口的"设计"视图中将插入点放置在表格的第一行，输入"动物世界"，并对其进行颜色、字体和字号的设置。然后将光标定位在该行文本最后一个字符处，单击"插入"→"HTML"→"水平线"命令，则在文本后插入一条水平线。

（4）将插入点放置在表格第二行的单元格中，在"单元格"属性"面板中单击"拆分单元格为行或列"按钮 ，弹出"拆分单元格"对话框，选中对话框中的"把单元格拆分"项的"列"，列数设置为"2"，单击"确定"按钮。

（5）将插入点放置在表格的第二行第一列单元格中，将单元格"属性"面板中的"宽"设置为"300"，单击"插入"→"图像"命令，在弹出的"选择图像源文件"对话框中选择需要插入的图像，单击"确定"按钮。

（6）将插入点置在表格第二行第二列的单元格中，输入文字内容，并对其进行颜色、字体和字号的设置。

（7）重复第（5）～（7）步，将第3行、第4行进行同样的操作。

（8）单击"文件"→"保存"命令，按F12键在浏览器中预览页面效果。

3.4.3 插入 Flash 对象并设置

【目的要求】

本任务将在"jinqiu.html"网页中插入用于修饰主题的 Flash 动画，并对插入的 Flash 动画进行大小、播放品质及相关属性的设置，使主题效果更生动、丰富。其最终效果如图 3-42 所示。

图 3-42 效果图

【操作步骤】

（1）打开"jinqiu.html"网页，将插入点定位在页首背景图位置。

（2）选择"插入"→"媒体"→"SWF"，打开"选择 SWF"对话框。

（3）在打开对话框的"查找范围"下拉列表框中选择 Flash 文件所在的位置。

（4）在下方的列表框中选择需要插入的 Flash 对象，单击"确定"按钮。

（5）在打开的对话框的"标题"文本框中输入 Flash 的主题"Flash 金秋动画"，单击"确定"按钮，将其插入。

（6）选择刚插入的 Flash 对象，在"属性"面板的"宽"文本框中输入"600"，在"高"文本框中输入"200"。

（7）保持 Flash 对象的选中状态，在"属性"面板的"品质"下拉列表框中选择"自动高品质"选项。

（8）在"比例"下拉列表框中选择"无边框"选项。

（9）在"Wmode"下拉列表框中选择"透明"选项。

（10）按 Ctrl+S 组合键，进行保存操作，单击"在浏览器中预览/调试"按钮，在弹出的下拉列表中选择"预览在 IExplore"选项，即可在浏览器中进行预览。

注意：

（1）为 Flash 动画设置"标题"后，当访问者在这个页面中将鼠标移至该动画时，就会出现相应的标题提示文本。

（2）插入 Flash 文件后，会自动在网页所在的文件夹中生成与 Flash 对象相关的文件，该文件不能删除，删除后 Flash 文件将不能正常运行。

思考与练习

1. 在 Dreamweaver CS6 中输入文字的方法有哪些？
2. 如何编辑项目列表和编号列表？
3. 如何插入特殊符号？
4. 如何插入水平线？
5. 设计一个包含不同字体、不同字体颜色及效果的基本网页。
6. 在页面中插入图片，制作鼠标经过图像时的效果图。
7. 在页面中插入图像有哪些方法？图像占位符的作用是什么？
8. 网页中常见的声音格式有哪些？
9. 插入视频有哪些方式，分别是什么？
10. 插入基本的页面元素包括文本、图像、文字、水平线和日期对象，并对文本设置字符格式和段落格式，对图像进行适当的调整。

第 4 章　超链接的应用

【本章导读】

　　超链接，又称为超级链接、链接，是组成网站的基本元素，超链接是网站的灵魂，因此掌握超链接的基本概念与创建方法是学习网页制作非常重要的一步，本章将详细介绍超链接的使用。

　　首先给出超链接的基础知识，相应概念。然后介绍各种常用的超链接方式，内部链接、外部链接、锚点链接、图像热点链接等。再介绍超链接的管理，最后通过实践演练，加强对超链接的理解。

【本章要点】

- 超链接基础：超链接概念、链接分类、链接路径。
- 创建超链接：内部链接、外部链接、锚点链接、电子邮件链接、空链接、图像热点链接、脚本链接。
- 超链接管理：自动更新链接、改变链接、删除链接。

4.1　超链接基础

　　每个网站实际上都由许多网页组成，这些网页之间如何建立联系呢？这就需要用到超链接，通过单击超链接可以实现网页的跳转，还可以链接到其他图像文件、多媒体文件以及下载程序。

　　一般来说，用户浏览网页时，当鼠标指针移到网页上的某些文字图像或者按钮上时，鼠标指针会变成小手状，说明该处为超链接，可以单击该超链接浏览相关的内容。

　　虽然每个站点上网页的内容是有限的，但是超链接将某个网页的关键内容与其他网页链接在一起，被关联的网页可以是本站点的，也可以是其他站点的信息，这样网页的内容被无限地丰富起来，信息的来源也更加充实，全世界有数不清的网站都提供了万维网服务，因特网也主要靠这种超链接来获取感兴趣的信息。

　　在介绍超链接的使用之前，先了解一下 Dreamweaver 中超链接的基础知识。

4.1.1　超链接的概念

　　一个完整的超链接，包括链接载体、链接标志和链接目标。超链接是指从一个网页指向另一个目标的连接关系，即在 Web 页面中插入的指向其他文档的引用。目标可以是另外一个网页，也可以是一张图片、一个文件、一个程序等。链接可以将任何类型的资源转换为链接，但最常用的链接类型是文本链接。可以在站点创建过程的任何阶段，创建超链接。利用超链接，可以实现文档间或文档中的跳转。

超链接的外观多种多样,许多页面元素可以作为链接载体,如:文本、图像、图像热区、动画等。而链接目标可以是任意网络资源,如:页面、图像、声音、程序、其他网站、E-mail,甚至是页面中的某个位置——锚点。无论是哪一种格式,只要用鼠标单击链接对象,即可跳转到指定的目标网页,当鼠标指向链接载体时,链接载体会发生一些变化,如鼠标指向文字载体,文字的字体、字号、颜色等会发生改变,有的带有下划线。

4.1.2 超链接的分类

1. 按链接载体分类

按链接载体的不同,可以将超链接为分为文本链接与图像链接两大类。
- 文本链接,用文本做链接载体,文本链接一般显示为下面带有下划线的文字,通常为蓝色。这种链接简单实用。
- 图像链接,用图像作为链接载体,能使页面美观,生动活泼,它既可以指向单个的链接,也可以根据图像不同的区域建立多个链接。

2. 按链接目标分类

按链接目标的不同,可以将超链接分为以下几种类型:
- 内部链接:同一网站文档之间的链接。使用这种链接,可以跳转到本站点的其他页面上。
- 外部链接:不同网站文档之间的链接。使用这种链接,可以跳转到其他网站上。
- 锚点链接:同一网页或不同网页中指定位置的链接。使用这种链接,可以跳转到当前文档中某一指定位置上,也可以跳转到其他文档中的某一指定位置上。
- 电子邮件链接:发送电子邮件的链接,可直接点击发送电子邮件。
- 执行文件链接:链接站点空间里的可执行程序,用于下载在线运行。

4.1.3 链接路径

一个网站的多个页面之间的关系都是通过超链接实现的,每个页面都有一个存放位置和路径,了解一个文件与另一个文件之间的路径关系对建立超链接而言是非常重要的,否则极易出错,在制作网页的时候,经常会混淆绝对路径、相对路径的概念,带来许多不必要的麻烦。绝对路径和相对路径是指链接指向的方式。

链接路径主要有 3 种类型:绝对路径、文档目录相对路径和根目录相对路径,下面对这 3 种链接路径的相关知识进行介绍。

1. 绝对路径

绝对路径是指文件的完整路径,即在进行超链接时使用了 URL,包括所使用的协议(Web 页通常使用"http://")、Web 服务器、路径和文件名等。简单地说,如果在浏览器地址栏中输入能直接访问的文件地址,就可以看作绝对路径。例如:http://www.syu.edu.cn/index.php 就是一个绝对路径。绝对路径指的是精确位置,对本地链接,尽管也可使用绝对路径,但是若将此站点移动到其他位置,则所有本地绝对路径都将断开,因此最好不要采用这种方式。如果用户要创建的是外部链接,即创建不同网站文档直接的链接,则必须使用绝对路径。绝对路径通常会在网站的友情链接中使用。

2. 文档目录相对路径

相对路径是以文件所在位置为起点，到被链接文件通过的路径，适合作为网站的内部链接。指定相对路径时，省去了当前文件和链接文件的 URL 相同的部分，留下了不同的部分，适用于站点内链接。即使站点根目录位置发生了改变，这种形式的地址也不会受到任何影响。也就是说，当站点的域名或网站的根目录发生改变时，站点内所有使用文件相对位置的链接都不会出现问题。除此之外，还有一点也是非常重要的，在站点管理器内进行文件的重命名、文件和文件夹的移动等操作时，用文件相对地址创建的链接都会动态地进行更新。

- 如果链接到同一目录下，则只需要输入要链接文件的名称。例如，若要创建从站点根目录的 index.htm 到 list.htm 的链接，链接路径为"list.htm"。站点目录结构如图 4-1 所示。

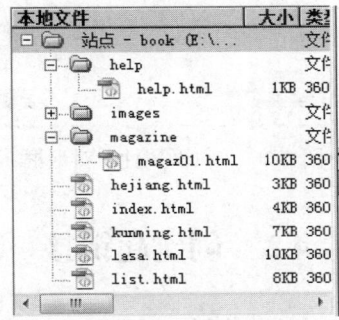

图 4-1 站点目录结构

- 要链接到下一级目录中的文件，只需要输入目录名。然后输入"/"，再输入文件名。例如，若要创建从 list.htm 到 help 目录下的 help.htm 的链接，链接路径为"help/help.htm"。
- 如链接到上一级目录中的文件，则先输入"../"再输入目录名、文件名。例如，若要创建从 magaz01.htm 到 help 目录下的 help.htm 的链接，链接路径为"../help/help.htm"。

3. 根目录相对路径

根目录相对路径是指从站点根文件夹到被链接文件的路径。站点上所有公开的文件都存放在站点的根目录下。站点根目录相对路径以"/"开始，表示站点根文件夹。表示方法：/[目录].../[文件名]。例如，/help/help.html 就是站点根文件夹下的 help 子文件夹中的一个文件"help.html"的根路径。在某些 Web 站点中，需要经常在不同文件夹之间移动 html 文件，在这种情况下，站点根目录相对路径通常是指定文件链接的最好方法，在移动一个包含根目录相对链接的文件时，无需对原有链接进行修改。

4.1.4 链接的颜色

对于超文本类型的链接来说，链接文字有如下几种颜色状态：
- 链接颜色：指定应用于链接文字的颜色。
- 已访问链接：指定链接被访问过的颜色。
- 变换图像链接：指定当鼠标位于链接上时的颜色。
- 活动链接：指定鼠标在链接上点击时的颜色。

默认状态下链接文字的几种颜色状态是由浏览器决定的，多数浏览器将被访问的链接文本的颜色显示为蓝色，可通过设置文档的页面属性，控制链接文本的颜色。

选择菜单栏上的"修改"→"页面属性"命令打开"页面属性"对话框，按图 4-2 所示。在"分类"列表框中选择"链接"选项，然后进行设置即可。

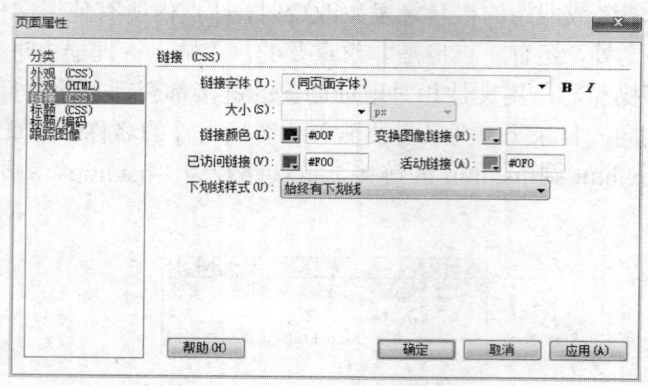

图 4-2　"页面属性"对话框

4.2　创建超链接

Dreamweaver 提供多种创建超链接的方法，可创建到文档、图像、多媒体文件或可下载软件的链接，可建立到文档内任意位置的文本或图像，包括标题、列表、表、层或框架中的文本或图像的链接。本节将重点介绍这些超链接的创建方法，让读者掌握网站建设中常用的超链接的设置。

4.2.1　到网站内页面的超链接——内部链接

内部链接，其目标点是同个网站中的其他网页（文档），网站内部页面之间创建相互链接关系，称为内部链接。

创建从图像、对象或文字到其他文档或文件（如图形、影片、PDF 或声音文件）的超链接，主要有以下几种方法。

1. 使用"属性"面板建立链接

使用"属性"面板（又称属性检查器）创建超链接的方法如下：

（1）在文档窗口的"设计"视图中选择要建立超链接的文本或图像。

（2）执行菜单"窗口"→"属性"命令，打开"属性"面板，在"属性"面板的"链接"下拉列表框中输入链接的路径，如图 4-3 所示。可输入文档目录相对路径或站点根目录相对路径。

图 4-3　建立链接

（3）如果不想输入复杂的 URL 链接地址，也可以单击"链接"下拉列表框右侧的"浏览文件"按钮，打开"选择文件"对话框，在打开的对框中选择一个合适的文件。选择文档后，其 URL 地址会自动地填写到"链接"下拉列表框中。

（4）在"属性"面板的"目标"下拉列表框中，可以指定被链接文档的载入位置。在默认情况下，被链接的文档在当前窗口或框架中打开。若要使被链接的文档显示在其他位置，可从"属性"面板的"目标"下拉列表框中选择一个选项，如图 4-4 所示。

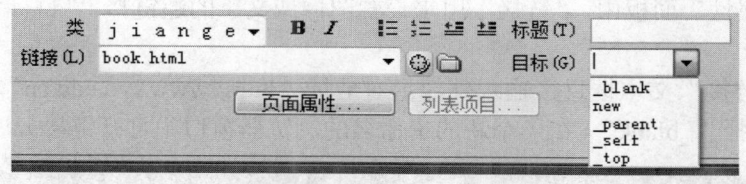

图 4-4　"目标"下拉列表框

其中：
- _self：将链接文件加载到链接所在的窗口或框架中（默认方式）。
- _blank：将链接文件加载到未命名的新浏览器窗口中。
- new：将链接文件加载到同一个刚创建的浏览器窗口中。
- _parent：将链接文件加载到包含该链接的父框架集或窗口中。
- _top：将链接文件加载到整个的浏览器窗口中，并由此删除所有框架。

（5）操作完成后，可以看到被选择的文本变为蓝色，并且带有下划线。

2．使用"指向文件"图标建立链接

使用"指向文件"图标创建超链接的方法如下：

（1）在文档窗口的"设计"视图中选择要建立超链接的文本或图像。

（2）拖动"属性"面板中"链接"下拉列表框右侧的"指向文件"按钮，按下鼠标左键，移动鼠标，这时会出现一个箭头。当箭头指向网站管理窗口中的某一个文件时，文件周围出现一个方框，如图 4-5 所示，创建一个由图像 book1.jpg 到"文件"面板中 book.html 的超链接。

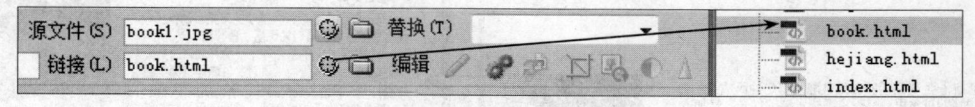

图 4-5　拖动"指向文件"图标

（3）释放鼠标按钮，"链接"下拉列表框将更新，以显示所创建的超链接。这时选中的文本下面就出现了下划线，文本颜色变为蓝色，表示它已经是超链接了，并且它的目标 URL 就是箭头指向的文件。

注意：只有当"文档"窗口中的文档未最大化时，才能链接到打开的文档，如果指向打开的文档，则在进行选择时，该文档移至屏幕的最前面。

4.2.2　到网站外页面的超链接——外部链接

外部链接的目标点是不同的站点或本站点以外的网页（文档），称为外部链接。不论是文

字还是图像,都可以创建链接到绝对地址的外部链接。创建链接的方法可以直接输入地址实现。方法如下:

(1)选中文字或图像之后,直接在"属性"面板的"链接"文本框中输入外部的链接地址,如 http://www.baidu.com。

(2)然后在"目标"下拉菜单中设置这个链接的目标窗口。

例:新建一个网页,输入并选中文字"沈阳大学"。

(1)在"属性"面板中,"链接"用来设置图像或文字的超链接,"目标"用来设置打开方式。

(2)在"链接"文本框直接输入外部绝对地址"http://www.syu.edu.cn",在"目标"项的下拉列表中选择"_blank"(在一个新的未命名的浏览器窗口中打开链接),如图4-6所示。

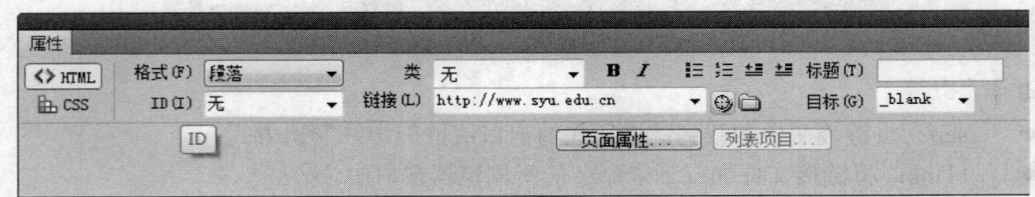

图4-6 "链接"和"目标"下拉列表框的设置

4.2.3 创建到网页某一特定位置的超链接——锚点链接

锚点链接其目标端点是网页中的命名锚点。利用这种链接,可以跳转到当前网页中的某一指定位置上,也可以跳转到其他网页中的某一指定位置上,如图4-7所示。

创建到命名锚点链接的过程分为两步:第一步,创建命名锚点;第二步,创建到该命名锚点的链接。图4-7为创建的锚点链接效果。

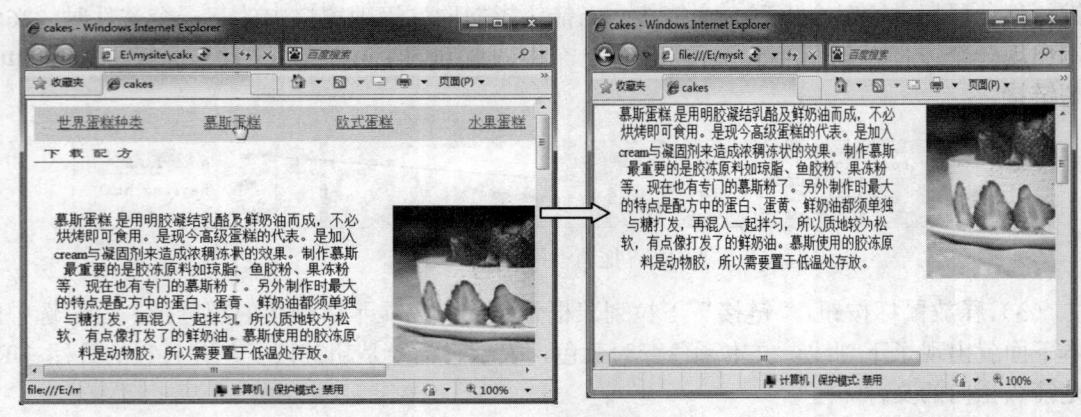

图4-7 创建的锚点链接效果

1. 创建命名锚点

方法如下:

(1)在"文档"窗口的"设计"视图中,将插入点放在需要命名锚点的地方,例如正文部分的"慕斯蛋糕"。

（2）选择菜单"插入"→"命名锚记"命令，或按下 Ctrl+Alt+A 组合键，或在"插入"工具栏的"常用"类别中，单击"命名锚记"按钮，出现如图 4-8 所示的"命名锚记"对话框。

图 4-8 "命名锚记"对话框

（3）在"锚记名称"文本框中键入锚记的名称，本例为"m1"，单击"确定"按钮，锚记在插入点处出现。

提示：如果看不到锚记标记，可选择菜单"查看"→"可视化助理"→"不可见元素"命令。

（4）如果要修改锚的位置，可以将该锚记作为普通的文字对待，将之在文档中移动，例如用鼠标拖动它，或利用剪切、粘贴操作移动它。单击该锚记，可以在"属性"面板中修改其名称。

2．链接到命名锚点

方法如下：

（1）在"文档"窗口的"设计"视图中，选择要创建链接的文本或图像，如图 4-9 所示网页顶部菜单的"慕斯蛋糕"文字部分。

（2）在"属性"面板的"链接"下拉列表框中，设置锚点名称及相应前缀。

如果要链接的目标锚点位于当前文档中，则输入一个"#"号和锚点名称。如本例输入为"#m1"，如图 4-19 所示。

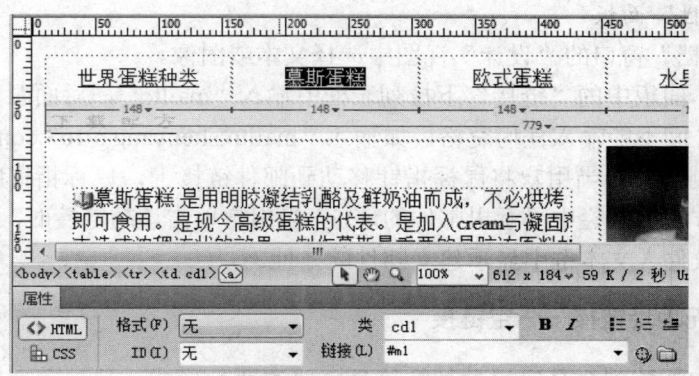

图 4-9 建立锚点链接

如果要链接到同一文件夹内其他文档中，则需要该文档的 URL 地址和名称，然后输入"#"，再输入锚点名称。例如要链接当前目录下 scake.html 文档中名为 top 的锚点，则输入"scake.html#top"。

4.2.4 建立电子邮件链接

很多情况下，需要将网站管理员的电子邮件地址保留在网页上，以便于及时获取外界的反馈信息，这时可以在网页中使用电子邮件链接。电子邮件链接是一种特殊的链接，单击这种链接，不是跳转到相应的网页上，也不是下载相应的文件，而是会启动网页浏览者计算机中相应的电子邮件客户端的应用程序，以便书写电子邮件并发送到指定地址。

1. 使用"电子邮件链接"命令

建立电子邮件链接的步骤如下：

（1）选择网页中需要作为电子邮件链接的文字或将插入点放在希望出现电子邮件链接的位置。

（2）选择菜单栏上的"插入"→"电子邮件链接"命令或者在"插入"工具栏的"常用"类别中单击"电子邮件链接"按钮。

（3）弹出如图4-10所示的"电子邮件链接"对话框。

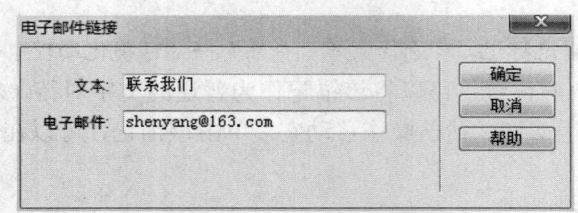

图4-10 "电子邮件链接"对话框

（4）设置对话框。"电子邮件"文本框中输入该邮件将发送到的电子邮件地址，如shenyang@163.com。

（5）设置完成后，单击"确定"按钮，关闭该对话框。

注意："属性"面板中的"链接"下拉列表框中，在电子邮件地址前面添加了"mailto:"，表示该超链接是邮件链接。

2. 使用"属性"面板

（1）在"文档"窗口的"设计"视图中选择文本或图像。

（2）"属性"面板中的"链接"下拉列表框中输入"mailto:"，后面跟电子邮件地址。在冒号和电子邮件之间不能输入任何空格，如输入"mailto:shenyang@163.com"。

在浏览器中浏览时，当用户将鼠标指针移动到邮件链接上，鼠标指针的形状变为手形，并且在浏览器下方的状态栏中显示出邮件的地址，当用户单击该超链接时，系统会打开默认的邮件程序，并在收件人文本框中显示建立邮件的地址。

4.2.5 建立无地址链接——空链接

链接到文档和链接到命名锚记是超链接最主要的两种形式，另外还存在一些特殊的链接类型，例如空链接和脚本链接，利用这些链接可以完成一些特殊功能。

空链接，是指没有指派目标端点的链接，利用空链接可以激活文档中链接对应的对象或文本，一旦对象或文本被激活，就可以为之添加一个行为（behavior）以实现当鼠标指针移动到链接上时进行图像切换或显示分层等动作，有关动作的添加，将在后面章节中进行详细的介绍。一般站点首页导航栏中的首页链接，就可以是一个空链接。

建立空链接的方法和步骤如下：

（1）在文档窗口中，选择需要设置链接的文本图像或其他对象。

（2）在"属性"面板的"链接"下拉列表框中输入"#"即可，如图4-11所示。

图4-11　创建空链接

提示：在"属性"面板的"链接"文本框中输入"JavaScrip:;"，也可以建立空链接。

4.2.6　图像热点链接

图像热点是指在一幅图片上创建多个区域，并将这些区域设置成热点区域，可以点击触发。当用户单击某个热点时，可以跳转到不同的页面。

下面介绍创建图像热点链接的过程。

（1）新建一个文档，选择菜单栏上的"插入"→"图像"命令，在"文档"窗口中插入一幅图像，选中该图像，选择菜单上的"窗口"→"属性"命令，打开"属性"面板，如图4-12所示。

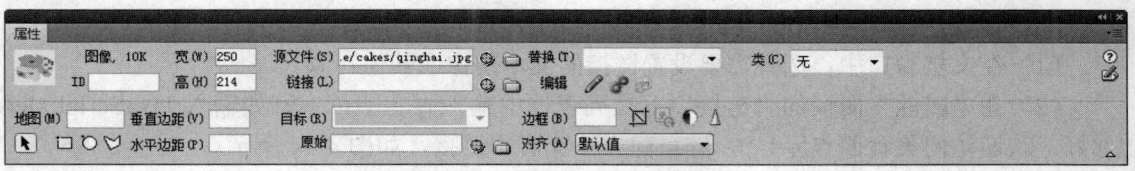

图4-12　图像的"属性"面板

（2）在"属性"面板中可以使用矩形工具、圆形工具、多边形工具和选择工具，来创建矩形、圆形和多边形热点区域。

下面对"属性"面板中的图像热点工具进行介绍：

- "地图"文本框：定义图像名称，方便制作网页时调用。
- "指针热点工具"按钮：确定热点后，使用此工具可以拖动热点边缘的控制，并调整热区的大小，也可以拖动鼠标指针移动热区图形，在层之间进行向上或向下移动等操作，改变热点区域位置。还可以将含有热点的图像从一个文档复制到其他文档，或者复制某个图像中的一个或多个热点，然后将其粘贴到其他图像上；这样就将与该图像关联的热点也复制到了新文档中。
- "矩形热点工具"按钮：在指定的图像上拖放鼠标，可以创建一个矩形热点区域，热点区域会显示成半透明的阴影。
- "圆形热点工具"按钮：在指定的图像上拖放鼠标，可以创建一个圆形热点区域，热点区域会显示成半透明的阴影。
- "多边形热点工具"按钮：在指定的图像上拖放鼠标，可以创建一个多边形热点区域，热点区域会显示成半透明的阴影。

（3）一个热点区域绘制完毕后，在"属性"面板的"链接"下拉列表框中输入链接地址，如09.html，链接目标设置为"_blank"，这样设置可以使链接页面在一个新的窗口中打开，在"替换"选择框中可以输入显示图像的说明文字，如图4-13所示。

图 4-13 热点区域的"属性"面板

使用同样的方法,可以制作其他热点区域的链接,然后设置链接属性,从而制作一个完整的图像映射。

提示:一般而言,热点链接适合图像不是很好分割的情况,例如地图。如果切割的图像比较规则,还是建议应先将图像切割为矩形,然后在单个图像上创建链接。

4.2.7 脚本链接

脚本链接也是一种特殊类型的链接,通过单击带有脚本链接的文本或对象,可以运行相应的脚本程序或 JavaScript 函数,从而实现相应的运算。比如:建立网站访问时弹出的提示对话框,用户注册时有些必须输入的条件由于没有输入而弹出的提示对话框等。

建立脚本链接的步骤如下:

(1)在文档窗口中,选择需要设置链接的文本图像或其他对象。

(2)在"属性"面板的"链接"下拉列表框中输入脚本即可。例如输入 JavaScript:alert('你好,欢迎访问美食西点屋!'),即可建立一个脚本链接,如图 4-14 所示。

图 4-14 设置脚本链接

(3)在浏览器中浏览时,当鼠标指针移动到虚拟链接或脚本链接上时,鼠标指针的形状变为手形,单击脚本链接会打开一个如图 4-15 所示的提示对话框。

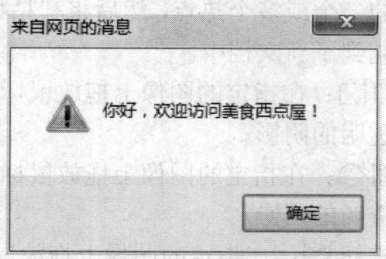

图 4-15 单击脚本链接后打开的提示对话框

下面给出几个常用的脚本链接:

- 添加到收藏夹:
  javascript:window.external.addFavorite('要收藏的网页网址', '要收藏的网页名字')

例如：javascript:window.external.addFavorite('http://www.baidu.com', '百度从这里开始')，表示收藏百度网页。
- 表示关闭窗口：javascript:window.close()。
- 表示弹出一个提示对话框：javascript:alert('要显示的内容')。

4.3 超链接的管理

为避免站点中出现断链接，可以激活链接管理，使 Dreamweaver 在用户做出更改后自动更新链接，以保证链接是可以访问的。

4.3.1 自动更新链接

每当在本地站点内移动或重命名文档时，Dreamweaver 可自动更新指向该文档的链接。当将整个站点（或其中完全独立的部分）存储在本地硬盘上时，此项功能最适用。

1. 在 Dreamweaver 中启用链接管理

启用链接管理的操作步骤如下：

（1）选择菜单栏的"编辑"→"首选参数"命令，打开"首选参数"对话框，如图 4-16 所示。

（2）在该对话框左侧的"分类"列表框中选择"常规"选项，在右侧即可显示相应的设置选项。

（3）单击"移动文件时更新链接"下拉列表框的三角按钮，打开下拉列表，选择需要的选项，该下拉列表中有 3 个选项，其意义和功能如下：

- "总是"：如果选择该选项，表示当在本地站点中对文档重新命名或移动时，Dreamweaver 总是自动对链接文档中的链接进行更新。
- "从不"：如果选择该选项，表示当在本地站点中对文档重新命名或移动时，Dreamweaver 不对文档中相应的链接进行更新。
- "提示"：如果选择该选项，表示当在本地站点中对文档重新命名或移动时，Dreamweaver 会显示一个提示信息对话框，询问用户是否需要对其中的链接进行更新。

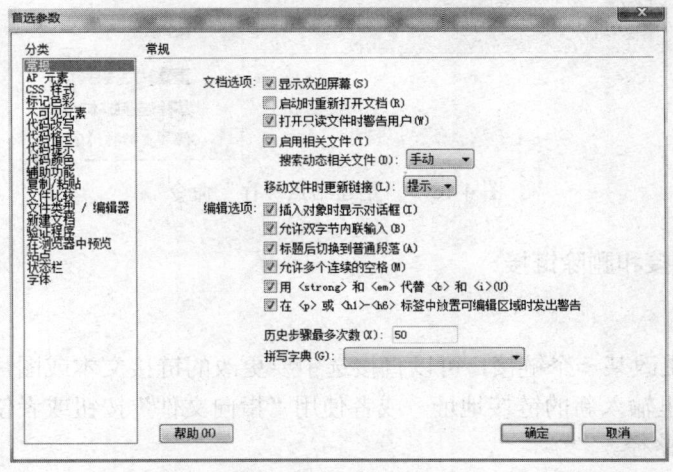

图 4-16 "首选参数"对话框

2. 为站点创建缓存文件

要使链接的更新操作更快捷更准确，就需要在 Dreamweaver 中使用站点缓存，站点缓存是由 Dreamweaver 建立的缓存文件，用来存储本地站点中所有的链接信息，如果在定义站点时选中"启用缓存"复选框，如图 4-17 所示，则在本地站点中，当使用 Dreamweaver 对站点中的文件进行添加、删除、复制和重命名等操作时，缓存中就会自动记录这些信息，并对链接进行更新。

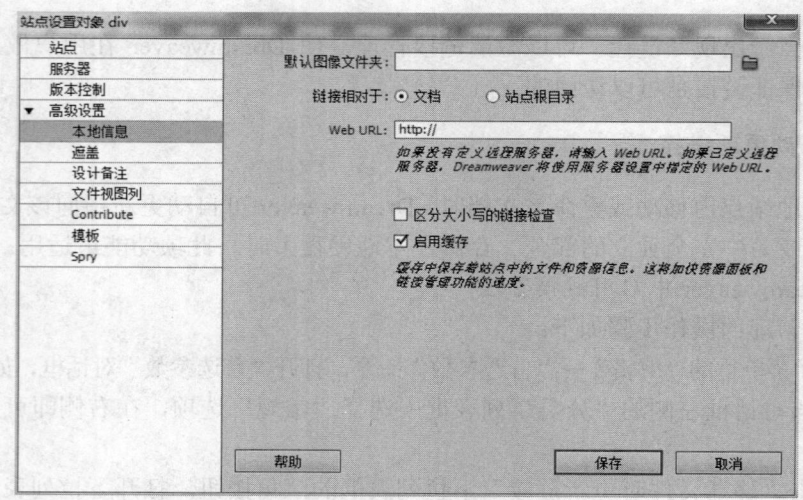

图 4-17　选择"启用缓存"

3. 重新创建站点缓存

在"文件"面板中，单击 按钮，在弹出菜单中选择"站点"→"重建站点缓存"命令，或者执行菜单"站点"→"高级"→"重建站点缓存"命令，重新创建站点缓存，如图 4-18 所示。

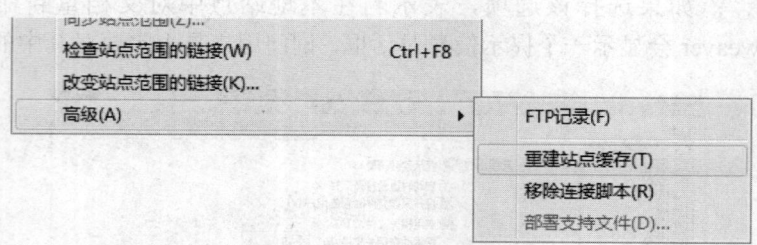

图 4-18　"重建站点缓存"命令

4.3.2　改变链接和删除链接

1. 改变链接

方法 1：若要更改某一个链接，可以直接选中要更改的链接文本或图片，在"属性"面板的"链接"文本框里输入新的链接地址，或者使用"指向文件"按钮或者使用"浏览文件"按钮，查找新的链接路径。

方法 2：选中要更改链接的文本或图片，右击鼠标，在弹出的快捷菜单中选中"更改链接"，也会打开"选择文件"对话框,选择要重新链接的文件。

方法3:选中要更改链接的文本或图片,选择"修改"菜单的"更改链接",也能打开"选择文件"对话框,然后选择要重新链接的文件。

2. 删除链接

方法1:若要删除某一个链接,可以直接选中要更改的链接文本或图片,在"属性"面板的"链接"文本框里删除链接地址即可。

方法2:选中要删除链接的文本或图片,右击鼠标,在弹出的快捷菜单中选中"移除链接"即可。

方法3:选中要删除链接的文本或图片,选择"修改"菜单的"移除链接"即可。

4.3.3 在整个站点范围内更新链接

除了每当移动或重命名文件时让 Dreamweaver 自动更新链接外,用户还可以手动更改所有链接(包括电子邮件链接、FTP 链接、空链接和脚本链接),以指向其他位置。

在整个站点范围内更改链接的操作步骤如下:

(1)在"文件"面板的"本地视图"中选择一个文件。注意:如果更改的是电子邮件链接、FTP 链接、空链接或脚本链接,则不需要选择文件。

(2)选择"站点"→"更改整个站点链接",出现如图 4-19 所示的"更改整个站点链接"对话框。

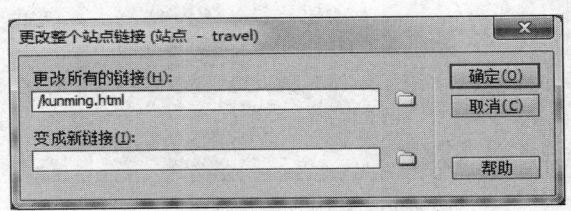

图 4-19 "更改整个站点链接"对话框

(3)设置对话框,在"更改所有的链接"文本框旁,单击文件夹图标,然后通过浏览选择要更改链接的文件。在"变成新链接"文本框旁边,单击文件夹图标,选择要链接到的新文件。

提示:如果要更改的是电子邮件链接、FTP 链接、空链接或脚本链接,只需直接输入链接的完整文本。例如,若要更新指向旧地址的所有电子邮件链接,可在"更改所有链接"的文本框中输入"mailto:teach@sina.com",然后在"变成新链接"文本框中输入"mailto:teach-stu@sina.com"。

(4)单击"确定"完成对话框的设置。

4.4 实践演练

4.4.1 在网页中建立各种超链接

【目标要求】

打开"train"文件夹下的 index.htm 页面,制作一个具有超链接的网页。当鼠标移到栏目标题文本上时就会变成手形,同时在浏览器下方的状态栏中显示链接的路径,单击时便会跳转到相应的链接内容。

页面效果参见电子素材"train\finished"文件夹中的 index.html 文件。

【说明】

在完成下面操作前,先将所有的素材文件("train"文件夹的内容)放置在对应的文件夹下;在 Dreamweaver 中新建一个本地站点,站点名称自拟,依次按照下述内容在页面中创建各种超链接。

【任务 1】创建内部超链接

内部超链接:就是在同一个站点内的不同页面之间建立超链接关系。

【操作步骤】

(1)为"沈阳介绍"文本创建超链接。

1)打开"train/index.html"文档,在网页中选中"沈阳介绍"文本,如图 4-20 所示。

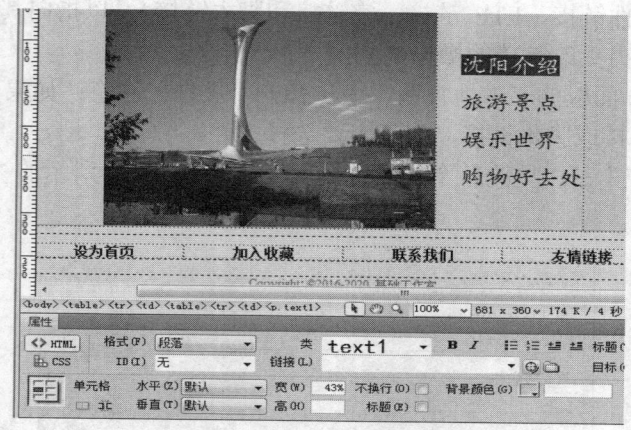

图 4-20 选中"沈阳介绍"文本

2)在"属性"面板中单击"浏览文件"按钮,会弹出"选择文件"对话框。

3)在打开的"选择文件"对话框中选择需要的网页文件 travel02.html。

4)单击"确定"按钮,完成对"沈阳介绍"的链接文件的选择,如图 4-21 所示。

图 4-21 为"沈阳介绍"文本创建链接

提示：在"属性"面板中"链接"后的文本框中只显示了文件名，没有路径。这是由于被链接的文件和该文件同属一个路径，所以只显示了文件名。注意，这里的路径是相对路径。

（2）在"目标"选择框中选择"_blank"，以确保在新的浏览窗口中打开链接文件。

（3）使用相同的方法分别为文本"景点介绍""娱乐世界"和"购物好去处"创建超链接；对应的网页文件分别为 travel03.html、travel04.html 和 travel05.html。

【任务 2】创建外部超链接

外部超链接：链接目标在网站之外，即与网站之外的文件链接。

将"友情链接"文本链接到"Google"网站。

【操作步骤】

（1）打开"train/index.html"文档，在网页文件的页脚中，选中"友情链接"。

（2）在"属性"面板的"链接"文本框中输入完整的网址：http://www.google.com。

（3）在"目标"选择框中选择"_blank"，以确保在新的浏览窗口中打开链接文件，如图 4-22 所示。

图 4-22　为"友情链接"文本创建外部链接

【任务 3】创建空链接和脚本链接

空链接是一个未指定目标的链接，在"属性"面板中的"链接"栏中输入一个数值符"#"即可。

（1）为"沈阳旅游"文本创建空链接。

1）打开"train/index.html"文档，在网页中选定文本"沈阳旅游"。

2）在"属性"面板的"链接"文本框中输入"#"，这样即创建了一个空链接，如图 4-23 所示。

（2）为"关闭"文本创建脚本链接。

1）打开"沈阳介绍"网页（train/travel02.html）。

2）选定"关闭"文本，在"属性"面板的"链接"文本框中输入"javascript:self.close()"或"javascript:window.close()"，如图 4-24 所示。

（3）运行网页时，当单击"关闭"脚本链接时，会提示对话框，如图 4-25 所示。单击"确定"按钮，将关闭当前网页。

图 4-23 为"沈阳旅游"文本创建空链接

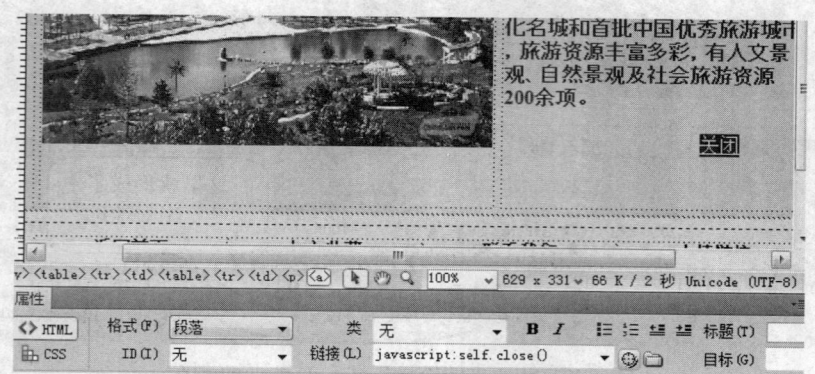

图 4-24 为"关闭"文本创建脚本链接

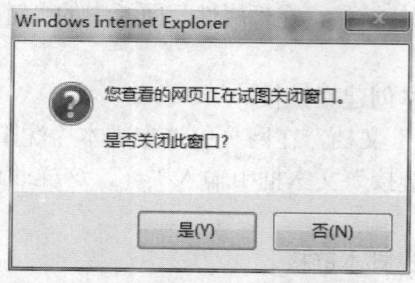

图 4-25 单击脚本链接时弹出的对话框

4.4.2 创建锚点链接

1. 设计目标

如图 4-26 所示,在浏览器中预览该页面时,单击首页的某个小标题,便会跳转到该页面的相应文章处。在该文章的末尾单击"返回到顶部"时,又可以返回到首页处,以便继续选择感兴趣的文章浏览。

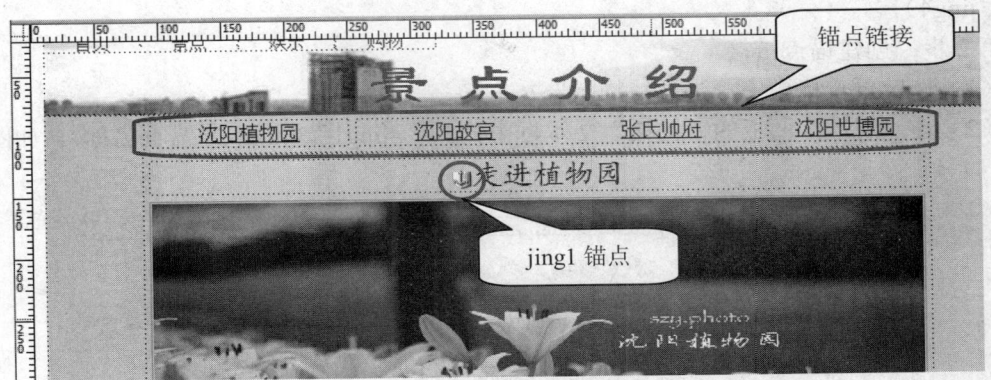

图 4-26 创建了锚点链接的网页

2. 预览效果

当用户点击页面上任意一个标题时,鼠标自动跳转到页面上文章所在的位置;页面效果参见电子素材"train\finished"文夹中的 travel03.html 文件。

3. 创建步骤

第 1 步:标记锚点位置。

(1)打开"train/travel03.html"文档,将插入点放在正文标题"走进植物园"之前,确认文本光标在文档区域内闪烁,如图 4-27 所示。

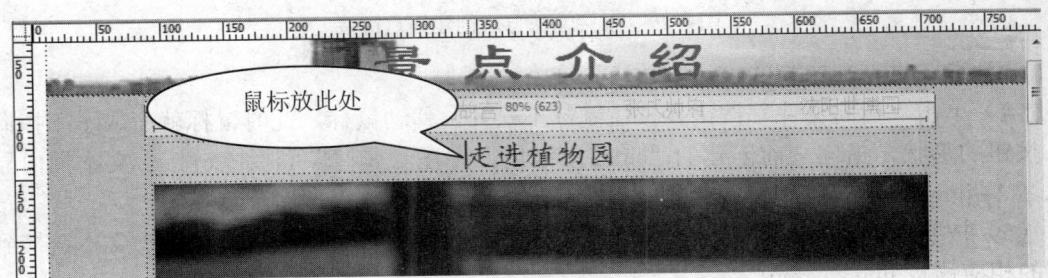

图 4-27 确定锚点标记位置

(2)在菜单栏中选择"插入/命名锚记"命令,或者单击"常用"工具栏上的"命名锚记"按钮,打开"命名锚点"对话框,如图 4-28 所示。

图 4-28 "命名锚记"对话框

(3)在"锚记名称"文本框内输入锚点名称,这里输入"jing1",单击"确定"按钮,就在文本"走进植物园"前加上了一个锚记。单击插入的锚记,选中锚记,在"属性"面板上就会显示锚记的名称。

（4）按照上述方法，分别在其余每篇文章的标题前插入命名锚点（锚点名分别为 jing2、jing3、jing4）。

第 2 步：创建锚点链接。

（1）选定页首标题中"走进植物园"文本。

（2）在"属性"面板的"链接"文本框中输入"#jing1"（jing1 是锚点名称），如图 4-29 所示。

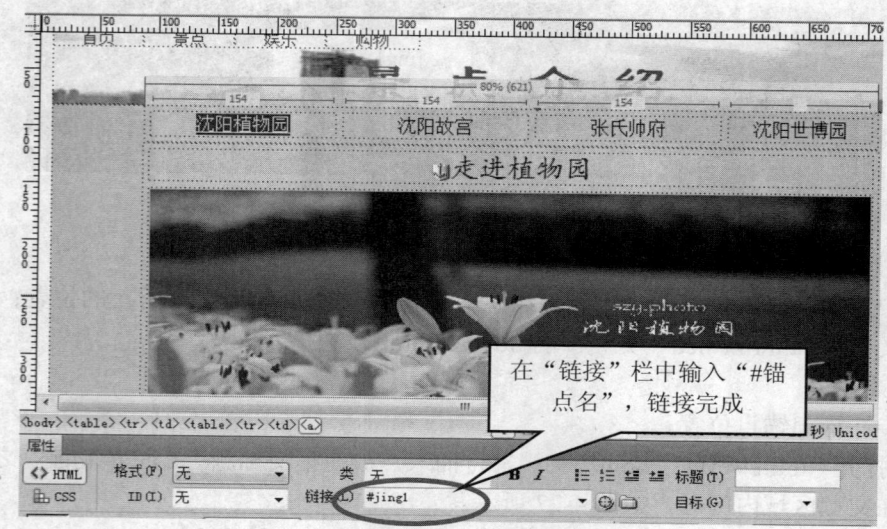

图 4-29 直接输入方式创建锚点链接

（3）选定页首标题中的"沈阳故宫"文本。

（4）单击"指向文件"按钮并按住鼠标不松开，移动鼠标，此时鼠标就变成了"指向文件"按钮的形状，指向之前创建的"jing2"锚记，并在"属性"面板"链接"文本框内显示锚记名"#jing2"。

（5）按照上述两种方法，分别将标题中的"张氏帅府"和"沈阳世博园"文本链接到文章前的相应锚点 jing3、jing4。

第 3 步：设置返回页首的链接。

（1）首先，选中大标题"景点介绍"设置命名锚记为"top"，方法同上，如图 4-30 所示。

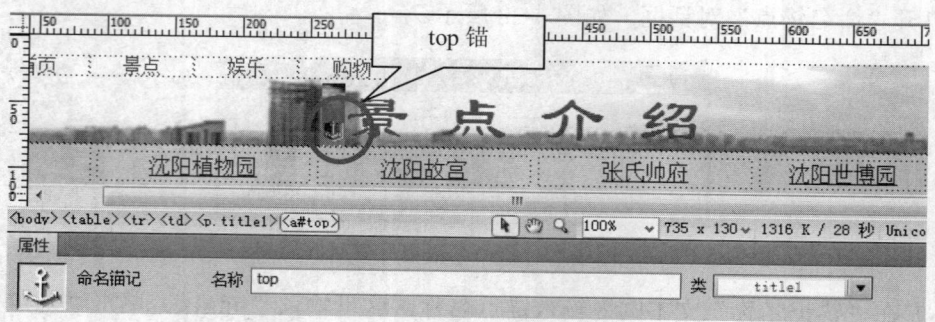

图 4-30 命名 top 锚点

（2）选定正文中的"返回到顶部"文本。
（3）在"属性"面板的"链接"文本框中输入"#top"。
（4）预览网页，观察效果。

4.4.3 创建热区链接

所谓热区只是对图像圈定了一个范围，在这个范围内可添加链接。

1. 设计目标

制作一个页面，鼠标单击页面图像的不同组成部分时将会跳转到对应的网页。页面效果参见电子素材"train\finished"文件夹下的 travel04.html 文件。

2. 制作步骤

第 1 步：为 yule.png 图像制作热区

（1）打开"train/travel04.html"文档，单击网页上的图像"yule.png"。

（2）在"属性"面板左下角选取图像工具，在图像中绘制热区。其中，"方特世界"选用矩形热点工具，"皇家海洋公园"和"小韩村温泉"选择圆形热点工具，"沈阳怪坡"选择多边形热点工具。完成热区的绘制，如图 4-31 所示。

图 4-31　为图像的各个部分分别绘制热区

第 2 步：为每个热区添加说明文字并制作超链接。

（1）鼠标单击"未来都市"所在热区（此时热区四周出现四个小方块）

（2）在"属性"面板上设置链接、目标、替换三个选项；单击"链接"右侧的"浏览文件"按钮，打开"选择文件"对话框，选择"travel0401.html"；单击"目标"右侧的下拉列表框，选择"_blank"；在"替换"文本框中输入"沈阳方特欢乐世界"，如图 4-32 所示。

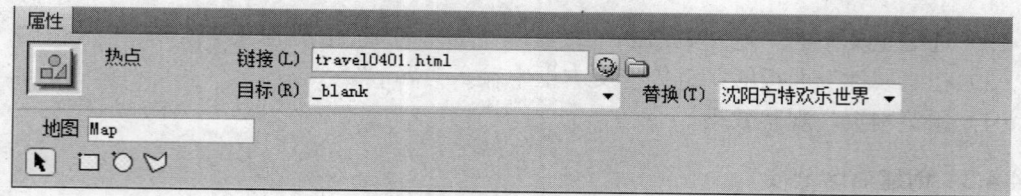

图 4-32 "属性"面板

第 3 步：用同样的方法为其他三个热区添加说明文字并制作超链接；"皇家海洋公园"热区链接到"travel0402.html"，说明文字为"皇家海洋公园"；将"沈阳怪坡"热区链接到"travel0403.html"，说明文字为"沈阳怪坡"；将"小韩村温泉"热区链接到"travel0404.html"，说明文字为"小韩村温泉"。

思考与练习

1. 超链接有几种形式？
2. 超链接的相对路径和绝对路径有什么区别？各自适合在什么情况下使用？
3. 创建 E-mail 链接有几种方法？
4. 在网上下载中国地图，然后制作各省或自治区的图像映射，分别链接到各省或自治区的政府网站。
5. 创建锚点链接。以网页内容的小标题作为链接。当在浏览器中预览该页面时，单击页面的某个小标题，便会跳转到该页面相应的文章处。在文章末尾设置返回到首页的按钮，当单击该按钮时，可以返回到首页处。

第 5 章　表格的应用

【本章导读】

本章主要介绍表格的基础知识、设计方法。表格在网页中大量使用，是网页中常用的信息展示方式，是页面布局的重要工具。表格的应用主要包括两方面：一方面可利用表格存放数据，另一方面可以利用表格来布局页面。

【本章要点】

表格的创建、属性设置等操作方法。

5.1　插入表格

1. 在 Dreamweaver 中插入表格

在 Dreamweaver 中插入表格的方法如下：

（1）单击网页中需要插入表格的地方。

（2）在菜单栏选择"插入"→"表格"命令，或者单击"常用"工具栏里的"表格"按钮，或者运用组合键 **Ctrl+Alt+T**，打开"表格"对话框，如图 5-1 所示。

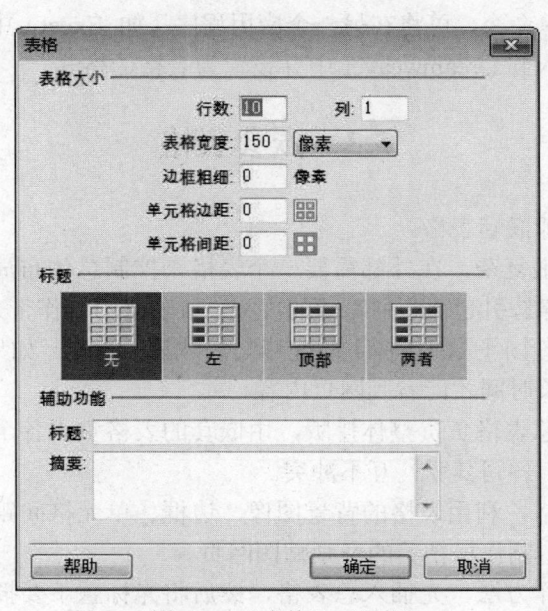

图 5-1　"表格"对话框

2. 设置表格参数

"表格"对话框中各参数说明如下：

- 行数：指的是拟创建表格中行的数目。
- 列：指的是拟创建表格中列的数目。
- 表格宽度：以像素为单位或按占浏览器窗口宽度的百分比指定表格宽度。
- 边框粗细：以像素为单位，设置表格边框的宽度。若设置为 0，则在浏览时不显示表格边框。
- 单元格间距：相邻的表格单元格之间的像素数。
- 单元格边距：确定单元格边框与单元格内容之间的像素数。
- 无：对表格不启用列或行标题。
- 左：将表格的第一列作为标题列。
- 顶部：将表格的第一行作为标题行。
- 两者：能使用户在表格中输入列标题和行标题。
- 标题：显示在表格外的表格标题。
- 摘要：表格的说明信息。

5.2 输入表格内容

表格中可以插入文字，也可以插入图片。在表格中直接输入文本时，当输入文本的长度超过单元格宽度时，单元格会自动扩展增宽。

使用方向键，可在不同的单元格之间进行切换。按 Tab 键可移到下一个单元格，按 Shift+Tab 键可将光标移到前一个单元格。在最后一个单元格中按 Tab 键，会自动添行。

选择"文件"→"导入"→"表格式数据"菜单命令或选择"插入"→"表格对象"→"导入表格式数据"菜单命令，可将在另一个应用程序（如 Excel）中创建并以分隔文本的格式保存的表格式数据导入到 Dreamweaver 中并设置为表格的格式。

5.3 嵌套表格

表格之中还有表格即嵌套表格。

网页的排版有时会很复杂，在外部需要一个表格来控制总体布局，如果内部排版的细节也通过总表格来实现，容易引起行高列宽等的冲突，给表格的制作带来困难。其次，浏览器在解析网页的时候，是将整个网页的结构下载完毕之后才显示表格，如果不使用嵌套，表格非常复杂，浏览者要等待很长时间才能看到网页内容。

引入嵌套表格，由总表格负责整体排版，由嵌套的表格负责各个子栏目的排版，并插入到总表格的相应位置中，各司其职，互不冲突。

另外，通过嵌套表格，利用表格的背景图像、边框、单元格间距和单元格边距等属性可以得到漂亮的边框效果，制作出精美的音画贴图网页。

创建嵌套表格的操作方法，先插入总表格，然后将光标置于要插入嵌套表格的地方，继续插入表格即可。

（1）将光标放置在文档窗口要插入表格的位置，单击"插入"面板→"常用"→"表格"按钮，插入一个表格。

（2）单击现有表格中的一个单元格。

（3）单击"插入"→"表格"菜单命令。

（4）在"插入表格"对话框中进行设置，插入嵌套表格前的表格如图 5-2 所示，插入后如图 5-3 所示。

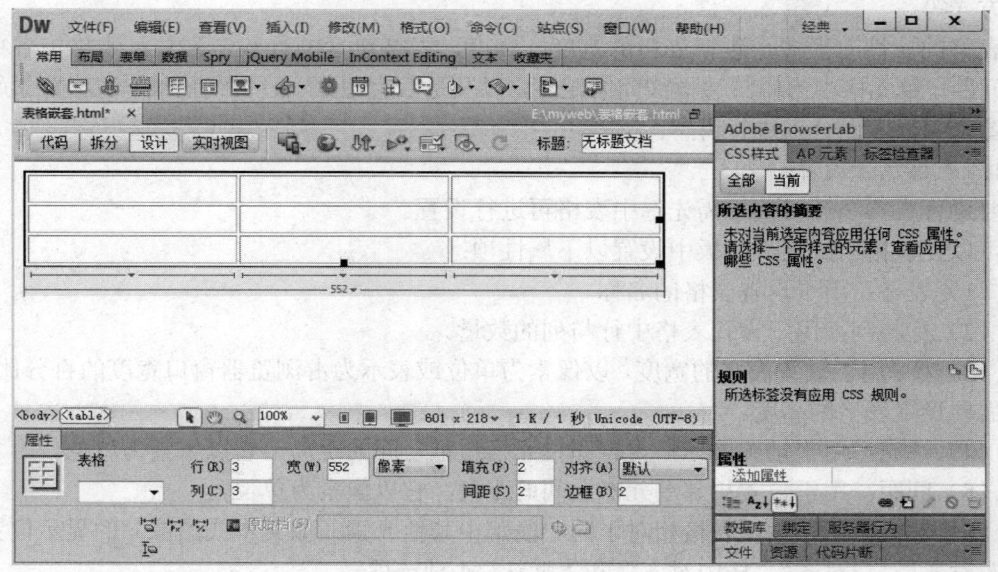

图 5-2　插入前的表格

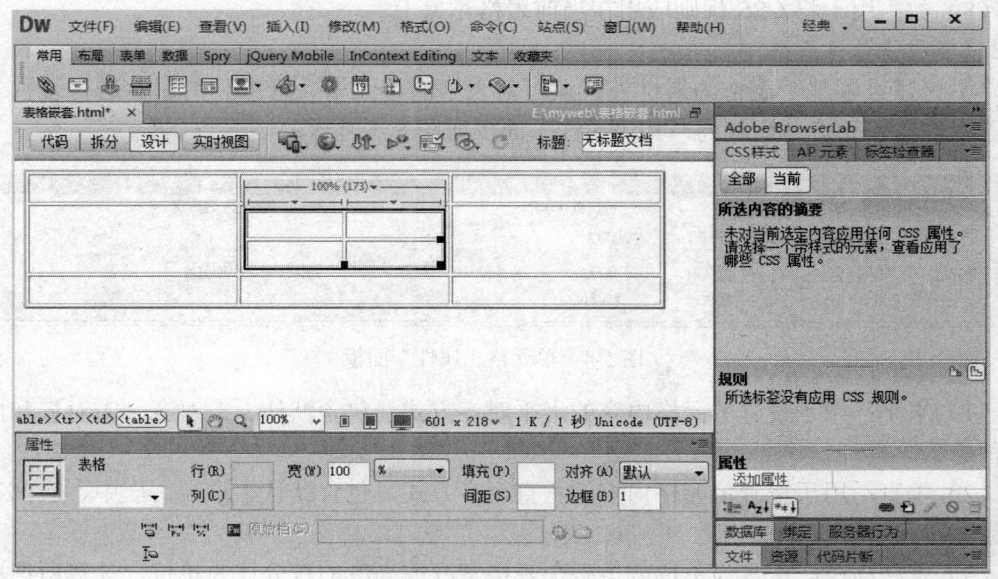

图 5-3　插入后的表格

需要注意的是，表格嵌套不宜太多，最多三层，因为一个表格在进行拆分、合并后，将会变得复杂且难以控制，往往在调整一个单元格时会影响别的单元格；另外一个原因是浏览器在解析网页时，将表格的所有内容下载完毕后才能显示出来，使用的嵌套越多，页面浏览速度越慢。

5.4 设置表格属性

要使表格美观，需要对表格及单元格的属性进行设置，如设置边框线的颜色和单元格的对齐方式等。

表格的属性有很多，包括表格的宽度、高度，表格包含的行数、列数，表格中各单元格间的间距，单元格中内容与边框线间的距离，以及是否有边框、边框线粗细，表格背景颜色或背景图像等，下面分别进行讲解。

1. 表格属性设置

要进行表格属性设置，需先选中表格再进行设置。

可以在表格"属性"面板中设置以下属性项：

（1）表格：用于设置表格的名称。

（2）行与列：用于设置表格中行与列的数量。

（3）宽：用于设置表格的宽度，以像素为单位或表示为占浏览器窗口宽度的百分比。（通常不需要设置表格的高度。）

（4）填充：用于设置单元格内容和单元格边框之间的距离，它以像素为单位。

（5）间距：用于设置相邻单元格之间的距离，它以像素为单位。

（6）对齐：用于设置表格相对于同一段落中其他元素（如文本或图像）的显示位置。包括"左对齐""右对齐""居中对齐"和"默认"4 种选项。

（7）边框：用于设置表格边框的宽度，以像素为单位。

（8）类：用于将 CSS 规则应用在当前表格对象上。

2. 单元格属性设置

除了可以设置整个表格的属性外，还可对表格的单元格、行或列的属性进行设置。选择要设置属性的单元格、行或列，其"属性"面板如图 5-4 所示。

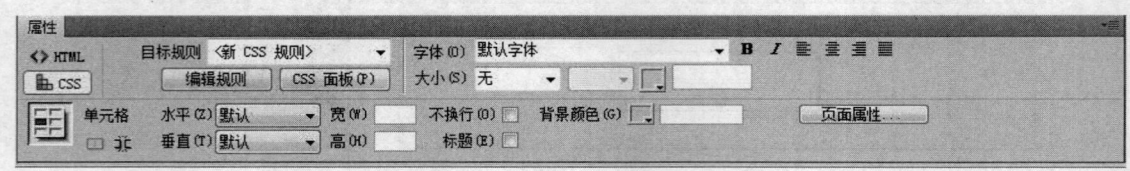

图 5-4 单元格"属性"面板

（1）水平：用于设置单元格内容的水平对齐方式，包含默认、左对齐、右对齐和居中对齐 4 种选项。

（2）垂直：用于设置单元格内容的垂直对齐方式，包含默认、顶端、居中、底部和基线 5 种选项。

（3）宽和高：以像素为单位或按整个表格宽度或高度的百分比为单位，计算所选单元格的宽度和高度。

（4）不换行：勾选该复选框，则单元格中的所有文本都在一行显示。对于超出宽度的内容，单元格会加宽来容纳所有数据。

（5）标题：勾选该复选框，则将所选的单元格格式设置为表格标题单元格。默认情况下，表格标题单元格的内容为粗体并且居中。

（6）背景颜色：用于设置单元格的背景颜色。
（7）页面属性：单击该按钮，可以打开"页面属性"对话框。
（8）合并单元格按钮：将所选的连续单元格、行或列合并为一个单元格。
（9）拆分单元格按钮：将一个单元格拆分成两个或更多单元格。

5.5 实践演练

5.5.1 制作课程表

【目标要求】在网页文档中插入如图 5-5 所示表格，使用合并单元格等操作修改表格布局、设置背景等。

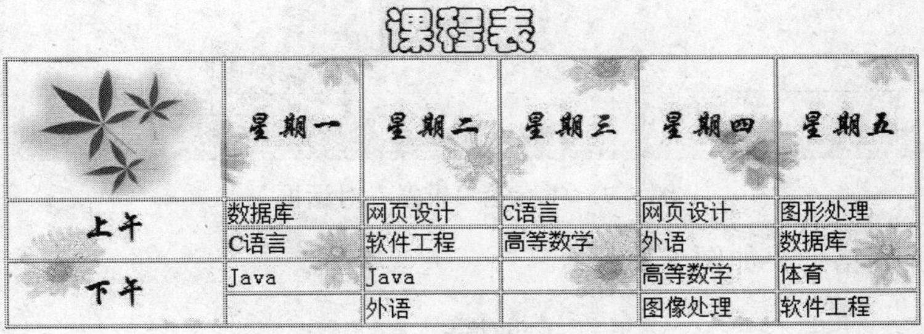

	星期一	星期二	星期三	星期四	星期五
上午	数据库	网页设计	C语言	网页设计	图形处理
	C语言	软件工程	高等数学	外语	数据库
下午	Java	Java		高等数学	体育
		外语		图像处理	软件工程

图 5-5 课程表效果图

【说明】
本例准备素材为一个课程的标志图片 LOGO.JPG 和一个背景图片 BJ.JPG。

【操作步骤】
（1）插入 5 行 6 列的表格，宽度为 650 像素，边框、填充、间距各为 1，并录入表格标题，如图 5-6 所示。

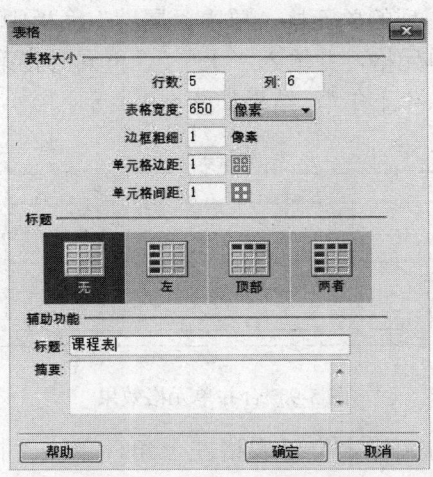

图 5-6 "表格"对话框

（2）设置表格背景图像。

选中整个表格，单击鼠标右键，在弹出的快捷菜单中选择"编辑标签"选项，在弹出的对话框中选择左侧的"浏览器特定的"项目，在右侧对应的对话框中单击"背景图像"旁边的"浏览"按钮选择准备好的背景图片 BJ.JPG，如图 5-7 所示。

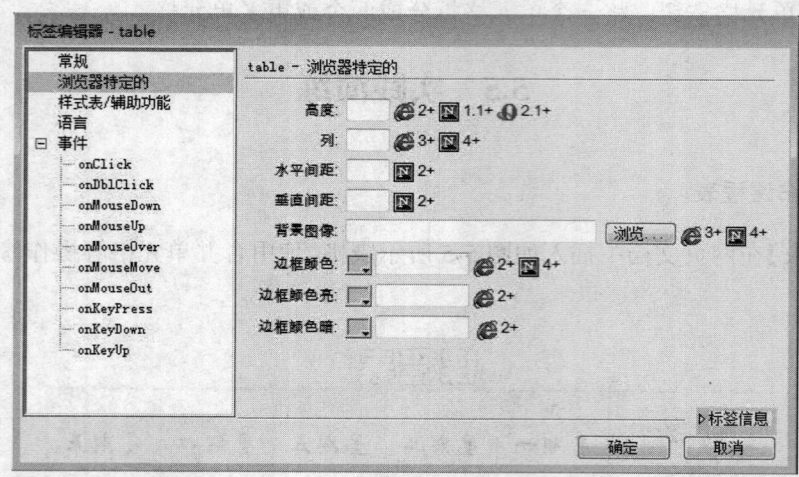

图 5-7　"标签编辑器"对话框

设置成功后，表格效果如图 5-8 所示。

图 5-8　设置表格背景效果

（3）合并单元格。

同时选中第二、三行第一列的单元格，单击"属性"面板中的"合并单元格"按钮，将这两个单元格合并为一个单元格，并输入"上午"。再同时将第四、五行第一列的两个单元格合并为一个单元格，并输入"下午"，结果如图 5-9 所示。

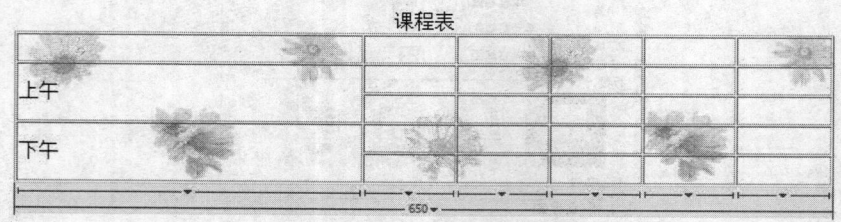

图 5-9　合并单元格效果

（4）插入标志图像。将光标定位于表格左上角，单击"插入图像"按钮，选择图片 LOGO.JPG 文件，效果如图 5-10 所示。

图 5-10 插入图标效果

(5) 在"属性"面板中设置表格各个列的宽度,第一列设为 150 像素,其他列设为 100 像素。输入表格各单元格的内容(表格内容的具体字体设置将在下一章节中详细介绍),效果如图 5-11 所示。

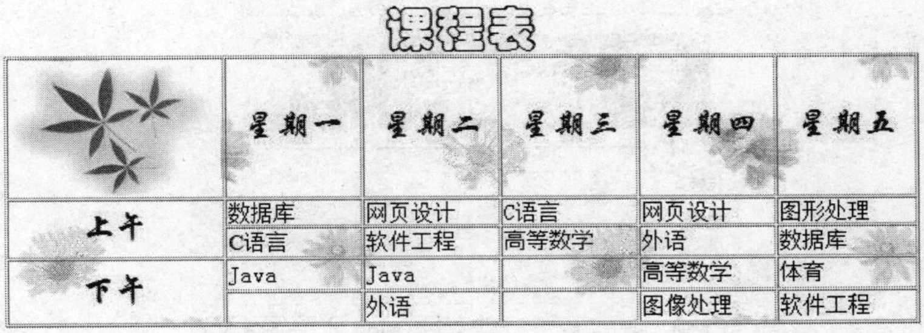

	星期一	星期二	星期三	星期四	星期五
上午	数据库	网页设计	C语言	网页设计	图形处理
	C语言	软件工程	高等数学	外语	数据库
下午	Java	Java		高等数学	体育
		外语		图像处理	软件工程

图 5-11 单元格属性面板

(6) 保存并预览网页。执行"文件"→"保存全部"命令,将站点内的所有页面全部保存。按 F12 键预览验证网页。

5.5.2 制作个人简历

【目标要求】

在网页中创建如图 5-12 所示的表格,使用表格嵌套布局,设置表格的行高、背景色等属性。

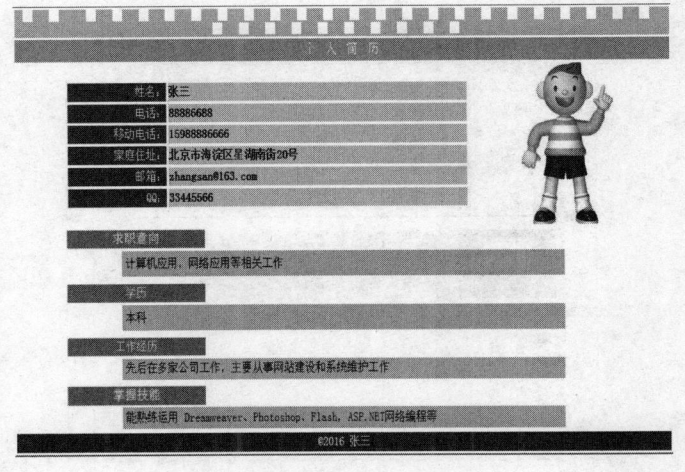

图 5-12 个人简历效果

【实验准备】

本例准备素材为一个求职者的头像图片 TOUXIANG.JPG。

【操作步骤】

（1）新建一个页面，并设置其背景颜色为#666，插入 8 行 1 列的表格，宽度为 1000 像素，边框、填充为 0，间距为 3，表格对齐方式选择"居中对齐"，表格背景设为"白色"，参数设置如图 5-13 所示。

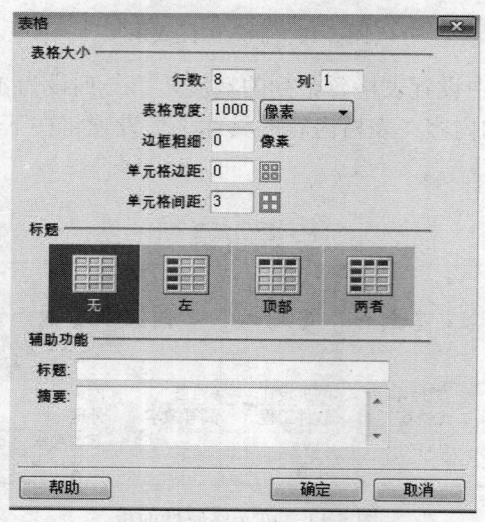

图 5-13 "表格"对话框

（2）选择第一行，设置其背景颜色为#CCCC66，行高为 25 像素，并插入特殊字符"■"，设置其颜色为白色，按照需要重复输入该字符。

（3）选择第二行，设置其背景颜色为#9999FF，行高为 30 像素，并输入相应文字，设置其颜色为白色。

（4）选择第三行，将其拆分成两列，设置左列宽度为 75%，并在左侧列中插入一个 6 行 2 列的表格，具体参数如图 5-14 所示。

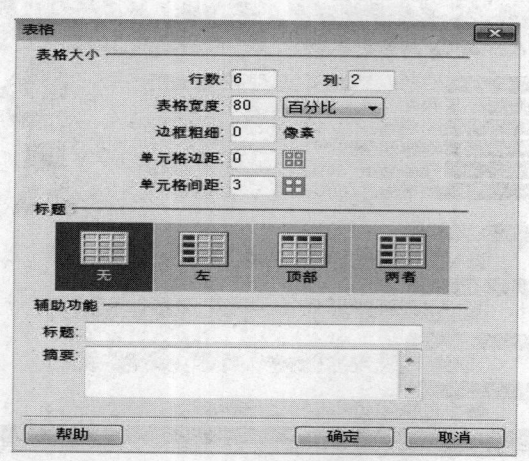

图 5-14 "表格"对话框参数设置

选择后插入的表格，设置其对齐方式为"居中对齐"，再选择该表格的左侧列，设置高度为 25 像素，宽度为 25%，水平"右对齐"，背景颜色为#CC0033；选择该表格右侧列，设置高度为 25 像素，水平"左对齐"，背景颜色为#FFCC33；输入相应文字，效果如图 5-15 所示。

图 5-15　输入文字效果

（5）选择第三行最右侧一列，插入图片 TOUXIANG.JPG。效果如图 5-16 所示。

图 5-16　插入图片效果

（6）选择第四行，在其中插入一个 2 行 2 列的表格，表格宽度设为 85%，边框、填充为 0，间距为 3；使后插入的表格居中对齐，并合并其中第二行中的两列；设置第一行的左侧列宽度为 25%，高度为 25 像素；背景颜色为#FF33CC；在后插入的表格的第二行中再插入一个 1 行 1 列的表格，设置其宽度为 80%，并居中对齐，背景颜色为#CCCC33；最后输入相应文字。

（7）后面其他行与第四行的格式相同，可以通过复制来快速生成。选中第四行表格复制，在后面的第五、六、七行分别粘贴即可。

（8）最后一行，行高设为 25 像素，颜色为#663300；保存设置并运行。

思考与练习

1. 建立一个 5 行 3 列的表格，并修改相关属性，设置背景，理解各个属性的意义。
2. 利用所学表格知识，制作并美化教师课堂点名表。

第 6 章　使用 CSS 样式表修饰美化网页

【本章导读】

CSS/Div 是网页设计中常用的页面布局方法，在网页设计中，可以使用 CSS 对设计的网页进行排版、修饰、美化，并方便网站在后续管理中的升级和维护。本章从 CSS 的概念出发，讲述 CSS 语言的特点及语法规则，CSS 的分类、创建以及在网页设计中如何应用 CSS。

【本章要点】

- CSS 的概念、分类和存放位置。
- CSS 的创建方法和作用。
- CSS 的属性含义及应用。

6.1　CSS 样式概述

样式表的应用非常广泛，通过定义样式表，可以对页面中的元素进行布局、美化，还能给网页添加许多特效，制作出令浏览者赏心悦目的网页。Dreamweaver CS6 支持强大的样式表定义，通过样式表的编辑功能，可以方便快捷地为网页定义各种各样的样式。

6.1.1　CSS 样式的概念

CSS（Cascading Style Sheets，层叠样式表，简称样式表）是用于控制网页样式，并允许将样式信息与网页内容分离的一种标记性语言。CSS 可将网页的内容与表现形式分开，将"网页内容结构代码"和"网页格式控制代码"分离开，使网页的外观设计从网页内容中独立开来，若要改变网页的外观，只需更改 CSS 样式，提高了网页的设计效率。

CSS 是制作网页的新技术，已经成为网页设计必不可少的工具之一，CSS 样式的主要特点如下：

（1）将网页的格式和结构分离。

HTML 只定义了网页的结构和个别要素的功能，而让浏览器自己决定应该让各要素以何种样式显示，如果要表现复杂的样式，代码会变得复杂臃肿。CSS 代码独立控制页面外观，将定义结构的部分和定义格式的部分分离，使得代码简单明了，便于对页面布局及样式的控制。

（2）可以精确地控制网页中各个元素的位置，增强控制页面布局的能力。

HTML 无法实现像素调节、字间距和行间距控制、图像精确定位，CSS 能以更简洁的方式创建具有复杂图像、丰富字体和统一格式等特殊效果的网页。

（3）精简网页，提高下载速度。

样式表是独立简单的文本，它不需要插件、程序等的支持。样式表是直接的 HTML 格式代码，和 HTML 指令一样，执行速度快，因此，网页打开速度也快，同时，样式表减少了需要下载的重复代码数量，避免重复工作，提高了网页的下载速度。

（4）维护和更新网页更加容易。

CSS 把格式和结构分离，通过样式表可以把整个站点的文件都指向单一的 CSS 文件，只要修改 CSS 文件，整个网站的文档都会随之变化。

（5）网页的代码兼容性更好。

6.1.2 CSS 样式的基本语法格式

1. CSS 样式的语法格式

CSS 样式的语法格式如下：
选择符{样式属性:取值;样式属性:取值;样式属性:取值;…}

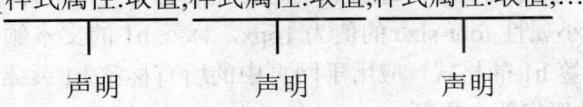

说明：

（1）CSS 样式的定义由两个主要的部分构成：选择符，一条或多条声明。

（2）声明由一个属性和一个属性值组成，属性和属性值之间用冒号分开，如果要定义不止一个声明，则用分号将每个声明分开，所有的声明都放在{}中。

（3）选择符也称为选择器的名称，指这组样式编码所要应用的对象，可以是一个 HTML 标签，如 body、h1 等，也可以是一个定义了特定 id 或 class 的标签，或由用户自己定义的名称。

（4）样式属性是 CSS 样式控制的核心，对于每一个 HTML 中的标签，CSS 都提供了丰富的样式属性，如颜色、大小、定位和浮动方式等。

（5）值指的是属性的取值，值的形式有两种，一种是指定范围的值，如 float 属性，只可以应用 left、right 和 none 这 3 个值；另一种是数值，如 width 能够取值为 0～9999px，或通过其他数学单位来指定。

2. 选择器类型

选择器（selector）是 CSS 中很重要的概念，所有 HTML 语言中的标记都是通过不同的选择器进行控制的。

选择器有 4 种类型，选择不同类型的选择器，创建的 CSS 样式应用于网页元素的方式不同。

（1）类（自定义样式）

类选择器定义的 CSS 样式为类样式，可应用于任何 HTML 元素，定义类选择器名称（类的名称）时，必须以"."号开头，"."号后面可以是任意英文单词或者英文开头与数字的组合，一般根据其功能命名。例如：

　　.p1{color: #333;text-indent:2em}

创建了一个 CSS 类样式，选择器类型为类，选择符（选择器名称）为.p1，该样式有两个声明，一个声明设置文本的颜色属性 color 的值为#333，另一个声明设置文本的首行缩进属性 text-indent 的值为 2em，该样式可应用于任何 HTML 网页元素。

（2）ID

ID 选择器可以为标有特定 ID 的 HTML 元素指定特定的样式。定义 ID 选择器名称时必须以"#"开头，"#"号后面可以是任意英文单词或者英文开头与数字的组合，一般根据其功能命名。例如：

        #one{background-color:#00FF00}

创建了一个 CSS ID 样式，选择器为 ID，选择符（选择器名称）为#one，该样式有一个声明，设置网页元素的背景颜色属性 background-color 的值为#00FF00，该样式可应用于具有 ID 为 one 的 HTML 网页元素。

（3）标签

标签样式应用于和样式标签相同的 HTML 元素，标签样式的选择器命名必须是 HTML 标记中的标签。例如：

        h1{font-size:16px;color:#0066FF}

创建了一个 CSS 标签样式，选择器为标签，选择符（选择器名称）为一级标题的标签 h1，该样式设置标签 h1 的文本字体大小属性 font-size 的值为 16px，标签 h1 的文本颜色属性 color 的值为#0066FF。该样式定义了标签 h1 的格式，应用于网页中的所有标签 h1 元素，当更改 h1 标记的 CSS 样式时，所有 h1 标记都将随之更新。

（4）复合内容

重新定义同时影响两个或多个标签、类或 ID 的复合规则，可以是基于选定的网页内容。例如：

        Div p{font-size:16px;color:#0066FF}

创建了一个复合样式，选择器为复合内容，选择符（选择器名称）为 Div p，该样式设置 Div 标签内的所有 p 元素，定义其文本字体大小属性 font-size 的值为 16px，属性 color 的值为#0066FF。该样式应用于网页中所有 Div 标签内的文本元素。

6.1.3　CSS 样式的存放位置

CSS 样式定义的代码有两种存放方式，一种是将 CSS 样式表代码保存在文档的内部，另一种是保存在扩展名为.CSS 的样式文件中。

1．保存在文档的内部

把 CSS 样式保存在本文档中，有两种形式，一种是内嵌样式，另一种是内部样式表。

（1）内嵌样式

将 CSS 代码混合在 HTML 标记里使用，用这种方法，只能简单地对某个元素单独定义样式。内嵌样式是直接在 HTML 标记里加入 style 参数，而 style 参数的内容就是 CSS 的属性和值。例如：

        <p style="color:red;margin-left:20px">
        </p>

在段落标记<p></p>之间嵌入由 style 参数定义的样式，定义这个段落字体颜色为红色，左边距为 20 像素，style 参数后面引号里的内容"color:red;margin-left:20px"，相当于样式表括号{ }里的内容。

（2）内部样式表

利用<style></style>标记把样式表代码存放在<HTML>头部<head></head>标签之间，这些定义的样式可以在页面中应用。例如：

        <head>
          …

```
<style type="text/css">
hr {color:red}
p {margin-left:20px}
body {background-image:url("images/bg_01.jpg")}
</style>
…
</head>
```

在本文档中定义了 hr、p、body 三个 CSS 样式，<style>标记的属性 type 指明样式的类别。样式的类别除了有 CSS 外，还有 type="text/javascript"等类别，type 的默认值为"text/css"，作用范围是本文档。

采用这种方式存放的样式表在同一网页中可以多次使用，若同一页面中多次使用了同一个样式，修改该样式，所有使用该样式的对象都会随之变化，但这种方式保存的样式表不能应用于其他网页，也就是说，对于同样的 CSS 样式规则，用户每新建一个网页就必须重新定义一遍 CSS 样式，修改时也必须打开每个网页单独修改。

内嵌样式和内部样式表的区别在于，内嵌样式只能对网页的指定元素定义、应用，内部样式表定义的样式，在同一文档中可以重复使用。

后续章节中介绍的内部样式都是指内部样式表，即 CSS 样式代码保存在当前文档的<head></head>标签之间。

2. 保存在外部 CSS 文件中

创建一个扩展名为.CSS 的样式文件，将创建的样式表保存在样式文件中，用链接或导入的方法将样式文件和网页文件联系起来，网页就可以使用样式文件中的样式了。

样式文件是独立的文件，可以链接或导入到多个网页，多个网页可由同一个样式文件控制，共享一个样式文件，而一个网页也可以引用多个样式文件。当修改样式表文件的样式时，所有链接到该样式表文件的网页都会随之变化。

例如：有如下 3 个样式

```
hr {color:red}
p {margin-left:20px}
body {background-image:url("images/bg_01.jpg")}
```

可以创建一个样式文件 style.css，将 hr、p、body 这 3 个样式保存在该文件中，在使用样式时，可以将样式文件链接或导入到指定的网页。

6.1.4 CSS 样式的分类

CSS 样式的分类通常有两种方法，一种是根据 CSS 代码的保存位置分类，另一种是根据选择器的类型分类。

1. 根据 CSS 的保存位置分类

根据 CSS 的保存位置不同，可以将 CSS 样式分为内部 CSS 样式和外部 CSS 样式。

（1）内部 CSS 样式：CSS 样式代码保存在文档内部。

（2）外部 CSS 样式：CSS 样式代码保存在样式文件中。

内部 CSS 样式和外部 CSS 样式的作用范围不同，内部 CSS 样式的作用范围仅限本文档，外部 CSS 样式可作用于多个网页文档。

2. 根据选择器类型不同分类

选择器有4种类型，每一种选择器对应一个样式类型。

（1）类样式（也称为自定义 CSS 样式）

定义的 CSS 样式可应用于网页中的任何 HTML 元素。

（2）ID 样式

定义的 CSS 样式应用于和 ID 样式相同 ID 的元素。

（3）标签样式（重定义标签样式）

为标签设置新的样式属性。

（4）复合样式

定义类、标签或 ID 的复合规则。

6.2 CSS 样式的创建及应用

利用 CSS 样式表美化修饰网页，首先要创建 CSS 样式，然后，再将创建的 CSS 样式应用到要修饰的网页对象。在 Dreamweaver CS6 中，可以直接编写 CSS 代码创建应用 CSS 样式，也可以通过可视化的方法创建 CSS 样式，利用可视化的方法创建及应用 CSS 样式，会自动生成并保存相应的 CSS 代码，在"代码"或"拆分"视图中可以浏览生成的 CSS 代码。本节主要介绍用可视化的方法创建及应用 CSS 样式。

6.2.1 CSS 样式面板

利用"CSS 样式"面板可以创建、查看、编辑和删除 CSS 样式，也可以将外部样式表链接或导入到网页文档中。

1. 打开"CSS 样式"面板

打开"CSS 样式"面板有以下 3 种方法：

（1）执行"窗口"→"CSS 样式"菜单命令，可以切换该面板的显示或隐藏，如图 6-1 所示。

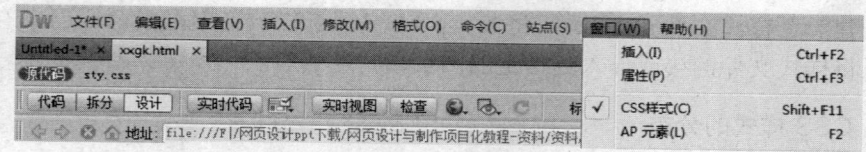

图 6-1 利用菜单打开"CSS 样式"面板

（2）按 Shift+F11 组合键打开"CSS 样式"面板。

（3）在文档窗口中选择文本，在"属性"面板的"CSS"检查器中单击"CSS 面板"按钮，打开"CSS 样式"面板，如图 6-2 所示。

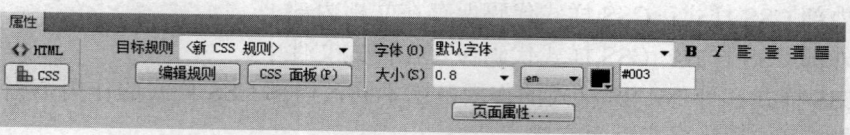

图 6-2 "属性"面板

2. "CSS 样式"面板的显示模式

"CSS 样式"面板有两种显示模式:全部模式和当前模式,如图 6-3(a)所示为全部模式,如图 6-3(b)所示为当前模式,鼠标单击"全部"或"当前"标签即可进行两种模式的切换。

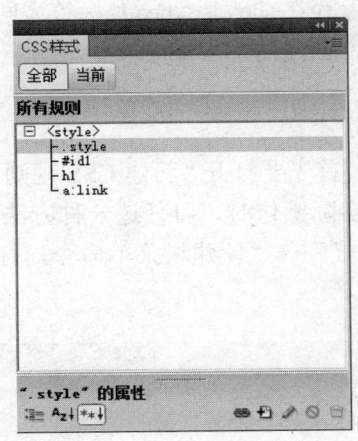
(a)"全部"模式

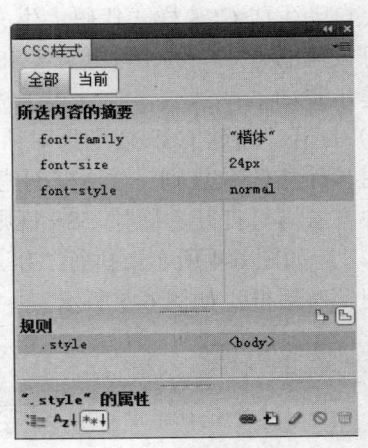
(b)"当前"模式

图 6-3 "CSS 样式"面板

"全部"模式下的"CSS 样式"面板,显示当前文档中可用的所有 CSS 样式规则和属性,"当前"模式下的"CSS 样式"面板,只显示当前所选页面元素正在使用的 CSS 样式规则和属性。

3. "CSS 样式"面板的按钮

在"全部"和"当前"模式下,"CSS 样式"面板底部都包含视图按钮和功能按钮,如图 6-3 所示,各按钮的功能如表 6-1 所示。

表 6-1 "CSS 样式"面板按钮及功能

按钮	名称	功能
	显示类别视图	显示所有 CSS 样式的属性
	显示列表视图	显示当前选择的网页对象可使用的 CSS 规则
	只显示设置属性	显示当前选择的网页对象已使用的 CSS 规则
	附加样式表	为当前网页添加外部 CSS 样式链接
	新建 CSS 规则	创建 CSS 样式
	编辑样式	编辑当前选择的 CSS 样式
	删除 CSS 规则	删除当前选择的 CSS 样式
	禁用/启用某个属性	设置规则中的某个属性是否有效

6.2.2 内部 CSS 样式的创建及应用

内部 CSS 样式代码利用<style></style>标记,存放在当前文档 HTML 代码的<head></head>

标签之间。本节介绍内部 CSS 的创建、应用和管理。

1. 创建内部 CSS 样式

创建内部 CSS 样式，可将当前文档切换到"拆分"或"代码"视图，在<head></head>标签之间直接输入 CSS 样式代码，也可以用可视化的方法创建。利用可视化方法创建的内部 CSS 样式，会自动生成 CSS 样式代码，生成的代码会自动保存在<head></head>标签之间。这里主要介绍可视化的方式，利用"新建 CSS 规则"对话框，创建内部 CSS 样式。

创建步骤如下：

（1）打开"新建 CSS 规则"对话框

利用"新建 CSS 规则"对话框创建内部 CSS 样式，首先要打开"新建 CSS 规则"对话框，以下 4 种方法均可打开"新建 CSS 规则"对话框，在实际操作时，可任选一种方法。

方法 1：如图 6-4 所示，执行"格式"→"CSS 样式"→"新建"菜单命令，打开"新建 CSS 规则"对话框，如图 6-5 所示。

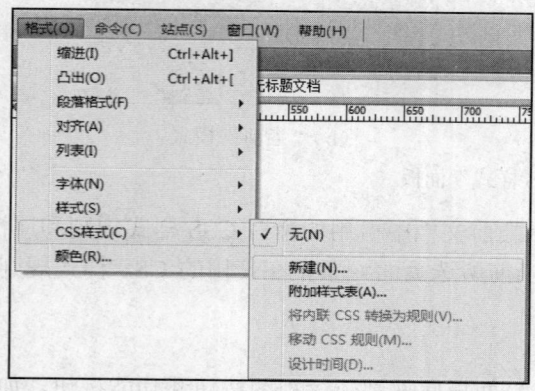
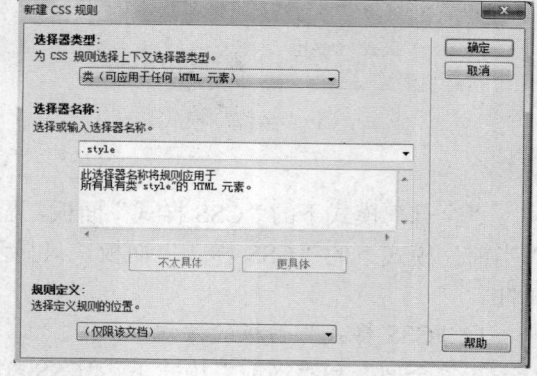

图 6-4　利用菜单打开"新建 CSS 规则"对话框　　　图 6-5　"新建 CSS 规则"对话框

方法 2：在如图 6-3 所示的"CSS 样式"面板中，单击鼠标右键，在弹出的快捷菜单中单击"新建"命令，打开如图 6-5 所示的"新建 CSS 规则"对话框。

方法 3：在如图 6-3 所示的"CSS 样式"面板中，单击面板右下侧的"新建 CSS 规则"按钮，打开如图 6-5 所示的"新建 CSS 规则"对话框。

方法 4：在文档窗口中选中需要设置 CSS 样式的文本对象，从如图 6-2 所示 CSS "属性"面板的"目标规则"下拉列表中选择"新 CSS 规则"选项，然后单击"编辑规则"按钮，或者单击"属性"面板中的字体、大小或颜色等选项，均可打开如图 6-5 所示的"新建 CSS 规则"对话框。

（2）设置"新建 CSS 规则"对话框各参数

在"新建 CSS 规则"对话框中，根据选择的选择器类型，可以创建 4 种 CSS 样式。图 6-5 所示的"新建 CSS 规则"对话框，各参数含义如下：

1) 选择器类型：选择器的类型有类、ID、标签、复合内容 4 种，选择不同的选择器类型，可创建不同种类的 CSS 样式，其作用于网页对象的范围也不同。

- 类（可应用于任何 HTML 元素）：创建的 CSS 样式可应用于任何 HTML 元素。
- ID（仅应用于一个 HTML 元素）：创建的 CSS 样式仅可以应用于具有和选择器名称

相同 ID 的 HTML 元素。
- 标签（重新定义 HTML 元素）：用于选择器名称指定的标签。
- 复合内容（基于选择的内容）：用于定义同时影响两个或多个标签、类或 ID 的复合 CSS 样式。

2）选择器名称：输入或选择 CSS 样式的名称。不同的选择器类型，对应着相应的名称格式。类选择器的名称以"."开头；ID 选择器以"#"开头，标签和复合选择器可直接在下拉列表中选择。

3）规则定义：选择定义的 CSS 样式规则保存的位置。
- 仅限该文档：选择该项，在当前文档中嵌入 CSS 样式，创建的 CSS 样式保存在当前文档中，此时创建的 CSS 样式为内部 CSS 样式，该样式仅在当前文档中使用。
- 新建样式表文件：选择该项，创建的 CSS 样式保存在指定的扩展名为.CSS 的样式文件中，此时创建的样式为外部 CSS 样式，该样式文件可链接或导入到任何网页文档，可被多个网页文档共享。

"新建 CSS 样式"对话框中的各参数可根据具体的 CSS 样式进行设置。

（3）设置"CSS 规则定义"对话框

在"新建 CSS 样式"对话框中完成各参数设置后，单击"确定"按钮，弹出"CSS 规则定义"对话框，如图 6-6 所示，在"CSS 规则定义"对话框中选择需要定义的分类，设置相应的 CSS 属性，完成 CSS 的样式创建。

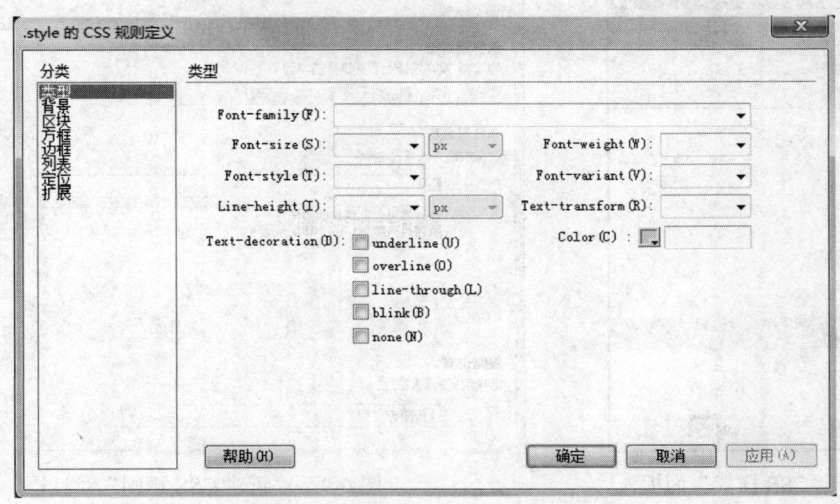

图 6-6　"CSS 规则定义"对话框

"CSS 规则定义"对话框中各项参数的具体含义在 6.3 节"设置 CSS 属性"中有详细的介绍。

2. 应用内部 CSS 样式

CSS 样式的应用就是将 CSS 样式作用于网页对象。如果创建的内部样式"选择器类型"为标签、ID、复合内容，则样式创建完成后不需要任何操作，该样式自动应用到和选择器名称对应的网页元素上，若"选择器类型"为类，需在网页文档中选中需要应用 CSS 样式的元素，在"属性"面板的"类"下拉列表中选中需要应用的 CSS 类样式名称，样式即可应用到该元素，如图 6-7 所示，可以选择 style 类样式。

图 6-7　在"属性"面板中应用样式或取消样式的应用

下面举例说明内部 CSS 样式的创建及应用。

例 6-1　在 Dreamweaver CS6 中，打开素材目录中的 chapter6\example\exer_01.html 文档，创建类样式.f1、类样式.f2，应用样式 f1、f2 到文档中的指定对象。

样式 f1、f2 的 CSS 样式代码如下：

.f1{Font-family:"华文新魏";Font-size:36px;Font-weight:bold;color:#00F}

.f2{Font-family:"华文行楷";Font-size:18px;Line-height:25px;color: #F00}

操作步骤：

（1）打开"CSS 样式"面板，如图 6-8 所示，单击"CSS 样式"面板右下角的"新建样式规则"按钮，弹出"新建 CSS 规则"对话框，如图 6-9 所示。

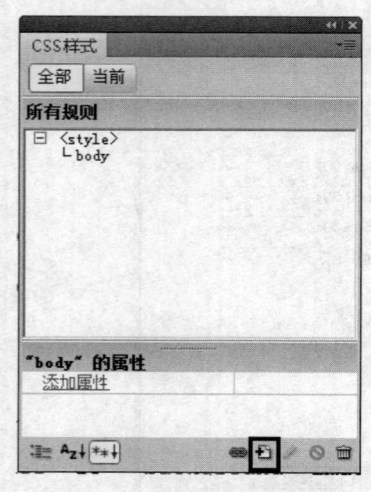

图 6-8　"CSS 样式"面板

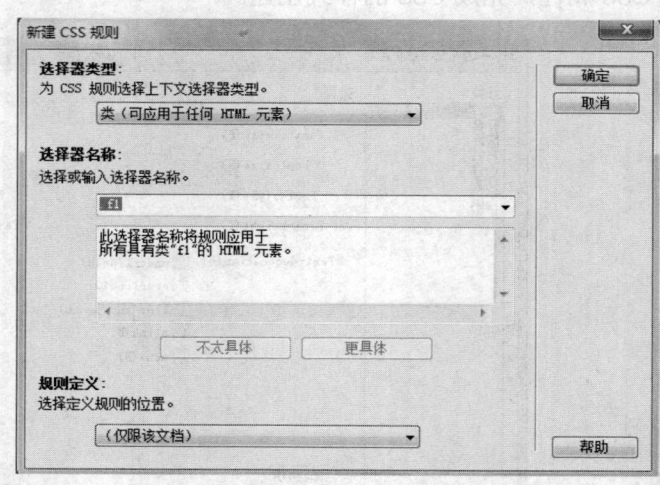

图 6-9　"新建 CSS 规则"对话框

（2）在"新建 CSS 规则"对话框中设置选择器类型为"类（可应用于任何 HTML 元素）"，选择器名称定义为".f1"，设置规则定义为"（仅限该文档）"，即在当前文档中创建内部样式，如图 6-9 所示。

（3）单击"确定"按钮，弹出".f1 的 CSS 规则定义"对话框，在对话框的"分类"列表中选择"类型"，设置 Font-family（字体）为"华文新魏"、Font-size（字体大小）为"36px"，Font-weight 为"bold"（粗体）；Color（字体颜色）为"#00F"，如图 6-10 所示，单击"确定"按钮，完成类样式.f1 的创建。

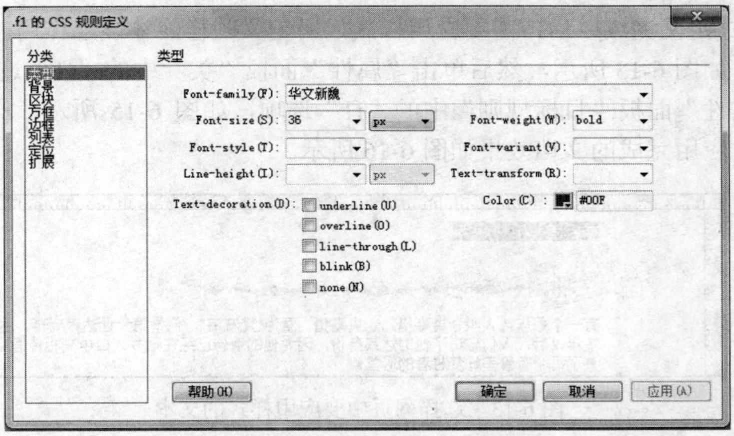

图 6-10 ".f1 的 CSS 规则定义"对话框

说明：在选择 Font-family（字体）时，若下拉列表中没有要选择的字体类型，可选择下拉列表中的"编辑字体列表"选项，如图 6-11 所示，打开如图 6-12 所示的"编辑字体列表"对话框，在"编辑字体列表"对话框中，选择所需的字体添加到"选择的字体"列表，单击"确定"按钮，即可将"选择的字体"添加到字体列表中。

图 6-11 选择字体

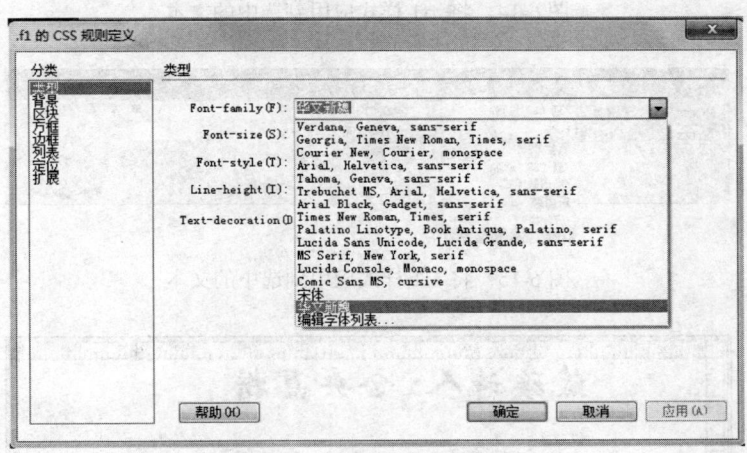

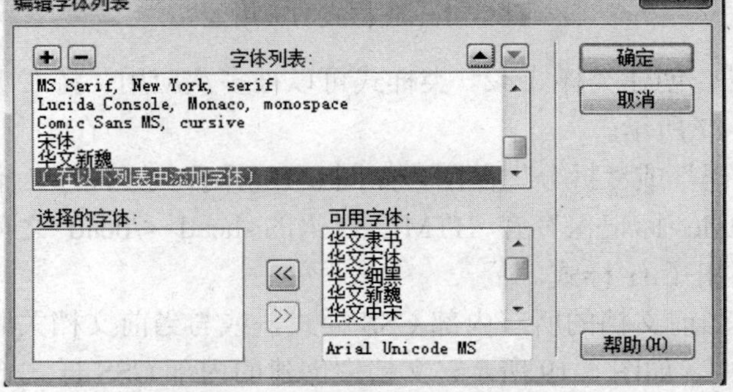

图 6-12 "编辑字体列表"对话框

（4）类样式定义完成以后，需要应用样式，所定义的样式才能起作用。选择网页中要应用样式的文本，如图 6-13 所示，然后单击"属性"面板"类"中的"f1"选项，如图 6-14 所示，或单击"属性"面板"目标规则"中的"f1"选项，如图 6-15 所示，样式就被应用到相应的对象上了，应用完成的文档效果如图 6-16 所示。

图 6-13　选择网页中要应用样式的文本

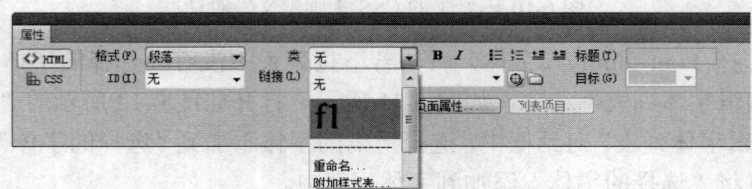

图 6-14　将 .f1 样式应用到选中的文本

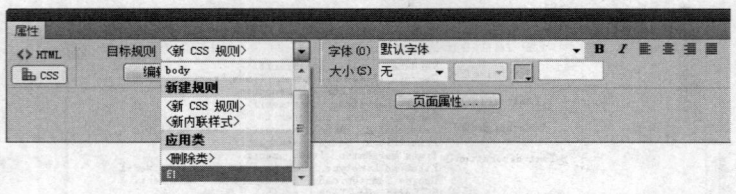

图 6-15　将 .f1 样式应用到选中的文本

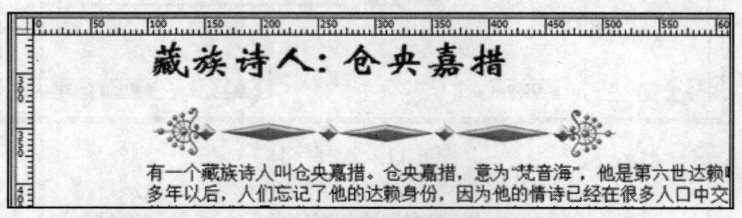

图 6-16　.f1 样式的应用效果

（5）同样的方法，创建类样式.f2。类样式可以被多次应用，将.f2 应用于文档中的不同段落，应用效果如图 6-17 所示。

切换文档到"代码"或"拆分"视图，如图 6-18 所示，从 HTML 代码可以看到，样式.f1 和.f2 利用<style></style>标记保存在 HTML 代码的<head></head>之间，第 28 行代码中的 class="f1"表示在此引用了 .f1 样式。

在创建样式时，当前文档的所有内部 CSS 样式，或与当前文档关联的 CSS 样式，都显示在"CSS 样式"面板中，如图 6-19 所示，文档中创建的内部 CSS 样式.f1 和.f2 均显示在"CSS 样式"面板中。

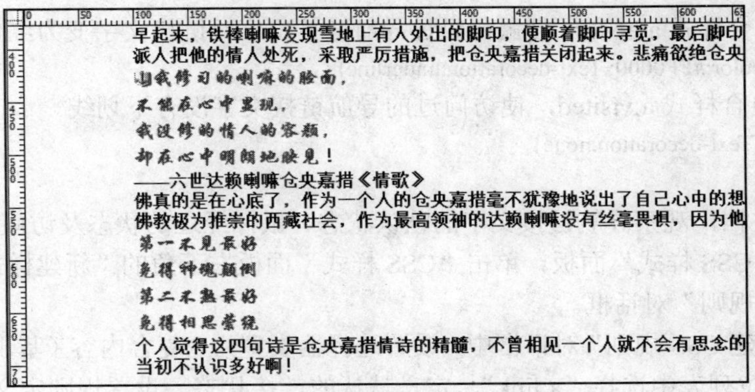

第 6 章 使用 CSS 样式表修饰美化网页 125

图 6-17 将.f2 应用于文档中的不同段落

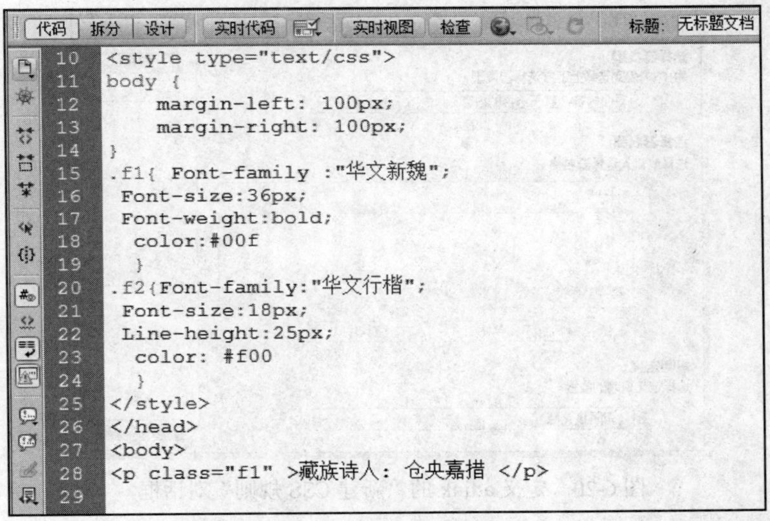

图 6-18 "代码"视图中的 CSS 代码

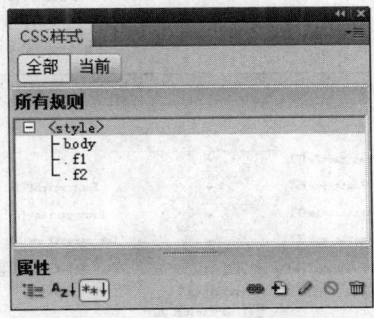

图 6-19 "CSS 样式"面板

例 6-2 复合样式的创建及应用。在 Dreamweaver CS6 中，打开素材目录中的 chapter6\example\exer-02.html 文档，设置导航链接文字的效果。

（1）设置复合样式 a:link，使导航链接文字在默认状态下没有下划线。

　　a:link{Text-decoration:none}

（2）设置复合样式 a:hover，使鼠标经过导航链接文字时链接文字变为红色，出现下划线。
  a:hover{color:#FF0000; Text-decoration:underline}
（3）设置复合样式 a:visited，使访问过的导航链接文字没有下划线。
  a:visited{Text-decoration:none}

操作步骤：

（1）预览文档，观察导航链接文字的默认状态、鼠标经过的状态及访问过的状态。

（2）打开"CSS 样式"面板，单击"CSS 样式"面板右下角的"新建样式规则"按钮，弹出"新建 CSS 规则"对话框。

（3）在"新建 CSS 规则"对话框中，设置选择器类型为"复合内容（基于选择的内容）"，在选择器名称下拉列表中选择"a:link"，定义默认的链接状态，设置规则定义为"（仅限该文档）"，如图 6-20 所示。

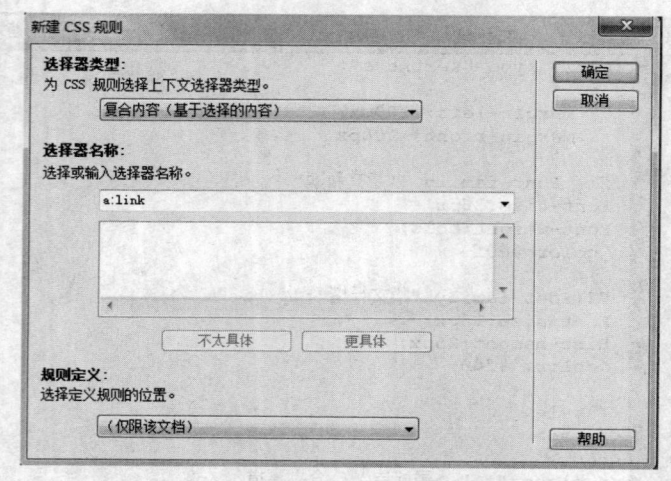

图 6-20　定义 a:link 的"新建 CSS 规则"对话框

（4）单击"确定"按钮，弹出"a:link 的 CSS 规则定义"对话框，如图 6-21 所示，在对话框的"分类"列表中选择"类型"，将 Text-decoration 设置为"none"，代表没有下划线，单击"确定"按钮，完成复合样式 a:link 的创建。

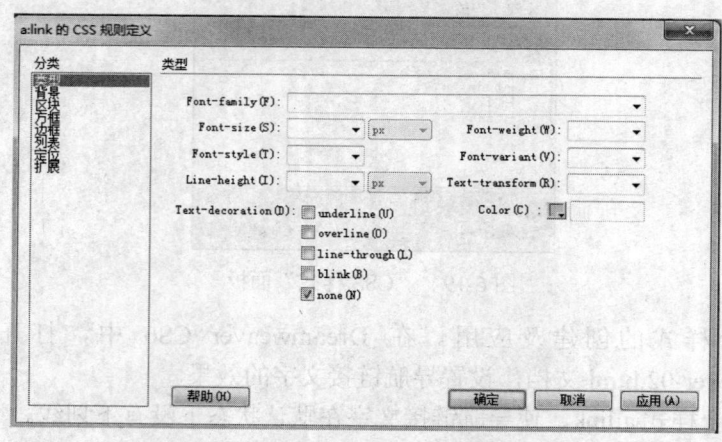

图 6-21　"a:link 的 CSS 规则定义"对话框

（5）同样的方法创建复合样式 a:hover、a:visited，创建完成后预览网页，观察其导航链接文字样式的变化。

"复合内容（基于选择的内容）"主要用于定义同时影响两个或多个标签、类或 ID 的复合 CSS 样式。超链接文字样式归于复合内容，可以设置的样式包括 a:link、a:visited、a:active 和 a:hover。

- a:link：设置正常状态下链接文字的样式。
- a:hover：设置当鼠标放在链接上时的文字样式。
- a:active：设置当前被激活的链接（即在链接上按住鼠标左键时）的文字样式。
- a:visited：设置被访问过的链接文字的样式。

3. 管理内部 CSS 样式

利用"CSS 面板"不仅可以创建 CSS 样式，还可以管理样式，对已创建的样式进行修改、删除、添加属性、复制等操作。下面以素材目录 chapter6\example\exer_02.html 文档为例，介绍内部 CSS 样式的管理。

打开素材目录中的 chapter6\example\exer-02-end.html 文档，文档中创建的内部 CSS 样式都显示在"CSS 样式"面板中，如图 6-22 所示。

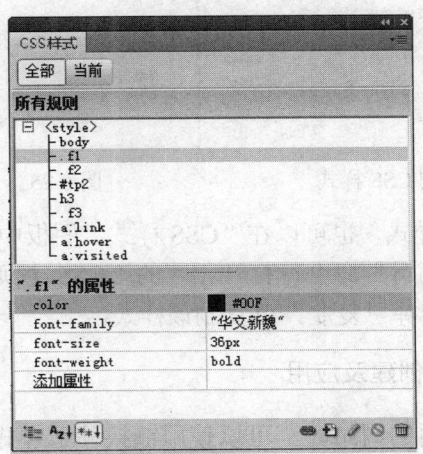

图 6-22 "CSS 样式"面板

（1）修改 CSS 样式：在"CSS 样式"面板中选中该样式，单击"编辑样式"按钮，如图 6-22 所示，打开相应的"CSS 规则定义"对话框，在对话框中对样式进行重新设定，更改后的样式会自动应用于相应的文档对象。

利用"属性"面板也可以修改样式，如图 6-23 所示，在"目标规则"下拉列表中选择要修改的样式，单击"编辑规则"命令按钮，同样会打开"CSS 规则定义"对话框，在相应的"CSS 规则定义"对话框中修改样式。

图 6-23 利用"属性"面板修改 CSS 样式

（2）删除 CSS 样式：在"CSS 样式"面板中选中该样式，单击"删除 CSS 规则"按钮，即可删除选中的 CSS 样式。

（3）给某个 CSS 样式添加属性：在"CSS 样式"面板中选中该样式，单击"CSS 样式"面板属性列表中的"添加属性"按钮，在打开的"属性"下拉列表中选择相应的属性，设置具体的属性值。

（4）复制 CSS 样式：在"CSS 样式"面板中选中该样式，单击"CSS 面板"右上角的按钮，如图 6-24 所示，在弹出的菜单中选择"复制"命令，打开"复制 CSS 规则"对话框中，如图 6-25 所示，输入选择器名称，单击"确定"按钮完成复制，复制生成的 CSS 样式会出现在"CSS 样式"面板中。

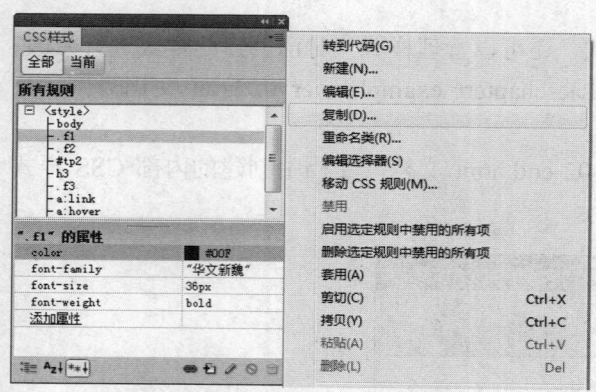

图 6-24　利用菜单复制 CSS 样式

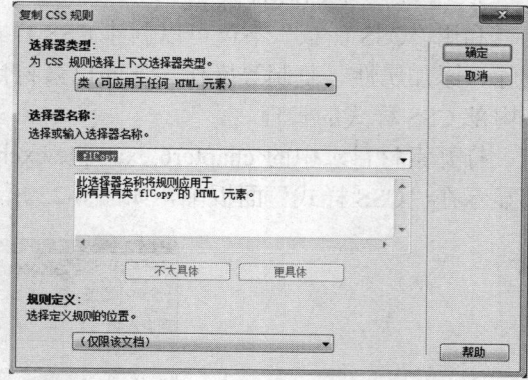

图 6-25　"复制 CSS 规则"对话框

修改、删除、复制 CSS 样式，也可以在"CSS 样式"面板中选中该样式，单击鼠标右键，在弹出的快捷菜单中选择"编辑"命令，打开相应的"CSS 规则定义"对话框修改样式，选择"删除"可删除该样式，选择"复制"可复制该样式。

6.2.3　外部 CSS 样式的创建及应用

在制作大量相同样式页面的网站时，可以使用链接外部样式表的方式控制多个页面，保持页面风格一致，这样既减少了重复的工作量，又有利于网站页面的修改、编辑，在浏览网页时，又可以减少重复代码的下载，提高网页的浏览速度。本节主要介绍外部 CSS 样式的创建、应用及管理。

1. 创建外部样式表文件

创建外部样式表有如下几种方法：

方法 1：直接创建样式文件

步骤如下：

（1）在 Dreamweaver CS6 菜单栏中选择"文件"→"新建"命令，在弹出的"新建文档"对话框中，选择"空白页"，页面类型选择"CSS"，单击"创建"按钮，如图 6-26 所示。

（2）打开代码的编辑窗口，如图 6-27 所示，在代码编辑窗口中输入 CSS 样式代码。

一个样式文件中可保存多个样式，本 CSS 样式文件中定义了水平线（hr）、段落（p）、网页（body）三个标签样式。

第 6 章 使用 CSS 样式表修饰美化网页 | 129

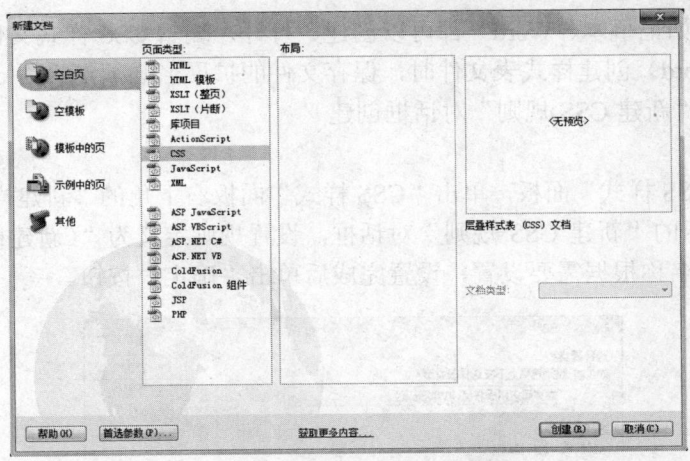

图 6-26 "新建文档"对话框

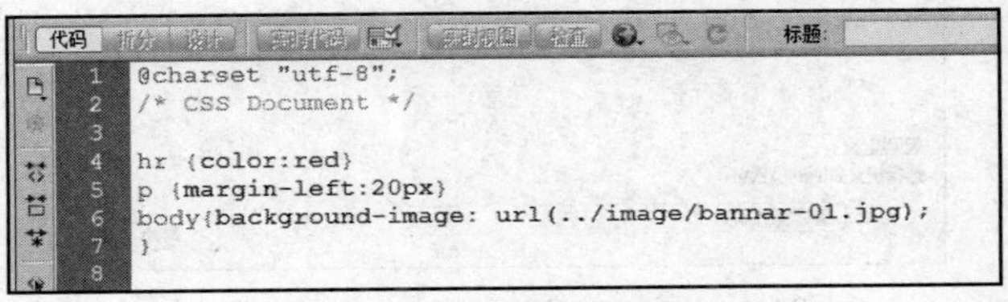

图 6-27 代码编辑窗口

（3）在菜单栏中选择"文件"→"保存"命令，弹出"另存为"对话框，如图 6-28 所示，在弹出的"另存为"对话框中，选择文件的保存路径，输入文件名，这里输入 style.css，单击"保存"按钮，完成 CSS 样式文件的创建。

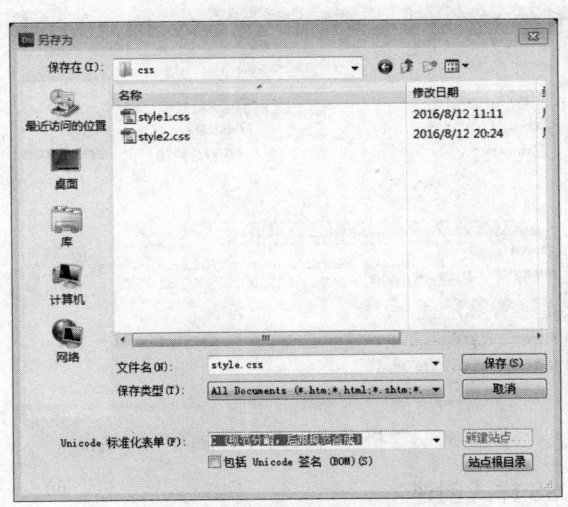

图 6-28 "另存为"对话框

CSS 样式文件的扩展名为.css，为便于使用和管理，通常在站点根目录下创建一个以 css 命名的文件夹，将站点中使用的所有外部 CSS 样式文件均保存在该文件夹中。

样式表文件中不包含 HTML 标记，CSS 样式表文件不仅可以利用 Dreamweaver CS6 创建，任何文本编辑器（如记事本、Word）都可以创建、打开、编辑 CSS 样式文件，在用文本编辑器（如记事本、Word）创建样式表文件时，保存文件的扩展名必须定义为.css。

方法 2：利用"新建 CSS 规则"对话框创建

步骤如下：

（1）打开"CSS 样式"面板，单击"CSS 样式"面板右下角的"新建样式规则"按钮，弹出如图 6-29 所示的"新建 CSS 规则"对话框，设置规则定义为"（新建样式表文件）"，选择器类型和选择器名称根据需要设置，设置完成后单击"确定"按钮。

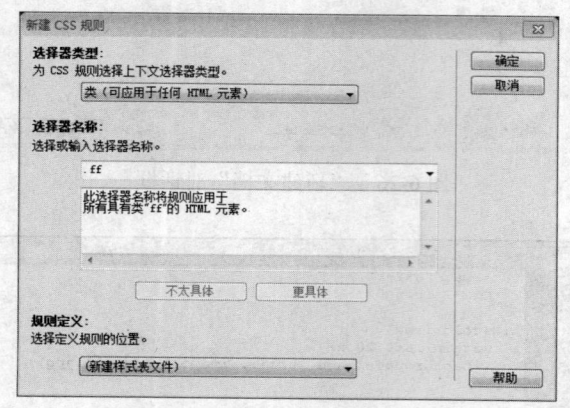

图 6-29 "新建 CSS 规则"对话框

（2）打开"将样式表文件另存为"对话框，如图 6-30 所示，选择文件的保存位置，输入文件名创建新样式文件，或者选择已有的样式文件，将样式保存在已有的样式文件中，单击"保存"按钮，完成创建。

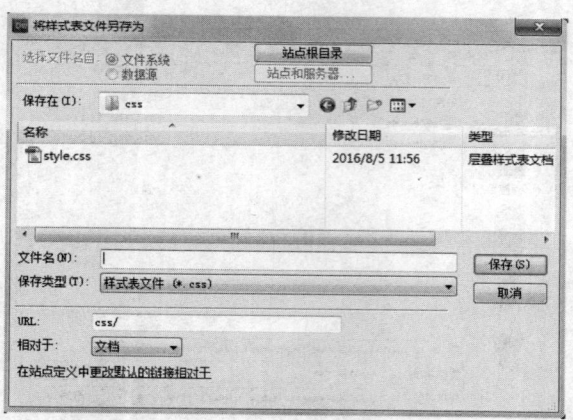

图 6-30 "将样式表文件另存为"对话框

方法 3：根据内部 CSS 样式创建

如果页面中已经定义了内部 CSS，可根据内部 CSS 样式创建外部 CSS 样式。这里以素材目录 chapter6\example\exer-02-end.html 文档为例，步骤如下：

（1）打开已创建了内部 CSS 样式的文档，这里打开素材目录中的 chapter6\example\exer-02-end.html 文档。

（2）在"CSS 样式"面板中可以看到该页面已经创建的内部 CSS 样式，如图 6-31 所示。

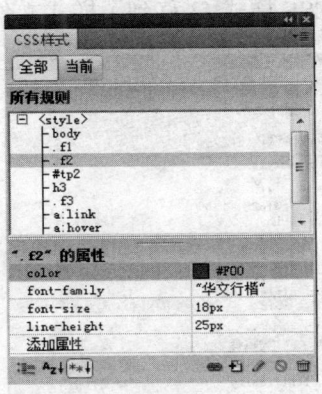

图 6-31　"CSS 样式"面板

（3）在"CSS 样式"面板中选择要转换的样式，可以选择若干个或全部的 CSS 样式，这里选择.f2 样式，单击鼠标右键，在弹出的快捷菜单中选择"移动 CSS 规则"命令，弹出"移至外部样式表"对话框，如图 6-32 所示。对话框中"将规则移至"有两个选项，选择"样式表"选项，可以单击"浏览"命令按钮，将样式存入已有的样式文件；选择"新样式表"选项，则样式存入新建的样式文件，本例选择"新样式表"选项，单击"确定"按钮。

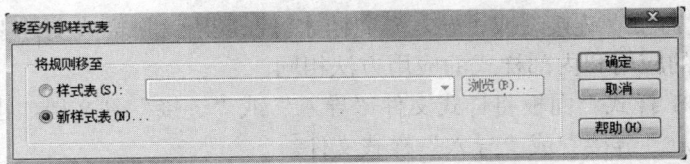

图 6-32　"移至外部样式表"对话框

（4）弹出的"将样式表文件另存为"对话框，如图 6-33 所示，在对话框中输入新建样式文件的文件名，这里输入 style1.css，单击"保存"按钮，将指定的内部样式.f2 转成了外部样式，保存在 style1.css 文件中。

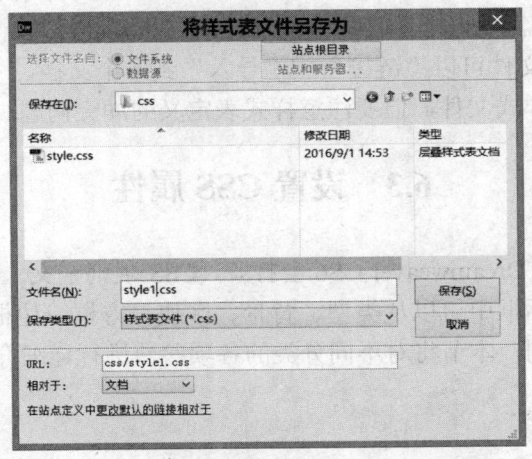

图 6-33　"将样式表文件另存为"对话框

（5）对比图 6-31 和图 6-34 所示的"CSS 样式"面板，创建的外部 CSS 样式出现在图 6-34 所示"CSS 样式"面板中，内部 CSS 样式.f2 移到了样式文件 style1.css 中。

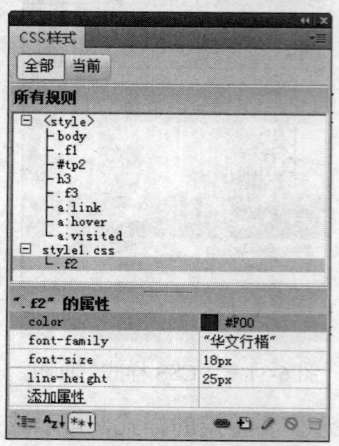

图 6-34 "CSS 样式"面板

根据内部 CSS 样式创建的外部 CSS 样式表文件，创建生成的外部样式文件直接"链接"到当前文档。

2．外部 CSS 样式的应用

外部 CSS 样式需要"链接"或"导入"文档才可以应用，将样式文件"链接"或"导入"当前文档后，样式的应用和内部样式的应用方法相同。

可以使用"CSS 样式"面板将样式文件"导入"或"链接"到文档，也可以利用 HTML 标记 Link 或@import "链接"或"导入"样式文件。

"导入"的方式是在<style></style>标记之间，利用 CSS 的@import 声明引入外部样式表，声明中的 url("css/style2.css")指定导入文件的位置。

"链接"外部样式表和"导入"外部样式表的用法相似，两者的区别在于："导入"的方式在浏览器下载 HTML 文件时就将样式文件的全部内容复制到@import 关键字所在的位置，以替换该关键字；而"链接"方式在浏览器下载 HTML 文件时并不进行替换，在需引用 CSS 样式文件的某个样式时，浏览器才链接样式文件，读取需要的样式。

一个 CSS 外部样式文件可以"链接"或"导入"到多个文档，一个文档可以"导入"或"链接"多个外部 CSS 样式文件，但要注意样式表定义的冲突问题。

6.3 设置 CSS 属性

在创建 CSS 规则时，Dreamweaver CS6 会打开"CSS 规则定义"对话框，如图 6-38 所示，在"CSS 规则定义"对话框中可以从类型、背景、区块、方框、边框、列表、定位、扩展 8 个方面详细定义 CSS 规则，本节将对不同分类的各项参数进行详细介绍。

6.3.1 设置类型属性

在"CSS 规则定义"对话框中，"分类"列表中默认为"类型"，其作用是定义文本的各种样式，如字体、字号、文本颜色、行高等，如图 6-35 所示。

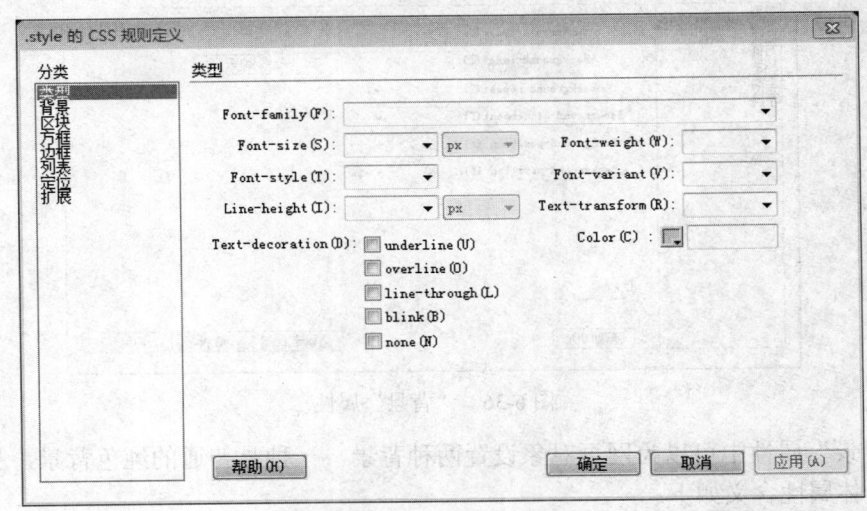

图 6-35 "类型"属性

"类型"属性共有 9 个参数，其含义如下：

（1）Font-family（字体）：设置样式文字的字体类型，在下拉列表中可选择相应的字体。

（2）Font-size（字号）：设置样式文字的字号，可以在下拉列表中选择，也可以直接填写数字，然后选择单位。

（3）Font-style（文字样式）：设置文字的外观。

属性值可以为：normal（正常）、italic（斜体）和 oblique（偏斜体）。

有的字体本身设置了斜体的外观，有些字体则没有设置斜体的外观，对于前者，应采用斜体；对于后者，应采用偏斜体。

（4）Line-height（行高）：通常情况下，浏览器会用单行距离来显示文本行，也就是说下一行的上端到上一行的下端只有几磅的间距，通过增加行高可以增加行间距。

（5）Text-decoration（文字修饰）：在该区域可以设置字体的一些修饰格式。

属性值包括：underline（下划线）、overline（上划线）、line-through（删除线）、blink（闪烁）和 none（无）。

（6）Font-weight（字体粗细）：在该下拉列表中可以指定字符的粗细。

（7）Font-variant（字体变体）：在该下拉列表中允许设置字体的变体形式。

属性值可以为：normal（正常），small-caps（将字体缩小一半再用大写字母表示）。

（8）Text-transform（文字大小写）：在该下拉列表中可以设置字符的大小写方式。

（9）Color（颜色）：设置字符的颜色。

6.3.2 设置背景属性

在 HTML 语言中，背景只能使用单一的色彩或利用图像水平和垂直方向平铺。使用 CSS 之后，有了更加灵活的设置。使用"CSS 规则定义"对话框中的"背景"类别可以设置网页或网页中任何元素的背景属性，如图 6-36 所示。

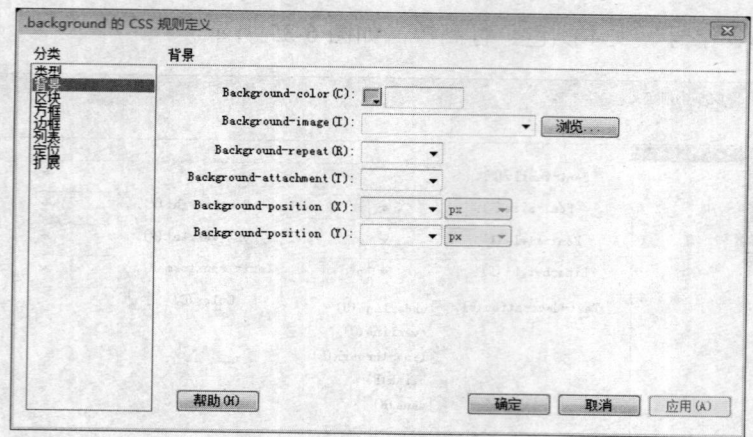

图 6-36 "背景"属性

在"背景"属性中可以为网页对象设置两种背景,一种是普通的纯色背景,另一种是图片背景,具体属性含义如下:

(1) Background-color(背景颜色):定义网页或网页元素的背景颜色。

(2) Background-image(背景图像):用来设定网页或网页元素的背景图像,单击"浏览"按钮可以在对话框中选择图像文件。

(3) Background-repeat(背景重复):当背景图片不足以填充需要设定的背景时,可以选择图片的重复方式,或者以何种方式重复背景图片。

属性值可以为:

- no-repeat(不重复):表示只显示一次该图像。
- repeat(重复):表示在应用样式的元素背景的水平和垂直两个方向上重复显示该图像。
- repeat-x(横向重复)表示在应用样式的元素背景上的水平方向重复显示该图像。
- repeat-y(纵向重复)表示在应用样式的元素背景上的垂直方向重复显示该图像。

(4) Background-attachment(背景固定):定义网页对象其背景图像的滚动方式。

属性值可以为:

- scroll(滚动)网页对象的背景将默认随网页滚动条而滚动。
- fixed(固定)网页对象的背景将固定到该位置。

(5) Background-position(X)(水平位置):定义网页对象其背景图像的水平位置。

属性值可以为:left(左对齐)、right(右对齐)、center(居中),也可以直接输入一个数值,选择具体值的单位。

(6) Background-position(Y)(垂直位置):定义网页对象其背景图像的垂直位置。

属性值可以为:top(顶部对齐)、bottom(底部对齐)、center(居中)选项,也可以直接输入一个数值,选择具体值的单位。

Background-image 属性优先于 Background-color 属性,因此,在为网页对象设置背景图像后,将自动覆盖背景颜色属性。

在 HTML 语言中,可以设置背景颜色,若使用图片背景,图片只能在水平、垂直方向上平铺,无法实现精确位置的控制,利用 CSS 样式可以让背景图片沿某个方向平铺重复或不重复,精确设定背景图片的位置。

在设置图片背景时,网页对象的左上角为坐标原点,利用 Background-position(X)、Background-position(Y)属性,可以设置图片的精确位置。

6.3.3 设置区块属性

在"CSS 规则定义"对话框的"分类"列表框中选择"区块"选项,即可设置"区块"属性,如图 6-37 所示。

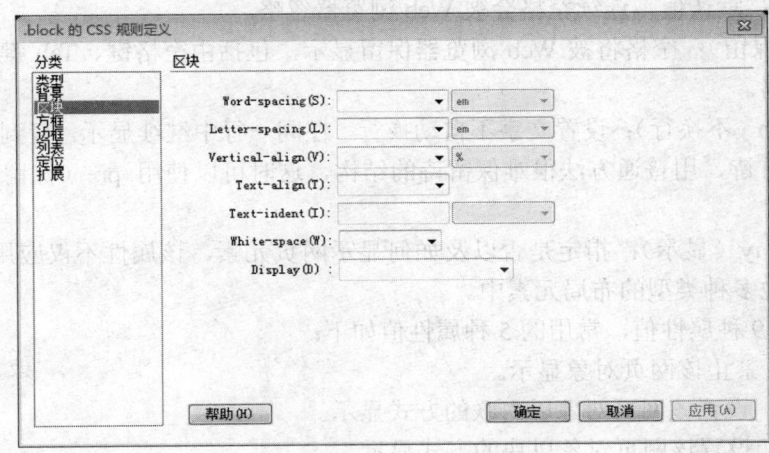

图 6-37 "区块"属性

"区块"属性的作用是定义文本间距、对齐方式等各种特殊样式,包括 7 个属性,含义如下:

(1) Word-spacing(单词间距):设置单词之间的距离,若要设置特定的值,在下拉列表框中选择"值",然后输入一个数值,再在第二个下拉列表框中选择度量单位。

(2) Letter-spacing(字母间距):设置字符(字母)间距,使用正值为增加字符间距,使用负值为减小字符间距。

(3) Vertical-align(垂直对齐):设置文本块的垂直相对对齐方式。

属性取值有 9 个,可以设置 9 种垂直对齐方式:

- baseline:默认值,基线对齐。
- sub:垂直对齐文本的下标。
- super:垂直对齐文本的上标。
- top:与行内最高元素的顶端对齐。
- text-top:与外部文本的顶端对齐。
- middle:垂直居中。
- bottom:底部对齐。
- text-bottom:与外部文本的底部对齐。
- 值:以行高百分比定义垂直居中比例。

(4) Text-align(文本对齐):设置文本块的水平对齐方式。

属性取值可以为:

- left:默认值,文本左对齐。

- right:文本右对齐。
- center:文本居中对齐。
- justify:文本两端对齐。

(5) Text-indent(文字缩进):设置文本首行缩进的距离,若为负值则表示首行突出。

(6) White-space(空格):设置文本块内空格字符的处理方式。

属性取值可以为:

- nomal:默认值,连续空格会被 Web 浏览器忽略。
- pre(保留):空格将被 Web 浏览器保留显示,包括由空格键、Tab 键、Enter 键创建的空格。
- nowrap(不换行):设置文字不自动换行,在同一行中继续显示,直到遇到
为止。

如果写一首诗,用普通方法很难保留诗的结构,这时可以使用 pre(保留),保留所有的空格形式。

(7) Display(显示):指定是否以及如何显示网页元素,该属性不仅应用于文本块中,也可应用于其他多种类型的布局元素中。

该属性有 19 种属性值,常用的 5 种属性值如下:

- none:禁止该网页对象显示。
- inline:设置该网页对象以内联的方式显示。
- block:设置该网页对象以块的方式显示。
- list-item:设置该网页对象以列表的方式显示。
- inline-block:设置该网页对象以内联的块方式显示。

下面用一个实例来介绍"区块"类别的使用方法。

6.3.4 设置方框属性

在"CSS 规则定义"对话框的"分类"列表框中选择"方框"选项,即可设置网页元素的方框属性,如图 6-38 所示。

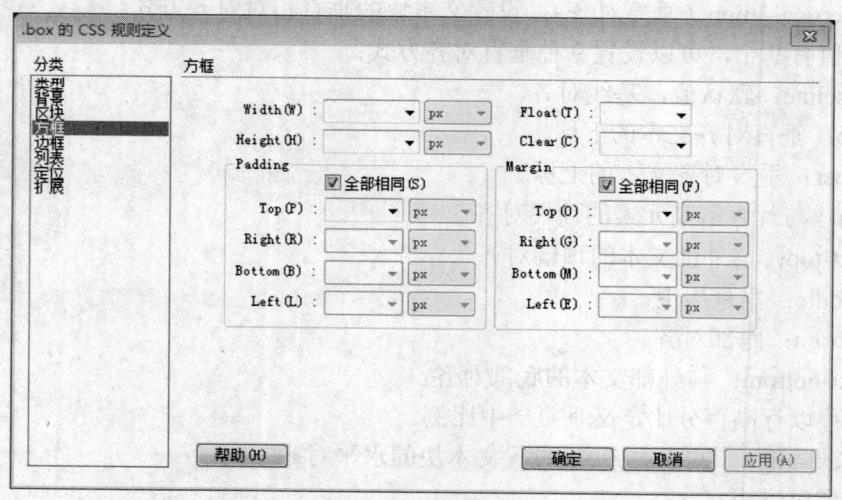

图 6-38 "方块"属性

"方框"属性的作用是设置块状网页元素的尺寸、边距、边界以及浮动效果,其包含 6 种属性,含义如下:

(1) Width/Height(宽/高):设置网页元素的宽度和高度,可以使块状网页元素的宽度不依靠它所包含的内容多少而改变。

(2) Float(浮动):用于设置元素的浮动位置。

属性的取值可以为:
- left(左):定义网页对象以水平居左的方式浮动。
- right(右):定义网页对象以水平居右的方式浮动。
- none(默认):禁止网页对象浮动。

在设置 Float 属性以 left 或 right 方式浮动时,应配合设置"区块"属性中的 Display 属性值为 block 或 inline-block。

(3) clear(清除):禁止位于其左、右的其他网页元素浮动。

属性的取值可以为:
- left:禁止网页对象左侧的元素浮动。
- right:禁止网页对象右侧的元素浮动。
- both:禁止网页对象两侧的元素浮动。
- none:默认值,不影响网页对象的周边元素。

(4) margin(边距):定义元素边界与其他元素之间的空白距离。

属性的取值可以为:
- margin-top:控制上边距的宽度。
- margin-right:控制右边距的宽度。
- margin-bottom:控制下边距的宽度。
- margin-left:控制左边距的宽度。

选中"全部相同"复选框,则上、下、左、右边距均相同。

(5) padding(边界):定义元素内容与元素边界之间的距离。

属性的取值可以为:
- padding-right:控制右侧留白的宽度。
- padding-top:控制上侧留白的宽度。
- padding-left:控制左侧留白的宽度。
- padding-bottom:控制下侧留白宽度。

选中"全部相同"复选框,则上、下、左、右的留白宽度均相同。

6.3.5 设置边框属性

在"CSS 规则定义"对话框的"分类"列表框中选择"边框"选项,即可设置网页对象的边框属性,如图 6-39 所示。

"边框"属性可以给对象添加边框,设置边框的样式、线条粗细和颜色,其包含 3 种属性,含义如下:

(1) Style(样式):设置边框线的线型样式,其中,Top:顶部边框样式;Right:右侧边框样式;Bottom:底部边框样式;Left:左侧边框样式。

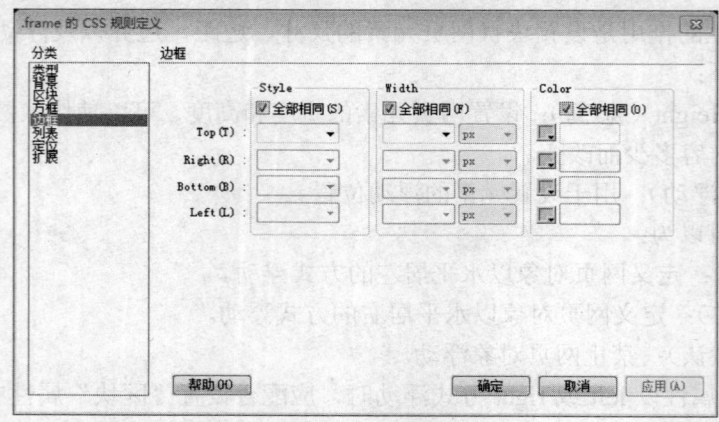

图 6-39 "边框"属性

边框线的样式，共 9 种属性值：none（默认，无边框）；dotted（点划线）；dashed（虚线）；solid（实线）；double（双实线）；groove（3D 凹槽边框）；ridge（3D 垄状凸槽）；inset（3D inset 边框）；outset（3D outset 边框）。

选中"全部相同"复选框，则上、下、左、右边框的线型相同。

（2）Width（宽度）：设置边框线的宽度。属性值可以为：Thin（细线）；medium（中等）；thick（粗线）；值（输入数值，选择单位）。

选中"全部相同"复选框，则上、下、左、右边框的线宽相同。

（3）Color（颜色）：设置对应边框线的颜色。

选中"全部相同"复选框，则上、下、左、右边框的颜色相同。

6.3.6 设置列表属性

在"CSS 规则定义"对话框的"分类"列表框中选择"列表"选项，即可设置网页对象的列表属性，如图 6-40 所示。

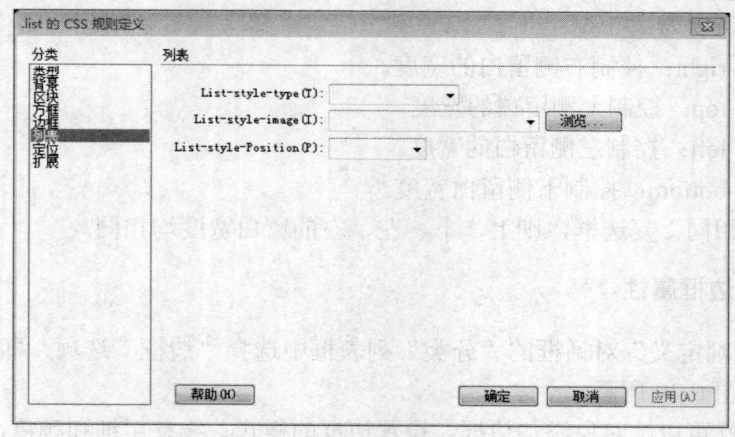

图 6-40 "列表"属性

"列表"属性的作用是定义网页中列表对象的项目符号类型、项目符号图像以及列表项目的定位方式等，其包含 3 种属性，含义如下：

（1）List-style-type（类型）：确定列表的项目符号类型，其属性的取值表示符号的类型。

可以设置的属性值有如下 8 种：disc（圆点）、circle（圆圈）、square（方形）、decimal（数字）、lower-roman（小写罗马数字）、upper-roman（大写罗马数字）、lower-alpha（小写字母）和 upper-alpha（大写字母）。

（2）List-style-image（项目图像）：自定义列表项目符号的图像。

（3）List-style-Position（位置）：用于描述列表项目符号的位置。

可以设置的属性值有：outside（外），列表项在换行时缩进；inside（内），列表项在换行时边缘对齐。

6.3.7 设置定位属性

在"CSS 规则定义"对话框的"分类"列表框中选择"定位"选项，即可设置网页对象的定位属性，如图 6-41 所示。

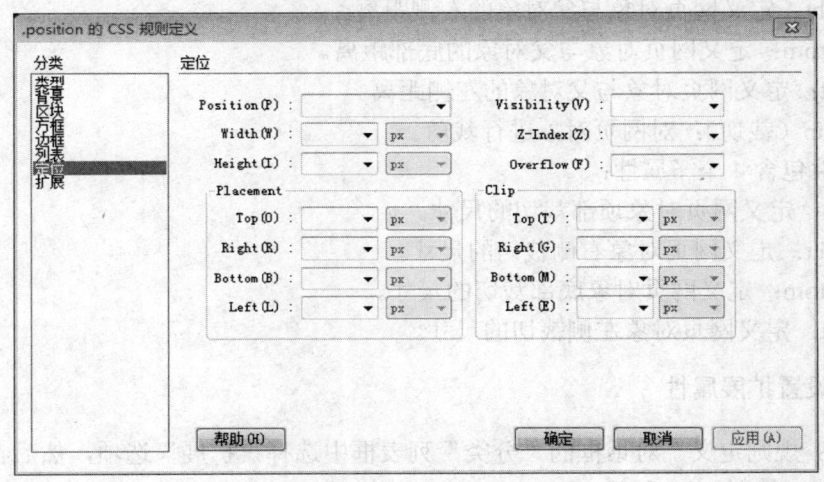

图 6-41 "定位"属性

"定位"属性可以定义网页对象相对于其他元素的绝对位置或相对位置，可以是二维空间也可以是三维空间。其包含的 8 种属性，Width 和 Height 属性与"方框"属性中的同名属性作用相同，其余 6 种属性含义如下：

（1）Position（位置）：设置网页对象的定位方法。

属性取值如下：

- absolute（绝对）：以父对象为基准进行绝对定位。
- fixed（固定）：针对浏览器窗口进行绝对定位。
- relative（相对）：根据用户定义的值进行相对定位。
- static（静态）：默认值，无定位设置。

（2）Visibility（显示）：定义网页对象的显示状态。

属性取值如下：

- inherit（继承）：继承父对象的显示状态。
- visible（可见）：默认值，设置网页对象可见。

- hidden（隐藏）：隐藏该网页状态。

（3）Z-index（Z 轴）：用于控制网页层的叠放顺序，可为元素设置重叠效果。

该属性的参数值使用纯整数，值为 0 时，元素在最下层，层会按照编号由高向低叠放。

（4）Overflow（溢出）：在层的内容超过层的大小时，通过此属性的参数来决定处理方法。

属性有 4 个取值：
- visible（可见）：扩展层的大小以显示所有内容。
- hidden（隐藏）：隐藏超出范围的内容。
- scroll（滚动）：在元素的右边显示一个滚动条。
- auto（自动）：显示滚动条，以滚动的方式显示溢出的部分。

（5）Placement（定位）：用于定义网页元素的定位。

该组属性包含 4 个子属性：
- Top：定义网页对象与父对象的顶部距离。
- Right：定义网页对象与父对象的右侧距离。
- Bottom：定义网页对象与父对象的底部距离。
- Left：定义网页对象与父对象的左侧距离。

（6）Clip（裁切）：对网页对象进行裁剪。

该组属性包含 4 个子属性：
- Top：定义网页对象顶部裁切的尺寸。
- Right：定义网页对象右侧裁切的尺寸。
- Bottom：定义网页对象底部裁切的尺寸。
- Left：定义网页对象左侧裁切的尺寸。

6.3.8 设置扩展属性

在"CSS 规则定义"对话框的"分类"列表框中选择"扩展"选项，然后在右侧可以设置相关的属性，如图 6-42 所示。

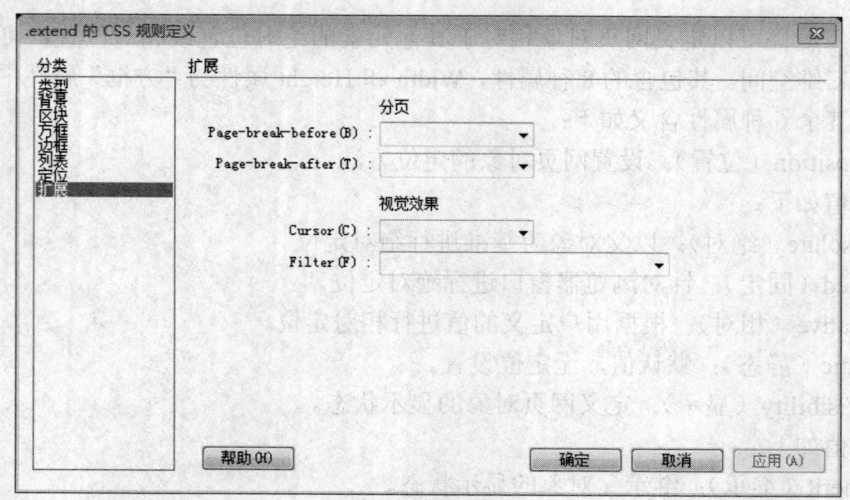

图 6-42 "扩展"属性

"扩展"属性包括"分页"和"视觉效果",主要是为网页添加一些特殊功能和效果,它们中有些属性不被浏览器支持,或者仅被 IE 4.0 及其以上的版本支持。

1. 分页

分页用来设置打印时在样式所控制的对象之前（Page-break-before）或者之后（Page-break-after）强行分页。

2. 视觉效果——Cursor（鼠标形状）

在设计网页时,通过样式的定义改变鼠标的形状,鼠标放在被修饰的区域时,形状会发生改变。使用 Cursor（鼠标形状）属性可以设置当鼠标滑过某个网页对象时显示的鼠标形状。

Cursor 属性有 15 个属性值,用于定义鼠标的不同形状,其含义如表 6-2 所示。

表 6-2 Cursor 属性值及含义

属性值	含义	属性值	含义
crosshair	"十"字形状	help	帮助光标（通常为问号）
text	文本选择符号"工"字形光标	e-resize	指向右侧的箭头光标
wait	等待光标（Windows 的沙漏形状）	ne-resize	指向右上方的箭头光标
pointer	手形光标	n-resize	指向上方的箭头光标
default	默认的鼠标形状	w-resize	指向左侧的箭头光标
nw-resize	指向左上方的箭头光标	s-resize	指向下方的箭头光标
sw-resize	指向左下方的箭头光标	auto	鼠标指针自动根据网页对象的类型显示
se-resize	指向右下方的箭头光标		

3. 视觉效果——Filter（滤镜）

使用 Filter（滤镜）可以为网页对象设置一些特殊效果,如投影、模糊、透明等,使网页对象更加美观。滤镜应用到图像产生的效果,用图像处理软件也可以实现。注意,有些浏览器不支持滤镜。

Filter 列表中提供了 16 种滤镜,有些滤镜除了名称外,还包含若干以问号替代的参数,在定义时可以将问号替换为相应的参数值。

滤镜的种类、参数和作用如下:

（1）Alpha 滤镜

Alpha 滤镜可以设置网页对象的整体透明或渐变透明效果。

各参数及作用如下:

- Opacity:整体透明或渐变透明的起始透明度,取值为 0~100,0 为透明,100 为原图。
- FinishOpacity:渐变透明结束时的透明度,取值为 0~100。
- Style:渐变透明的样式,取值为 0、1、2、3,分别代表整体透明、线性渐变透明、圆形放射渐变透明、矩形放射渐变透明。
- StartX:透明渐变起始点的百分比水平坐标,其值为 0~100 之间的整数。
- StartY:透明渐变起始点的百分比垂直坐标,其值为 0~100 之间的整数。
- FinishX:透明渐变结束点的百分比水平坐标,其值为 0~100 之间的整数。
- FinishY:透明渐变结束点的百分比垂直坐标,其值为 0~100 之间的整数。

若设置 Style 参数为 0,Opacity 参数可设置网页对象的整体透明度,无需使用其他参数;

若设置 Style 参数为 1、2、3，则其他所有参数均需设置。

例如：定义一个圆形放射渐变透明，起始透明度为 0，结束透明度为 40 的滤镜，代码如下：

    filter:Alpha(Opacity="0",FinishOpacity="40",Style="2")

（2）BlenTrans 滤镜

设置网页对象的淡入淡出效果，参数及作用如下：

Duration：设置网页对象淡入淡出所需的时间，单位为秒。

（3）Blur 滤镜

创建高速度移动效果，即模糊效果，各参数及作用如下：

- Add：是否启用模糊效果，true(1)为启用，false(0)为不启用。
- Direction：模糊倾斜的角度，其值为 0～360 之间的整数。
- Strength：模糊的强度，其值为非负整数，一般取 5 即可。

例如：定义一个模糊滤镜，倾斜角度为 45 度，模糊强度为 5，代码如下：

    filter:Blur(Add="1",Direction="45",Strength="5")

（4）Chroma 滤镜

指定网页对象的某种颜色为透明效果（使图像的某种指定颜色成为透明色），即抠出指定的颜色，参数及作用如下：

Color：指定抠出的颜色，其值为以"#"号开头的 RGB 颜色值。

例如：去除对象中的大红色，代码如下：

    filter:Chroma(Color="#FFFFFF")

（5）DropShadow 滤镜

指定网页对象产生投影的效果，参数及作用如下：

- Color：网页对象产生投影的颜色，其值为以"#"号开头的 RGB 颜色值。
- OffX：投影的水平偏移位置，其值为整数，单位为像素。
- OffY：投影的垂直偏移位置，其值为整数，单位为像素。
- Positive：投影建立的区域，值为 true(1)，从网页对象的轮廓开始建立投影，值为 false(0)，从网页对象的非透明区域创建投影。

例如：

    filter:DropShadow(Color="#6699CC",OffX="5",OffY="5",Positive="1")

（6）FlipH 滤镜

设置网页对象产生的水平翻转，该滤镜无参数。

例如：

    filter:FlipH

（7）FlipV 滤镜

设置网页对象产生的垂直翻转，该滤镜无参数。

例如：

    filter:FlipV

（8）Glow 滤镜

网页对象产生光晕的效果，参数及作用如下：

- Color：设置光晕的发光颜色，其值为以"#"开头的 RGB 颜色值。
- Strength：设置发光的强度，其值为正整数。

例如：

    filter:Glow(Color="#6699CC",Strength="5")

（9）Gray 滤镜

设置网页对象产生灰色调效果，该滤镜无参数。

例如：

    filter:Gray

（10）Invert 滤镜

设置网页对象产生底片效果，该滤镜无参数。

例如：

    filter:Invert

（11）Light 滤镜

设置网页对象产生光源投射效果，该滤镜无参数。

例如：

    filter:light

（12）Mask 滤镜

设置色片覆盖网页对象的效果（遮盖效果），参数及作用如下：

Color：设置遮罩的前景色，其值为以"#"号开头的 RGB 颜色值。

例如：

    filter:Mask(Color="#FFFFE0")

（13）RevealTrans 滤镜

设置图像的切换效果，参数及作用如下：

- Duration：定义切换效果的持续时间。
- Transition：定义切换效果的类型，其值为 0~23 之间的整数，各种取值的作用如表 6-3 所示。

表 6-3　Transition 参数的取值及作用效果

参数值	效果	参数值	效果
0	矩形收缩转换	12	随机杂点干扰转换
1	矩形扩张转换	13	左右关门转换
2	圆形收缩转换	14	左右开门转换
3	圆形扩张转换	15	上下关门转换
4	向上擦除	16	上下开门转换
5	向下擦除	17	从右上角到左下角的锯齿边覆盖效果转换
6	向右擦除	18	从右下角到左上角的锯齿边覆盖效果转换
7	向左擦除	19	从左上角到右下角的锯齿边覆盖效果转换
8	纵向百叶窗转换	20	从左下角到右上角的锯齿边覆盖效果转换
9	横向百叶窗转换	21	随机横线条转换
10	国际象棋棋盘横向转换	22	随机竖线条转换
11	国际象棋棋盘纵向转换	23	随机使用以上 23 种转换方式

（14）Shadow 滤镜

Shadow 滤镜的作用与 DropShadow 滤镜类似，其参数更加简单，只包含 Color 和 Direction 两种，分别用于定义投影的颜色和角度。

例如：

   filter:Shadow(Color="#6699CC",Direction="135")

（15）Wave 滤镜

Wave 滤镜可以波浪形状扭曲网页中的图像，各参数及作用如下：

- Add：定义扭曲图像是否覆盖原图像，其值为 true（覆盖），false（不覆盖）。
- Freq：定义扭曲图像时的波浪数量，其值为正整数。
- LightStrength：设置扭曲图像时波峰与波谷之间的距离，其值为 0～100 之间的整数。
- Phase：设置扭曲图像时的波浪相位偏移，其值为 0～100 之间的整数。
- Strength：设置扭曲图像向外扩散的距离，其值为大于等于 1 的数值。

例如：

   filter:Wave(Add=true,Freq=3,LightStrength=10,Phase=20,Strength=5)

（16）Xray 滤镜

设置网页对象产生 X 片效果，该滤镜无参数。

例如：

   filter:Xray

6.4 实践演练

6.4.1 创建内部 CSS 样式美化网站首页

【目的要求】

（1）熟悉"CSS 样式"面板，掌握利用"CSS 样式"面板创建、编辑样式。

（2）掌握类样式、标签样式、复合样式的创建及应用。

（3）掌握各种样式属性的作用及使用方法。

（4）要求为 DrStudy.html 网页创建内部 CSS 样式，对文档进行美化，将图 6-43 所示的文档美化成图 6-44 所示的样式。

【说明】操作素材在 chapter6\train6-1 文件夹中。

【操作步骤】

（1）创建一个站点，站点名为 dw1，将 train6-1 文件夹设为站点根目录。

（2）打开 DrStudy.html 文档。

（3）创建标签样式 body，设置文档的背景颜色和字体大小，CSS 样式代码如下：

   body{font-size:14px;background-color: #066}

1）单击"CSS 样式"面板的新建按钮 ，如图 6-45 所示。

2）在弹出的"新建 CSS 规则"对话框中，设置选择器类型为"标签"，选择器名称为 body，如图 6-46 所示，单击"确定"按钮。

第 6 章 使用 CSS 样式表修饰美化网页 145

图 6-43 样式设置之前的文档

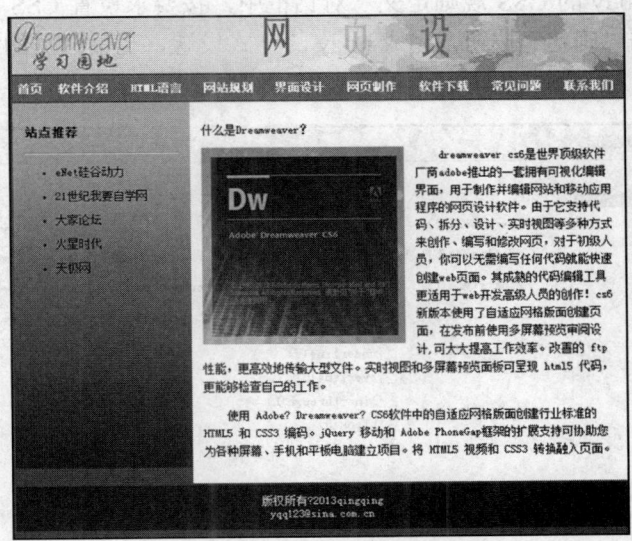

图 6-44 样式设置完成的文档效果

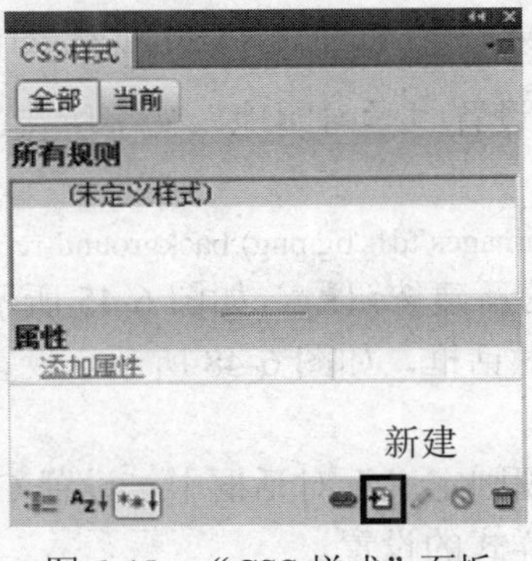

图 6-45 "CSS 样式"面板

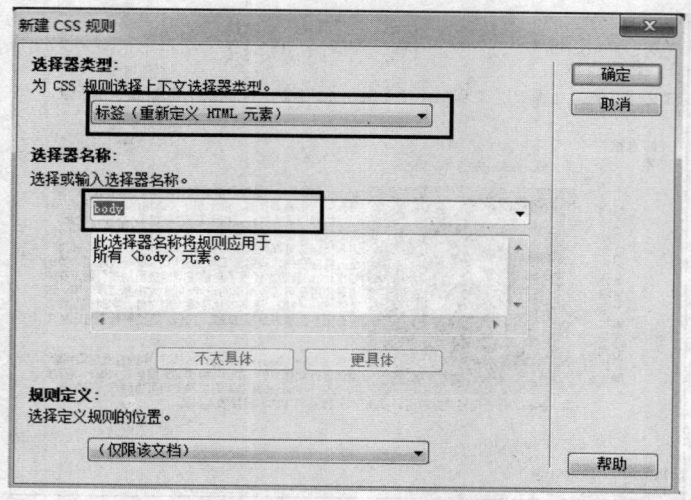

图 6-46 "新建 CSS 规则"对话框

3）在弹出的"body 的 CSS 规则定义"对话框中，按要求设置 CSS 样式属性，设置参数如图 6-47 所示，单击"确定"按钮，完成 body 的样式设置，观察网页的背景颜色和字体大小的变化。

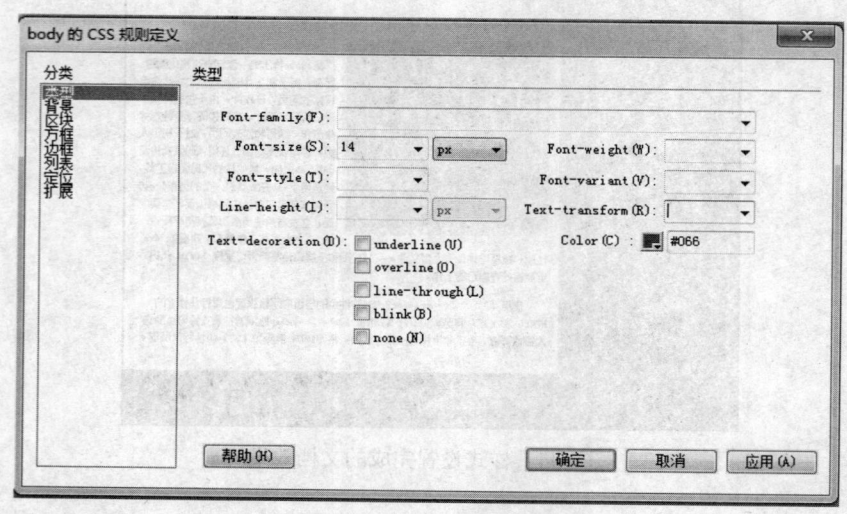

图 6-47 "body 的 css 规则定义"对话框

（4）创建应用类样式.td1，设置"学习园地"文字所在的单元格的背景图片，CSS 样式代码如下：

.td1 {background-image: url(images/td1_bg.png);background-repeat: no-repeat}

1）单击"CSS 样式"面板的新建按钮，如图 6-45 所示。

2）弹出"新建 CSS 规则"对话框，如图 6-48 所示，设置选择器类型为"类"，选择器名称为".td1"，单击"确定"按钮。

3）在弹出的".td1 的 CSS 规则定义"对话框中，设置 CSS 样式属性，如图 6-49 所示，单击"确定"按钮，完成.td1 类样式的设置。

第 6 章 使用 CSS 样式表修饰美化网页 147

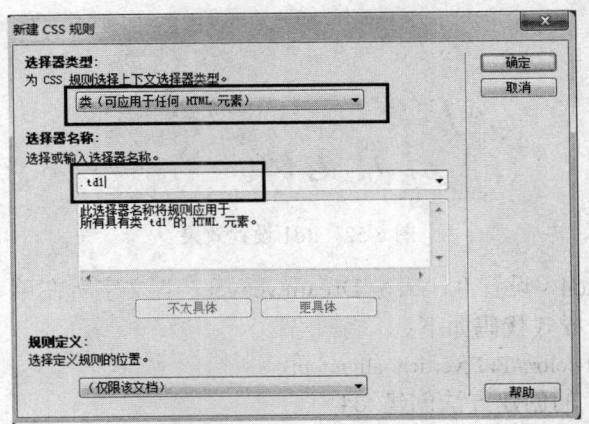

图 6-48 "新建 CSS 规则"

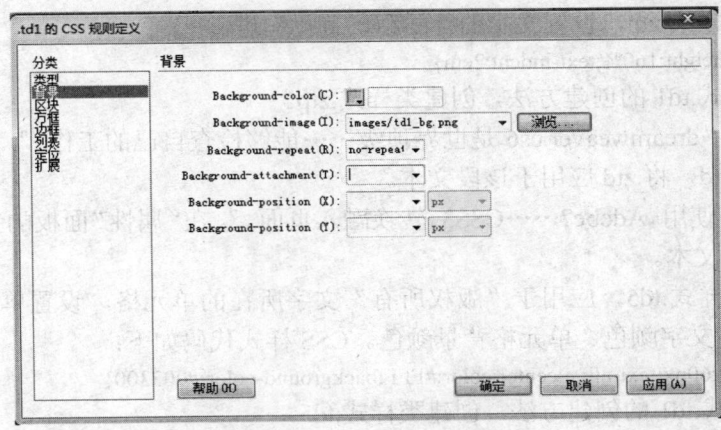

图 6-49 ".td1 的 css 规则定义"对话框

4）应用类样式.td1。将鼠标定位在"学习园地"图片所在的单元格，如图 6-50 所示，在"属性"面板的"类"中选择类.td1，如图 6-51 所示，将类样式.td1 应用于该单元格，应用效果如图 6-52 所示。

图 6-50 .td1 将应用的单元格

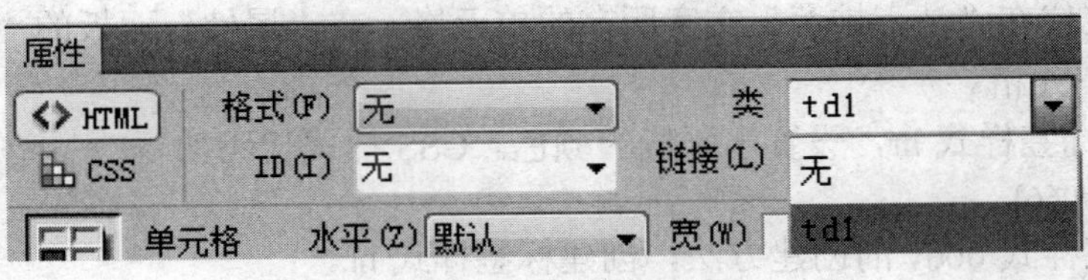

图 6-51 "属性"面板

图 6-52 .td1 设置效果

（5）创建类样式.td4，设置"什么是 Dreamweaver？"文字所在单元格的背景颜色和文字的顶部对齐方式，CSS 样式代码如下：

.td4 {background-color:#FFF;vertical-align:top;}

1）参考类样式.td1 的创建方法创建.td4。

2）将光标定位在"什么是 Dreamweaver？"文字所在的单元格，在"属性"面板的"类"中选择.td4，将.td4 应用于该文字所在的单元格。

（6）创建类样式.ztp，设置文本的行间距、首行缩进。

.ztp {line-height:160%;text-indent:2em}

1）参考类样式.td1 的创建方法，创建类样式.ztp。

2）选中文本"dreamweaver cs6 是世界顶级……能够检查自己的工作。"，在"属性"面板的"类"中选择.ztd，将.ztd 应用于该段文本。

3）选中文本"使用 Adobe?……CSS3 转换融入页面。"，在"属性"面板的"类"中选择.ztd，将.ztd 应用于该段文本。

（7）创建类样式.td5，应用于"版权所有"文字所在的单元格，设置单元格的高度、文字水平对齐方式、文字颜色、单元格背景颜色。CSS 样式代码如下：

.td5{height:60px;text-align:center;color:#FFF;background-color:#003300}

1）参考类样式.td1 的创建方法，创建类样式.td5。

2）将光标定位在"版权所有"文字所在的单元格，在"属性"面板的"类"中选择.td5，将.td5 应用于该单元格。

（8）创建标签样式 img，设置 DW 字样的图片与其右侧文本之间的间距。CSS 样式代码如下：

img{margin-right:15px}

1）参考标签样式 body 的创建方法，创建标签样式 img。

2）观察 DW 字样的图片的变化。

（9）创建类样式.td3，设置"站点推荐"所在单元格的背景图片、垂直对齐方式、单元格的宽度。CSS 样式代码如下：

.td3{background-image:url(images/td3_bg.gif);background-repeat: repeat-x;vertical-align:top;width:200px}

1）参考类样式.td1 的创建方法，创建类样式.td3。

2）将光标定位在"站点推荐"文字所在的单元格，在"属性"面板的"类"中选择.td3，将.td3 应用于该单元格。

（10）创建标签样式 hr，设置水平线的颜色。CSS 样式代码如下：

hr{color:#066}

1）参考标签样式 body 的创建方法，创建标签样式 hr。

2）观察水平线样式的变化。

（11）创建标签样式 li，设置"站点推荐"单元格中列表项的间距。代码如下：

　　　　li{margin-bottom:15px}

1）参考标签样式 body 的创建方法，创建标签样式 li。

2）观察"站点推荐"单元格中列表项间距的变化。

（12）创建类样式.td2，设置导航栏的文字加粗、背景颜色、文字对齐方式、行高。CSS 样式代码如下：

　　　　.td2{font-weight:bolder;background-color: #669900;text-align:center;height:35px}

1）参考类样式.td1 的创建方法，创建类样式.td2。

2）将光标定位在导航栏"首页"文字上，切换到"拆分"视图，在<tr>标签处写入 class="td2" 代码，如图 6-53 所示，表示在此行表格应用样式.td2，观察导航栏的变化。

类样式可以利用"属性"面板应用，也可以直接写 class 代码应用，当应用样式的网页元素不方便选中时，用代码的方式比较容易实现。

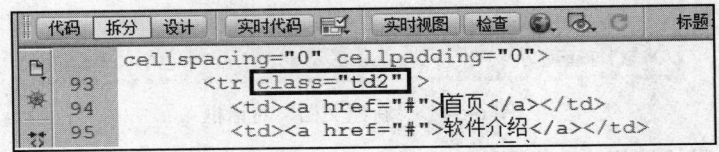

图 6-53　利用 class 代码应用类样式

（13）创建标签样式 a，设置导航栏链接文字的颜色为白色，无下划线。CSS 样式代码如下：

　　　　a{color: #FFF;text-decoration: none}

1）参考创建标签样式 body 的方法，创建标签样式 a。

2）观察网页中导航文字的变化。

（14）创建复合样式 a:hover，设置鼠标放在导航栏的超链接文字上，文字变成红色，且有下划线。CSS 样式代码如下：

　　　　a:hover{color: #F00;text-decoration: underline}

1）创建复合样式时，在"CSS 规则定义"对话框中，设置选择器类型为"复合（基于选择的内容）"，选择器名称为"a:hover"。

2）预览网页，观察鼠标放在导航超链接上，超链接文字的变化。

（15）切换到"拆分"或"代码"视图，查看自动生成的样式代码，样式代码存放在<style></style>标志之间，在代码中查看类样式的应用。

本任务创建的内部 CSS 样式，有类样式、标签样式、复合样式，类样式创建完成需应用到网页元素，标签和复合样式无需应用，创建完成后自动应用到对应的网页元素。所有样式设置完成后，预览网页，网页的样式如图 6-44 所示。

6.4.2　创建外部样式文件

【目的要求】

（1）掌握利用 Dreamweaver CS6 提供的编辑器创建外部 CSS 样式文件。

（2）创建外部样式文件 sty1.css。

【说明】创建完成的样式文件 sty1.css 保存在 chapter6\train6-2\css 文件夹中。

【操作步骤】

（1）创建一个站点，站点名为 dw2，将 train6-2 文件夹设为站点根目录。

（2）选择"文件"→"新建"命令，在弹出的"新建文档"对话框中，选择"空白页"，页面类型选择"CSS"，单击"创建"按钮，如图 6-54 所示。

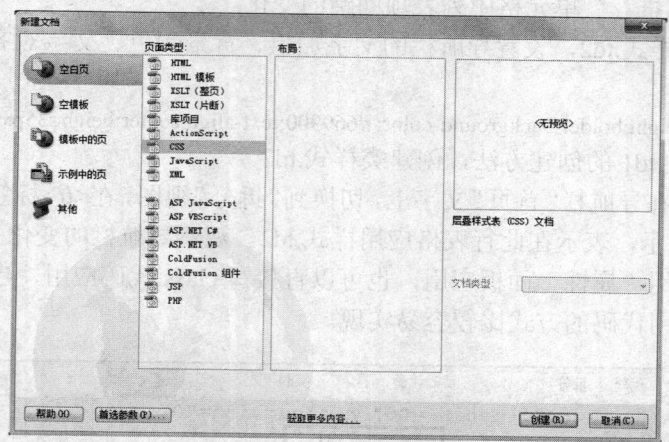

图 6-54　"新建文档"对话框

（3）打开代码的编辑窗口如图 6-55 所示，在代码编辑窗口中输入 CSS 样式代码。

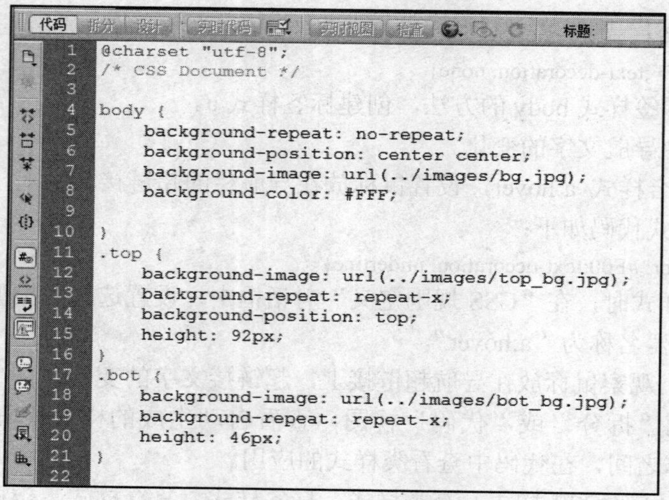

图 6-55　CSS 样式代码编辑窗口

（4）选择"文件"→"保存"命令，在弹出的"另存为"对话框中，选择文件的保存路径为 chapter6\train6-2\css，输入文件名 sty1.css，单击"保存"按钮，完成 sty1.css 样式文件的创建。

6.4.3　导出内部 CSS 样式到外部样式文件

【目的要求】

（1）练习根据内部 CSS 样式创建外部样式文件。

（2）掌握将内部 CSS 样式导出到外部样式文件的方法。

（3）将网页 index.html 的内部 CSS 样式导出到样式文件 sty.css。

【说明】操作素材在 chapter6\train6-3 文件夹中。

【操作步骤】

（1）创建一个站点，站点名为 dw3，将 train6-3 文件夹设为站点根目录。

（2）打开 index.html 文档，如图 6-56 所示。

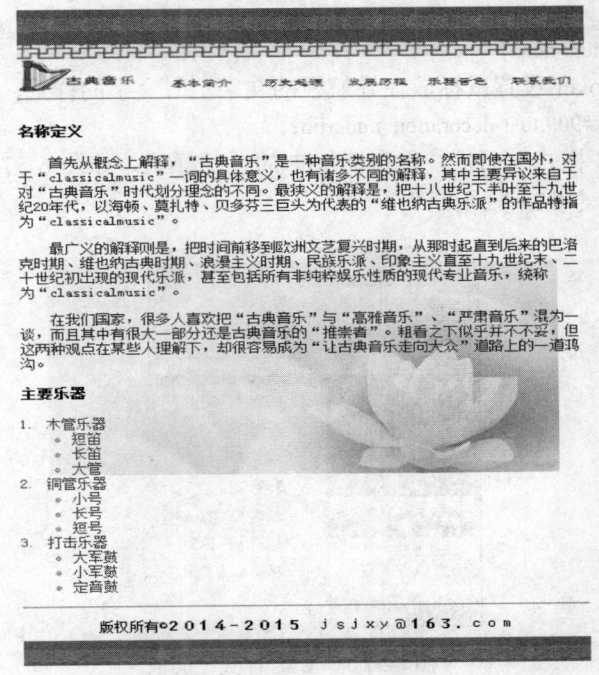

图 6-56　index.html 文档

文档中已设置的内部 CSS 样式如下：

1）标签样式 body 设置网页的背景图片、背景颜色，CSS 样式代码如下：

　　body{background-repeat: no-repeat;

　　　　background-position: center center;

　　　　background-image: url(images/bg.jpg);

　　　　background-color: #FFF}

2）类样式 .top 设置顶部单元格背景，CSS 样式代码如下：

　　.top{background-image: url(images/top_bg.jpg);

　　　　background-repeat: repeat-x;

　　　　background-position: top;

　　　　height: 92px}

3）类样式 .bot 设置底部单元格背景，CSS 样式代码如下：

　　.bot{background-image: url(images/bot_bg.jpg);

　　　　background-repeat: repeat-x; height: 46px}

4）标签样式 li 设置列表的样式，CSS 样式代码如下：

　　li{color: #090}

5）类样式.center 设置版权信息样式，CSS 样式代码如下：
.center{text-align: center;vertical-align: middle}
6）类样式.p1 设置文本的格式，CSS 样式代码如下：
.p1{color: #333;text-indent: 2em}
7）标签样式，设置导航栏文本样式，CSS 样式代码如下：
a{font-family: "隶书";
　font-size: 24px;
　color: #090;
　text-decoration: none}
8）复合样式 a:hover 设置鼠标放在导航栏的文字上时文字的样式，CSS 样式代码如下：
a:hover{color: #909;text-decoration: underline}

（3）打开"CSS 样式"面板，选中面板中的全部样式，如图 6-57 所示，右击鼠标，弹出快捷菜单，选择"移动 CSS 规则…"命令。

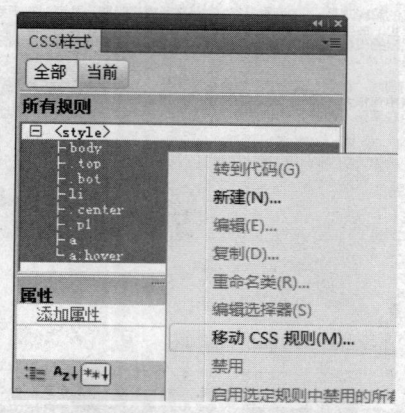

图 6-57　"CSS 样式"面板

（4）弹出"移至外部样式表"对话框，如图 6-58 所示，选择将规则移至"新样式表（N）…"选项，单击"确定"按钮（若导入已有的样式表文件，则选择"样式表"选项，单击"浏览"按钮，选择已有的样式文件）。

图 6-58　"移至外部样式表"对话框

（5）弹出"将样式文件另存为"对话框，如图 6-59 所示，选择保存的路径（这里选择 CSS 文件夹），输入文件名 sty2.css，单击"保存"按钮，完成样式的导出。index.html 中所有的内部 CSS 样式均导入到了外部样式文件 sty2.css 中。

（6）导出 CSS 样式后，index.html 的"CSS 样式"面板如图 6-60 所示，对比图 6-57 所示的"CSS 样式"面板，面板的显示内容发生了变化，导出的样式保存在 sty2.css，且自动链接到文档中。

第 6 章 使用 CSS 样式表修饰美化网页 153

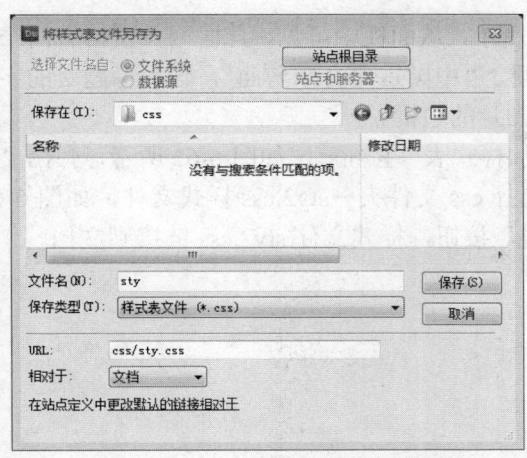

图 6-59 "将样式表文件另存为"对话框

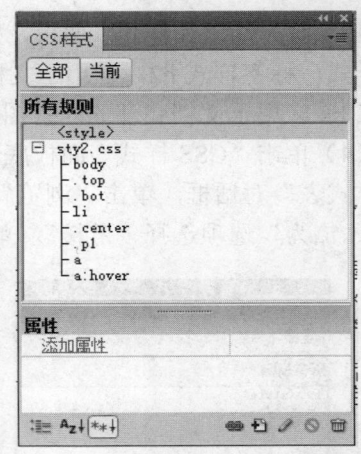

图 6-60 导出样式后的"CSS 样式"面板

6.4.4 将外部样式文件链接/导入到网页文档

【目的要求】
（1）掌握外部样式文件的链接/导入方法。
（2）将 sty2.css 外部样式文件链接/导入到网页 history.html。
（3）在网页文档中应用链接/导入的样式。
【说明】操作素材存放在 chapter6\train6-4 文件夹中。
【操作步骤】
（1）创建一个站点，站点名为 dw4，将 train6-4 文件夹设为站点根目录。
（2）打开 history.html 文档，如图 6-61 所示。

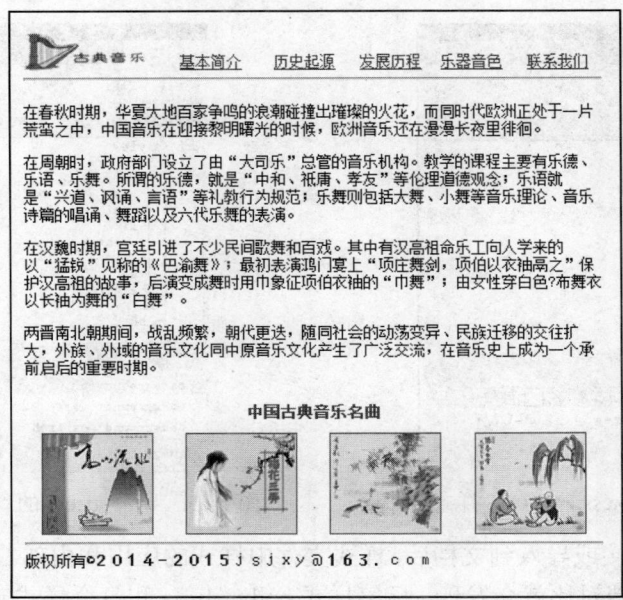

图 6-61 history.html

（3）打开"CSS 样式"面板，如图 6-62 所示，从面板中可见，此时网页文档有两个内部 CSS 样式，标签样式 h2，应用于文档中的标题 2 "中国古典音乐名曲"，设置标题 2 的字号，类样式.bk 应用于文档底部的四张图片，设置图片的边框。

（4）单击"CSS 样式"面板底部的"附加样式表"按钮，如图 6-62 所示，弹出"链接外部样式表"对话框，单击"浏览"按钮，选择 css 文件夹→sty2.css 样式文件，如图 6-63 所示，"添加为"选项选择"链接"，单击"确定"按钮，样式文件 sty2.css 链接到文档。

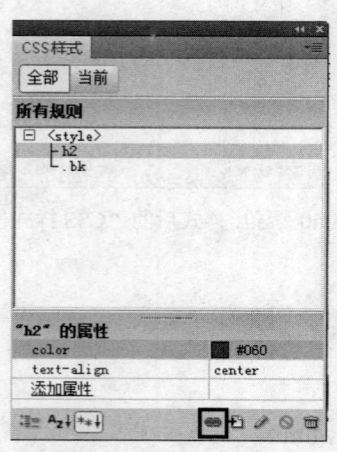
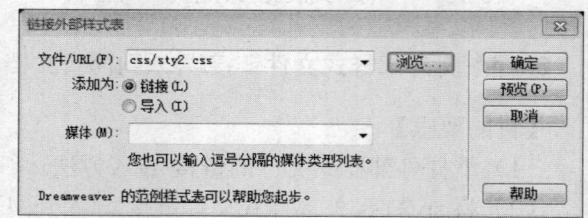

图 6-62　没链接 sty.css 前的"CSS 样式"面板　　　图 6-63　"链接外部样式表"对话框

（5）链接了 sty2.css 的"CSS 样式"面板如图 6-64 所示，此时面板中除了原有的内部样式 h2、.bk 之外，增加了样式文件 sty2.css。

若图 6-63 所示的"链接外部样式表"对话框中"添加为"选项选择"导入"，则"CSS 样式"面板如图 6-65 所示，样式文件 sty2.css 导入到文档。

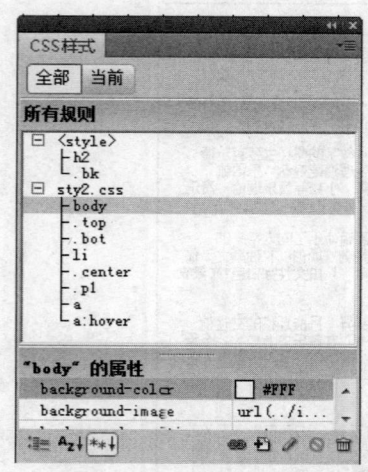
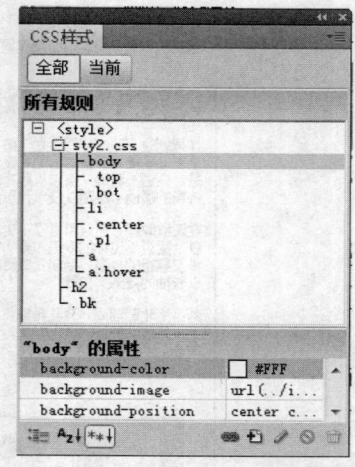

图 6-64　链接了 sty.css 的"CSS 样式"面板　　　图 6-65　导入 sty.css 的"CSS 样式"面板

（6）样式文件链接或导入到文档后，样式文件中样式的应用和内部 CSS 样式的应用相同。将此时的文档与原文档对比就会发现，标签样式 body、li、a 和复合样式 a:hover 已自动应用到文档。

（7）将光标定位在网页文档顶部单元格中，在"属性"面板的"类"下拉列表中选择 top，如图 6-66 所示，样式.top 将应用到该单元格。同样的方法，将.bot 应用于最底部单元格，.center 应用于版权信息所在的单元格。

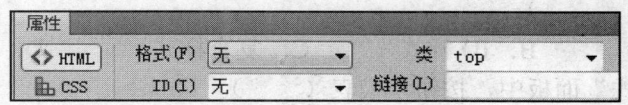

图 6-66　"属性"面板

（8）将光标定位在"在春秋时期……漫漫长夜里徘徊"段落，在"属性"面板的"类"下拉列表中选择.p1，样式.p1 将应用到该段落。同样的方法将样式.p1 应用到文档其余的段落。

（9）所有样式设置完成后，文档的效果如图 6-67 所示。

图 6-67　设置完成后文档的效果

思考与练习

一、选择题（多选）

1．样式表是用来定义和设计网页风格的，通过 CSS 可以对网页的不同元素，如（　　）进行更加方便准确的定位。

　　A．字体　　　　　B．图像　　　　　C．表格　　　　　D．链接

2．CSS 与 HTML 相比，其优点在于（　　）。

　　A．能更加灵活而精确地控制页面的格式和布局

　　B．能更快捷有效地实现网页的维护和更新

C. 能制作出占用空间更小、下载更快的网页
D. 不需要编写代码

3. 根据样式表应用的范围和对象不同，可以划分为不同的样式类型。根据应用的对象不同可以把样式表分为（　　）。

A. 类样式　　　　B. ID 样式　　　C. 复合样式　　　　D. 标签样式

4. 在"CSS 样式"面板中，按钮 代表（　　）。

A. 附加样式表　　B. 新建样式表　　C. 编辑样式表　　　D. 删除样式表

5. "CSS 规则定义"对话框中的"分类"选项有（　　）种。

A. 6　　　　　　B. 7　　　　　　C. 8　　　　　　　　D. 9

6. 在使用 Blur 滤镜设置模糊程度时，参数 Strength=1 时代表（　　）。

A. 统一形状　　　B. 线形　　　　　C. 长方形　　　　　D. 放射形

二、按要求写出 CSS 样式代码

1. 设置名为 .head 的类样式，要求：字体大小为 24 像素、正常、粗体、有下划线、颜色为#FF0033。

2. 设置超链接文本的样式，正常状态下链接文本的颜色为#FF00FF；已访问过的链接文本颜色为#00FF00。

第 7 章 布局对象 Div 的使用

【本章导读】

　　Div 是 HTML 中最重要的标签元素，它作为布局的容器，可以包含本身及其 HTML 网页中所有元素。在网页设计中，多采用 Div+CSS 的布局方式，Div 还包括 AP Div 标签。本章主要介绍 Div 与 AP Div 概述、AP Div 对象的创建与使用、使用 Div+CSS 布局网页等知识。

【本章要点】

- Div 与 AP Div 的创建方法与使用。
- 使用 Div+CSS 布局和美化网页。

7.1 Div 与 AP Div 概述

7.1.1 Div 标签

　　Div（Division）元素在文档内定义了一个区域，Div 标签元素内可包括文本、表格、表单、图像、插件等各种页面内容，甚至在 Div 元素内还可以包含 Div 元素。

　　使用<div>标签的语法格式为：

　　　　 HTML 内容

　　在网页布局方面，除了前面章节介绍的表格（table）之外，还可以使用 Div 元素对网页进行灵活地布局。

　　1. 插入 Div 对象

　　首先将插入点定位在目标位置，选择"插入"→"布局对象"→"Div 标签"命令或在"插入"面板的"布局"分类列表中单击"插入 Div 标签"按钮，可插入一个 Div 标签元素。

　　执行插入操作后，将打开"插入 Div 标签"对话框，其中可通过"插入"下拉列表选择插入 Div 的具体位置，可以为 Div 元素设置 ID 或直接为其指定"类"CSS 规则。如果需要在此过程中设置针对 Div 的 CSS 样式定义，可以单击"新建 CSS 规则"按钮，进行样式定义设置，操作过程如图 7-1 所示。

　　2. 设置 Div 对象

　　在网页文档中，单击 Div 元素的边框将其选中后，"属性"面板将切换至 Div 状态，如图 7-2 所示。在其中可设置该 Div 的 ID 属性，也可为其指定"类"CSS 样式规则。对于已经设置了 CSS 规则的 Div，单击"CSS 面板"按钮，可在"CSS 样式"面板的"当前"模式中编辑其对应的 CSS 样式规则。

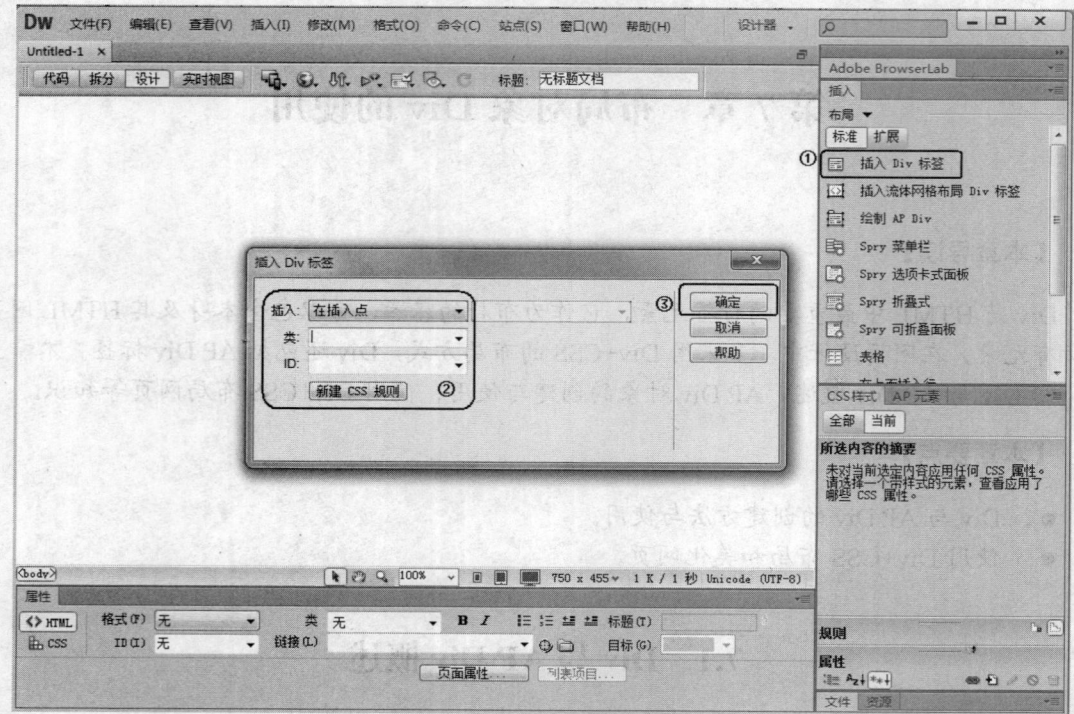

图 7-1　插入 Div 元素

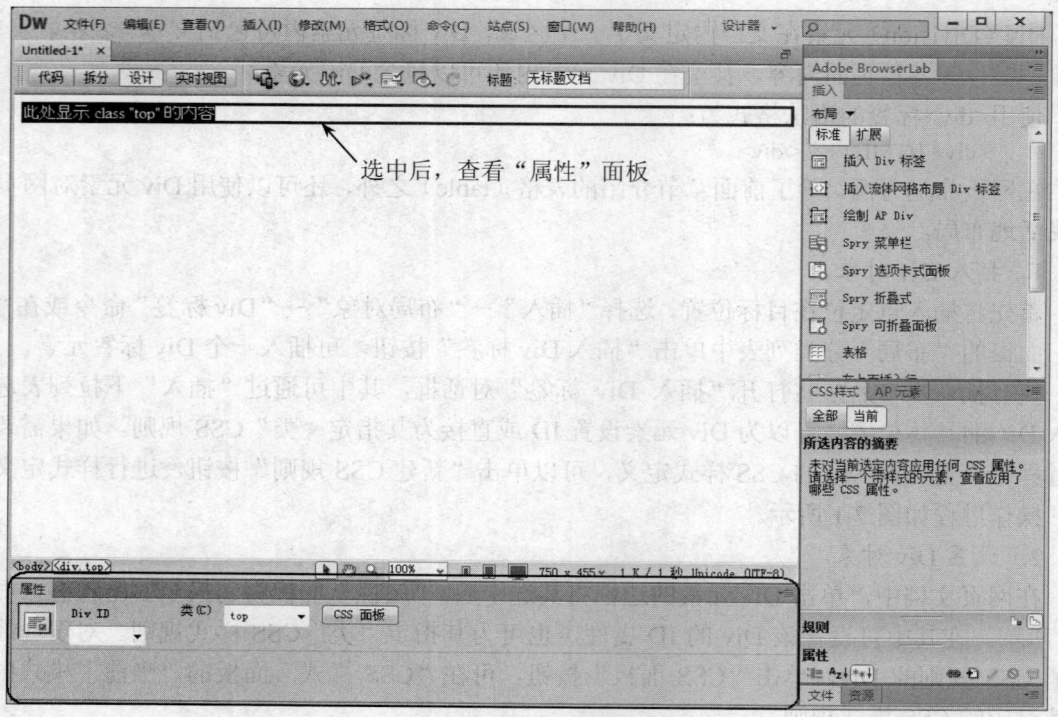

图 7-2　设置 Div 对象

Div 是 HTML 中的块级元素，可以用来对网页文档中的各种网页元素进行有效组织，但必须与 CSS 样式规则结合使用，否则各个 Div 除了将各自块中包含的元素分隔开以外，并没有其他意义，更无法实现网页的布局排版。Div+CSS 布局网页将在后面部分详细介绍。

7.1.2 AP Div 元素

AP Div 是 Dreamweaver 中一种特殊的 Div 标签元素，其定位不受网页中其他元素的限制，可放置在页面中任意位置，就像悬浮在页面上方一样。利用 AP Div 可以实现各种灵活而复杂的布局。AP Div 体现了网页技术从二维空间向三维空间的一种延伸。AP Div 和行为的综合应用，还可以创作出动画效果，而不需使用任何的 JavaScript 或 HTML 编码。

AP Div 可以理解为一个文档窗口中的又一个小窗口，像在普通窗口中的操作一样，在 AP Div 中可以输入文字，可以插入图像、表格、动画、影像和声音等，对其进行编辑。但 AP Div 具有更灵活、易用的特点，它不会出现表格与表格、Div 与 Div 之间在位置上相互制约和影响的问题。利用 AP Div 用户可随心所欲地在页面上布置各种网页元素，充分发挥设计者巧妙的构思。

AP Div 的功能：

（1）用 AP Div 实现绝对定位：AP Div 是一种被定义了绝对位置的页面元素，每一个 AP Div 都有其确定的坐标参数。

（2）AP Div 的嵌套和重叠显示：AP Div 不但可以像表格那样多层嵌套，甚至还可以相互重叠，对于重叠的 AP Div，浏览器会根据它们之间的前后关系进行排序，而且可以很方便地改变排放的顺序。

（3）显示和隐藏 AP Div：利用 AP Div 面板可以实现 AP Div 的显示和隐藏，对于隐藏了的 AP Div 将不会在页面中显示。利用这一功能可以实现网站导航中下拉菜单的制作。

（4）AP Div 可以实现与表格的互相转换：AP Div 对于旧版本浏览器的支持较差是其突出的问题，可以利用 AP Div 与表格相互转换的功能来解决这一问题。

1. 插入 AP Div 对象

在 Dreamweaver CS 中提供了强大的 AP Div 创建和编辑功能。其中插入 AP Div 的方法与插入 Div 标签的方法相似，都可以通过菜单和"插入"面板进行操作。

通过菜单操作，选择"插入"→"布局对象"→"AP Div"命令，即可插入默认大小的 AP Div 对象。

通过"插入"面板操作：在"插入"面板的"布局"分类列表中单击"绘制 AP Div"按钮，当鼠标变为十字形状时，在网页编辑区的目标位置按住鼠标左键进行绘制，绘制完成后释放鼠标即可，如图 7-3 所示。

在绘制 AP Div 的过程中，可以借助文档窗口状态栏中的 AP Div 尺寸显示区，实时跟踪所绘制 AP Div 的大小。

在网页中如果要插入重叠的 AP Div 对象，可直接将插入点定位到 AP Div 对象中，使用插入 AP Div 对象的任意一种方法再次插入 AP Div 对象即可。

2. 设置 AP Div 对象的属性

对于插入的 AP Div 对象，可通过单击其任一边框将其选中，在"属性"面板中对其进行设置，如图 7-4 所示。

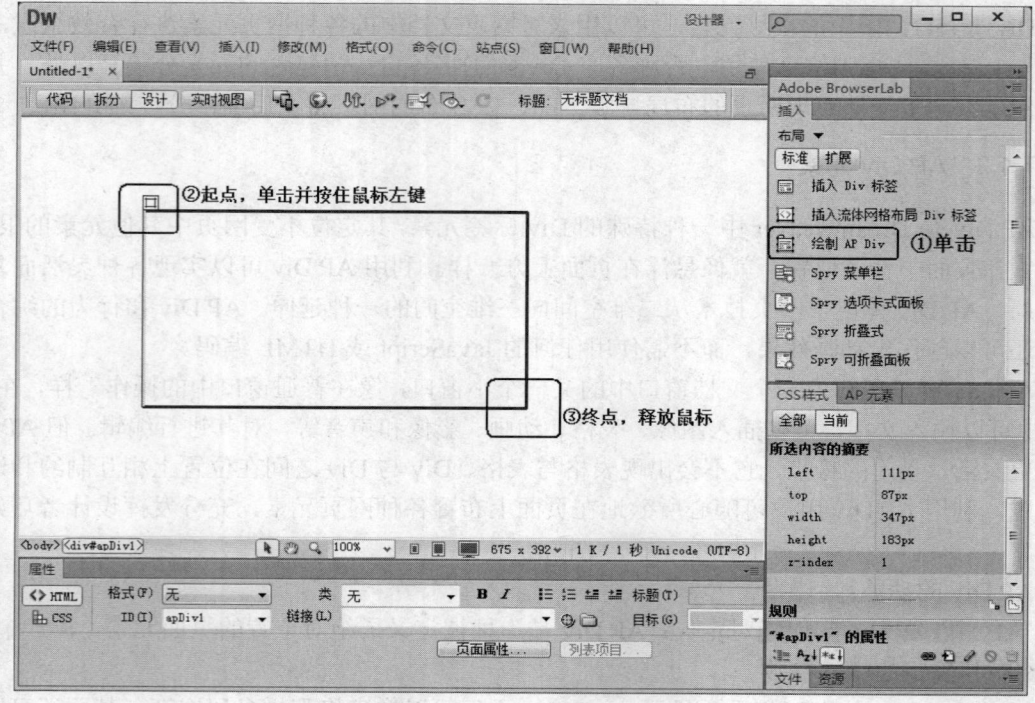

图 7-3 绘制 AP Div 对象

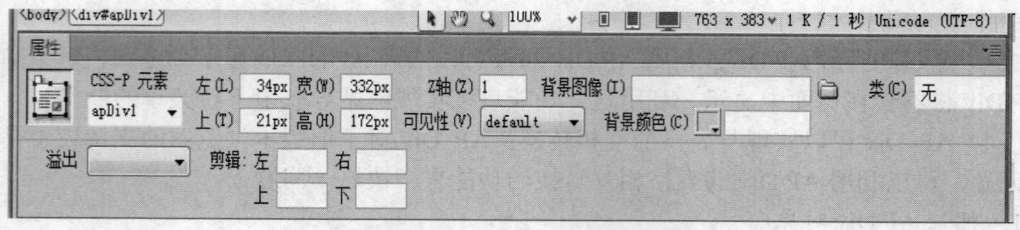

图 7-4 设置 AP Div 对象的属性

下面分别介绍 AP Div 对象"属性"面板中的参数：

（1）CSS-P 元素：主要用于为当前 AP Div 对象命名，方便脚本进行引用。

（2）左：主要用于设置 AP Div 相对于页面或父 AP Div 左边的距离。

（3）上：主要用于设置 AP Div 相对于页面或父 AP Div 顶端的距离。

（4）宽：主要用于设置 AP Div 的宽度值，单位默认为像素。

（5）高：主要用于设置 AP Div 的高度值，单位默认为像素。

（6）Z 轴：主要用于设置 AP Div 的 Z 轴顺序，也就是设置嵌套 AP Div 在网页中的重叠顺序，较高值的 AP Div 位于较低值 AP Div 的上方。

（7）可见性：主要用于设置 AP Div 的可见性，其中包括 4 种参数设置，分别为："default" "inherit" "visible" 和 "hidden"。

- default：表示默认值，其可见性由浏览器决定。
- inherit：表示继承其父 AP Div 的可见性。
- visible：表示显示 AP Div 及其内容，与父 AP Div 无关。

- hidden：表示隐藏 AP Div 及其内容，与父 AP Div 无关。

（8）图像背景：主要用于显示选择图像源文件的 URL 路径，在其后单击"打开文件"按钮 ，在打开的"选择图像源文件"对话框中可选择所需的背景图像。

（9）背景颜色：主要用于设置 AP Div 的背景颜色，单击 按钮，可弹出"颜色面板"，从中选择所需背景颜色。

（10）类：主要用于选择 AP Div 的 CSS 样式。

（11）溢出：主要用于设置 AP Div 对象中的内容超出 AP Div 范围的显示方式，主要有 4 种方式，分别为"visible""hidden""scroll"和"auto"。

- visible：表示将 AP Div 自动向右或向下扩展，使 AP Div 能够容纳并显示其中的内容。
- hidden：表示保持 AP Div 的大小不变，也不出现滚动条，超出 AP Div 范围的内容将不显示。
- scroll：表示无论 AP Div 中的内容是否超出 AP Div 范围，AP Div 的右端和下端都会出现滚动条。
- auto：表示保持 AP Div 的大小不变，但是在 AP Div 的左端或下端会出现滚动条，以便使 AP Div 中超出范围的内容能够通过拖动滚动条来显示。

（12）"剪辑"：在本栏中可设置 AP Div 的可见区域。其中"左""右""上"和"下"4 个文本框分别用于设置 AP Div 在各个方向上的可见区域与 AP Div 边界的距离，其单位为像素。

7.2　AP Div 管理及操作

7.2.1　AP Div 的管理

1. 认识"AP 元素"面板

AP Div 的管理主要是在"AP 元素"面板中进行，对于 AP Div 的管理主要包括选择 AP Div、更改 AP Div 的层叠顺序和更改 AP Div 的可见性等操作。

在菜单中选择"窗口"→"AP 元素"命令或按 F2 键，打开"AP 元素"面板，该面板用于显示和管理网页文档中插入的各种 AP Div 对象，"AP 元素"面板由复选框和主控制区组成，其作用分别如下：

（1）"防止重叠"复选框：设置在绘制 AP Div 时是否禁止 AP Div 之间出现重叠。

（2）主控件区：对 AP Div 的管理操作基本都在该区域进行，如图 7-5 所示，包括：

- 眼睛图标列，用于控制目标 AP Div 的可见性。
- ID 列，用于显示 AP Div 的 ID 编号，也可以对 AP Div 的 ID 进行修改。
- Z 轴列，用于控制各 AP Div 之间的层叠顺序。Z 轴相当于垂直于屏幕的一个轴向，Z 轴参数用于控制网页中重叠元素的层叠顺序，其值越大，元素越靠上层；反之，则越靠下层。

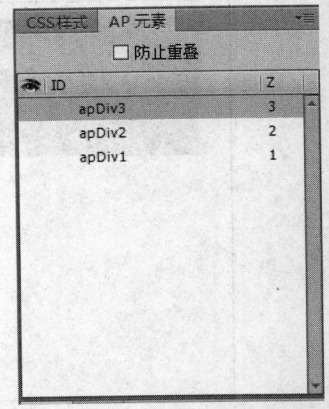

图 7-5　"AP 元素"面板

"AP 元素"面板的主控制区中,每一行对应一个 AP Div 元素,文档中包含多少个 AP Div 元素,该区域内就将显示多少行信息。

2. 选择 AP Div 元素

在"AP 元素"面板中列出了所有网页文档中存在的 AP 元素,要选择其中任意一个 AP Div 元素,只需要单击该 AP Div 元素所在的行即可。

当需要同时选择多个 AP Div 元素时,操作方法为:首先选中第一个 AP Div,按住 Ctrl 键单击另外一个 AP Div 的 ID 名称,重复该操作即可选中多个 AP Div 元素。

如果要选择列表中连续的多个 AP Div 时,可在选中第一个 AP Div 后,按住 Shift 键单击最后一个 AP Div,可以实现选择多个连续 AP Div 的目的。

3. 更改 AP Div 的可见性

在"AP 元素"面板中可快速地将 AP Div 元素进行隐藏及显示,其方法为:在"AP 元素"面板的主控制区中,双击 按钮,则会在每个 AP Div 元素前添加一个 按钮,用户只要在需要隐藏的 AP Div 元素前单击 按钮,当其变为 按钮时则表示隐藏了所选 AP Div 元素,如果要同时隐藏或显示所有的 AP Div 元素,则可直接单击控制区栏上的 按钮,其效果如图 7-6、图 7-7 所示。

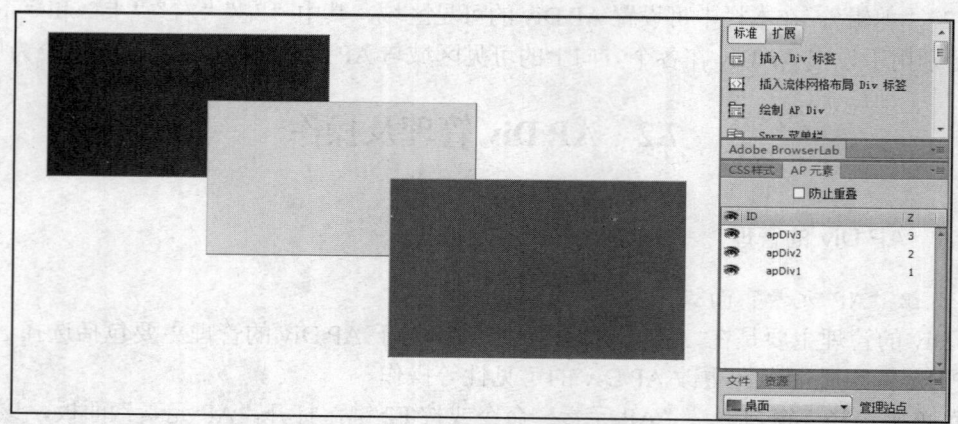

图 7-6　隐藏 apDiv2 之前

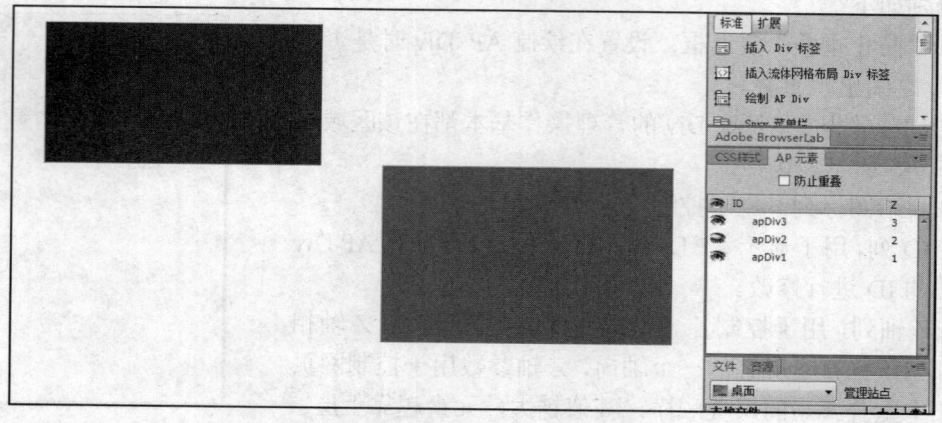

图 7-7　隐藏 apDiv2 之后

4. 修改 AP Div 的 ID

在"AP 元素"面板中双击需要修改的 AP Div 元素的 ID 列,使其进入可编辑状态。在文本框区域内输入新的 ID 名称,如图 7-8 所示。

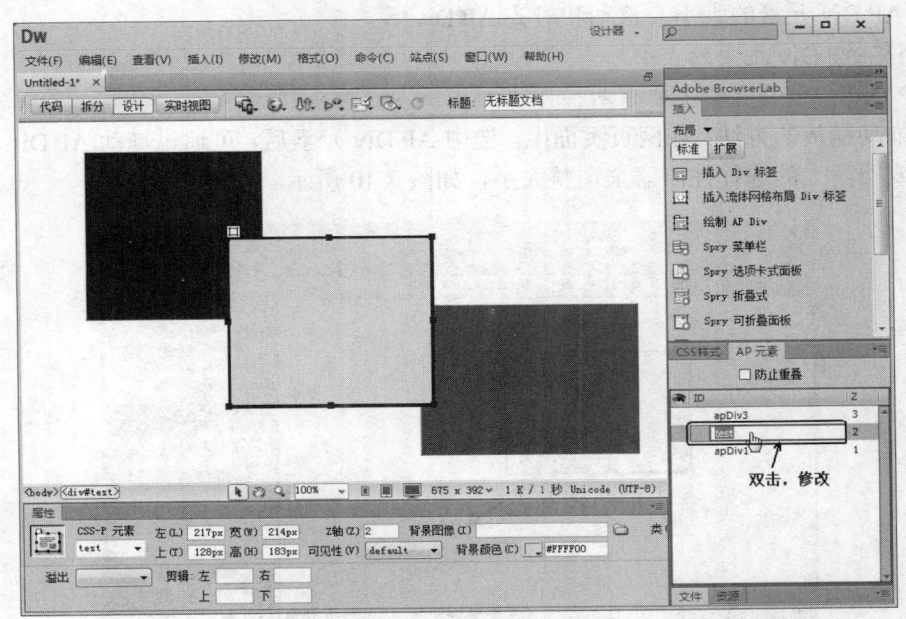

图 7-8　修改 AP Div 元素 ID

5. 更改 AP Div 元素的层叠顺序

当网页中包含多个 AP Div 元素,且各元素有相互重叠的情况存在时,更改 AP Div 的层叠顺序操作就具有非常重要的意义了。

修改 AP Div 元素的层叠关系,实际上是通过修改 AP Div 的 Z 轴属性值来实现的,AP Div 的 Z 轴属性值越大,则该 AP Div 的层叠顺序就越靠前,Z 轴参数值最大的 AP Div 将位于页面中各 AP Div 的最前方。

双击"AP 元素"面板中某行 AP Div 元素的 Z 参数值列,进入 Z 轴参数编辑状态,修改数值后按 Enter 键确认即可,如图 7-9 所示。

如果需要将该 AP Div 元素上移,则增大其 Z 轴数值;如果希望下移则减少其 Z 轴数值;如果需要将 AP Div 移到最上层,则将其数值设置为所有 AP Div 元素中的最大值,反之,设置为 0 则该 AP Div 元素将移动到最底层。

为保证其他 AP Div 元素的 Z 轴有序排列,在修改完某个 AP Div 的 Z 轴参数值后,对其他 AP Div 要做相应的调整。

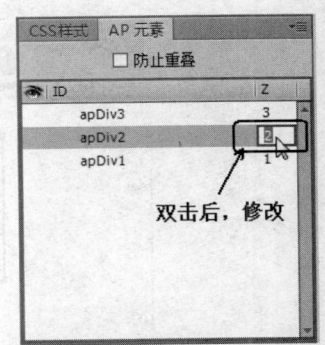

图 7-9　修改 AP Div 元素 Z 轴数值

6. 删除 AP Div 元素

对于不再需要保留的 AP Div 元素,可以通过"AP 元素"面板进行删除,其操作非常简便,首先,在"AP 元素"面板中选中要删除的 AP Div 元素,按 Delete 键即可删除。

7.2.2 AP Div 元素的操作

新绘制的 AP Div 往往不能满足设计要求,需要对其进行必要的调整。AP Div 的操作主要包括调整 AP Div 元素的大小,移动和对齐 AP Div 等。

1. 调整 AP Div 元素的大小

对 AP Div 大小的调整主要有两种方法:

- 拖动缩放的方法:在网页页面中,选中 AP Div 元素后,可通过拖动 AP Div 控制边框或四角上的选择控制器来调整大小,如图 7-10 所示。

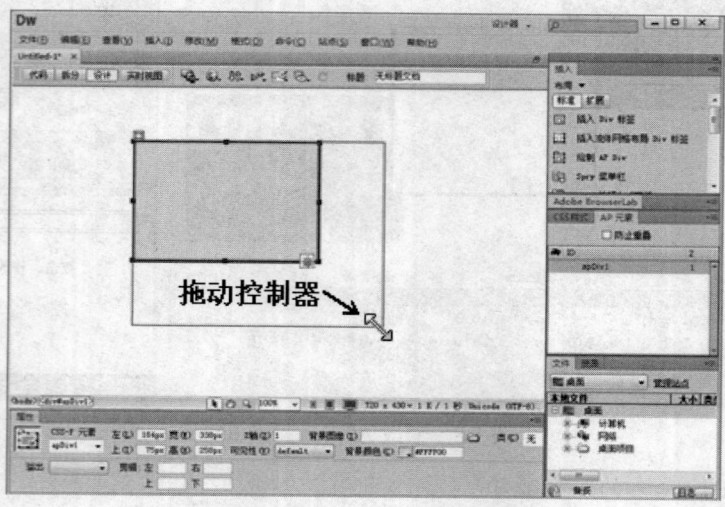

图 7-10 拖动缩放调整 AP Div 大小

- 设置属性值的方法:选中 AP Div 元素后,在 CSS-P 元素"属性"面板中通过直接修改 AP Div 的"宽""高"属性文本框的取值来精确调整 AP Div 的大小(单位为像素),如图 7-11 所示。

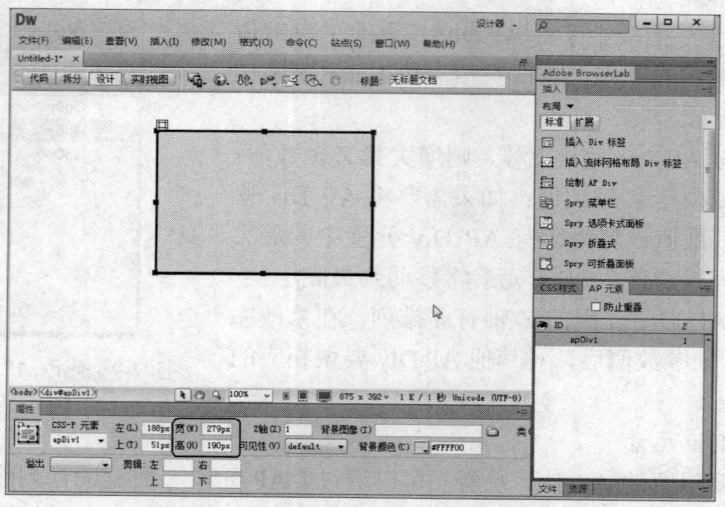

图 7-11 修改属性值调整 AP Div 大小

如果需要对多个 AP Div 进行大小的统一调整时，可先调整其中一个 AP Div 的大小，然后同时选中所有 AP Div，选择"修改"→"排列顺序"→"设成宽度相同"（"设成高度相同"）命令，使其他被选中 AP Div 元素与调整过的 AP Div 等宽（等高）。

2. 移动 AP Div 元素

由于 AP Div 是绝对定位的网页元素，因此其可以放置在网页中的任何位置。根据 AP Div 这一特点，Dreamweaver 提供了简便的 AP Div 移动操作功能，即实际改变 AP Div 的 Top 和 Left 的属性值。AP Div 的移动也可以用两种方法实现：

- 拖动方法：将鼠标移到 AP Div 边框上，当鼠标变为 ✥ 状态时，按住鼠标左键不放，拖动鼠标即可将 AP Div 移动到目标位置。
- 设置属性值方法：选中 AP Div 后，在 CSS-P "属性"面板中通过直接修改 AP Div 的"左""上"属性值来调整。

3. 对齐 AP Div 元素

在网页中如果想实现对多个 AP Div 元素统一设置对齐方式，可以选择"修改"→"排列顺序"命令，在弹出的子菜单中包括 4 种选项："左对齐""右对齐""上对齐"和"对齐下缘"，如图 7-12 所示。

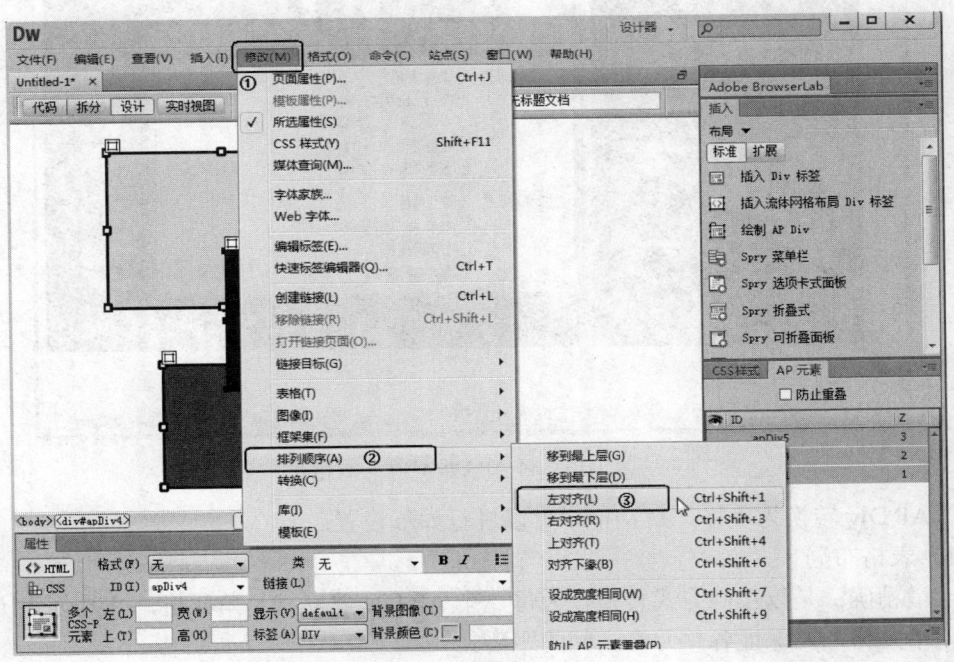

图 7-12　对齐 AP Div 元素

- 左对齐：对齐目标 AP Div 左边框，命令对应快捷键为 Ctrl+Shift+1。
- 右对齐：对齐目标 AP Div 右边框，命令对应快捷键为 Ctrl+Shift+3。
- 上对齐：对齐目标 AP Div 的上边框，命令对应快捷键为 Ctrl+Shift+4。
- 对齐下缘：对齐目标 AP Div 的下边框，命令对应快捷键为 Ctrl+Shift+6。

当对 AP Div 元素进行对齐操作时，如果被选中的 AP Div 中包含嵌套 AP Div 时，则嵌套 AP Div 会随父 AP Div 的移动而移动。

7.2.3 AP Div 与表格的相互转换

一般来说，使用 AP Div 布局网页比表格布局更方便，因此在设计网页时应优先考虑 AP Div。但是浏览器版本对 AP Div 有一定的限制，因此不是所有浏览器都支持 AP Div 的应用。Dreamweaver 提供了 AP Div 与表格的相互转换功能，以便用户在需要时进行转换。需要注意的是，对于网页中的表格或 AP Div 只能同时进行转换，不能单独转换某个特定的表格或 AP Div。另外，无法将重叠或嵌套的 AP Div 转换为表格。

1. 将 AP Div 转换为表格

首先打开使用 AP Div 布局的网页，选择"修改"→"转换"→"将 AP Div 转换为表格"命令，弹出"将 AP Div 转换为表格"对话框，在对话框中进行相应的设置，如图 7-13 所示。

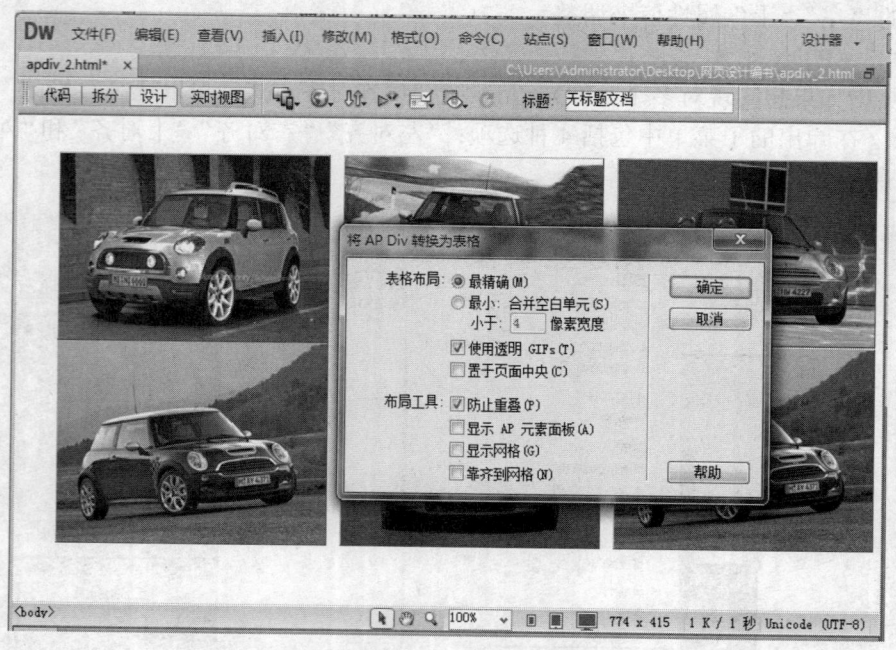

图 7-13 将 AP Div 转换为表格

在"AP Div 转换为表格"对话框中可以进行如下设置：

（1）表格布局

- 最精确：是以精确方式转换，为每一个 AP Div 建立一个单元格，并且创建所有附加单元格，以保证各单元格之间的距离。
- "最小：合并空白单元"：是以最小方式转换，去掉宽度和高度小于指定像素数目的空单元格。
- 使用透明 GIFs：用来定义是否使用透明 GIF 图像。
- 置于页面中央：选择该选项，转换的表格将在页面中居中对齐，否则将左对齐。

（2）布局工具

- 防止重叠：该选项一般要选择，如果有 AP Div 发生重叠，将无法进行转换工作。
- 显示 AP 元素面板、显示网格和靠齐到网格：可根据转换后的需求进行选择。

设置完成后,单击"确定",即可将 AP Div 转换为表格,如图 7-14 所示。

图 7-14　AP Div 转换为表格的结果

2. 将表格转换为 AP Div 元素

首先打开要转换的网页,选择"修改"→"转换"→"将表格转换为 AP Div"命令,打开"将表格转换为 AP Div"对话框,在对话框中进行设置,如图 7-15 所示。

图 7-15　表格转换为 AP Div

"将表格转换为 AP Div"对话框中各复选框的作用:
- 防止重叠:选中该复选框可使转换后的 AP Div 之间不会重叠。

- 显示 AP 元素面板：选中该复选框则转换后将打开"AP 元素"面板。
- 显示网格、靠齐到网格：若选中该复选框，则转换后将显示网格，并利用网格协助对 AP 元素进行定位，转换后 AP 元素将自动靠齐到网格。

在转换时，表格中的空白单元格将不会转换为 AP Div 元素，除非它们具有背景颜色。另外，位于表格外的元素也会被放入 AP Div 中，如图 7-16 所示。

图 7-16　表格转换为 AP Div 的结果

7.3　使用 CSS 和 Div 布局网页

目前网页设计行业通行的设计方法就是 Div+CSS 网页布局，这种方法将 Div 标签元素作为布局元素的容器，通过各种 CSS 样式规则来对 Div 标签进行样式定义，从而实现页面的布局与外观的修饰。

相对于传统的表格布局方式而言，Div+CSS 布局方式使用起来更加灵活多变，但操作起来相对复杂一些。

Div+CSS 布局的优点主要体现在：

- 在表格布局中，重复代码会很多，一些修饰的样式及布局代码混合在一起，很不直观。而 Div+CSS 布局更能体现样式和结构相分离，使代码更精简。
- 使结构趋于标准化，维护和重构页面很方便。实现了表现和内容相分离，只需修改 CSS 样式表就可对页面进行重构。
- 页面布局控制力强，效果出众，结构清晰，更有利于搜索。

但同时，Div+CSS 布局也有规则复杂、不易掌握和跨浏览器的兼容性问题等缺点。

Div+CSS 布局的最终目的是搭建完善的页面架构，下面介绍使用 Div+CSS 布局的核心知识。

7.3.1 Div+CSS 盒子模型

如果想熟练掌握 Div+CSS 布局的方法，首先要对盒子模型有充分的了解。盒子模型是 CSS 布局网页时一个非常重要的概念，只有掌握了盒子模型的布局原理及其中各个元素的使用方法，才能通过 Div+CSS 真正快速、准确地布局各个元素的位置。

盒子模型的原理就是将 Div 元素看作是一个装了东西的盒子，盒子里面的内容到盒子边框之间的距离即填充（padding），盒子本身有边框（border），而盒子边框外和其他盒子之间还有边界（margin）。

一个盒子由 4 个独立的部分组成，如图 7-17 所示。

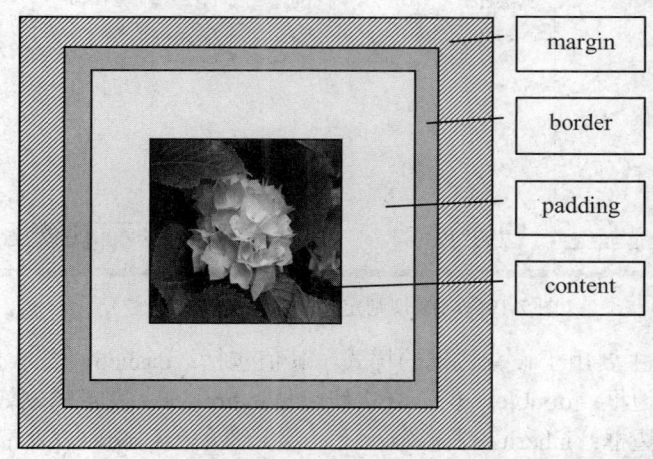

图 7-17　盒子模型

1．边界（margin）

边界用于设置元素和元素之间的距离，用户在设置盒子的边界时，可以分别对盒子的上、下、左、右边界进行设置。其设置方法是，在打开的"CSS 规则定义"对话框中选择"方框"选项卡，在"Margin"栏中设置"Top""Right""Bottom"和"Left"数值，如图 7-18 所示。

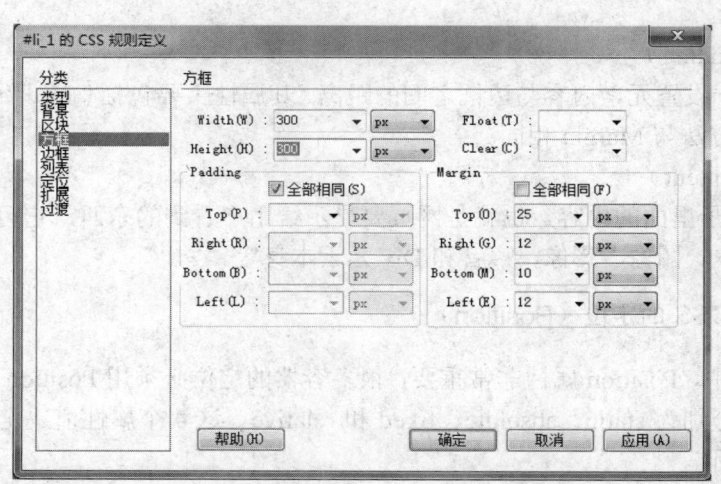

图 7-18　CSS 规则定义的"方框"选项卡

2. 边框（Border）

边框用于设置网页元素的边框，可实现分离元素的目的，边框的属性主要包括：Style、Width 和 Color。其设置是在"CSS 规则定义"对话框的"边框"选项卡中进行，如图 7-19 所示。

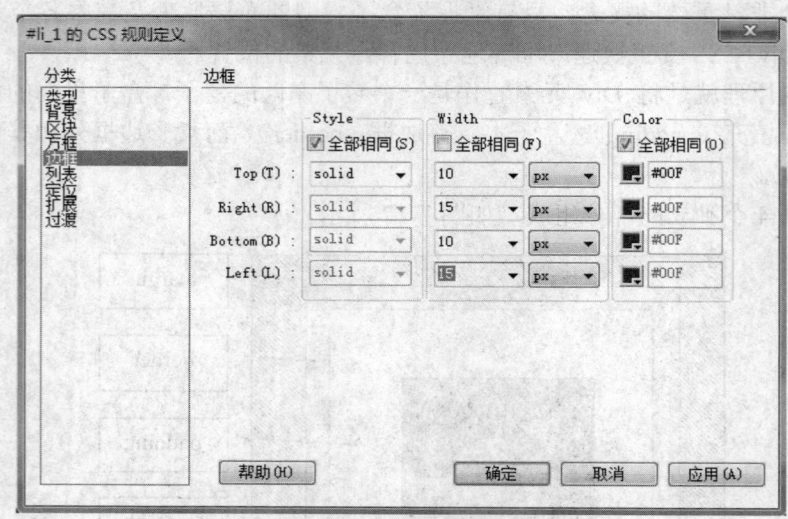

图 7-19 CSS 规则定义的"边框"选项卡

- Style 属性：主要用于设置边框的样式，其值包括：dashed，表示虚线边框；dotted，表示点划线边框；double，表示双实线边框；groove，表示雕刻效果边框；hidden，表示不显示边框；inherit，表示继承上一级元素的值；none，表示无边框；solid，表示单实线边框。
- Width 属性：主要用于设置边框的粗细，其值包括：medium，表示默认边框（宽度为 2px）；thin，表示细边框；thick，表示粗边框；length，表示用户自定义边框粗细大小，需要输入具体数值。
- Color 属性：主要用于设置边框的颜色，一般采用十六进制来进行设置，如黑色为 #000000。

3. 填充（Padding）

填充主要用于设置元素内容与边框之间的距离，其属性主要包括"Top""Right""Bottom"和"Left"，设置方法与 Margin 相同。

4. 内容（Content）

Content 即盒子里面的内容，也就是网页要显示给用户看到的东西，它可以是网页中的任一元素，包括文本、图像、影像、声音和 Div 元素本身等。

7.3.2 Div+CSS 的定位（Position）

在 CSS 布局中，Position 属性非常重要，很多容器的定位必须用 Position 来完成。Position 属性有 4 个值，分别为 static、absolute、fixed 和 relative，这 4 个属性值决定了 Div 的布局方式，如图 7-20 所示。

- static，此属性是元素定位的默认值，代表无定位。一般情况无需特别声明；但有时遇到继承的情况，不愿意见到元素所继承的属性影响本身，因而可以用 position:static 来取消继承，还原元素定位的默认值。
- relative，该属性用来表示使用相对定位，也是指在元素所在的默认位置上，通过设置其 left 和 right 值进行水平移动，设置 top 和 bottom 值进行垂直移动，从而实现定位。
- absolute，该属性用来表示使用绝对定位，即通过设置 position 属性值，将其定位在网页的绝对位置。可通过设置 top、left、right 和 bottom 的属性值进行绝对定位。
- fixed，该属性是表示网页布局中的悬浮定位，即指元素悬浮在上方，当页面滚动时，元素保持在浏览器视区内，其设置类似于 absolute，可使用 top、left、right 和 bottom 的属性进行定位。

图 7-20　Div+CSS 的 Position 定位

7.3.3　Div+CSS 的 Float 定位（浮动）

Float 属性定义元素在哪个方向浮动。以前这个属性应用于图像，使文本围绕在图像周围。在 CSS 规则定义中，任何元素都可以浮动，浮动元素会生成一个块级框而不管它自身是何种元素。Float 是相对定位的，它随着浏览器的大小和分辨率的变化而改变。Float 属性是元素定位中非常重要的属性，Div 元素常常通过 Float 浮动来进行定位。

Float 属性有 3 种属性值：
- none：是默认值，表示对象不浮动；当 Float 设置为"none"或没有设置时，不会发生任何浮动，块元素独占一行，紧随其后的块元素将在新行中显示，效果如图 7-21 所示。
- left：表示对象浮在左边；当需要设置两个或多个块元素并列显示时，需通过设置 Float 属性值来实现，效果如图 7-22 所示。

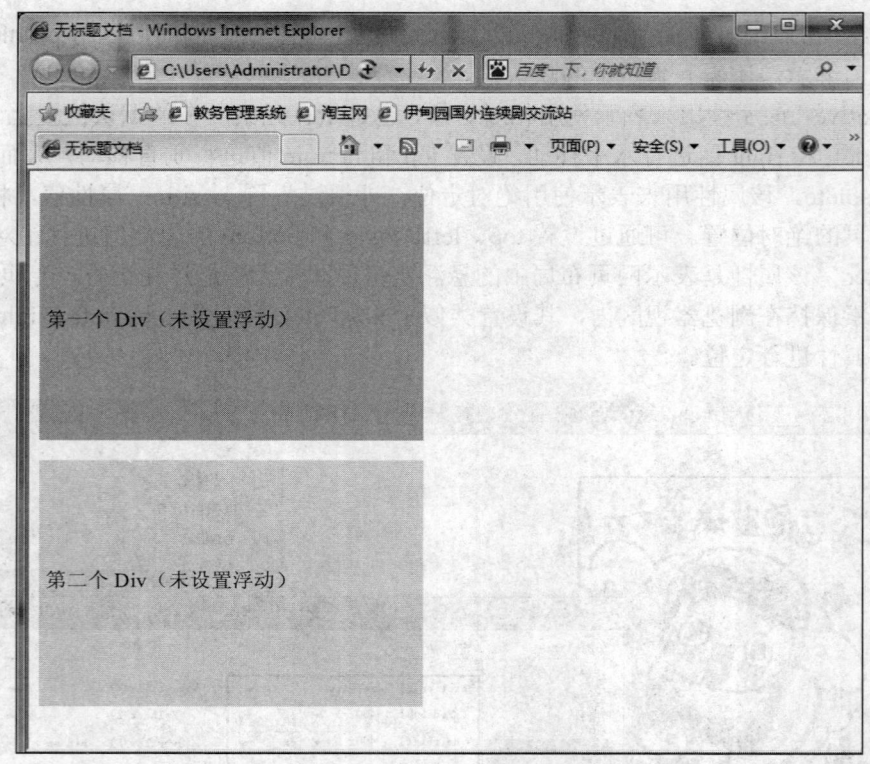

图 7-21　Div+CSS 未设置 Float 定位的效果

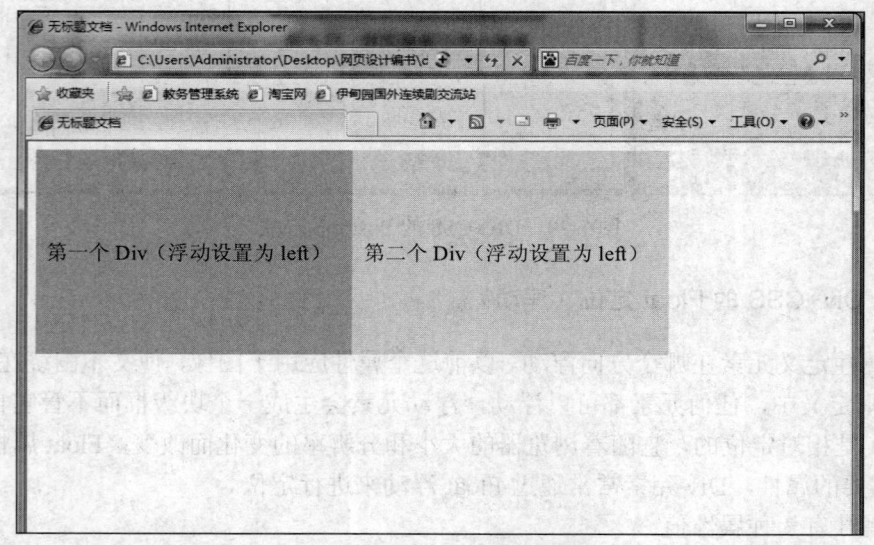

图 7-22　两个 Div 元素的 Float 属性均设置为 Left 的效果

- right：表示对象浮在右边，如图 7-23 所示。

Div+CSS 的 Float 定位设置在不同的浏览器中显示会有不同的效果，上面 3 个图形均为 IE 浏览器下的效果。对于 Div 元素的浮动效果，不同的浏览器会有不同的理解，用户需多动手测试，才能更进一步的认识。

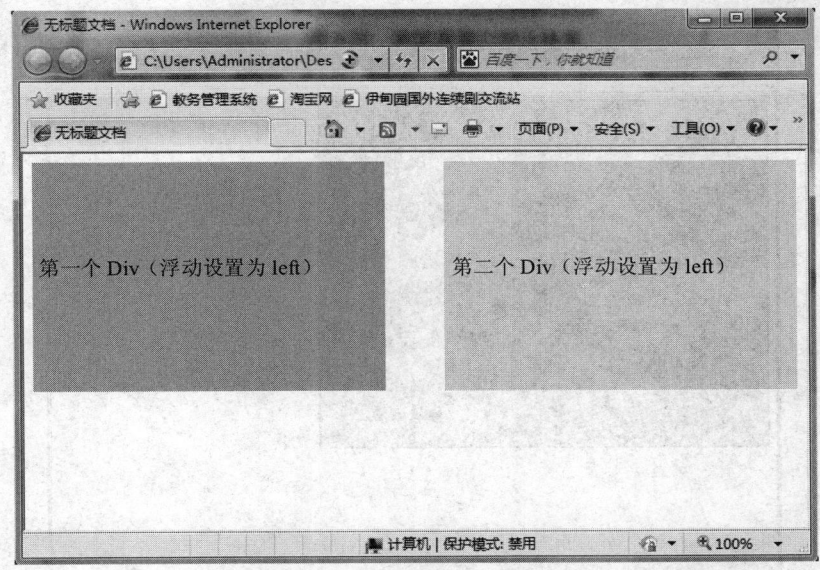

图 7-23 两个 Div 元素的 Float 分别设置为 left 和 right 的效果

7.3.4 Div+CSS 布局

网页布局就是将网页中的各个板块放置在合适的位置，Div+CSS 布局是目前最常用和最流行的网页布局方法之一。下面介绍常用的典型 Div+CSS 布局模式。

1. 一列式布局

一列式布局是所有布局的基础，也是最简单的布局形式。一列式布局分为一列式固定宽度和一列式自适应两种布局。

（1）一列式固定宽度

在一列式固定宽度中，Div 元素的宽度属性是固定像素。下面举例说明该布局模式的设置方法。插入 Div 标签，其 CSS 样式表的属性设置如表 7-1 所示。

表 7-1 一列式固定宽度 CSS 样式表

分类	属性	取值
背景	Background-color	#999（浅灰色）
方框	Width	500px（固定宽度）
	Height	400px
边框	Style	Solid
	Width	2px
	color	#000（黑色）

一列式固定宽度的布局在 IE 浏览器中的预览效果如图 7-24 所示，调整浏览器窗口的大小 Div 宽度保持不变。

另外，如果需要 Div 元素在窗口中水平居中显示，可以通过将 Div 元素的边界水平项（Left 和 Right）属性值设置为 auto 来实现，如图 7-25 所示。

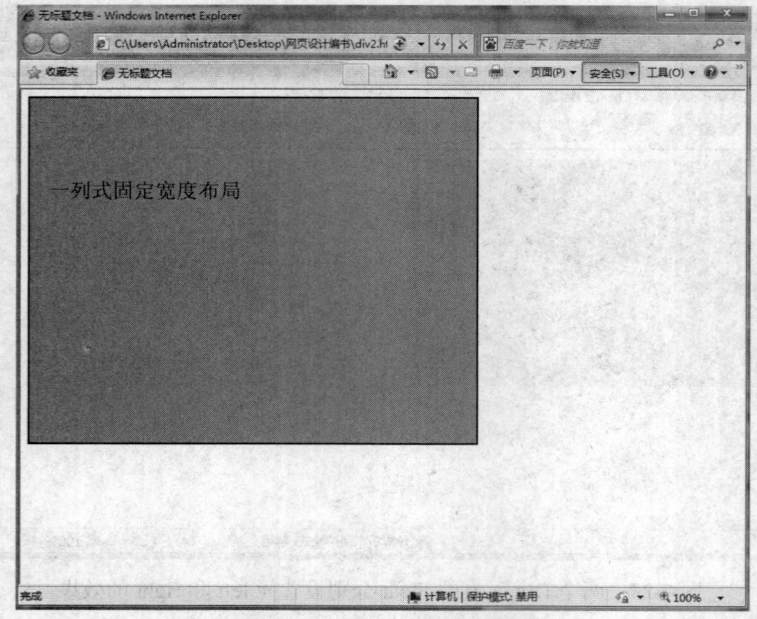

图 7-24 一列式固定宽度预览效果

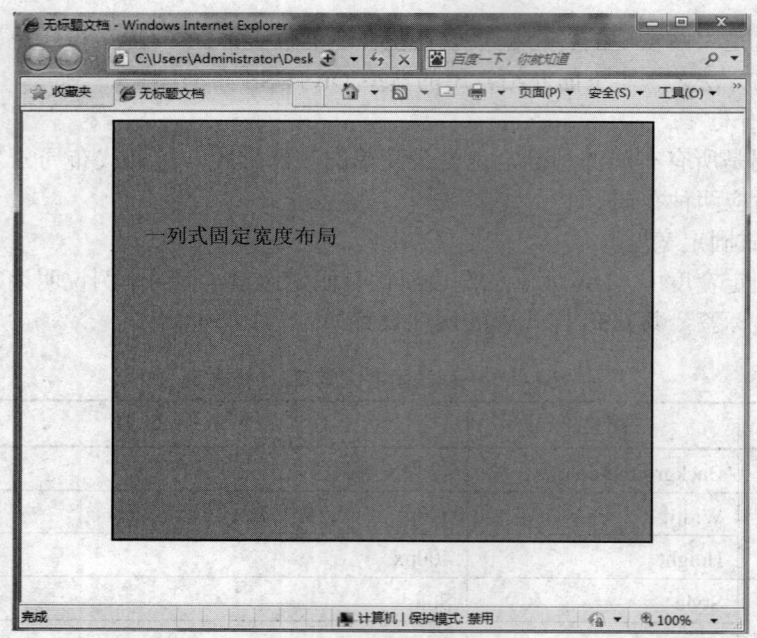

图 7-25 一列式固定宽度居中对齐预览效果

（2）一列式自适应

自适应布局是网页设计中常见的一种布局形式，自适应的布局能够根据浏览器窗口的大小，自动改变其宽度或高度值，是一种非常灵活的布局形式。自适应布局即将宽度由固定值改为百分比。例如将上面 Div 元素的 Width 和 Height 值均设置为 60%，则在浏览器中的预览效果如图 7-26 所示。

第 7 章 布局对象 Div 的使用 | 175

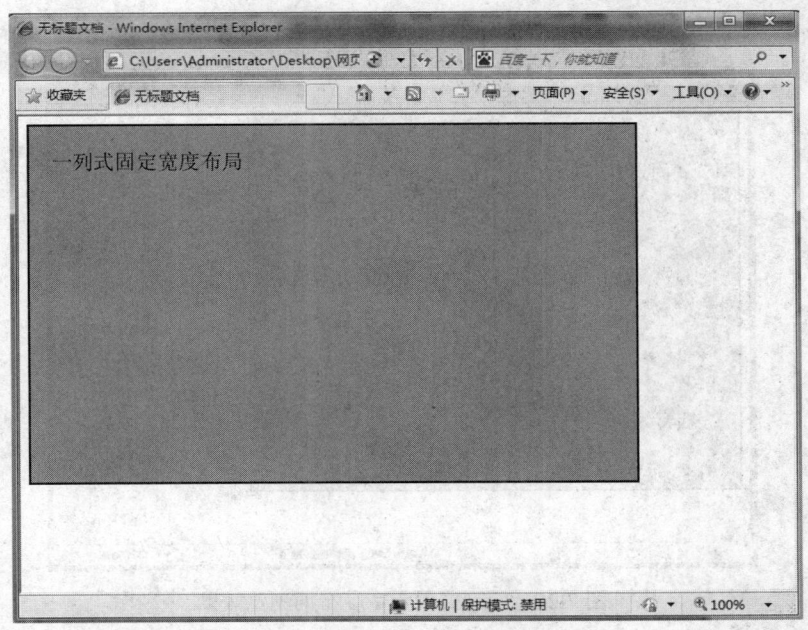

图 7-26 一列式自适应布局的预览效果

2. 两列式布局

两列式布局的实现非常简单,该布局需要用到两个 Div,设置它们的宽度和 Float(浮动)属性值,让两个 Div 在水平线中并排显示,从而形成两列式布局。两列式布局同样可以按照 Div 宽度值的设置分为两列式固定宽度和两列式自适应布局。

(1) 两列式固定宽度

两个 Div 元素的宽度均为固定属性值。

举例说明如下:插入两个 Div 元素其 id 分别为 Left 和 Right,并按照表 7-2 所示设置 CSS 样式表属性内容。

表 7-2 Div 元素 Left(Right)的 CSS 样式表

分类	属性	取值
背景	Background-color	#CCC(Left 的值);#999(Right 的值)
方框	Width	250px(固定宽度)
	Height	400px
	Float	left
边框	Style	solid
	Width	2px
	color	#000(黑色)

Left 和 Right 两个 Div 元素的设置与前面类似,两个 Div 使用相同宽度实现两列布局。这里为了区别不同 Div 将背景色设成不同外,其他项完全相同。Float 属性是 Div+CSS 布局中非常重要的属性,用于控制对象的浮动布局方式。在浏览器的预览效果如图 7-27 所示。

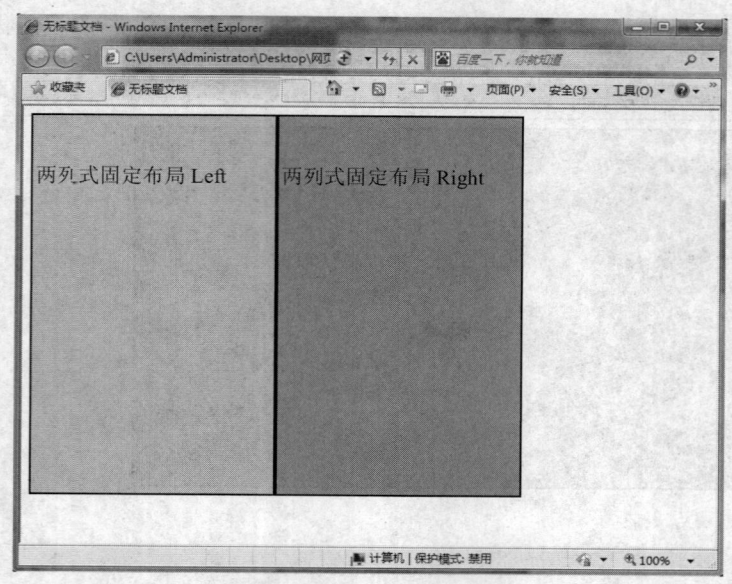

图 7-27 两列式固定宽度布局浏览效果

（2）两列式自适应

网页布局可使用两列宽度自适应，来实现左右栏宽度自动调整，设置自适应主要通过宽度的百分比值设置。将上面例子中 Left 的 Width 设置为 60%，Right 的 Width 设置为 30%，调整浏览器窗口大小，左右两栏的宽度与浏览器的百分比不会发生变化，如图 7-28 所示。

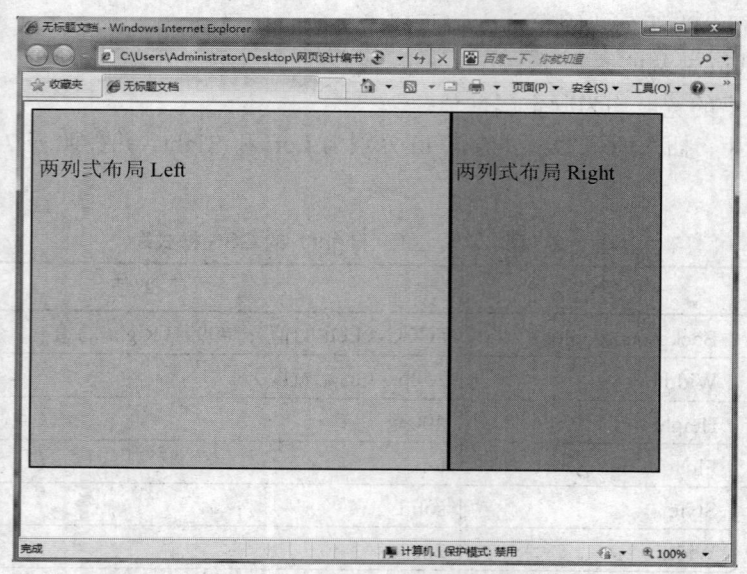

图 7-28 两列式自适应布局预览效果

在实际应用中，有时需要左栏（或右栏）固定宽度，右栏（或左栏）根据浏览器窗口大小自动适应，此时只要在 CSS 样式表中将左栏的宽度值设置为固定值即可。如上例中左右栏均采用了百分比实现自适应，这里只需将左栏宽度设定为固定值（如 Width：200px），右栏不设置任何宽度值，并且将右栏浮动取消即可。预览效果如图 7-29 所示。

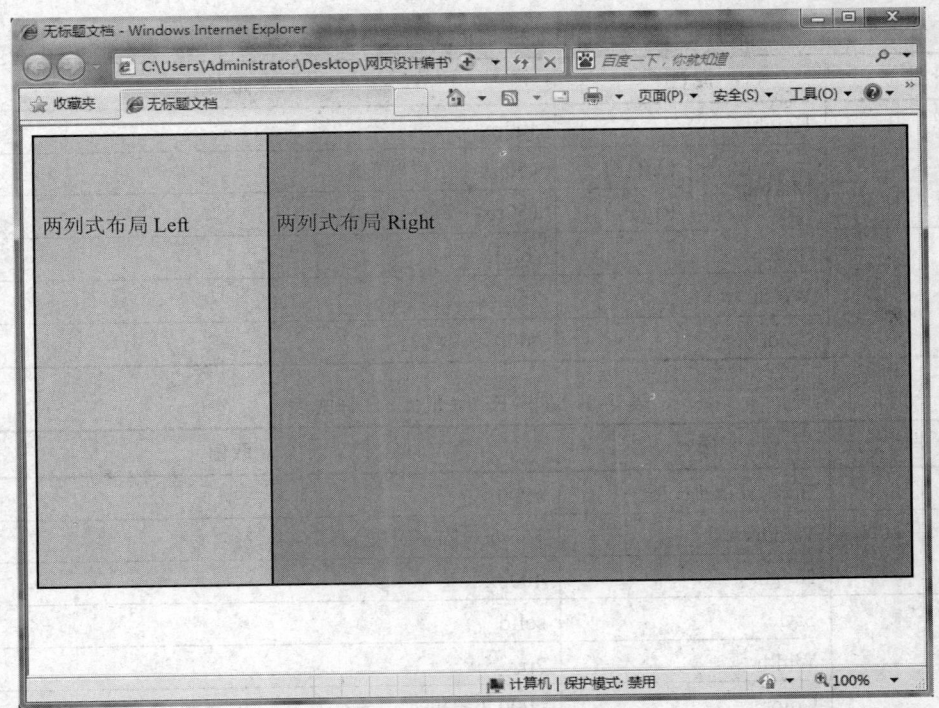

图 7-29　左列固定右列自适应布局预览效果

3. 三列浮动中间宽度自适应

使用浮动定位方式，可以实现一列到多列的固定宽度及自适应布局。这里我们介绍一个特殊的三列布局，即左栏宽度固定居左显示，右栏宽度固定居右显示，而中间栏需要在左栏和右栏的中间，根据左右栏的间距变化自动适应。

要实现这样的三列布局方式，需用到 Position 定位属性。

首先，设置 body 标签的 CSS 样式表，设置"边框"项中 margin 属性值为 0px。

其次，插入 3 个 Div 元素，其 CSS 样式表分别按表 7-3～表 7-5 所示属性值进行设置。

表 7-3　左栏 Left 的 CSS 样式表

分类	属性	取值
背景	Background-color	#CCC
方框	Width	150px（固定宽度）
	Height	400px
边框	Style	solid
	Width	2px
	Color	#000（黑色）
定位	Position	absolute
	Top	0px
	Left	0px

表 7-4　中间栏 Center 的 CSS 样式表

分类	属性		取值
方框	Height		400px
	Margin	Left	150px（左栏宽度）
		Right	150px（右栏宽度）
边框	Style		solid
	Width		2px
	Color		#000（黑色）

表 7-5　右栏 Right 的 CSS 样式表

分类	属性	取值
背景	Background-color	#999
方框	Width	150px（固定宽度）
	Height	400px
边框	Style	solid
	Width	2px
	Color	#000（黑色）
定位	Position	absolute
	Top	0px
	Right	0px

在浏览器中预览效果如图 7-30 所示，当浏览器窗口改变时，中间宽度是变化的。

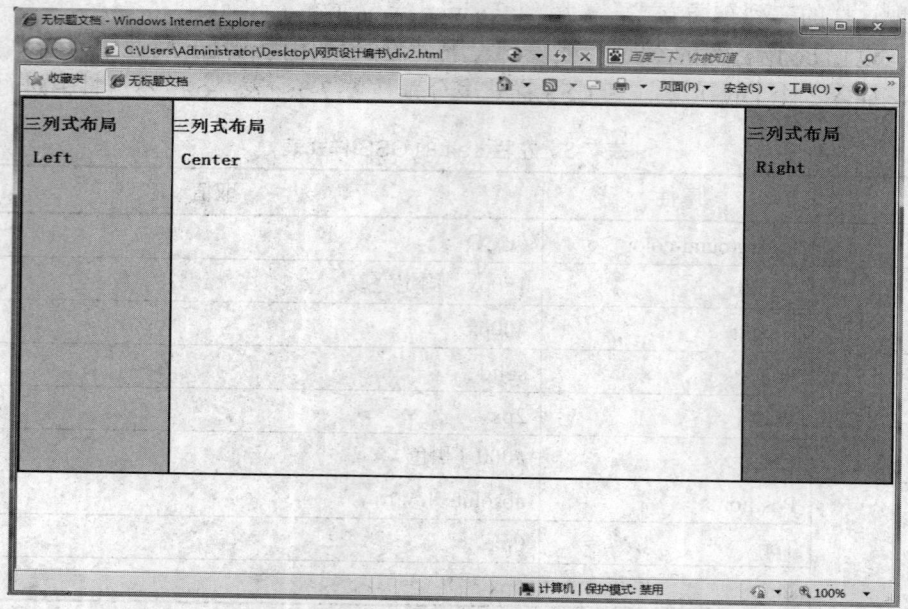

图 7-30　三列浮动中间宽度自适应布局预览效果

7.4 实践演练

7.4.1 应用 AP Div 制作"照片墙"

【目的要求】本练习使用 AP Div 进行灵活布局，制作出一个"照片墙"网页，网页上的卡片可分布在网页中的任意位置，再使用 CSS 样式表对 AP Div 进行设置。本例素材保存在 chapter07\card 文件夹中，最终效果如图 7-31 所示。

图 7-31 "照片墙"网页效果

【操作步骤】
（1）新建一个空白 HTML 网页，并将其保存为 card.html。
（2）将插入点定位于网页中，单击菜单"修改"→"页面设置"，在打开的"页面属性"对话框中，设置背景图像为文件夹下的 Back_1.jpeg 文件，如图 7-32 所示。

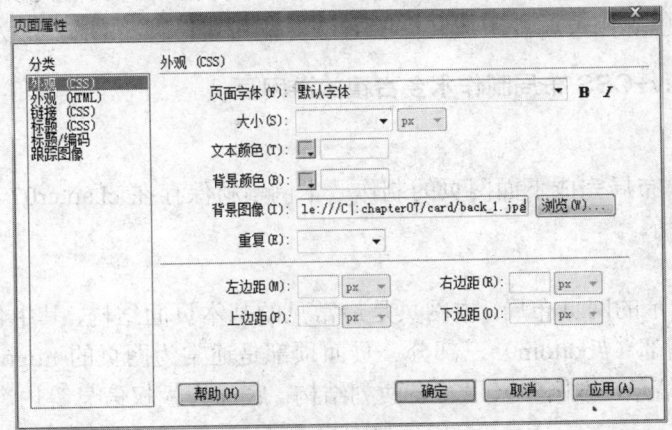

图 7-32 "页面属性"对话框

（3）选择"插入"→"布局对象"→"AP Div"，在网页的适当位置插入 AP Div 标签，并选中 apDiv1 设置其属性，宽为 180px，高为 265px，背景图像为文件夹中的 page1.gif 文件，如图 7-33 所示。

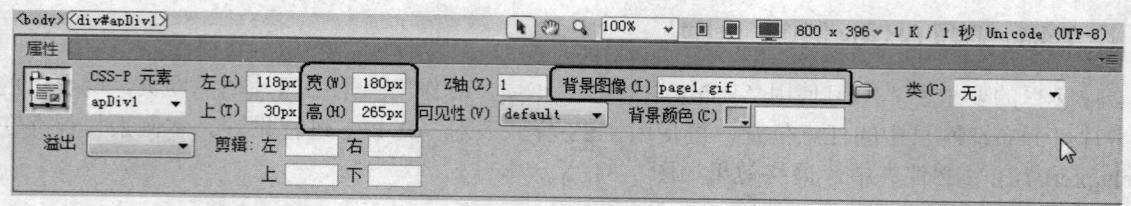

图 7-33 apDiv1 的"属性"面板

（4）按照同样的方法再插入两个 AP Div，名字分别为 apDiv2 和 apDiv3，并设置它们的属性如下：apDiv2 的宽为 180px，高为 220px，背景图像为 page2.gif；apDiv3 的宽为 175px，高为 285px，背景图像为 zx_1.jpg，如图 7-34、图 7-35 所示。

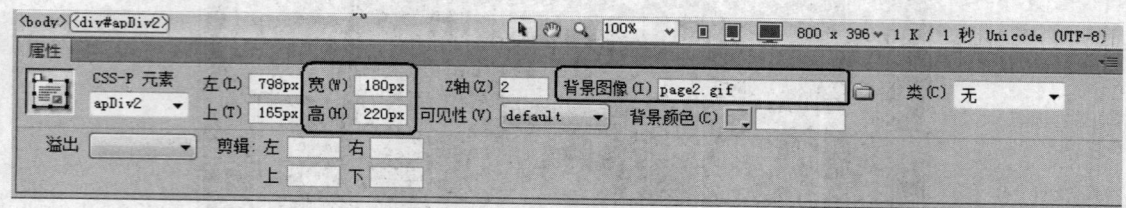

图 7-34 apDiv2 的"属性"面板

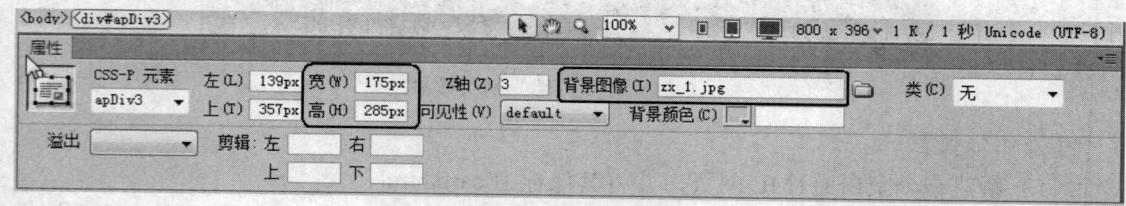

图 7-35 apDiv3 的"属性"面板

（5）将插入点定位到 apDiv1 标签中，输入文本，并在 apDiv1 的 CSS 样式表中设置文本的字体、大小、颜色等相关属性。按同样的方法，输入和设置 apDiv2 的文本属性。

7.4.2 使用 Div+CSS 布局制作水乡古镇旅游网页

【目的要求】

利用 Div+CSS 布局完成下面网页的制作，本例素材保存在 chapter07\Div1 文件夹下，网页效果如图 7-36 所示。

【说明】

观察图 7-36 所示的网页布局，本网页是最常见的基本页面结构，其中包括：顶部（#top）、中间（#main）和底部（#bottom）三部分。页面顶部是通常为网页的 Logo 和导航部分；中间通常为网页的正文信息，本例中采用左右两列结构；底部为版权信息等内容。网页的布局结构如图 7-37 所示。

第 7 章　布局对象 Div 的使用　　181

图 7-36　使用 Div+CSS 布局网页效果图

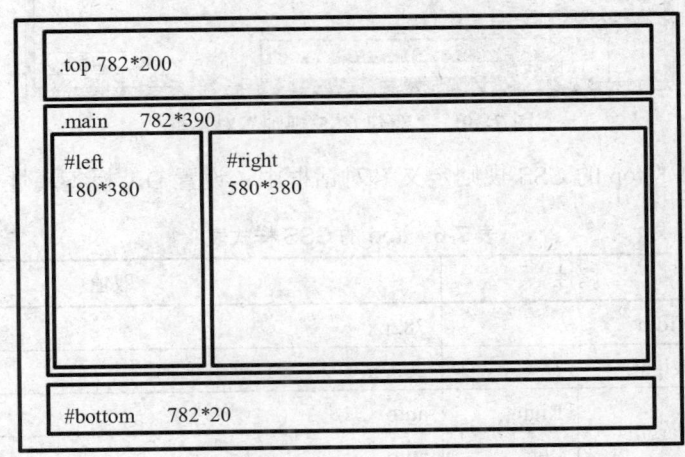

图 7-37　页面结构布局

【操作步骤】

（1）新建一个 HTML 文件，并保存为 index.html 文件。

（2）将插入点定位于网页中，选择"插入"→"布局对象"→"Div 标签"，打开"插入 Div 标签"对话框，在其中的"类"文本框中输入"top"，单击"新建 CSS 规则"按钮，如图 7-38 所示。

（3）打开"新建 CSS 规则"对话框，如图 7-39 所示，在"规则定义"下拉列表中选择 "新建样式表文件"，单击"确定"后，在打开的"将样式表文件另存为"对话框的"文件名" 文本框中输入样式表文件名"style_css"。本网页的样式表文件采用外部链接样式表，集中存 放于 style_css.css 文件中。

图 7-38 "插入 Div 标签"对话框

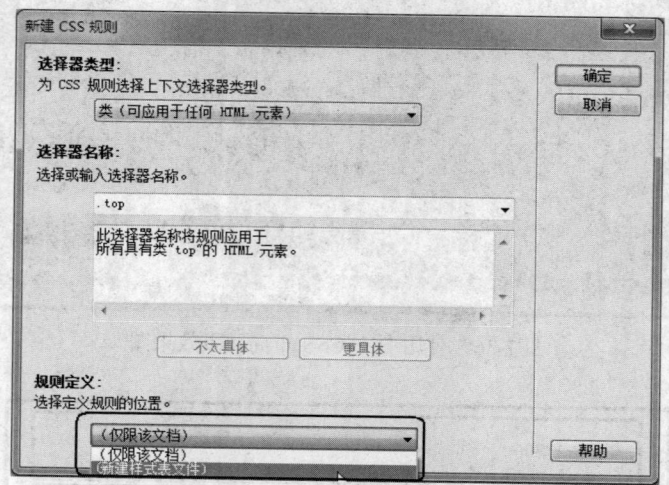

图 7-39 "新建 CSS 规则"对话框

（4）在打开的".top 的 CSS 规则定义"对话框中，设置 Div 标签属性，如表 7-6 所示。

表 7-6 .top 的 CSS 样式表

分类	属性		取值
方框	Width		782px
	Height		200px
	Margin	Right	auto
		Left	auto
背景	Background-image		top.jpg
	Background-repeat		no-repeat

首先，选择"方框"选项卡，设置 width 为 782px、height 为 200px，边界的水平属性值即 Left 和 Right 均为 auto（使网页在浏览器内居中显示）。其次，单击"背景"选项卡，分别设置 Background-image（背景图像）为 top.jpg，Background-repeat（背景重复）为 no-repeat（不重复）。单击"确定"完成样式表的设置，如图 7-40 所示。

（5）选择"插入"→"布局对象"→"Div 标签"，打开"插入 Div 标签"对话框，在其中的"类"文本框中输入"main"，单击"新建 CSS 规则"按钮，打开".main 的 CSS 规则定义"对话框，按表 7-7 所示属性值设置 .main 的 CSS 样式表。

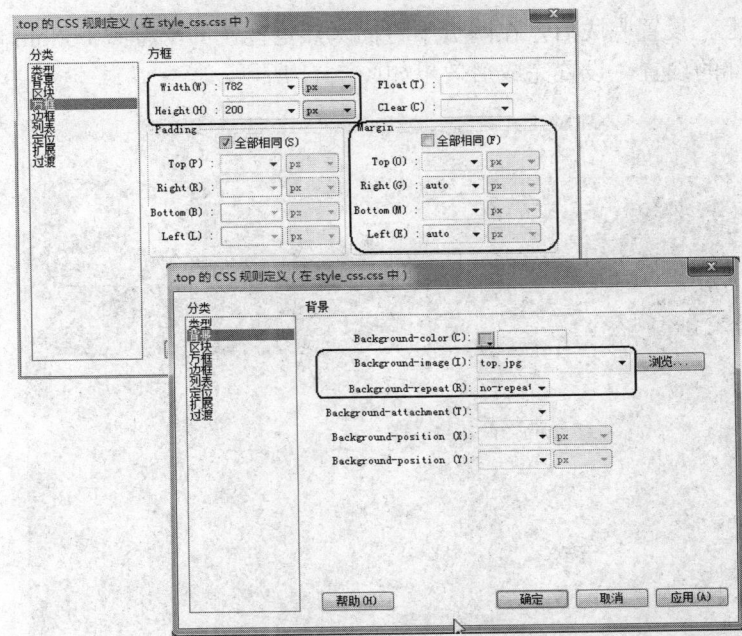

图 7-40 .top 的 CSS 规则定义

表 7-7 .main 的 CSS 样式表

分类	属性		取值
方框	Width		782px
	Height		390px
	Margin	Right	auto
		Left	auto
背景	Background-color		#AFAA94

操作方法同上面.top 的设置步骤。

（6）采用同样的方法，选择"插入"→"布局对象"→"Div 标签"，打开"插入 Div 标签"对话框，在其中的"类"文本框中输入"bottom"，单击"新建 CSS 规则"按钮，打开".bottom 的 CSS 规则定义"对话框，按表 7-8 所示属性值设置.bottom 的 CSS 样式表。

表 7-8 .bottom 的 CSS 样式表

分类	属性		取值
方框	Width		782px
	Height		20px
	Margin	Right	auto
		Left	auto
背景	Background-color		#CCC
区块	Text-align		center

设置步骤同上。设置完成后，在网页中将插入点定位在 Div 标签.bottom 中，输入版权信息，完成网页底部的设置。设置完成后效果如图 7-41 所示。

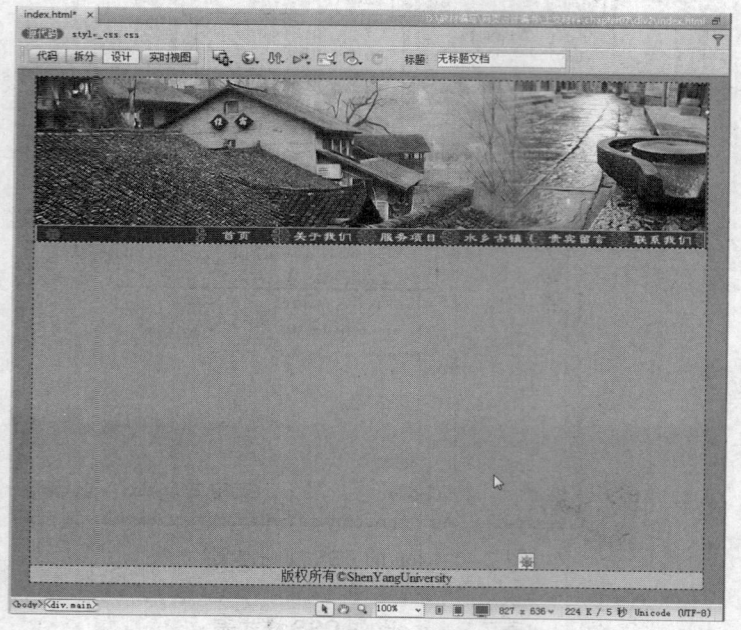

图 7-41　网页的页眉、页脚设置效果

下面具体说明网页正文的设置方法。

（7）将插入点定位到 Div 标签.main 中，单击"插入"→"布局对象"→"Div 标签"，打开"插入 Div 标签"对话框，在其中的"ID"文本框中输入"left"，单击"新建 CSS 规则"按钮，打开"#left 的 CSS 规则定义"对话框，按表 7-9 所示属性值设置#left 的 CSS 样式表。

表 7-9　#left 的 CSS 样式表

分类	属性		取值
方框	Width		180px
	Height		380px
	Padding	Top	10
		Left	10
	Float		left
背景	Background-image		in_lymenu.gif
	Backgrcund-repeat		no-repeat
	Backgrcund-position(Y)		bottom

设置方法同上。

（8）单击"插入"→"布局对象"→"Div 标签"，打开"插入 Div 标签"对话框，在"插入"下拉列表中选择"在标签之后"，在其后的列表中选择"div id=left"，在"ID"文本框中输入"right"，单击"新建 CSS 规则"按钮，如图 7-42 所示。

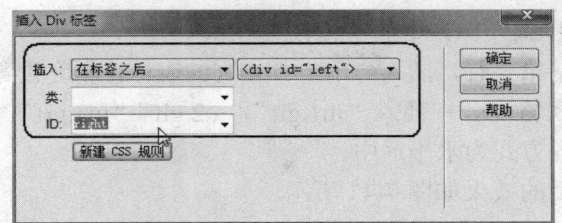

图 7-42 "插入 Div 标签"对话框

打开"#right 的 CSS 规则定义"对话框，按表 7-10 所示属性值设置#right 的 CSS 样式表。

表 7-10 #right 的 CSS 样式表

分类	属性		取值
方框	Width		580px
	Height		380px
	Padding	Right	5
		Left	5
	Float		left

设置方法同上，完成网页正文.main 的布局设置。

（9）将插入点定位于#left 标签中，选择"插入"→"表格"，弹出"表格"对话框，输入表格信息值，插入一个 11 行 1 列的表格，宽度为 176px，边框、填充和间距均为 0，单击"确定"按钮，完成表格的插入。

在表格内输入左侧导航栏信息，其内容参考 chapter07\div1 文件夹下的文本素材 1.txt 文件。文本输入后，设置文本格式，操作方法为：选中右侧"CSS 样式"面板中的#left 标签，单击下面的"修改样式表"按钮，打开"#left 的 CSS 样式规则"对话框，按表 7-11 所示属性值设置文本格式。

表 7-11 #left 标签中的文本格式

分类	属性	取值
类型	Font-family	宋体
	Font-size	14px
	Line-height	18
	Color	#5B7315

（10）将插入点定位于#right 标签中，选择"插入"→"表格"，弹出"表格"对话框，输入表格信息如下，插入一个 3 行 1 列的表格，宽度为 580px，间距为 2，边距为 3。单击"确定"完成表格插入，选中该表格，在"属性"面板中设置表格"对齐方式"属性为"居中对齐"。

（11）输入#right 中表格内容并设置格式。将插入点定位在表格的第一行，选择"插入"→"图片"，选择 chapter07\Div1 文件夹中的"gy.gif"文件。

将插入点置于表格第二行，插入文本内容，内容参见 chapter07\Div1 文件夹中的"文本素材 2.txt"文件，并打开"#right 标签的 CSS 样式规则"对话框，设置字体为宋体，字号为 16px，行距16px，设置方法如步骤（10）中的字体设置。

将插入点放置于表格第三行，插入一个1行4列的表格，宽度设置为96%，间距为2，对齐方式为居中对齐。在表格中分别插入"tu1.gif""tu2.gif""tu3.gif""tu4.gif"图片文件，并设置图片在表格中的对齐方式为水平居中。

网页正文部分设置后的效果如图7-43所示。

图7-43 网页正文部分设置后的效果

最后，单击"修改"菜单中的"页面属性"选项，设置页面背景颜色为#9D977C。保存网页，在IE浏览器中预览网页效果。

思考与练习

1. 在Dreamweaver中，有两种插入AP Div的方法，一种是通过（　　　），另一种是通过（　　　）。

2. 在Dreamweaver中，AP Div有哪些用途？

3. 使用AP Div制作一个图像相互叠放效果的页面，图像任意。

4. 使用Div+CSS方式进行页面布局，制作一个简单的科技公司网站首页，其效果如图7-44所示。（本例所需素材保存于chapter07\div2文件夹中）

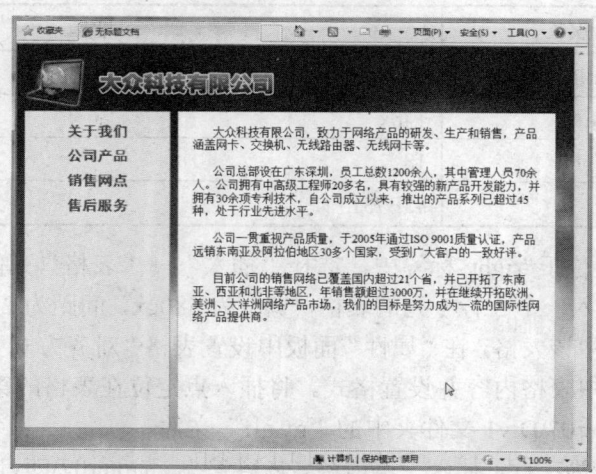

图7-44 科技公司网站首页

第 8 章 使用框架布局网页

【本章导读】

框架是设计网页时常用到的一种布局方法,框架的作用是把浏览器窗口划分成几个子窗口,在每个子窗口中可以独立地显示不同的网页文档,从而实现在一个浏览器窗口中显示多个 HTML 页面的目的。

框架技术不仅用于布局版面,还可以实现网页文档间的相互控制,用于需要通过目录、索引来阅读的导航,即通过网页链接的目标窗口,将指定网页显示在某个子窗口中,这样可以不破坏版面的结构,保持目录或导航条的导航作用,页面清晰、一目了然,而且各个框架之间没有干扰,使网站的整体风格保持一致。

【本章要点】

- 框架和框架集的概念、创建、编辑及保存方法。
- 使用框架和框架集布局网页的应用。

8.1 框架与框架集

在操作框架之前,先了解框架和框架集的概念。

框架:是浏览器窗口中的一个区域,一个框架对应一个单独的 HTML 文档。

框架集:是多个框架的集合,也是一个网页文件,它将一个窗口通过行和列的方式分割成多个框架。框架集定义了所包含框架的结构、框架数、框架的大小以及框架中网页文件的文件名和路径等信息。框架集并不在浏览器中显示,只是存储所含框架的相关信息,并将全部框架文件组合在一起,就构成了一个网页页面。

例如,一个网页中有 3 个框架,实际上它有 4 个文档:3 个是框架文件,1 个是框架集文件。

提示:在 HTML 中,框架由<frame>标签定义;框架集由<frameset>标签定义。

8.2 创建框架集

Dreamweaver 提供了两种创建框架集的方法,一种是在预定义的框架集中进行选择,另一种是用户自己设计框架集。

在创建框架集或使用框架前,为了使框架能够在文档窗口中显示,可以使用如下方法显示框架:单击"查看"菜单,选择"可视化助理"项,在列表中选中"框架边框"项,即在"框架边框"项前面打上对号(√),就可使框架边框在文档窗口的设计视图中可见。

8.2.1 创建预定义框架集

Dreamweaver 预先设计了多种框架集,这些预定义的框架集包括了最常用的多种框架集格式。用户选择了预定义的某个框架集格式后,系统将自动创建所需的所有框架和框架集。

操作方法如下:

(1)启动 Dreamweaver,在"文件"菜单中选择"新建"命令,打开"新建文档"对话框。

(2)在"新建文档"对话框的左侧,选择"空白页",在"页面类型"列表中选择"HTML",在"布局"列表中选择"无",如图 8-1 所示。单击"确定"按钮,新建一个空白 HTML 文件。

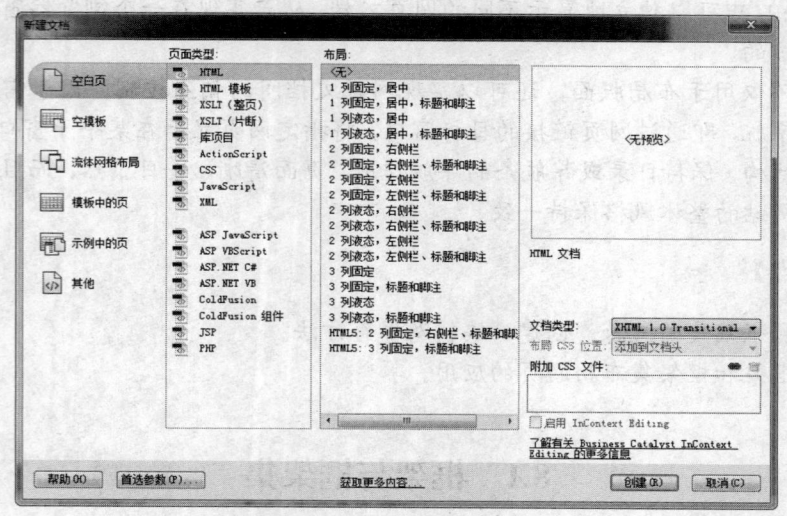

图 8-1 "新建文档"对话框

(3)打开"插入"菜单,选择"HTML"→"框架",则在子菜单中列出了系统预定义的常用框架集,如图 8-2 所示。

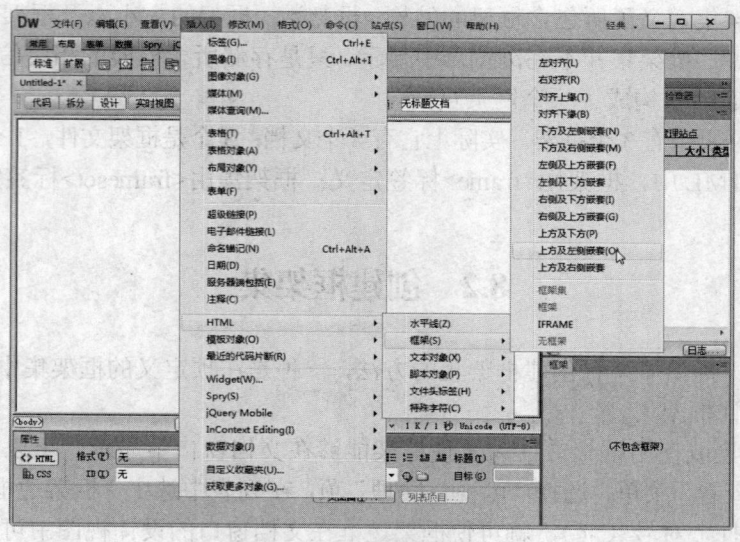

图 8-2 插入框架菜单

选择要创建的框架集（这里选择"上方及左侧嵌套"），弹出"框架标签辅助功能属性"对话框。在对话框的"框架"下拉列表中分别选择框架，在"标题"文本框中为每一个框架设定标题名称，也可以用系统默认的框架名称，如图 8-3 所示。框架名称还可以在文档的"属性"面板中修改。这里采用系统默认的框架名称 topFrame（上方框架）、leftFrame（左侧框架）、mainFrame（主框架）。

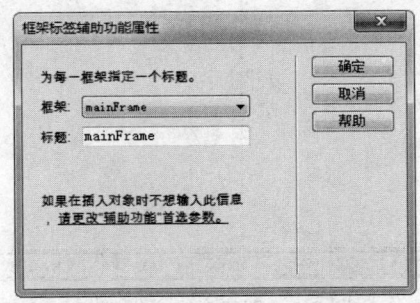

图 8-3　"框架标签辅助功能属性"对话框

（4）设置完成后，单击"确定"按钮，即可在文档的设计视图上显示框架创建的结果。如图 8-4 所示，框架集为"上方及左侧嵌套"结构。

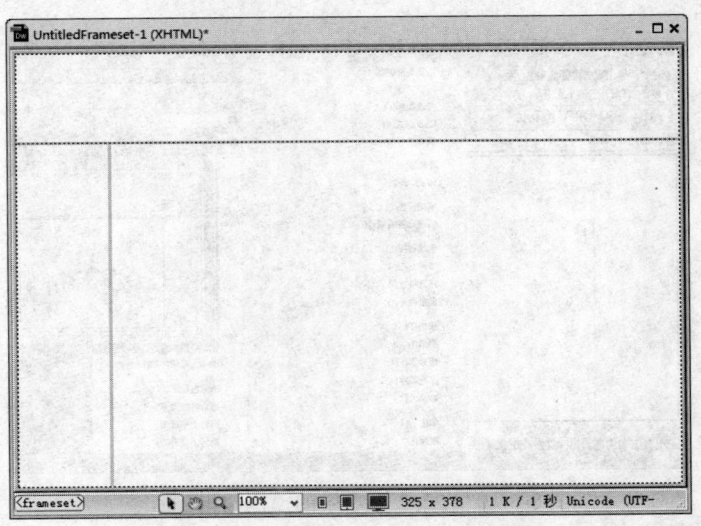

图 8-4　"上方及左侧嵌套"框架文档

8.2.2　创建自定义框架集

如果系统预定义的框架集不能满足要求，用户还可以自定义框架集结构。

1. 用鼠标拖动边框创建框架

（1）在已经包含框架的文档中，把鼠标移动到文档窗口的边界线上，当鼠标出现双箭头光标时，拖曳鼠标到相应位置，即可创建一条框架边框。

（2）按住 Alt 键，拖动一个框架的边框线，可以对框架进行垂直或水平分割，如图 8-5 所示。

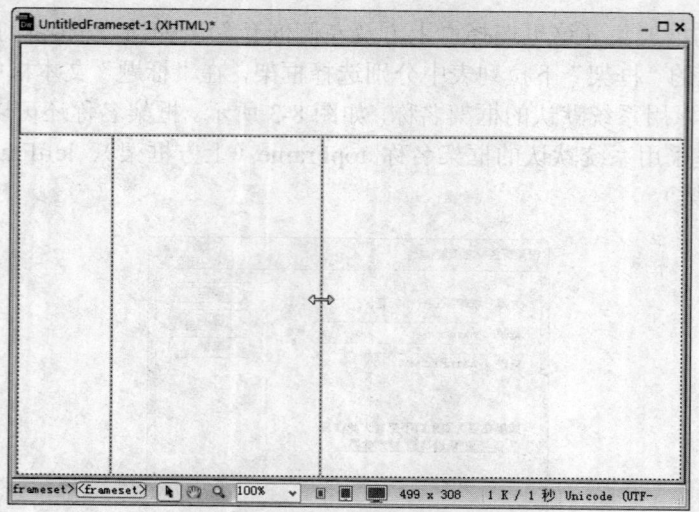

图 8-5 创建自定义框架集

2. 通过菜单命令拆分框架

执行"修改"菜单中的"框架集"命令,打开拆分框架列表,可对当前窗口进行拆分。如图 8-6 所示。

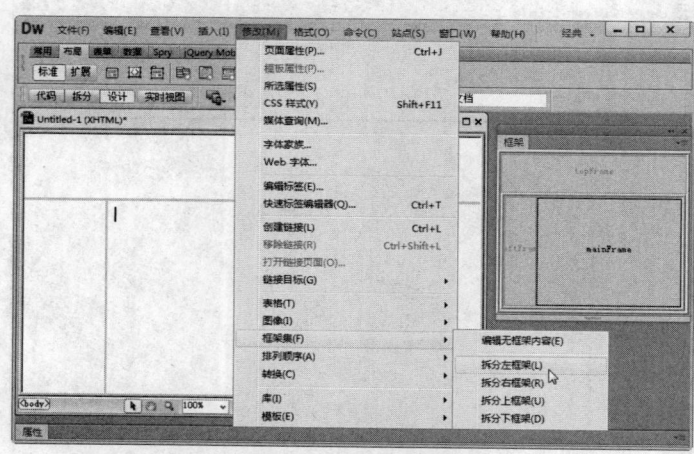

图 8-6 "修改"菜单中的"框架集"命令

8.3 框架集的基本操作

8.3.1 选择框架和框架集

框架和框架集是不同的 HTML 文件,编辑框架或框架集时,首先要选定所操作的框架或框架集。

1. 在框架面板中选择

框架面板的主要作用是显示框架和选择框架,它能直观地显示出框架集的层次结构。

打开框架面板有如下两种方法：
- 单击"窗口"菜单，从列表中选中"框架"选项。
- 按 Shift+F2 组合键。

打开框架面板的文档窗口如图 8-7 所示。

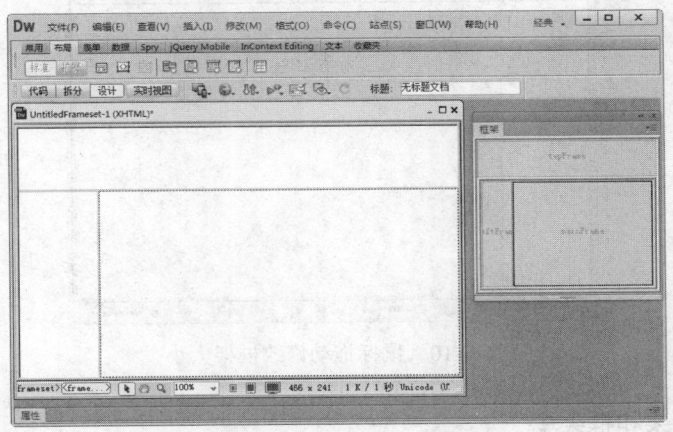

图 8-7　框架面板与文档窗口

选择框架：在框架面板中，单击某个框架内部，即可选择对应框架，如图 8-8 所示；若要选择框架集，单击环绕框架集的外部边框，如图 8-9 所示。

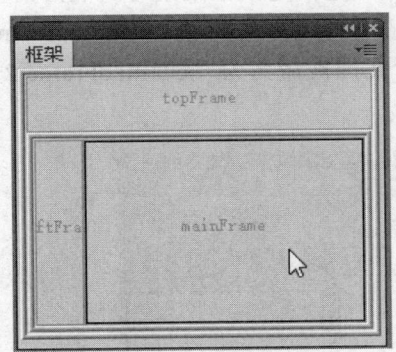 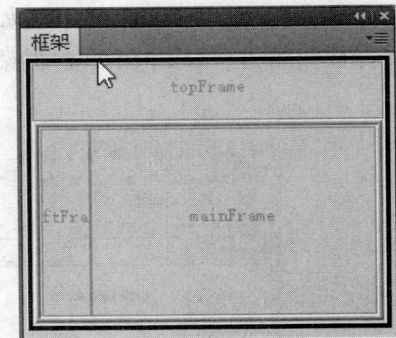

　　图 8-8　选择一个框架　　　　　　　　　图 8-9　选择框架集

在"设计"视图的文档中，被选中框架的边框会用虚线表示。

2．在文档窗口中选择

在文档的"设计"视图中，单击框架边框，即可选定框架集。例如，在图 8-7 中，单击水平方向边框线，选择整个框架集；单击垂直方向边框线，选择下方（包含两个框架）的框架集。

8.3.2　删除框架

用户可以对不需要的框架进行删除操作，系统预定义的框架和用户自定义的框架都可以删除。

删除框架的方法很简单：在页面"设计"窗口中，将光标定位在框架的边框上，当鼠标指针变成双箭头光标时，拖动框架到其他边框上，即可删除框架。

8.3.3 改变框架大小

用鼠标拖曳框架边框，就可随意改变框架大小，如图 8-10 所示。

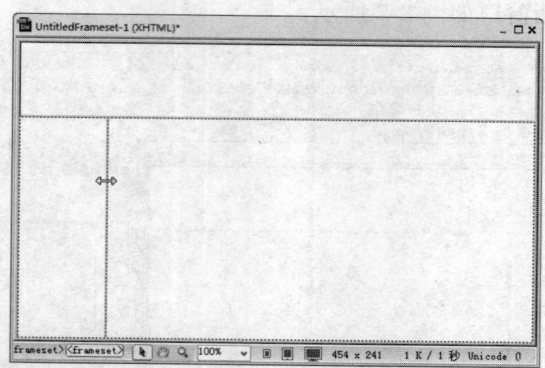

图 8-10　鼠标拖动修改框架大小

8.3.4 保存框架和框架集

框架页面是由多个文档组成的，而各个文档都是独立的，所以保存时需要对框架集和各个框架分别进行保存。

在 Dreamweaver 中，当用系统提供的可视化工具创建预定义框架集时，框架集和框架中的新文档都被赋予一个默认文件名。例如，第一个框架集文件被命名为"UntitledFrameset-1"，框架主文件被命名为"Untitled-1"，框架中第一个新文档被命名为"UntitledFrame-2"，如图 8-11 所示。

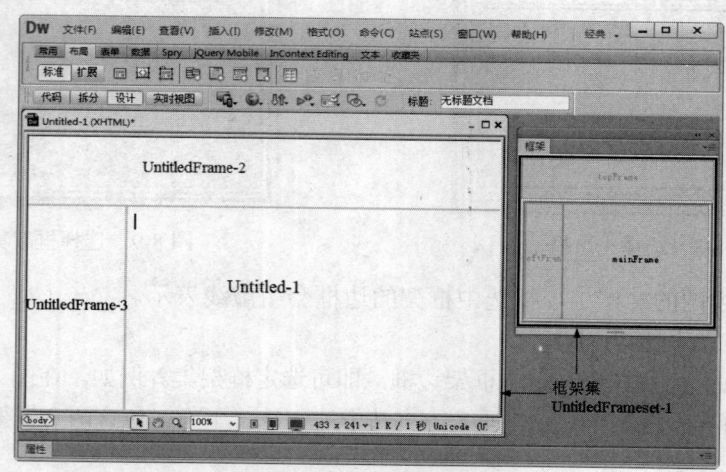

图 8-11　框架与框架集的默认文件名

1. 保存框架文件

操作方法：

（1）鼠标单击要保存的框架，选取框架。

（2）单击"文件"菜单，选择"保存框架"命令，打开"另存为"对话框。

（3）在对话框的"保存在"下拉列表中，选择保存文件的位置，在"文件名"文本框中输入框架文件名。例如，将默认名为"Untitled-1"的框架，命名为"lx-main"，如图 8-12、图 8-13 所示。

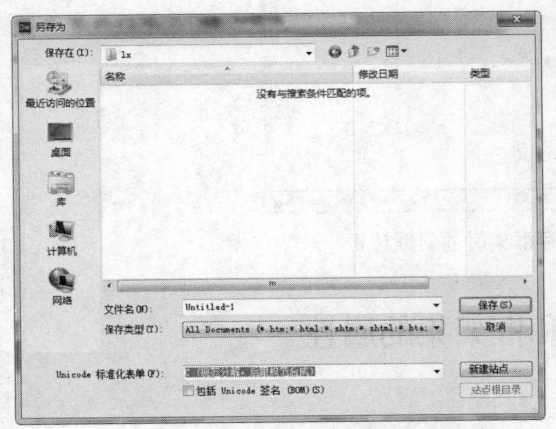 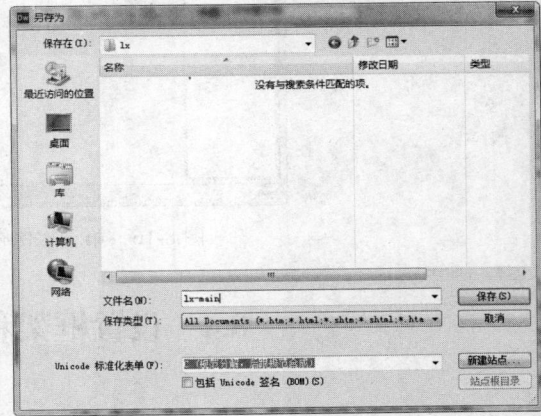

图 8-12　系统默认框架名"Untitled-1"　　　图 8-13　保存后的文件名"lx-main"

（4）单击"保存"按钮，系统将保存光标所在的框架。

2．保存框架集页面

操作方法：

（1）单击"文件"菜单，选择"保存全部"命令。该命令将保存框架集中所有未保存的文档及框架集文件。

（2）在"另存为"对话框中，输入框架或框架集名。

例如，将默认名为"UntitledFrameset-1"的框架集，命名为"lx-Frameset"，如图 8-14、图 8-15 所示。

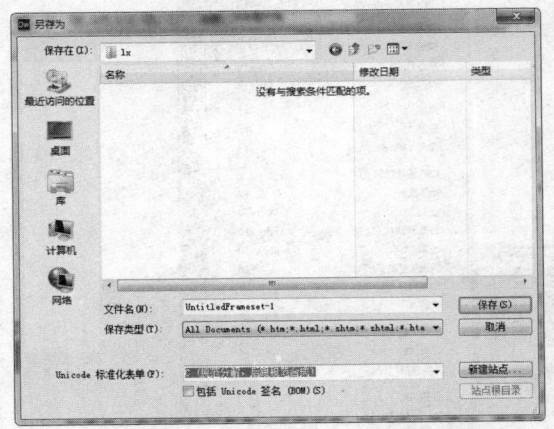 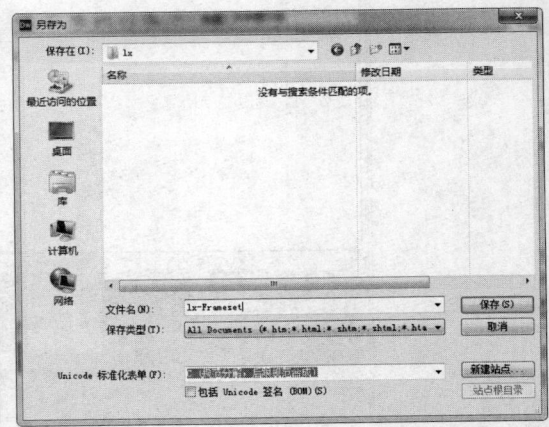

图 8-14　系统默认框架集"UntitledFrameset-1"　　图 8-15　保存后的框架集名"lx-Frameset"

如果某个框架第一次被保存，则在"设计"视图中，框架的周围会出现斜线的边框进行提示，如图 8-16 所示。

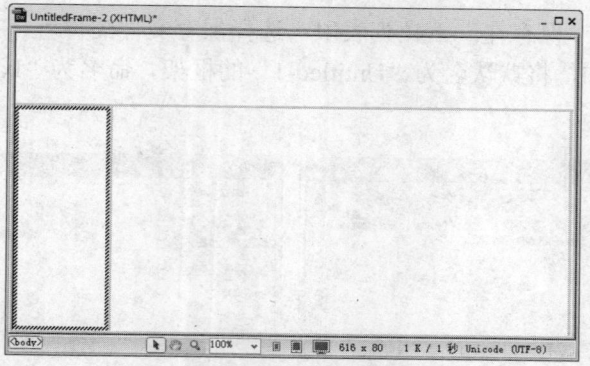

图 8-16 第一次保存框架时的斜线边框

8.4 设置框架和框架集的属性

8.4.1 设置框架属性

1. 打开"框架"面板和"属性"面板

打开"窗口"菜单,选中"属性"项,打开"属性"面板;再从"窗口"菜单选中"框架"项,打开"框架"面板,如图 8-17 所示。从"框架"面板上选择框架后,即可在"属性"面板上查看框架的属性。

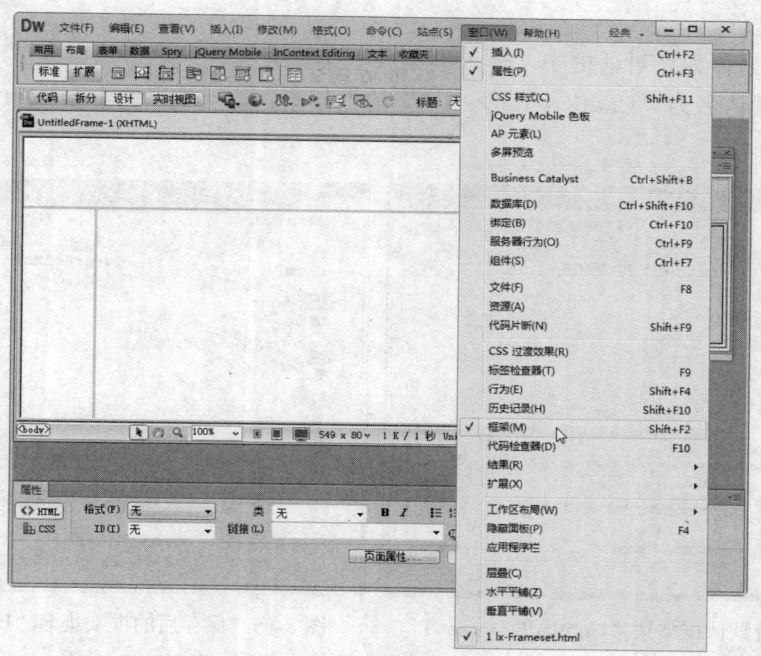

图 8-17 打开框架面板和属性面板

2. 框架属性

在框架面板中选择某一个框架,框架"属性"面板的显示如图 8-18 所示。

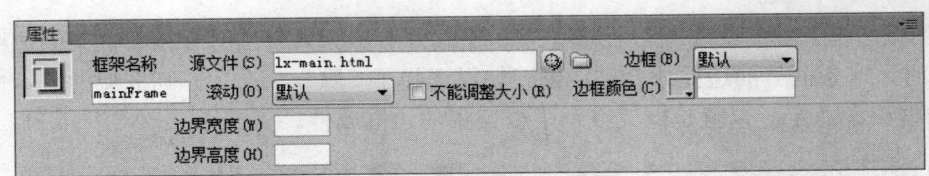

图 8-18 框架"属性"面板

在框架"属性"面板上可以进行如下设置：

（1）框架名称

框架名称指链接的 target 属性或脚本在引用该框架时所用的名称。名称由英文字母、数字、下划线等符号组成，不能使用"."" -"等特殊符号或空格，而且必须以字母开头。可以在"框架名称"下面的文本框中修改框架的名称。

（2）源文件

用于设置选定框架源文件的 URL。可以直接在"源文件"框中输入文件的路径和名称；也可以单击并拖动"源文件"项右边的"指向文件"图标 ，指向到"文件"面板的某个文件上，选取链接文件；或者单击"文件夹"图标 ，在"选择 HTML 文件"对话框中，为框架指定一个源文件，如图 8-19 所示。

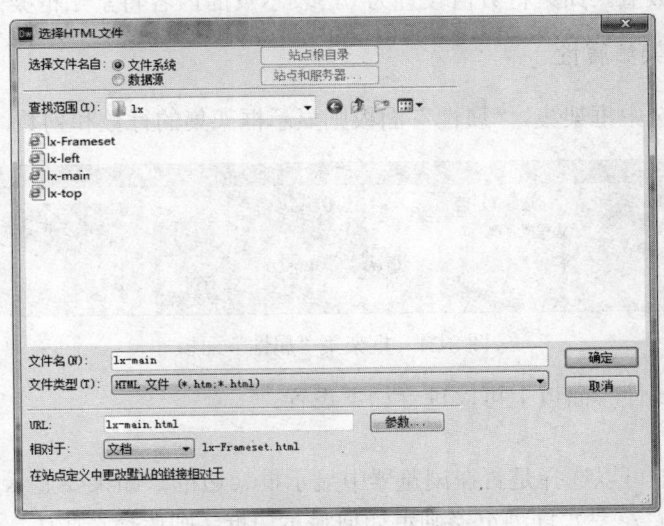

图 8-19 "选择 HTML 文件"对话框

（3）滚动

用于设置当显示空间不够、框架的内容显示不下时，是否显示滚动条。单击"滚动"项的下拉列表，可以选择"是""否""自动"或者"默认"4 个选项。大多数浏览器都默认为自动。

（4）不能调整大小

当浏览带框架的网页时，如果不选择此项，用户可以用鼠标拖动框架边框来调整框架大小；如果选择"不能调整大小"，就不能在浏览器中调整框架的大小了。

（5）边框

设置是否显示当前框架的边框。框架的使用有时会影响页面的美观，所以有时需要隐藏框架的边框。每个框架都有一个边框属性，单击"边框"项的下拉列表，有"是"（显示边框）、

"否"(隐藏边框)和"默认"三个选项,如图 8-20 所示。只有当所有相邻框架的边框都设置为"否"时,这条框架的边框才会被隐藏。如果选择了"默认"选项,则框架的显示情况根据其所属的框架集而定,也就是框架继承了框架集的边框属性。

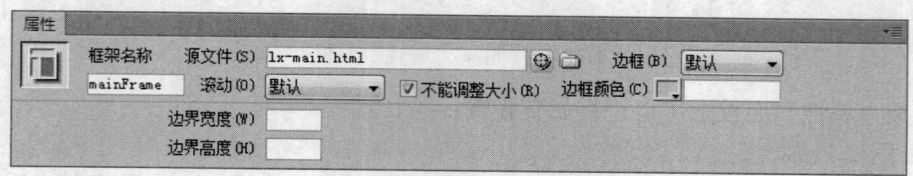

图 8-20　设置边框是否显示

(6) 边框颜色

单击"边框颜色"右侧的颜色选择按钮,可以设置框架边框的颜色,或者在颜色设置文本框中输入颜色值(颜色值的设置方法是十六进制数:#RRGGBB)。

(7) 框架边距

边距是框架边框和页面内容之间的空间,相当于在页面属性窗口中设置页边距。"边界宽度"用于设置框架左右边距,"边界高度"用于设置框架上下边距。边距以像素为单位,在对应文本框中输入整数值。如果将数值设置为 0,表示页面内容将紧贴框架的边界。

8.4.2　设置框架集属性

在框架面板上选中框架集,"属性"面板则显示框架集的行数和列数,如图 8-21 所示。

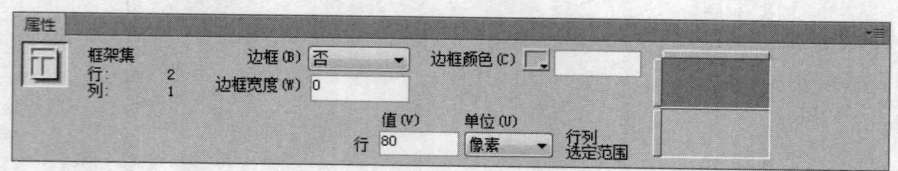

图 8-21　框架集"属性"面板

在框架集的"属性"面板上可以进行如下设置:

(1) 边框

在该下拉菜单中可以选择是否在浏览器中显示框架边框。如果要显示,选择"是";如果不想显示,选择"否";要允许浏览器确定如何显示边框,则选择"默认"。对大多数浏览器来说,默认为有边框。如果框架集的设置与框架的设置不同,以框架的属性为主。

(2) 边框宽度

指定当前框架集中所有边框的宽度,以像素为单位。

(3) 边框颜色

单击"边框颜色"右侧的颜色选择按钮,设置框架集的边框颜色,或者在颜色设置文本框中输入颜色值。如果框架的边框颜色与所属框架集的边框颜色设置得不同,则显示框架的边框颜色。

(4) 行列选定范围

设置框架集各行各列的框架大小。选定框架集后,在"单位"中选择一个尺寸单位,在"列"或"行"中输入数字。图中深灰色区域表示选定的内容。

"单位"下拉列表中,有"像素""百分比"和"相对"三个选项。"像素"指以像素值设置列宽和行高;"百分比"指当前框架占所属框架集高度(或宽带)的百分比;"相对"指当前框架的行(或列)相对于其他行(或列)所占的比例。

8.5 框架中链接的使用

在框架中使用超链接是使用框架的一个主要目的,这样就可以在不同的框架中显示不同的页面,或者在同一个框架中显示不同的页面。

在框架式网页中设置超链接时,每一个链接都有一个"目标"属性,这个目标就是框架,即为链接的目标文档指定显示窗口。设置不同的"目标"属性,可以使链接的页面在不同的位置和窗口中显示。当链接目标较远(其他网站)时,一般放在新窗口中。在导航条上创建链接时,一般将目标文档放在另一个框架中显示(当页面较小时)或在全屏幕显示(当页面较大时)。

创建链接操作步骤如下:

(1)选中要进行链接的文本或对象,打开"属性"面板,如图 8-22 所示。

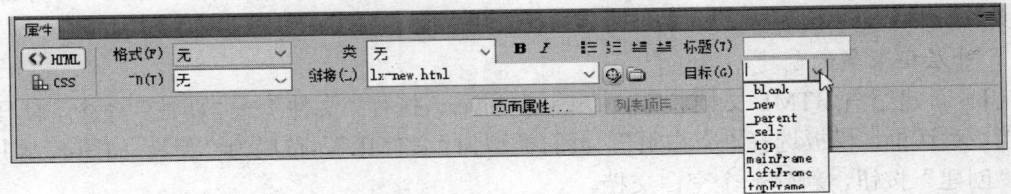

图 8-22 链接时的"属性"面板

(2)在"属性"面板的"链接"文本框中输入要链接的文件名,或单击"链接"右侧的文件夹图标,打开"选择文件"对话框,选择链接文件。

(3)在"目标"下拉列表中选择一个目标框架名,完成链接。

"目标"下拉列表中的几个主要选项介绍如下:

- _blank:在浏览器的新窗口中打开链接,当前窗口保存不变。
- _parent:在显示链接框架的父框架集中打开链接,并替换整个框架集。
- _self:在当前框架中打开链接,同时替换当前窗口中的内容(该项为目标的默认选项)。
- _top:将链接目标放到整个浏览器窗口中,并替换所有框架集。

如果已经在框架"属性"面板中设置了框架名称,框架的名字就会出现在"目标"列表中。

根据创建的框架不同,在"目标"下拉菜单中,还会有其他一些选项,如 mainFrame 为保存的主框架、leftFrame 为左框架、topFrame 为上部框架。

8.6 实践演练

【目的要求】

本节以制作"星光书屋"主页为例,介绍如何利用框架技术来布局、设计页面,使浏览者能方便地按分类查找所需书籍,并能显示该类书籍的名称、基本信息、预览等内容。

【说明】

本实例的制作分为五个部分：框架集的设计与制作、标题区的制作、导航区的制作、图书检索区的制作及详细内容区的制作。网页框架结构如图 8-23 所示。

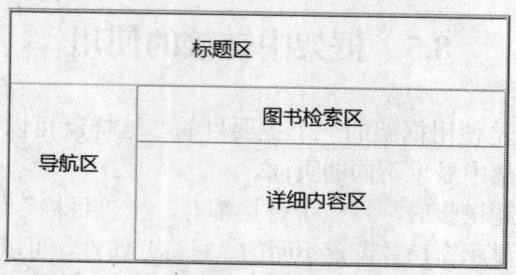

图 8-23　网页框架结构

8.6.1　框架集的设计与制作

本框架集设计为嵌套形式，外层框架集为"上方及左侧嵌套"，内层框架集为"对齐上缘"。操作步骤如下：

1. 外层框架集的创建

（1）新建空白 HTML 文档。启动 Dreamweaver，执行"文件"→"新建"命令，打开"新建文档"对话框，模板选择"空白页"，页面类型为"HTML"，布局为"无"，如图 8-24 所示。单击"创建"按钮，新建一个空白文档。

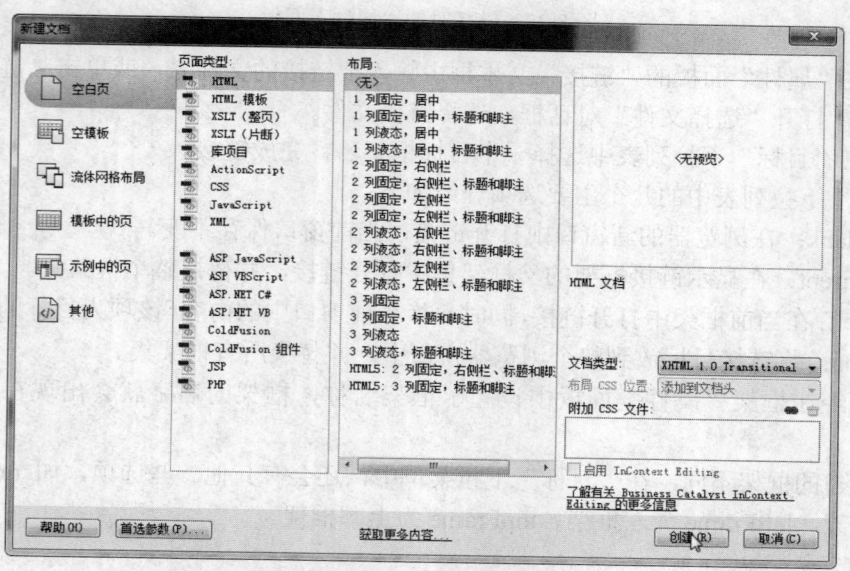

图 8-24　创建空白 HTML 文档

（2）显示框架边框。单击菜单"查看"→"可视化助理"，在列表中选中"框架边框"，使框架边框在文档窗口中显示。

（3）打开"插入""属性""框架"面板。单击"窗口"菜单，分别选中"插入""属性""框架"选项，如图 8-25 所示。

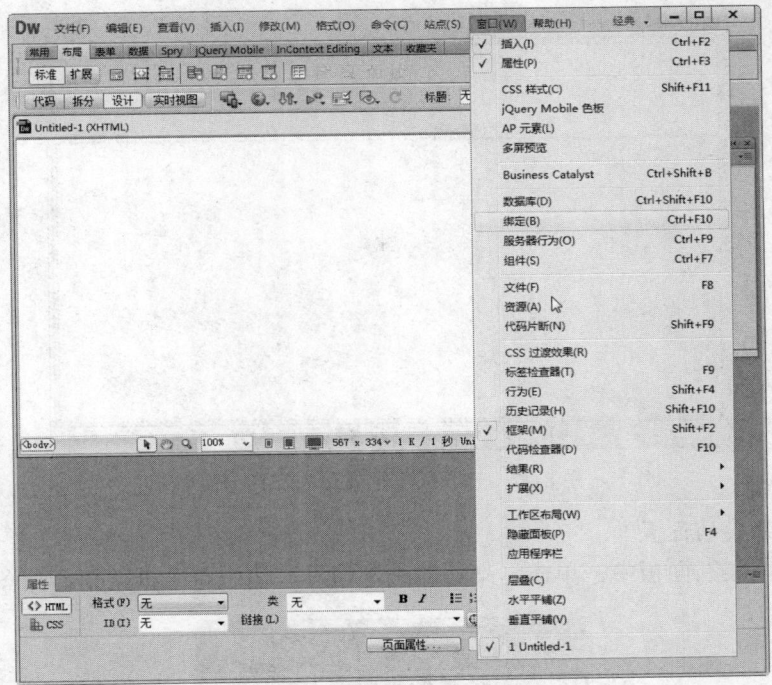

图 8-25 显示"插入""属性""框架"面板。

(4)创建外层框架集。打开"插入"菜单,选择"HTML"→"框架"→"上方及左侧嵌套",如图 8-26 所示。

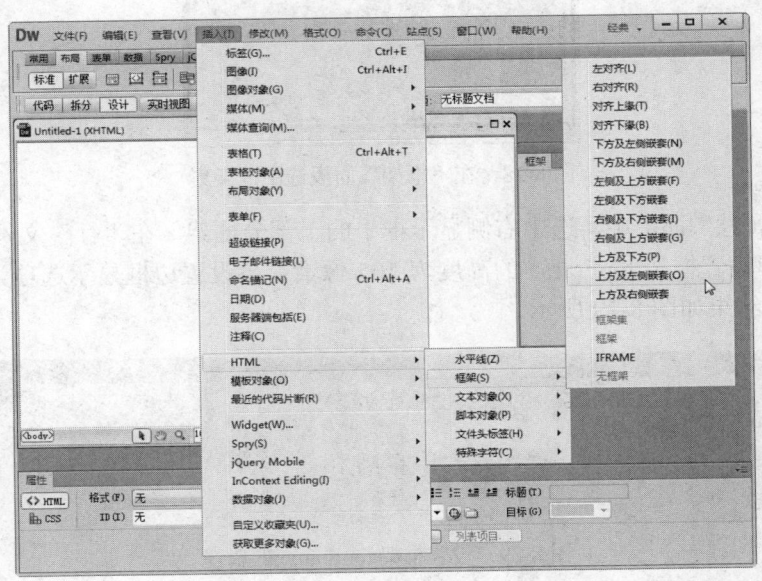

图 8-26 创建"上方及左侧嵌套"框架

执行命令,则在文档窗口中建立了外层框架集,在随后弹出的"框架标签辅助功能属性"对话框中,各框架的标题采用系统默认名称,顶部框架:topFrame,左侧框架:leftFrame,主框架:mainFrame。文档窗口的"设计"视图如图 8-27 所示。

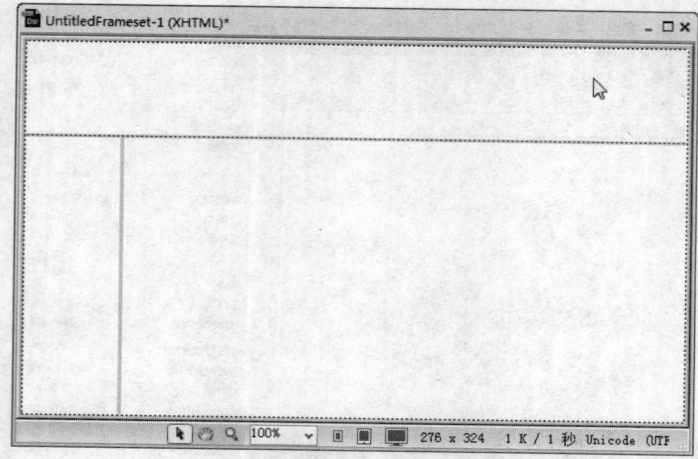

图 8-27　建立外层框架集的文档窗口

2. 外层框架集的设置

（1）在"框架"面板中，单击框架集的外部边框，选中整个框架集，如图 8-28 所示。

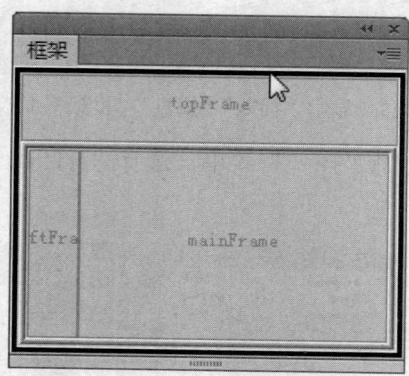

图 8-28　在"框架"面板选中框架集

（2）在"属性"面板中，选中右侧显示框中的上部分框架，在"行"文本框中输入 105，单位为像素，即设置框架 topFrame 的高度为 105 像素；再设置边框显示选项为"否"，边框宽度为 1，设置结果如图 8-29 所示。

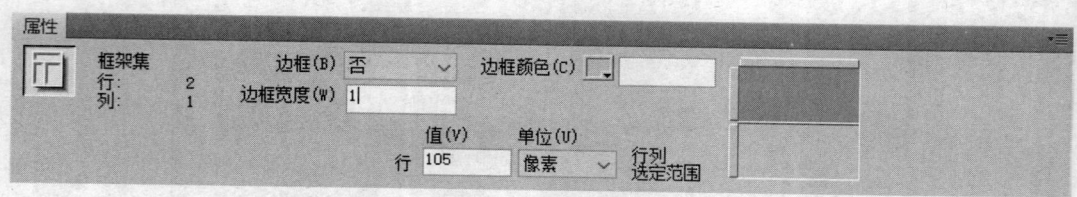

图 8-29　设置框架 topFrame 的属性

（3）在"属性"面板中，选中右侧显示框中的下部分框架，在"行"文本框中输入 1，单位选择为"相对"。将行的高度设置为相对时，行文本框的数值对框架的高度不起控制作用，具体高度由框架内元素的内容决定。设置结果如图 8-30 所示。

（4）在"框架"面板中，单击框架集的内部边框，选中内部框架集，如图 8-31 所示。

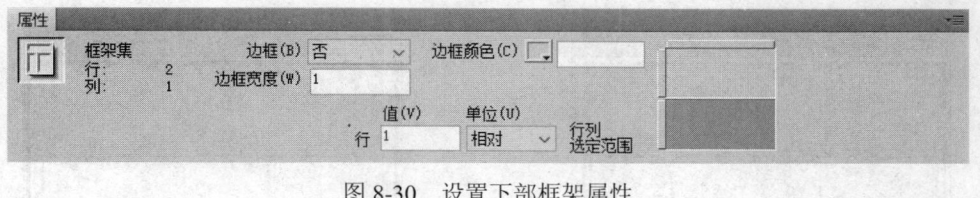

图 8-30　设置下部框架属性

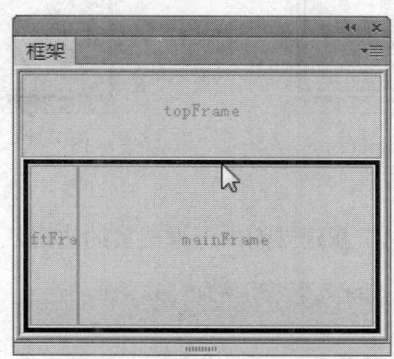

图 8-31　选择内部框架集

（5）在"属性"面板中，选中右侧显示框中的左侧框架，在"列"文本框中输入 180，单位为像素，即设置框架 leftFrame 的宽度为 180 像素。再设置边框显示选项为"否"，边框宽度为 1，设置结果如图 8-32 所示。

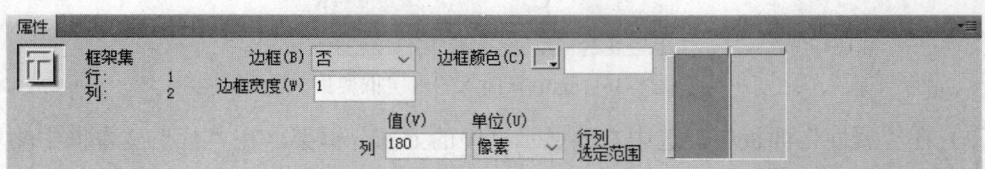

图 8-32　设置框架 leftFrame 的属性

（6）在"属性"面板中，选中右侧显示框中的右侧框架，即选择主框架 mainFrame。在"列"文本框中输入 1，单位选择为"相对"。同样将列的宽度设置为相对时，文本框的数值对框架的宽度不起控制作用。设置结果如图 8-33 所示。

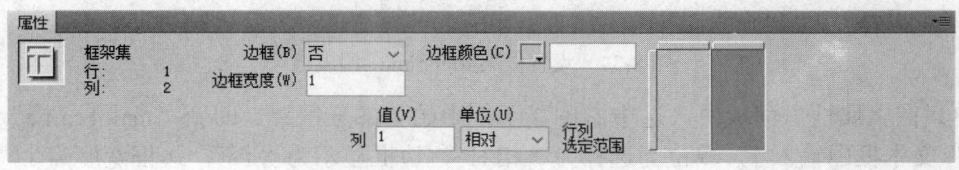

图 8-33　设置主框架 mainFrame 的属性

3. 内层框架集的创建

（1）在"框架"面板中，单击选中主框架 mainFrame，如图 8-34 所示。

（2）执行菜单"插入"→"HTML"→"框架"→"对齐上缘"，则在当前框架中嵌套了一个包含上下框架的框架集。框架标题采用系统默认名，新顶部框架：topFrame1；新主框架：mainFrame，如图 8-35 所示。

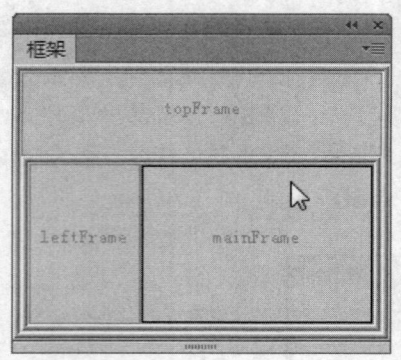 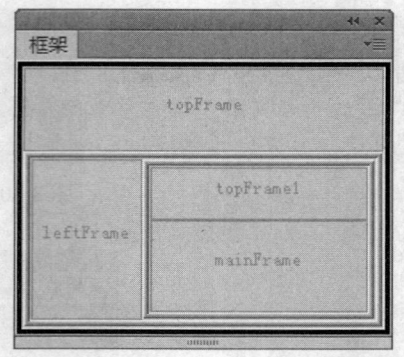

图 8-34　选择主框架 mainFrame　　　　图 8-35　插入"对齐上缘"后的框架窗口

4．内层框架集的设置

（1）在"框架"面板中，单击新建立的内层框架集的边框，选中该框架集，如图 8-36 所示。

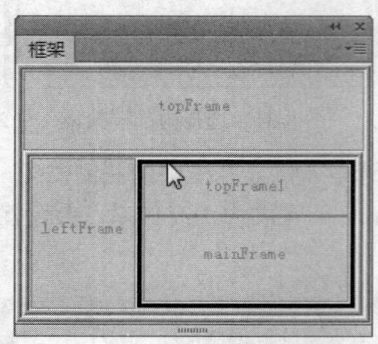

图 8-36　选中新插入的内层框架集

（2）在"属性"面板中，选中右侧显示框中的上部分框架，在"行"文本框中输入 50，单位为像素，即设置框架 topFrame1 的高度为 50 像素；再设置边框显示选项为"否"，边框宽度为 1，设置结果如图 8-37 所示。

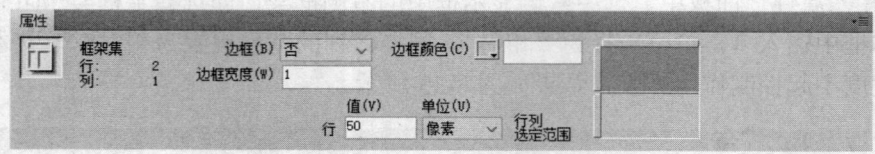

图 8-37　设置框架 topFrame1 的属性

（3）在"属性"面板中，选中右侧显示框中的下部分框架，即新"mainFrame"框架，在"行"文本框中输入 1，单位为选择为"相对"，边框显示为"否"，边框宽度为 1。设置结果如图 8-38 所示。

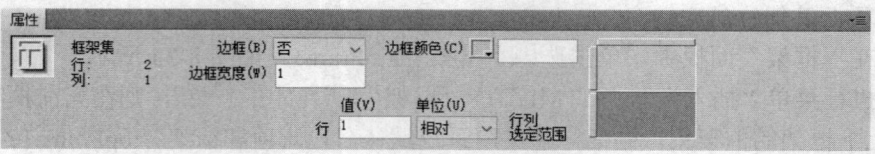

图 8-38　设置新 mainFrame 框架属性

5. 保存框架集和各个框架

执行菜单"文件"→"保存全部"命令，在弹出的"另存为"对话框中，选择合适的保存路径，依次保存框架集和各个框架。

各部分命名如下：框架集 UntitledFrameset-1 → book-Frameset.html，框架 topFrame → book-title.html，框架 leftFrame → book-navi.html，框架 topFrame1 → book-search.html，框架 mainFrame → book-index.html。

保存框架后，各框架对应文件如图 8-39 所示。

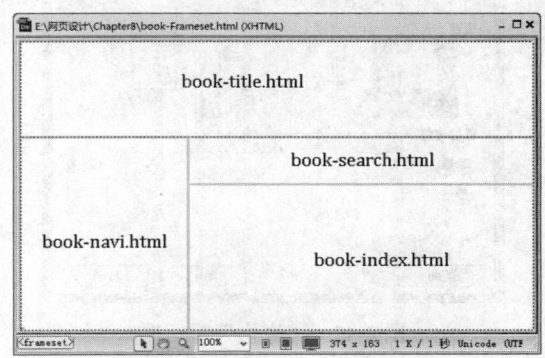

图 8-39　各框架对应文件

8.6.2　标题区的制作

1. 页面及表格的设计

（1）执行"文件"→"打开"命令，在文档窗口打开 book-title.html 文档。

（2）在"属性"面板中单击"页面属性"按钮，在"页面属性"对话框中设置页面的背景颜色为#003399（颜色值的设置用十六进制：#RRGGBB），如图 8-40、图 8-41 所示。

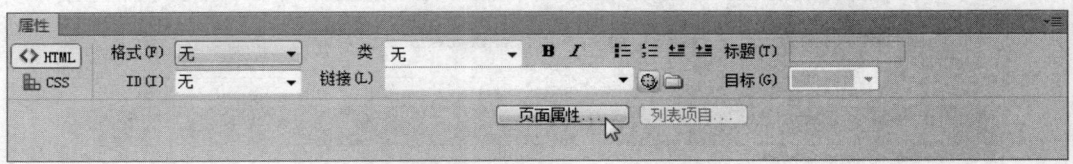

图 8-40　标题区"属性"面板

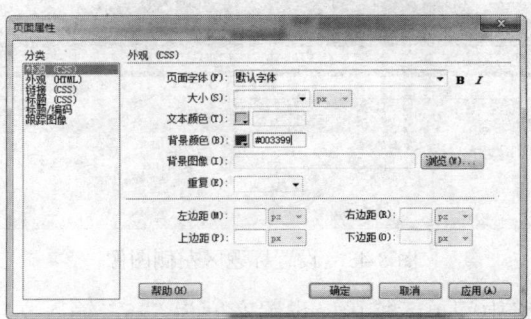

图 8-41　"页面属性"对话框

（3）在"插入"面板中，单击"表格"按钮，打开"表格"对话框，设置表格行数为1，列数为3，表格宽度为920像素，其他设为0，如图8-42所示。

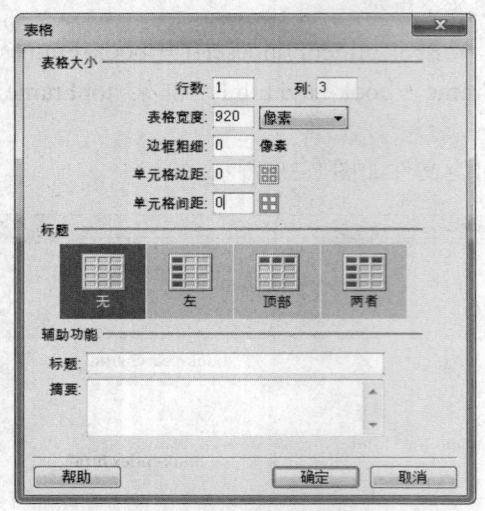

图8-42 "表格"对话框

（4）在文档窗口中，选中整个表格（将光标置于表格边线，当光标变为时，单击鼠标），在"属性"面板中设置表格对齐为"居中对齐"。

2. 标题区内容的设计

（1）将光标置于表格左侧单元格内，从"属性"面板设置单元格宽度，这里设置宽度为255，高度为105。

（2）执行菜单"插入"→"图像"，从文件列表中选择放置于该单元格的图像，这里选择top-1.jpg，文档与"属性"面板如图8-43所示。

图8-43 设置标题区左侧图像

（3）将光标置于表格中间单元格内，设置宽度为525，输入文字"星光书屋"，文字间加一个空格。

（4）选中输入的文字，从"属性"面板单击"CSS"标签，新建名为.title1 的 CSS 规则，设置字体为"华文行楷"，字号大小为 60，颜色为#FFF（白色，#FFFFFF 可以缩写为 #FFF），如图 8-44 所示。

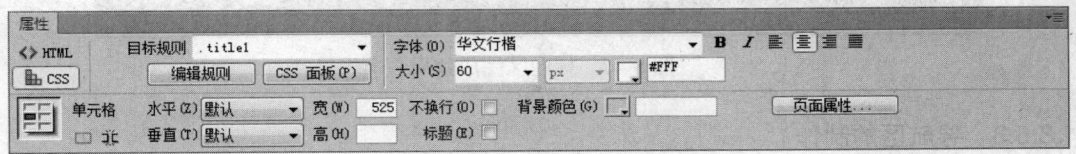

图 8-44　设置标题区文本属性

（5）如果在"属性"面板的字体列表中，没有"华文行楷"字体样式，可以从"可用字体"列表中添加到当前文档中，操作如下：

单击字体下拉列表的"编辑字体列表"选项，如图 8-45 所示。

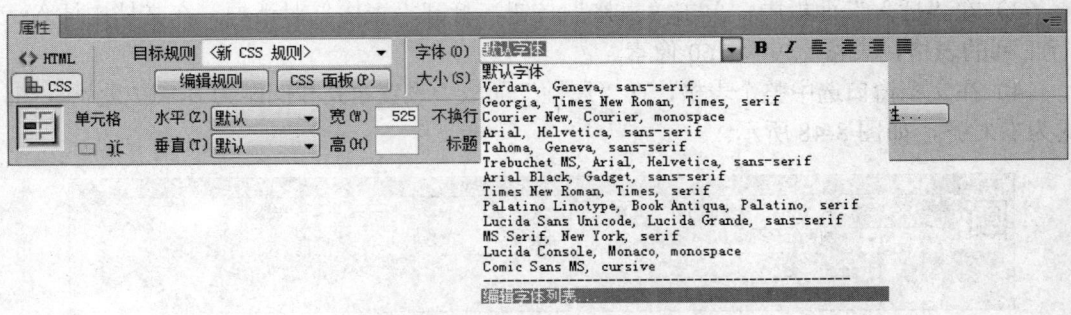

图 8-45　"属性"面板的"字体"列表

在弹出的"编辑字体列表"对话框中，从"可用字体"列表中选择"华文行楷"，单击添加字体按钮，在左侧"选择的字体"列表中显示刚添加的字体，如图 8-46 所示。重复上述操作，可继续添加需要的字体样式，添加完成后，单击"确定"按钮，完成设置。

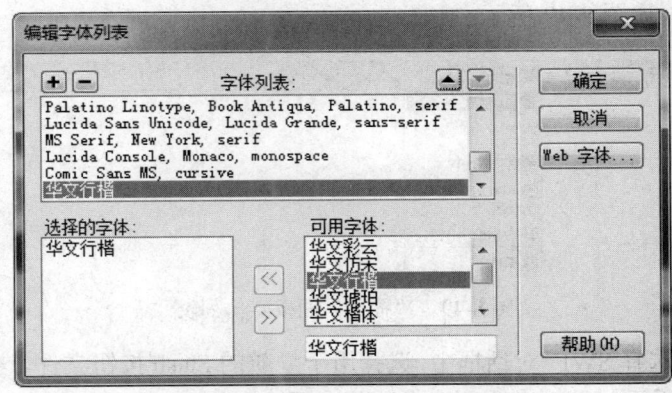

图 8-46　"编辑字体列表"对话框

（6）将光标置于表格右侧单元格内，在"属性"面板中设置单元格宽度为 140。

（7）打开"插入"菜单，单击"图像"，在"选择图像源文件"对话框中，选择图像 top-2.jpg。

（8）单击"文件"→"保存"命令，保存 book-title.html 文档。完成效果如图 8-47 所示。

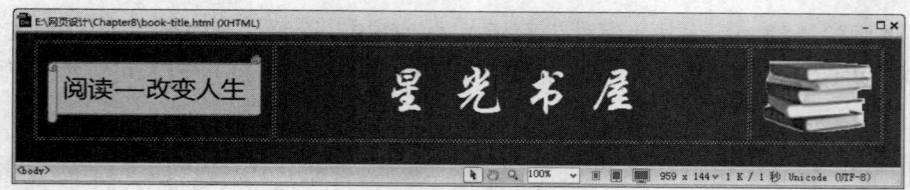

图 8-47　标题区完成效果

8.6.3　导航区的制作

1. 图书分类部分表格的制作

（1）执行"文件"→"打开"命令，在文档窗口打开 book-navi.html 文档。

（2）在"属性"面板中单击"页面属性"，在"页面属性"对话框中设置页面的背景颜色为#BDD2FF。

（3）在"插入"面板中，单击"表格"按钮，打开"表格"对话框，在文档中插入一个 10 行 1 列的表格，表格宽度为 160 像素。

（4）在文档窗口选中整个表格，在"属性"面板中设置填充和间距为 0，边框为 1，对齐方式为右对齐，如图 8-48 所示。

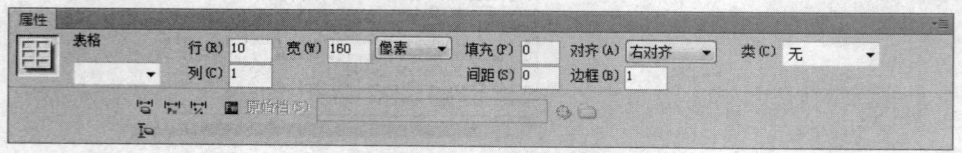

图 8-48　导航区表格属性设置

（5）选中表格所有行，设置表格背景颜色为#003399。

2. 图书分类部分内容的设计

（1）将光标置于表格第一行的单元格内，在"插入"面板的"常用"选项中，单击"媒体"，选择"SWF"，如图 8-49 所示。

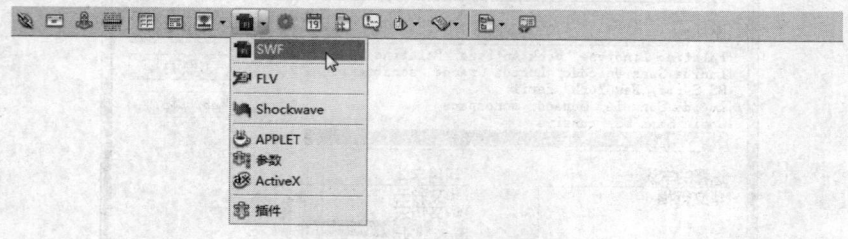

图 8-49　"插入"面板媒体列表

（2）在打开的"选择 SWF"对话框中，选择用于导航的 Flash 按钮文件，这里选择 fenlei.swf，文档效果如图 8-50 所示。

（3）在第 2～8 行的单元格中，输入图书分类的类别，依次为：文学、经济管理、人文社科、生活保健、体育、教材和辅导、计算机、艺术。新建名称为.list 的 CSS 规则，设置字体大小为 18，颜色为白色#FFF，将规则用于上述文字。并设置单元格水平方向为居中对齐，单元格高 30，如图 8-51 所示。

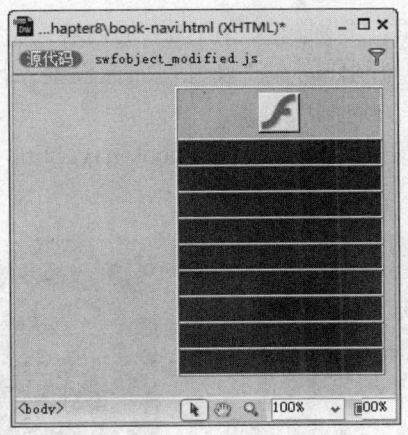

图 8-50　图书分类区文档效果之一

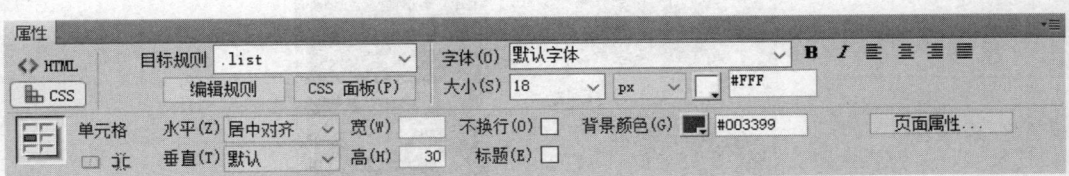

图 8-51　设置图书分类区文字属性

文档窗口效果如图 8-52 所示。

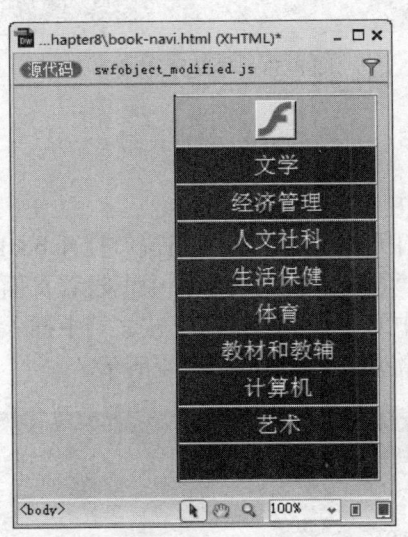

图 8-52　图书分类区文档效果之二

3．热门图书部分表格与内容的制作

（1）将光标置于表格最后一行的单元格内，单击"属性"面板的"拆分单元格为行或列"按钮 ，将单元格拆分为 6 行。

（2）将光标置于拆分后的最上面一行的单元格内，从"插入"面板中插入"媒体"文件，单击"SWF"按钮选择 remen.swf 文件。

（3）在最后 5 个单元格中，分别输入热门图书的内容：计算机基础、数据结构、多媒体技术、计算机网络、网页设计与制作。在"属性"面板设置各行文字应用名为.list 的 CSS 规则，单元格高 30，单元格水平方向居中对齐。

（4）单击"文件"→"保存"命令，保存 book-navi.html 文档。导航区的预览效果如图 8-53 所示。

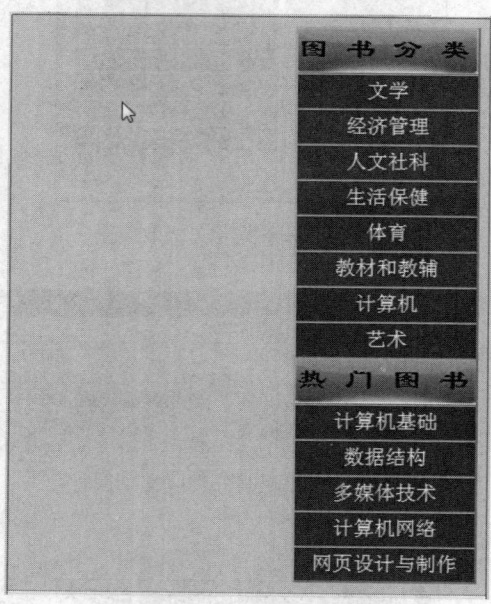

图 8-53　导航区完成效果

8.6.4　图书搜索区的制作

1. 图书搜索区表格的制作

（1）执行"文件"→"打开"命令，在文档窗口打开 book-search.html 文档。

（2）在"属性"面板的"页面属性"对话框中，设置页面的背景颜色为#BDD2FF。

（3）单击"插入"面板中的"表格"按钮，在文档中插入一个 1 行 3 列的表格，表格宽度为 736 像素，边框为 1，表格属性设置如图 8-54 所示。

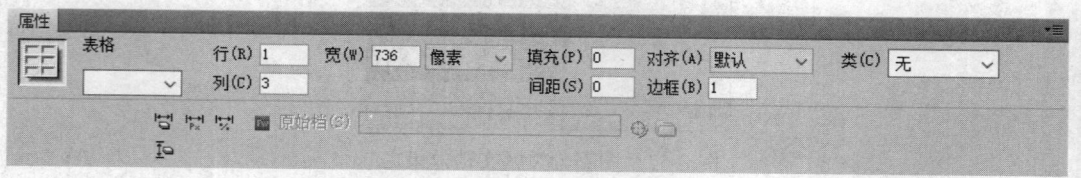

图 8-54　图书搜索区表格属性设置

2. 图书搜索区内容的制作

（1）将光标置于表格左侧单元格内，输入文字"欢迎光临星光书屋！"，选中文字，创建名为.scroll 的 CSS 规则，设置字体为黑体，大小为 18，颜色为#000。并设置单元格宽度为 411，高度为 35，如图 8-55 所示。

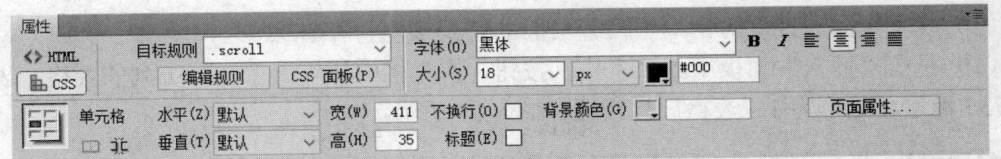

图 8-55 设置滚动文字属性

（2）设置文字动态效果。选中文字"欢迎光临星光书屋！"，单击"文档"工具栏中的"代码"按钮，切换到"代码"视图。在<td></td>之间，添加如下设置文字动态效果的代码：

    <marquee behavior=alternate>欢迎光临星光书屋！</marquee>

说明：
- <marquee>的作用是创建一个滚动的文本字幕。
- behavior=alternate，设置文字来回滚动。

（3）将光标置于中间单元格内，设置单元格宽度为237。在"插入"面板中选择"表单"选项，单击"文本字段"按钮，在文档中插入一个单行文本框，如图 8-56 所示。再单击"按钮"选项，在文本框后插入一个按钮元素。

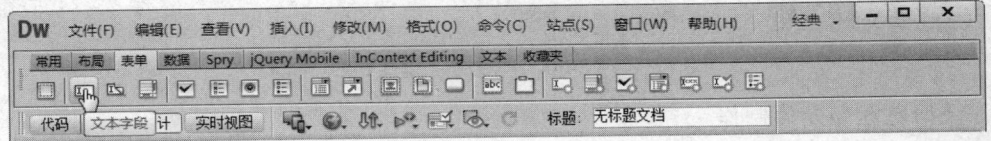

图 8-56 "插入"面板中的表单列表

（4）将光标置于右侧单元格内，输入文字"联系我们"，设置单元格宽度为 80，文字属性设置如图 8-57 所示。

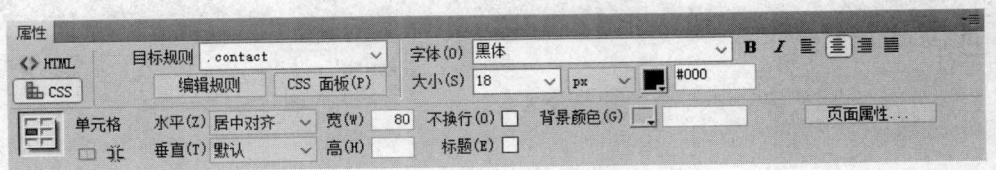

图 8-57 右侧单元格文字属性设置

（5）单击"文件"→"保存"命令，保存 book-search.html 文档。图书搜索区的完成效果如图 8-58 所示。

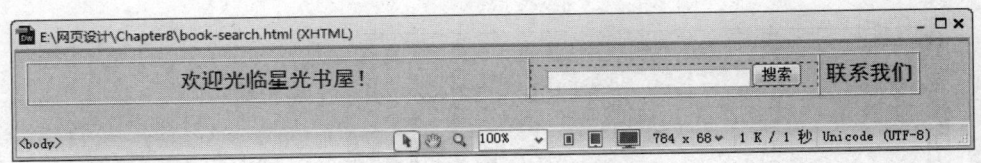

图 8-58 图书搜索区的完成效果

8.6.5 详细内容区的制作

1. 外层表格及首行文字的制作

（1）单击"文件"→"打开"命令，在文档窗口打开 book-index.html 文档。

（2）在"页面属性"对话框中设置页面的背景颜色为#BDD2FF。

（3）单击"插入"面板中的"表格"按钮，在文档中插入一个 2 行 1 列的表格，表格宽度为 736 像素，边框为 1。表格属性设置如图 8-59 所示。

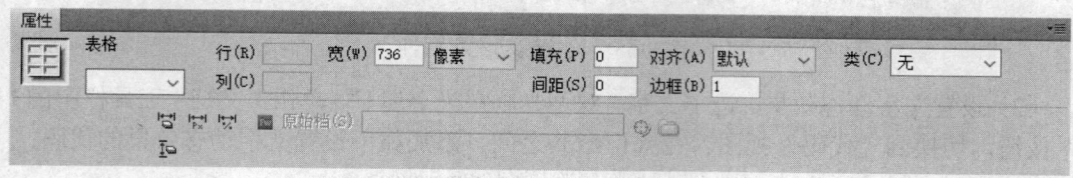

图 8-59　设置详细内容区的表格属性

（4）将光标置于第一行单元格内，输入文字"图书分类----计算机"，选中文字，创建名为.title2 的 CSS 规则，设置字体为隶书，大小 36，颜色#000，如图 8-60 所示。

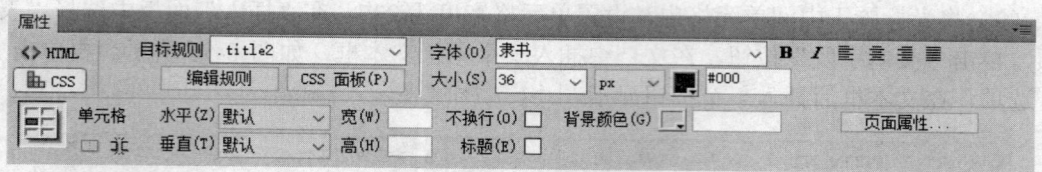

图 8-60　设置文字属性

2. 详细内容部分的制作

（1）将光标置于第二行的单元格内，单击"插入"栏中的"表格"按钮，在当前单元格中插入一个 3 行 2 列的表格，表格宽度为 732 像素，边框为 1，属性设置如图 8-61 所示。设置单元格每列宽度为 363。

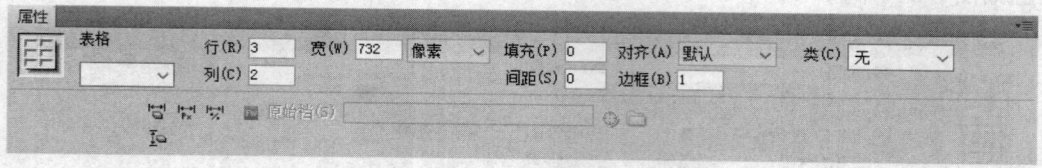

图 8-61　设置详细内容部分表格的属性

（2）将光标位于新插入表格第一行左侧的单元格内，单击"插入"栏中的"表格"按钮，在当前单元格中插入一个 1 行 2 列的表格，表格宽度为 363 像素，边框为 0。设置两列宽度分别为 163、200，文档显示如图 8-62 所示。

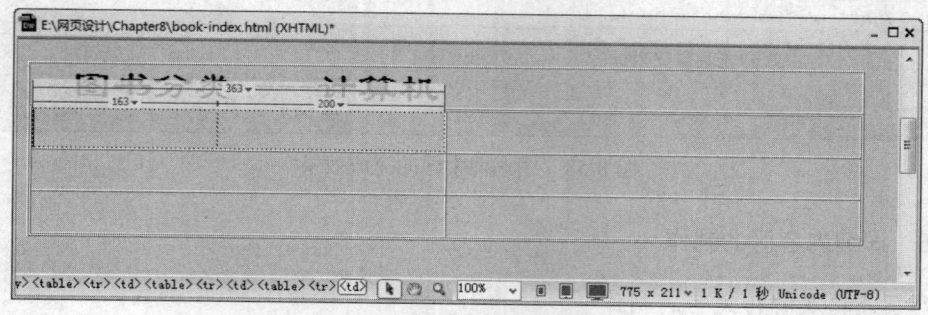

图 8-62　详细内容区文档效果之一

（3）将光标位于新插入表格的右侧的单元格内，单击"属性"面板的"拆分单元格为行或列"按钮，将单元格拆分为 5 行，文档显示如图 8-63 所示。

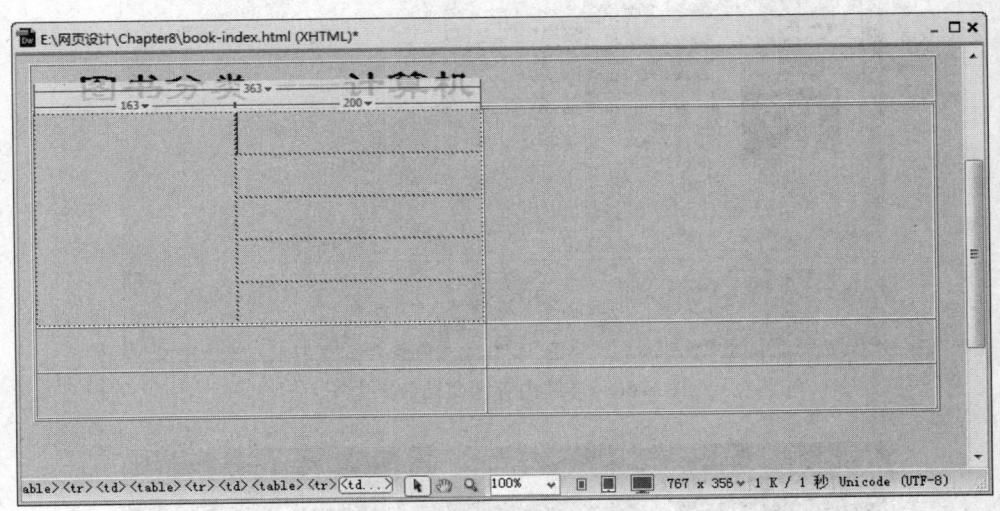

图 8-63　详细内容区文档效果之二

（4）将光标置于新插入表格的左侧的单元格内，单击"插入"面板上的"图像"按钮，选择并插入图像文件 image/shu_1.jpg，在"属性"面板中设置图像对齐为"左对齐"，如图 8-64 所示。

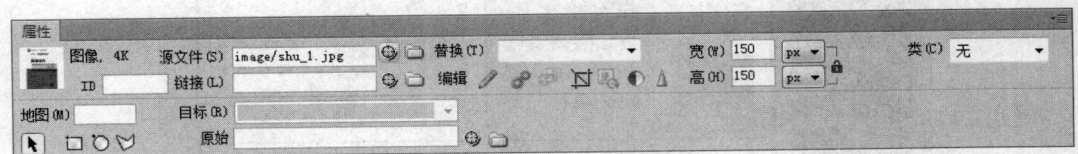

图 8-64　设置书籍图片属性

（5）在图像右侧的 5 个单元格内，依次输入编号、作者、出版社、出版日期、书籍简介等信息。创建名为.cd 的 CSS 规则，设置字体为楷体，字号 18，颜色#000，将规则应用于上述文字，如图 8-65 所示。设置所有单元格高为 35px。

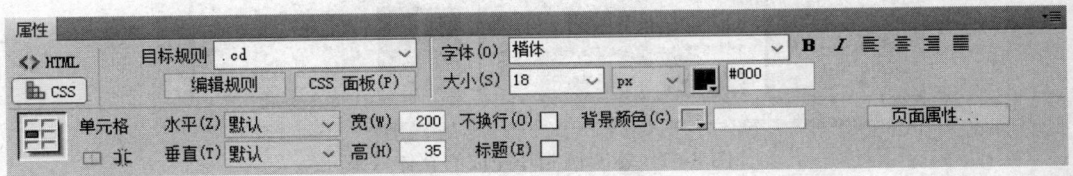

图 8-65　设置书籍文字属性

文档效果如图 8-66 所示。

（6）重复上述步骤（2）～（5），依次在其余 5 个单元格中插入表格、拆分单元格、插入图像、输入并设置文字。

（7）选择"文件"→"保存"命令，保存 book-index.html 文档。详细内容区制作完成。

本实例制作完成的整体效果如图 8-67 所示。

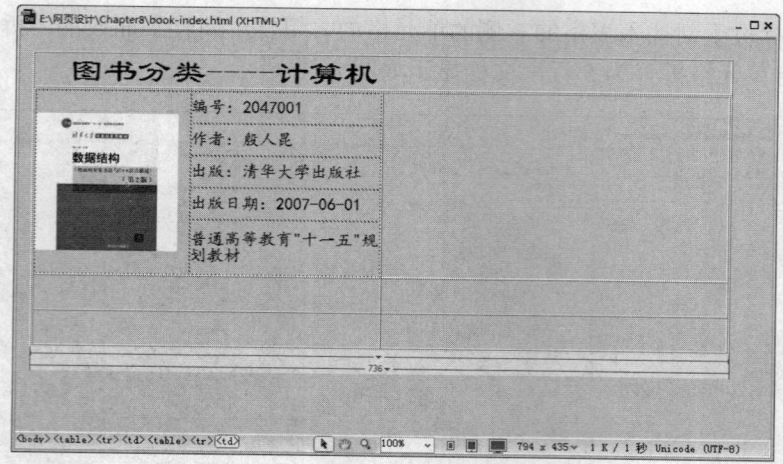

图 8-66　详细内容区文档效果之三

图 8-67　本实例制作完成的整体效果

思考与练习

1. 简述框架集的创建方式有几种，是如何操作的。
2. 在框架集"属性"面板中，关于边框的属性设定有哪些。
3. 简述在框架间进行链接时，链接目标的内容及含义。

第 9 章 模板和库的应用

【本章导读】

一般情况下，一个专业的网站中各个网页通常具有相似的风格。制作网站时，如果每个网站、每张页面都独立制作，则会浪费很多时间，这时可使用网页模板，将大量繁琐的网页设计变得相对简单，同时也可以让我们从繁杂的网页制作工作中解放出来，将更多的精力投入到网页创意和设计中。本章将介绍网页模板的作用、创建网页模板、更新库项目等知识。通过学习，以提高网页制作效率。

【本章要点】

- 网页模板的作用，网页模板的创建与应用。
- 库的作用，在网页中插入库项目。

9.1 模板的创建

模板是一种特殊类型的文档，可包含网页设置、格式设置和网页元素，用于设计布局比较"固定的"网页。模板的创建者可将需要经常修改的部分创建为可编辑区域，没有定义为可编辑区域的部分无法进行编辑，这样，不可编辑区域就可以固定下来供多个文档共享了。

9.1.1 模板的作用

模板是 Dreamweaver 中的重要工具，模板文件与常规网页文档有很大区别，它使用专门的".DWT"格式而非传统的".HTML"格式。

对于包含有多个网页文档的站点，其网站的 LOGO、导航栏以及页脚信息部分通常都是相同的，因此，可以通过制作一个通用页面，将页面中这些固定不变的部分锁定，而将其他不固定的部分（如正文部分）定义为可编辑区域。这样就可以在模板页的基础上进行修改，从而派生出各个具有不同正文内容的网页。这样不但保证了站点内网页风格的统一，同时也提高了网页制作者的工作效率。

模板的另一个作用是一次可以更新多个页面，基于模板的文档与该模板之间仍保持着关联，当对一个模板进行修改后，所有使用了这个模板的网页内容都将随之同步被修改。

9.1.2 模板的创建

在 Dreamweaver 中，模板一般保存在本地站点的根目录下一个名为 Templates 的文件夹中，如果 Templates 文件夹在站点中不存在，则将在创建新模板时自动创建该文件夹。创建模板的方法有两种：一种是利用 Dreamweaver 提供的模板文档创建；另一种是以现有网页文档创建模板。下面分别讲述这两种方法的创建过程。

1. 利用空模板文档创建

(1) 选择"文件"→"新建"命令,弹出"新建文档"对话框,如图 9-1 所示。

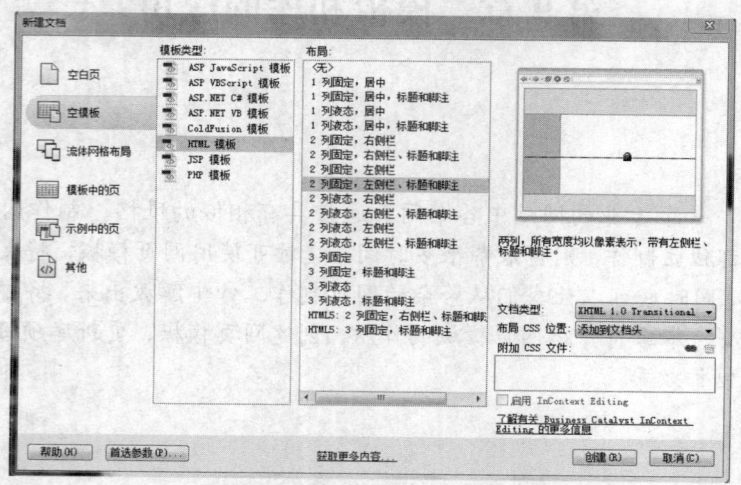

图 9-1 创建空模板文档

在对话框中选择"空模板"选项,在"模板类型"列表中选择"HTML 模板"选项,在"布局"列表中选择所建网页的布局样式。

(2) 单击"创建"按钮,即可创建一个空白模板网页。

2. 从现有文档创建模板

当编辑完成一个网页之后,可以将它作为模板保存在当前站点中的 Templates 文件夹里,操作步骤如下:

(1) 打开原网页文件,如图 9-2 所示。

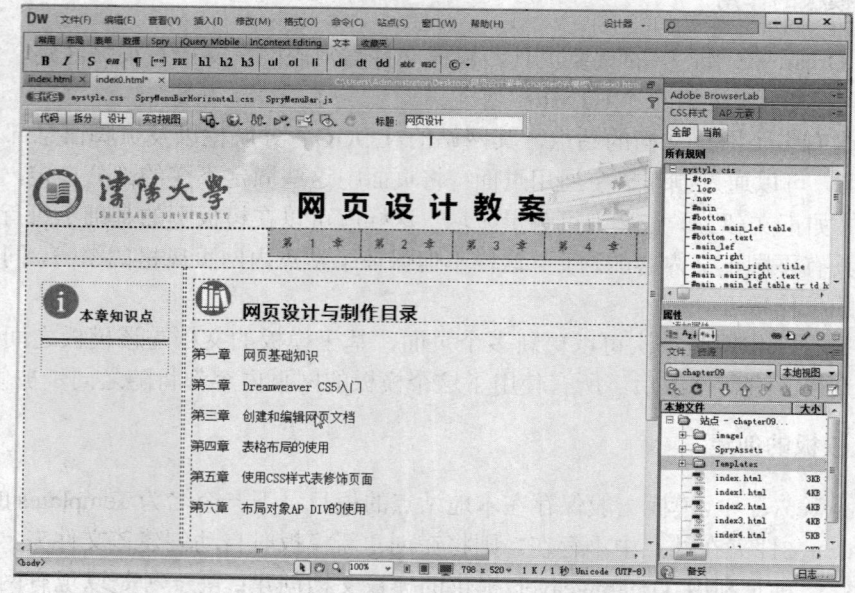

图 9-2 从现有网页创建模板

（2）选择"文件"→"另存为模板"命令，在弹出的"另存模板"对话框中的"站点"下拉列表中选择"shili02"，在"另存为"文本框中输入"moban"，如图9-3所示。

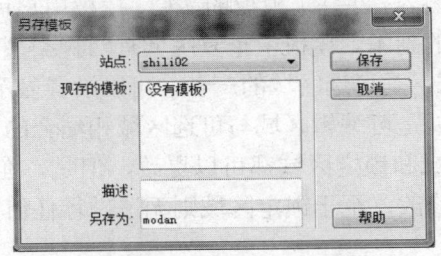

图9-3 "另存模板"对话框

（3）单击"确定"按钮，弹出提示对话框，单击"是"完成模板的保存。

3．在"资源"面板中新建模板

选择"窗口"→"资源"命令，打开"资源"面板，单击其左侧的"模板"按钮，新建模板，如图9-4所示。

注意：模板都是以站点为单位的，因此，保存模板前需定义站点或选择某个站点作为当前站点。如果尚未在Dreamweaver中定义站点，保存模板时将出现如图9-5所示的提示对话框。

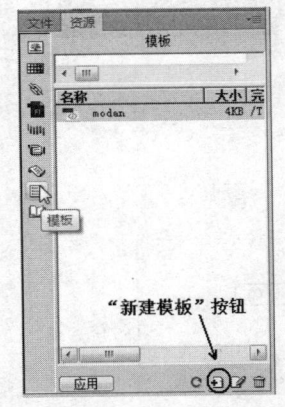

图9-4 使用"资源"面板创建模板

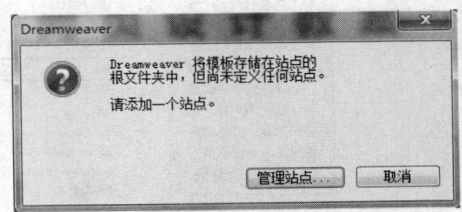

图9-5 提示对话框

9.1.3 编辑网页模板

在网页模板文件中编辑好页面形式后，如果不做任何设置，直接将模板应用到文档，则基于该模板的网页是不可编辑的。为了使网页可以被编辑，必须在模板中创建可编辑区域。

1．模板区域的种类

在Dreamweaver模板中，提供了4种类型的模板区域：

（1）可编辑区域：该区域是基于"模板"文档中未锁定的区域，它是模板用户可以编辑的部分。模板设计者可以将模板的任何区域指定为可编辑的。如果要使模板生效，模板中应至少包含一个"可编辑区域"。

（2）可选区域：是指在模板中指定的可选择的部分，用于保存有可能在基于模板文档中出现的内容（如可选文本或图像等）。在基于模板的页面上，模板用户可以设置判断条件来使可选区域中的内容根据条件来显示或隐藏。

（3）重复区域：指文档中设置为重复的布局部分。通常重复部分是可编辑的，这样模板用户可以编辑重复元素中的内容。在基于模板的文档，模板用户可以根据需要使用重复区域控制选项添加或删除重复区域的副本。模板中重复区域有两种类型：重复区域和重复表格。

（4）可编辑的可选区域：是可选区域的一种，可以设置显示或隐藏所选区域，并且可以编辑该区域中的内容。该区域是可编辑区域与可选区域相结合的产物。

创建模板时，可编辑区域和锁定区域都可以更改，但是，在基于模板的文档中，模板用户只能在可编辑区域中进行修改，至于锁定区域则无法进行任何操作。

2. 插入可编辑区域

在插入可编辑区域之前，要先确保编辑的是模板文件，否则普通网页文档中插入一个可编辑区域，Dreamweaver 会提示该文档将自动另存为模板。可编辑区域可以放在网页的任何位置。在模板中插入可编辑区域的步骤如下：

（1）打开模板文件，选择"插入"→"模板对象"→"可编辑区域"命令，如图 9-6 所示。

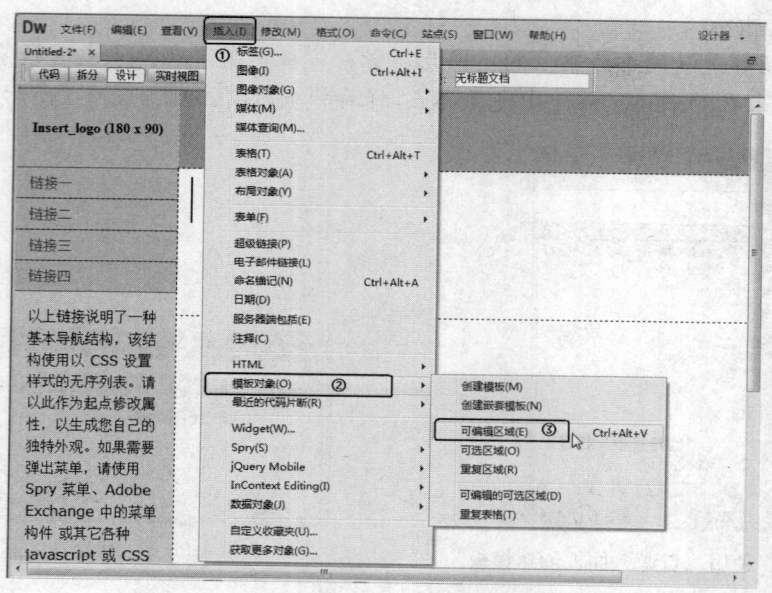

图 9-6　插入"可编辑区域"

（2）弹出"新建可编辑区域"对话框，在"名称"文本框中输入可编辑区域的名称，如图 9-7 所示。

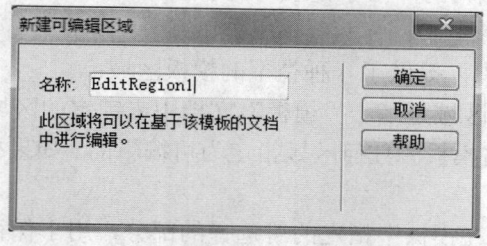

图 9-7　"新建可编辑区域"对话框

（3）单击"确定"按钮，插入可编辑区域后的页面效果，如图9-8所示。

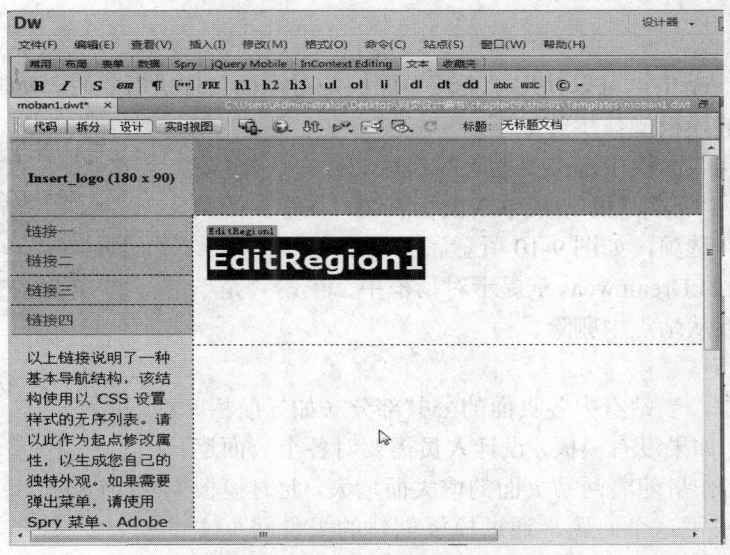

图9-8 插入可编辑区域

插入可编辑区域的操作，还可使用"插入"面板。在"插入"面板的"常用"组列表中单击"模板"按钮，在弹出的下拉列表中选择"可编辑区域"选项即可。

3. 删除可编辑区域

使用"删除模板标记"命令可以取消可编辑区域的标记，成为不可编辑区域，具体操作步骤如下：

（1）选中要删除的可编辑区域。

（2）选择"修改"→"模板"→"删除模板标记"命令，即可将可编辑区域删除，如图9-9所示。

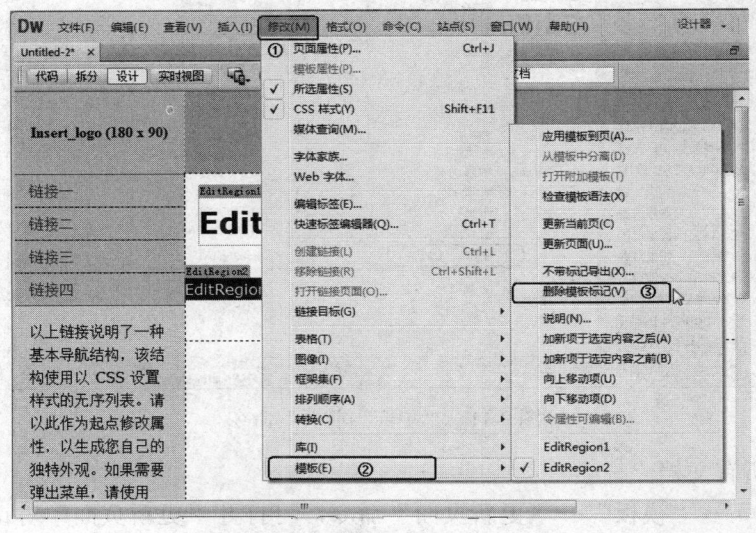

图9-9 选择"删除模板标记"命令

9.1.4 管理和维护网页模板

1. 管理模板

在 Dreamweaver 中,可以使用"资源"面板,对模板文件进行管理,如重命名和删除等。例如,删除不用的模板操作步骤如下:

(1)在"资源"面板中选中要删除的模板文件。单击"资源"面板右下角的"删除"按钮或单击鼠标右键,在弹出的菜单中选择"删除"选项,如图 9-10 所示。

(2)在弹出的 Dreamweaver 提示对话框中,单击"是"按钮,即可将模板从站点中删除。

2. 模板的更新

在一个网站中,当站点中各页面的公共部分(如导航栏)需要统一调整时,如果没有模板,设计人员需要对各个页面逐一进行修改,其工作量随着网站页面的增大而增大。此时模板的出现很好地解决了这个问题。通过模板创建的大量网页文档,需要进行修改时,只需要对公共部分进行修改后,更新基于该模板的所有文档,就可以非常轻松地实现对所有页面的修改,从而大大提高了网页维护的工作效率。

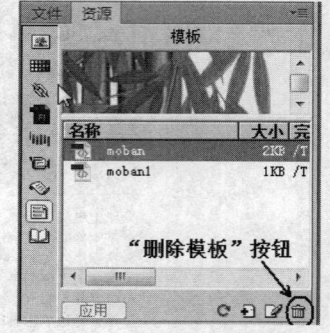

图 9-10 "删除模板"按钮

(1)更新当前文档

在基于某个模板的网页文档中选择"修改"→"模板"→"更新当前页"命令,可对当前网页文档进行更新,如图 9-11 所示。

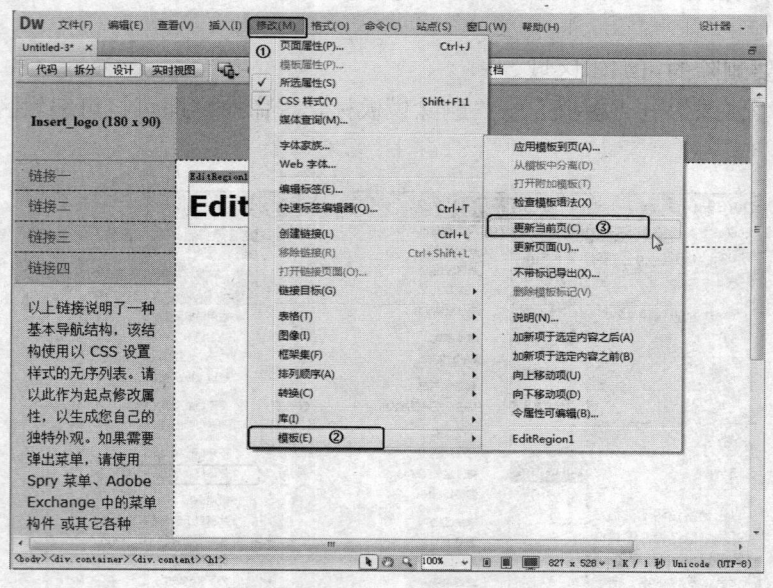

图 9-11 "更新当前页"命令

(2)更新所有文档

选择"修改"→"模板"→"更新页面"命令,可打开"更新页面"对话框,在该对话框中可进行更新的参数设置,实现所有文档的更新,如图 9-12 所示。

"更新页面"对话框包括"查看""更新"和"显示记录"参数设置项,其作用如下:
- "查看"设置:若按相应"模板"更新所选站点中的所有文件,在第一个下拉列表框中选择"整个站点"选项,然后从其后的下拉列表框中选择"站点名称";若针对"模板"更新文件,则在第一个下拉列表框中选择"文件使用"选项,然后从其后的下拉列表框中选择"模板"名称。
- "更新"复选框组:选中复选框则对库项目同时更新,且必须选中☑模板(T)复选框。
- "显示记录"复选框:选中该复选框后,可查看更新文件的记录。

当对修改后的网页模板进行保存时,Dreamweaver 将会打开"更新模板文件"对话框,如图 9-13 所示。单击"更新"按钮可自动更新应用该模板创建的所有网页。否则,将会只保存模板的修改,而不对应用该模板所创建的网页进行更新。

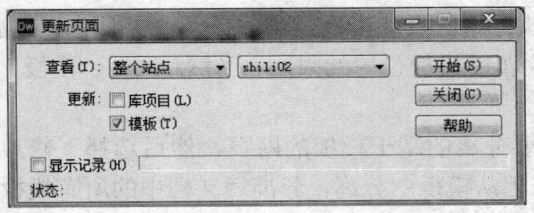
图 9-12　"更新页面"对话框

图 9-13　"更新模板文件"对话框

3. 模板的应用

制作网页"模板"的目的是将其应用到站点的网页文档中,或者说创建基于"模板"的站点文档。将"模板"应用到现有文档是"模板"应用的最常见操作,其操作步骤如下:

(1)新建或打开目标网页,选择"修改"→"模板"→"应用模板到页"命令,打开"选择模板"对话框,如图 9-14 所示。

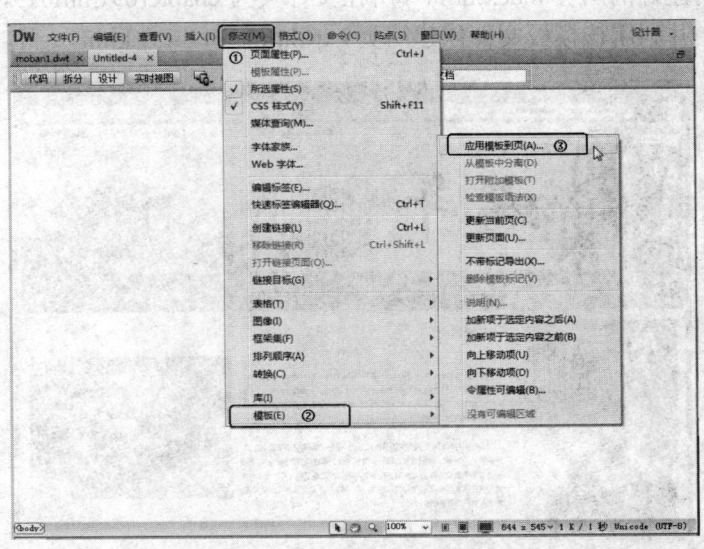
图 9-14　"应用模板到页"命令

(2)在"模板"列表框中选择需要套用的模板,单击"选定"按钮即可在当前网页文档中应用所选模板,如图 9-15 所示。

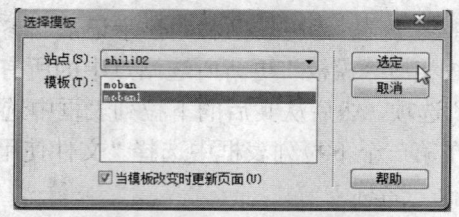

图 9-15 "选择模板"对话框

使用本操作的网页通常是空白的网页文档,如果网页中已包含内容,并且与"模板"不一致,则在将"模板"应用到该网页文档时,将打开"不一致区域名称"对话框要求对不一致区域进行匹配,因此对于本来包含网页元素的网页则较少执行此项操作。

4. 从模板分离文档

对于应用了模板的网页,可根据实际情况执行将网页从模板分离的操作。并且分离之后,网页文档的所有区域都将变成可编辑状态,不会再受模板设置的限制,当然,同时"模板"更新功能对该页面也将不再有效。

从模板分离网页的操作步骤如下:打开需要分离的基于模板的网页,然后选择"修改"→"模板"→"从模板中分离"命令即可实现文档从模板中分离,分离后文档中的所有模板代码都将被删除。

与独立网页相比,基于模板的网页文档的页面右上角会显示所套用的模板名称,通过此标识可判断当前网页是否为基于模板的网页。

9.2 利用模板创建网页

本例使用已创建好的网页 index.html(所在文件夹为 chapter09\shili01),如图 9-16 所示,来生成模板文件,并利用该模板文件创建网页 lsqy.htmlt 和 dwsy.html。

图 9-16 利用模板创建网页

操作步骤：

（1）打开"index.html"网页，将插入点定位到右侧 Div 标签中"端午节简介"文字前，将文字删除。选择"插入"→"模板对象"→"可编辑区域"命令，在弹出的提示信息对话框中单击"确定"，如图 9-17 所示。

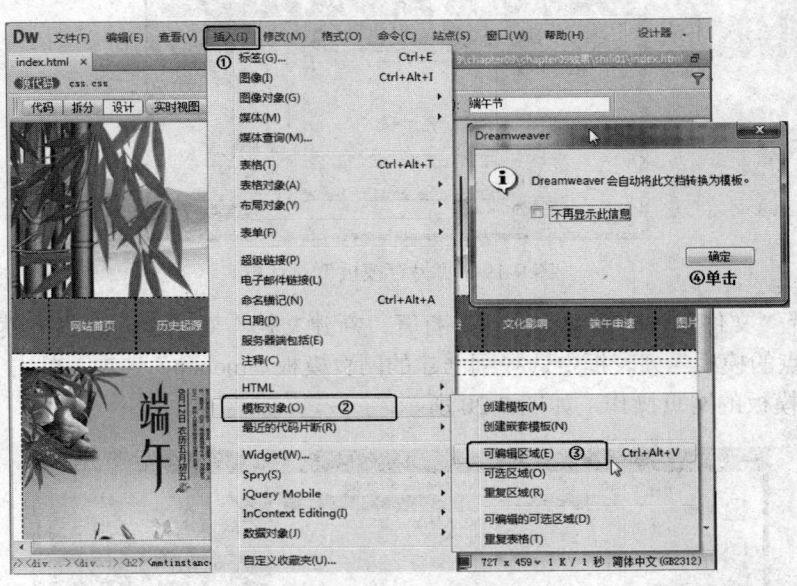

图 9-17 在网页中插入可编辑区域

（2）在打开的对话框的"名称"文本框中输入可编辑区域的名称"title_edit"，单击"确定"按钮，完成标题可编辑区域的插入。

（3）同样的方法，将正文内容及图片删除，再插入一个可编辑区域并命名为"content_edit"，完成后如图 9-18 所示。

图 9-18 插入可编辑区域

(4)选择"文件"→"另存为模板"命令,打开"另存模板"对话框,在"另存为"文本框中输入模板名称"moban",单击"保存"按钮,在弹出的对话框中单击"是"按钮,完成模板的保存操作,如图 9-19 所示。

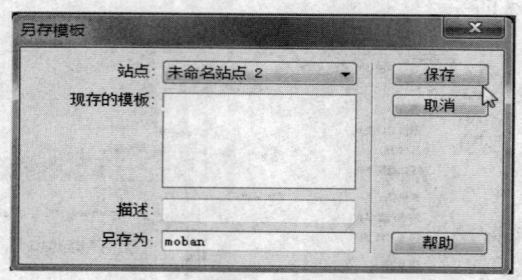

图 9-19　"另存模板"对话框

(5)选择"文件"→"新建"命令,打开"新建文档"对话框,选择"模板中的页"选项卡。在"站点的模板"列表框中选择刚创建的网页模板"moban"选项,单击"创建"按钮,完成新建基于模板的网页操作,如图 9-20 所示。

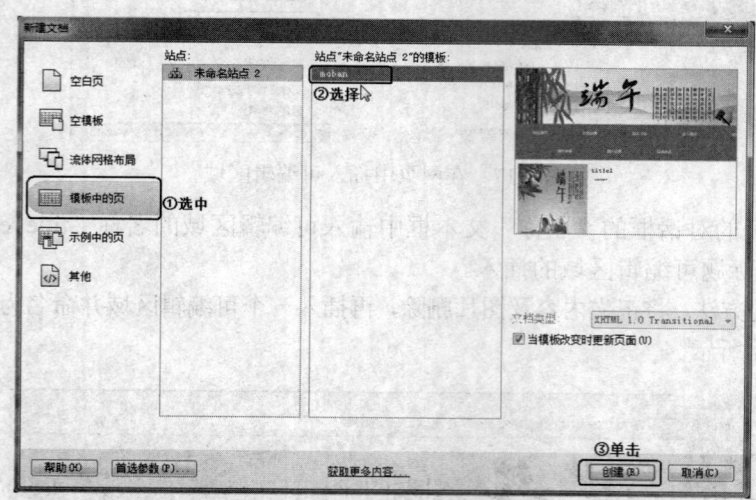

图 9-20　新建基于模板的网页文档

如果"新建文档"对话框中的"站点"列表框中有多个站点时,需选择网页模板所在的站点。

(6)添加标题及内容文本。

在网页编辑区,将光标定位在"title_edit"中,删除其中文本,输入"历史起源"。再将光标定位于"content_edit"中,删除其中文本,将关于端午节起源的文本(参考 chapter09/shili01/content.txt 文件)复制到编辑区域中。

将光标移到文本最前面,选择"插入"→"图像"命令,在弹出的对话框中,选择插入例题文件夹下的 lsqy.jpg 文件,将图像插入到可编辑区域中。

选中图像,在窗口下方"属性"面板的"类"下拉列表中选择应用类"cimg",如图 9-21 所示,使图像在可编辑区域内靠右对齐。

第 9 章 模板和库的应用 223

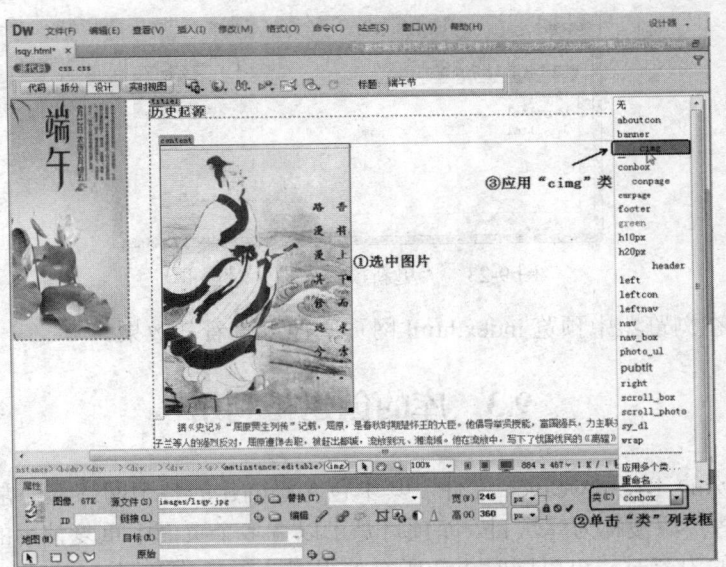

图 9-21　图像应用类 cimg

（7）保存网页，选择"文件"→"保存"命令，在打开的对话框的"文件名"文本框中输入"lsqy.html"，单击"保存"完成网页的保存操作。

（8）采用同样的方法，创建"端午申遗"网页"dwsy.html"，插入的图像文件为"dwsy.jpg"。按 F12 键，在浏览器中预览网页的效果。

（9）在 Dreamweaver 中打开 Templates 文件夹下的"moban.dwt"模板文件，设置模板的导航条热点，如图 9-22 所示。分别设置"网站首页"链接至"index.html"；将"历史起源"链接至"lsqy.html"；将"端午申遗"链接至"dwsy.html"网页。

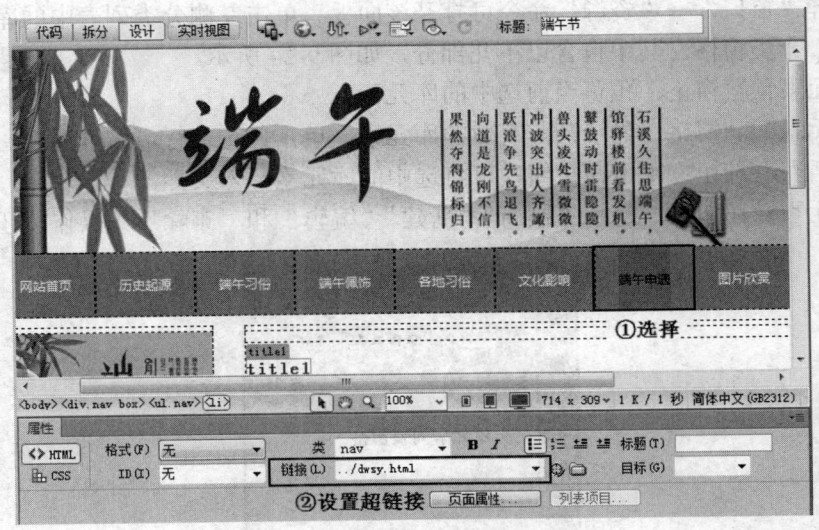

图 9-22　修改模板超链接设置

（10）选择"文件"→"保存"命令，保存模板的修改，在打开的对话框中选择"更新"按钮，如图 9-23 所示。完成自动更新所有基于此模板的网页。

图 9-23 "更新模板文件"对话框

按 F12 键,在浏览器中预览 index.html 网页文件,查看其效果。

9.3 库的创建与利用

库是一种特殊的 Dreamweaver 文件,其中包含已创建的整个网站上经常使用的"资源"集合,库中的这些资源被称为库项目。库项目是可以在多个页面中重复使用的网页元素,每当更改某个库项目的内容时,可以同时更新所有使用了该项目的页面。

9.3.1 什么是库和库项目

库中可以加入网页体(body 标记)中的所有页面元素,如文本、图像、表格、表单、插件和 JavaScript 脚本程序等。但库项目中不能包含时间轴和样式表,因为这些元素的代码在网页头部(head 标记)中,不能作为网页体的一部分。

库项目在 Dreamweaver 中是以文件实体形式存在的,其原始文件必须保留在指定的位置,否则无法被正确引用,这个指定的位置通常是在每个站点下的 Library 文件夹中。

Dreamweaver 中库的操作通常是在库管理界面中进行,该面板位于"资源"面板中,打开方法是:选择"窗口"→"资源"命令可打开该面板。单击左侧分类列表中的库按钮,可切换到"库"分类窗格。其中包含以下几部分,如图 9-24 所示。

- 库元素预览窗格:预览当前选中的库元素。
- 库元素列表窗格:显示当前有效的库元素,单击任意一行可将其选中。
- "插入"按钮:单击该按钮,可将选中的库元素插入文档。
- 库元素操作按钮:包括"刷新""新建""编辑"和"删除"等操作按钮。

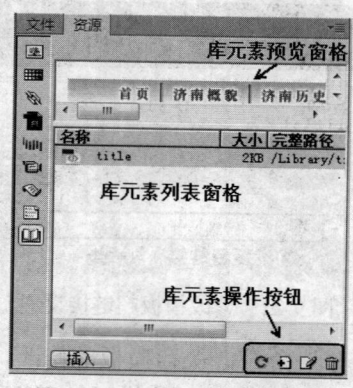

图 9-24 库管理界面

9.3.2 创建库项目

库文件的作用就是将网页中经常使用的网页元素转化为库项目,然后再将库项目作为一个元素插入至网页文档中。库项目与模板的区别在于模板是使用整个网页,而库项目是网页中的一部分。

(1) 新建"库项目",可采用如下两种方法:
- 使用"菜单":选择"文件"→"新建"命令,在打开的"新建文档"对话框中,选择"空白页",在"页面类型"中选择"库项目",单击"创建"按钮,如图9-25所示。

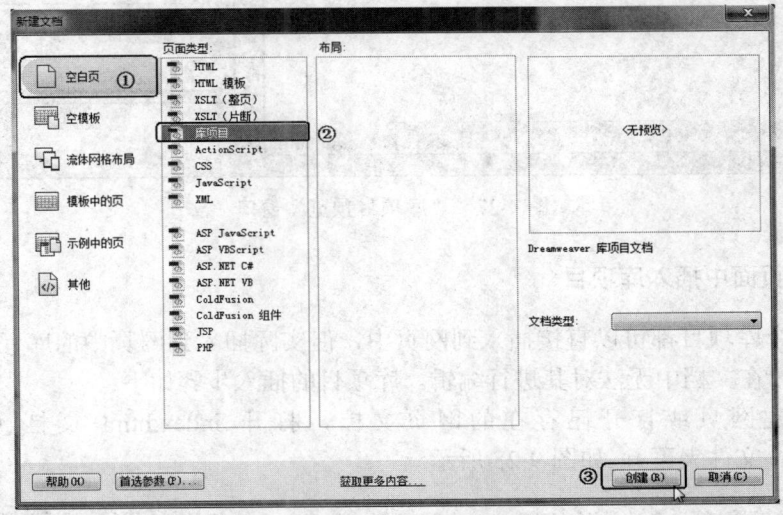

图 9-25 库项目创建

- 使用"库"面板:在"库"面板中,单击"新建库项目"按钮创建库项目。在名称框中修改库项目的名称,可进入库项目编辑操作,如图9-26所示。

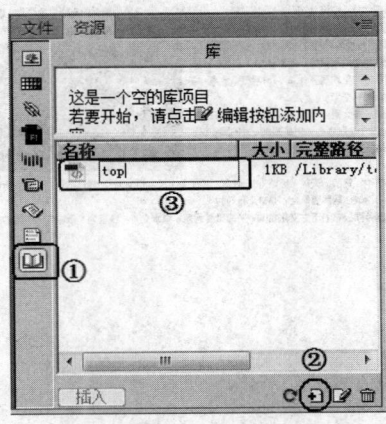

图 9-26 使用"库"面板新建库项目

(2) 库项目的编辑方法同网页的创建相似。创建完成后可保存在"库项目预览窗口"中查看其效果,如图9-27所示。

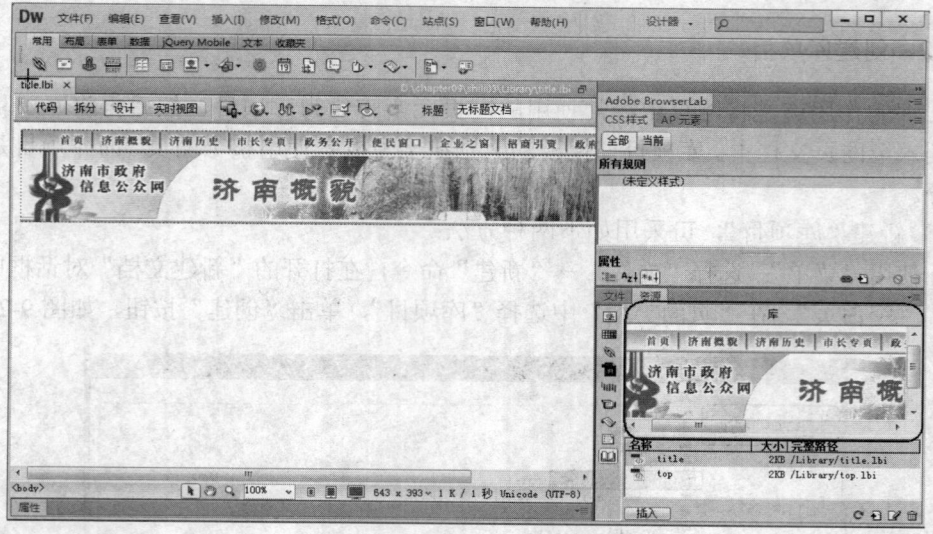

图 9-27 "库项目预览"窗口

9.3.3 在页面中插入库项目

库中的各个库项目都可以直接插入到网页中，但实际插入到网页中的库元素只是该库项目的一个引用，在文档中无法对其进行编辑。库项目的插入步骤如下：

（1）新建网页或打开已存在的网页文档，打开 index.html 文档（文件保存于 chapter09\shili02 文件夹下），如图 9-28 所示。

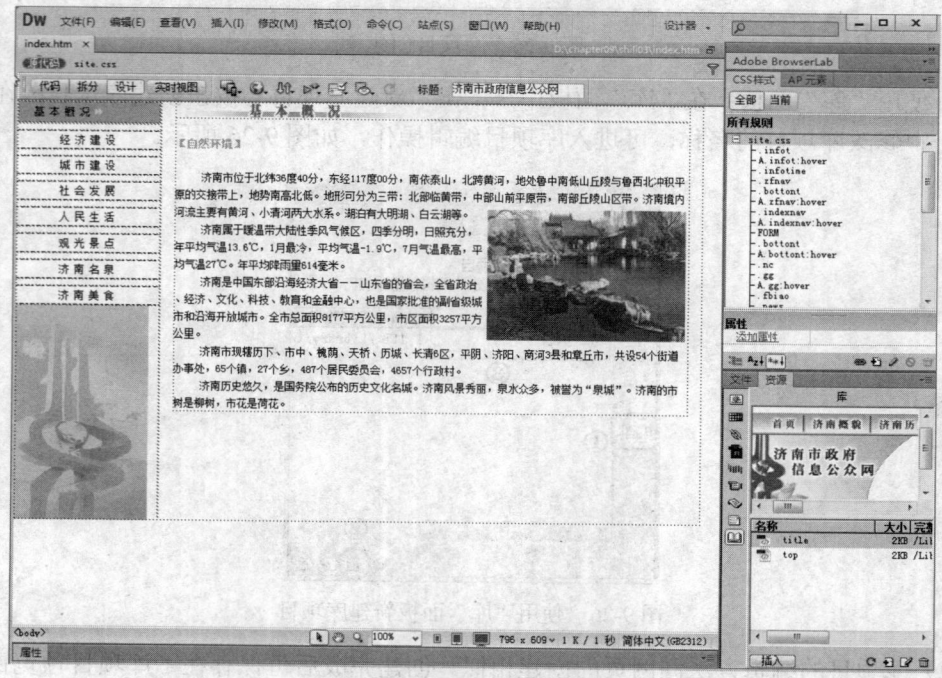

图 9-28 index.html 网页编辑窗口

(2) 在网页页面中,将光标定位于要插入库项目的位置,选择"资源"面板,单击"库"按钮,将"资源"面板切换至"库"面板,在"库项目"列表中选择要插入的"库项目",单击"插入"按钮,如图 9-29 所示,完成库项目的插入。也可采用鼠标"拖曳"的方法,直接将选中的库项目插入至网页文档中。

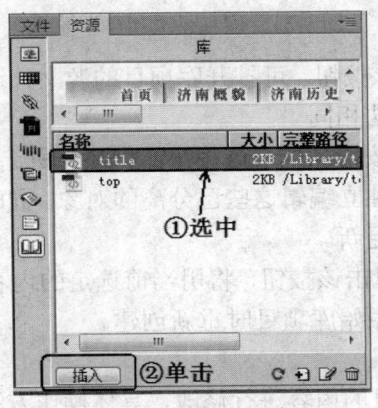

图 9-29 在网页中插入库项目

(3) 插入了库项目后的网页效果如图 9-30 所示。

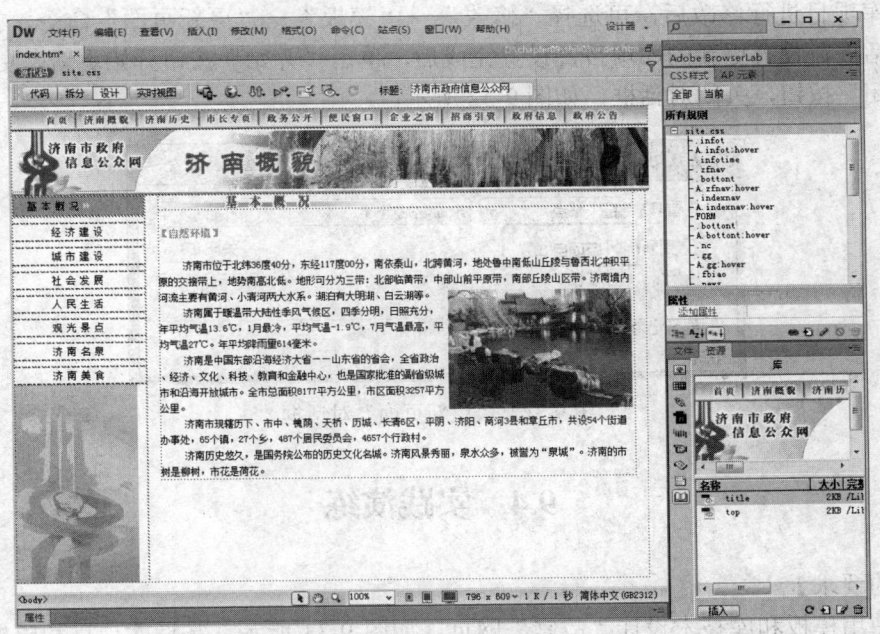

图 9-30 index.html 网页窗口

9.3.4 修改及更新库项目

1. 库项目"属性"面板

在插入库项目后,则可在该库项目所对应的"属性"面板中进行引用设置,库项目"属性"面板主要包括三个按钮,如图 9-31 所示。

图 9-31 库项目"属性"面板

- "打开"按钮：单击该按钮，可打开库项目的源文件进行编辑，对库项目的编辑操作方法与网页的编辑方法相同。
- "从源文件中分离"按钮：单击该按钮，将断开所选库项目与其源文件之间的链接。分离后即可在文档中独立编辑这些已分离的对象。同时，当再次更改源库项目文档时将不会自动对其进行更新。
- "重新创建"按钮：单击该按钮，将用当前选定的内容覆盖原始库项目，使用此选项可在丢失或意外删除原始库项目时重新创建。

2. 修改库项目

Dreamweaver 允许对库项目的内容进行修改，具体操作方法：在"资源"面板的"库"分类列表中，选择需要修改的库项目，单击"修改"按钮，即可进行库项目的修改。

3. 更新库项目

当对库项目进行修改后，可选择"修改"→"模板"→"更新页面"命令，打开"更新页面"对话框，设置更新的库项目，设置完成后，单击"开始"按钮开始更新，更新完成后，单击"关闭"按钮，关闭对话框，如图 9-32 所示。

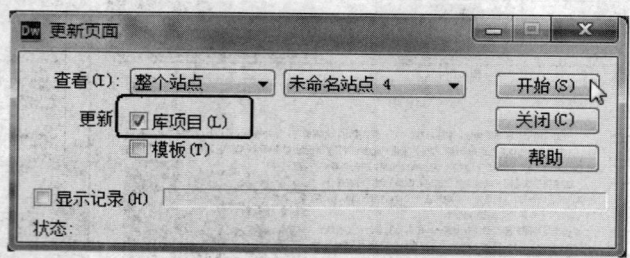

图 9-32 "更新页面"对话框

9.4 实践演练

【目的要求】

综合使用模板和库技术设计"故宫"网页，如图 9-33 所示。掌握库项目和模板的创建、修改及应用等几项技术。通过该实例进一步了解基于库项目和模板的网页制作过程。

【说明】

本例素材保存于 chapter09\shili03 文件夹中。网页结构基本分为上、中、下三部分，其中，中间又分为左、右两部分。针对本网站的特点，分别创建 header（网页上部）、footer（网页底部）和 left_nav（中间左侧导航）三个库项目。然后，通过将三者组合并设置中间右侧可编辑区域来创建网站模板，并应用模板创建网页。

第 9 章 模板和库的应用 | 229

图 9-33 "故宫"网页效果图

【操作步骤】
1. 创建网页库项目

将文件夹 chapter09\shili03 设置为本地站点,站点名自拟。

(1)选择"窗口"→"资源"命令,打开"资源"面板,在面板中单击"库"按钮,将面板切换到"库"分类中,单击"新建库项目"按钮,创建一个空白库项目,在名称框中输入"header",按 Enter 键确认输入,如图 9-34 所示。

(2)双击新建的库项目名称 header,打开库项目编辑窗口,编辑库项目。

(3)单击"插入"→"表格"命令,弹出"表格"对话框,按照如图 9-35 所示参数设置,完成后单击"确定"按钮,在库项目中插入一个 2 行 1 列的表格,表格宽度为 100%,间距为 2。

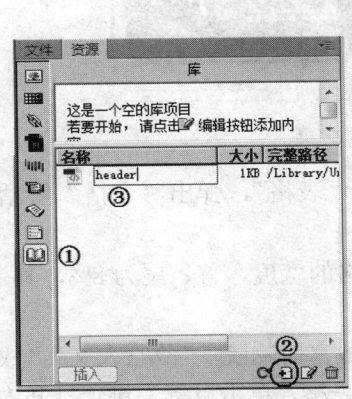

图 9-34 新建库项目 header

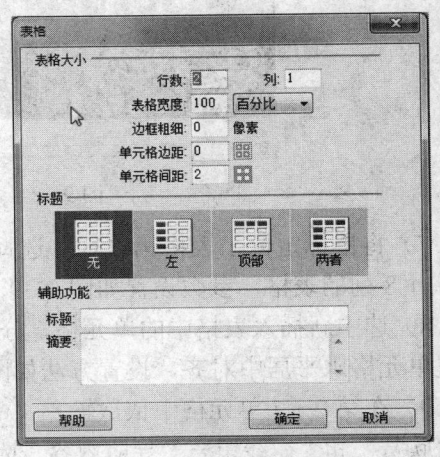

图 9-35 "表格"对话框

(4)将光标定位于表格第一行,单击鼠标右键,在弹出的快捷菜单中选择"标签编辑器

_td",打开"标签编辑器"对话框,左侧框中选择"浏览器特定的"选项,在右侧"背景图像"中设置单元格背景图像为本地站点"images"文件夹中的"head.jpg"图像,如图9-36所示。

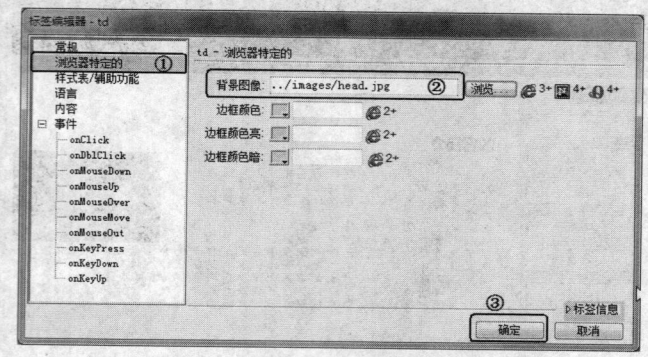

图9-36 "标签编辑器"对话框

(5)将鼠标定位于表格第一行,在窗口下方的"属性"面板中设置单元格高为200,垂直底部对齐,如图9-37所示。

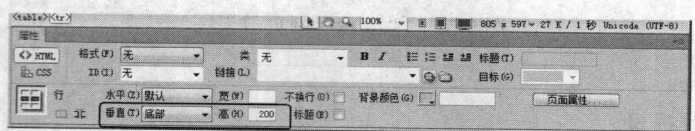

图9-37 单元格"属性"面板

(6)选择"插入"→"图像",在单元格中插入 images\txt.png 图像文件,效果如图9-38所示。

图9-38 表格第一行设置效果

(7)将鼠标定位于表格第二行,选择"插入"→"表格",弹出"表格"对话框,插入一个1行8列的表格,参数设置如图9-39所示。

(8)选中新插入表格中的单元格,分别设置单元格的宽度,首、尾为8%,其余为14%,并设置单元格水平居中对齐,设置方法如图9-40所示。

(9)在第2~7单元格中依次输入"故宫简介""故宫博物院""故宫人文""故宫诡事""图片欣赏"和"在线留言"导航内容。选中新插入的表格,单击鼠标右键,打开"标签编辑器 table"对话框,设置表格背景图为 images\navbg.jpg 文件,如图9-41所示。选择"文件"→"保存"命令,保存库项目 header.lbi。

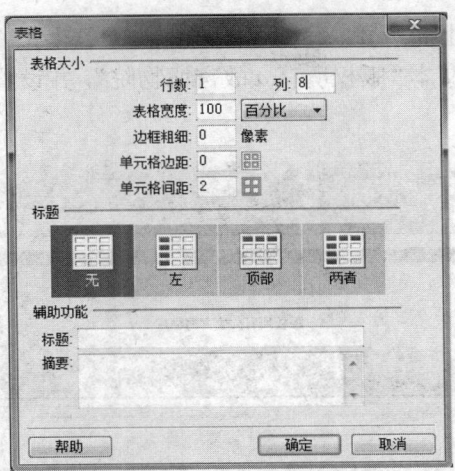

图 9-39 插入 1 行 8 列的表格

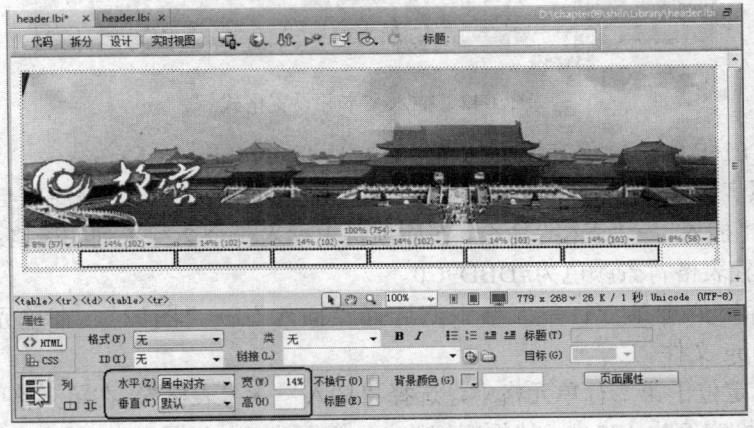

图 9-40 "属性"面板

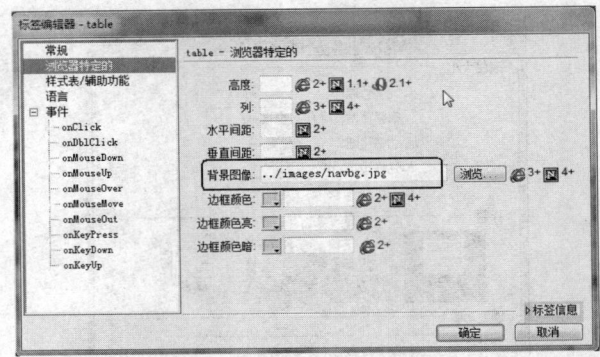

图 9-41 "标签编辑器"对话框

（10）按照步骤（1）的方法，再创建一个库项目 footer，并打开库项目编辑窗口。

（11）选择"插入"→"表格"命令，在库项目中插入一个 1 行 1 列的表格；并设置表格背景图片为"images/footbg.jpg"文件；设置单元格对齐方式为水平居中，垂直居中，单元格高度为 150。操作过程参考上面步骤。

（12）在单元格中输入文本"版权所有@故宫博物院"，并设置格式为"标题 4"，如图 9-42 所示。

图 9-42　插入文本并设置格式

（13）按 Ctrl+S 组合键保存编辑的库项目文件 footer.lbi。

（14）按照步骤（1）的方法，再创建一个库项目 left_nav，并打开库项目编辑窗口。

（15）选择"插入"→"表格"命令，在库项目中插入一个 2 行 1 列的表格；宽度为 250px，间距为 2，并设置表格背景颜色为#DBD9C0。

（16）鼠标定位于第一行单元格中，选择"插入"→"图像"，在单元格中插入图像 images\left_title.jpg 文件。

（17）鼠标定位于第二行单元格中，选择"插入"→"表格"，在单元格中插入一个 8 行 1 列的表格，表格宽度为 177px，边框粗细为 1，间距为 2，如图 9-43 所示，并在"属性"面板设置对齐方式为居中对齐。

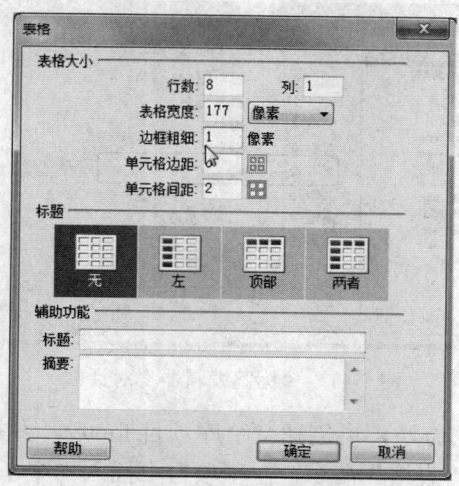

图 9-43　插入表格

（18）选中表格中所有 8 个单元格，设置单元格为水平居中对齐，依次将文件夹 images 中的 leftnav_1.jpg～leftnav_8.jpg 图像文件插入至单元格中，效果如图 9-44 所示。保存库项目文件，完成所有库项目的创建。

2．创建网站模板

（1）在"资源"面板中单击"模板"按钮，将面板切换到"模板"分类中，单击"新建模板"，创建模板文档，在名称框中输入模板名称：moban，按回车键确认，如图 9-45 所示。

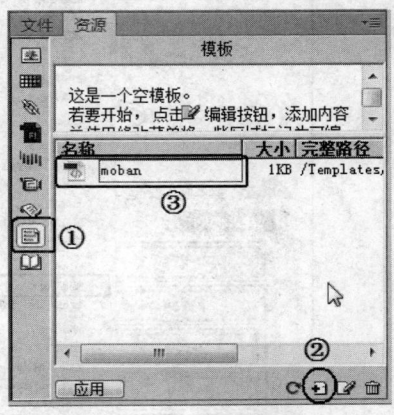

图 9-44　left_nav 库项目效果　　　　　　　图 9-45　新建模板操作

（2）在模板列表窗口中，双击模板名称打开模板编辑窗口。选择"插入"→"表格"，在模板中插入一个 3 行 1 列的表格，表格宽度为 96%，间距为 2。

（3）将鼠标定位在表格的第一行，在"资源"面板中单击"库"按钮，在"库项目列表"窗口中选中库项目"header"，单击"插入"按钮，将该库项目插入到模板中。

（4）采用相同的方法，在表格第三行插入库项目 footer。

（5）将鼠标定位在第二行单元格中，选择"修改"→"表格"→"拆分单元格…"命令，如图 9-46 所示。将单元格拆分为 2 列。

图 9-46　拆分单元格

（6）鼠标定位在左侧单元格中，在窗口下方的"属性"面板中进行设置，单元格宽度占比为25%。然后，将库项目 left_nav 插入单元格中。

（7）将鼠标定位在右侧单元格中，选择"插入"→"模板对象"→"可编辑区域"，如图9-47所示。

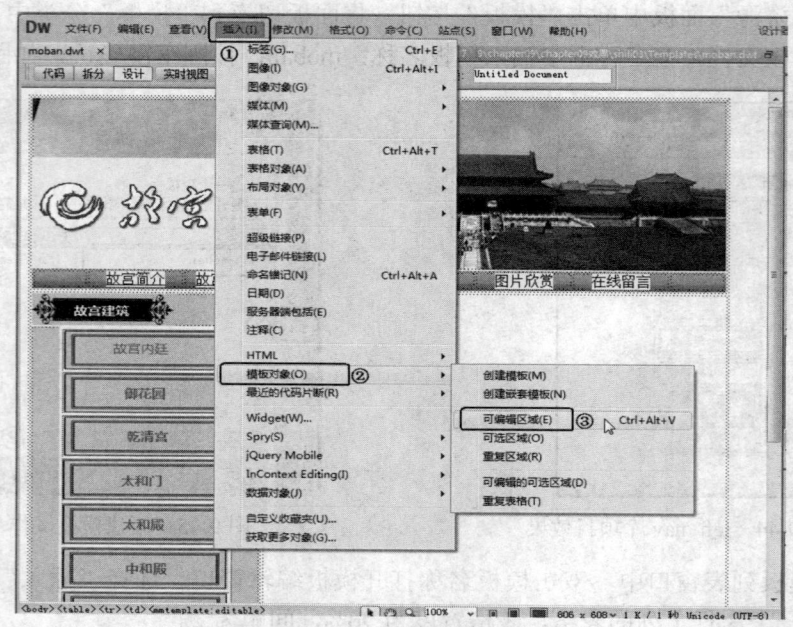

图9-47　模板中插入可编辑区域

（8）在弹出的"新建可编辑区域"对话框中，输入可编辑区域名称：content_edit，单击"确定"，完成可编辑区域的插入，如图9-48所示。

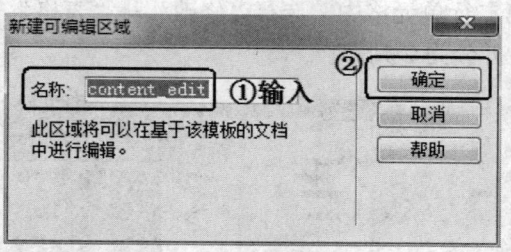

图9-48　"新建可编辑区域"对话框

（9）选择"文件"→"保存"命令，完成模板文档的创建，创建的 moban 效果如图9-49所示。

3．应用模板创建网页

（1）选择"文件"→"新建"命令，在弹出的"新建文档"对话框中，选择"模板中的页"选项卡。在"站点的模板"列表框中选择刚创建的网页模板"moban"选项，单击"创建"按钮，完成基于模板的新建网页操作，操作如图9-50所示。

（3）将鼠标定位于可编辑区域内，删除其中内容，选择"插入"→"表格"，在可编辑区域内插入一个2行1列的表格，表格宽度为100%，间距为2。

图 9-49　模板文档 moban.dwt

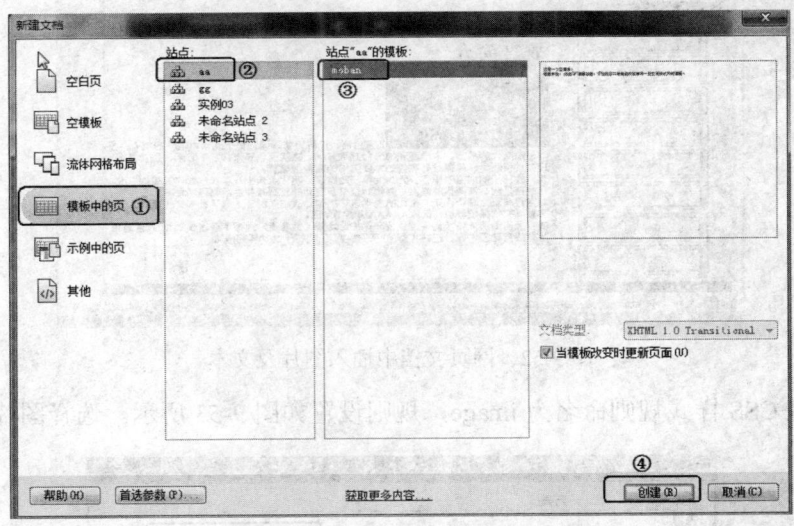

图 9-50　创建基于模板的网页文档

（3）将插入点定位在表格第一行中，选择"修改"→"编辑标签"命令，打开"标签编辑器-td"对话框，选择"浏览器特定"分类项，设置单元格的背景图片为 images\aboutbtbg.jpg 文件。单击"确定"完成背景设置。

（4）在第一行单元格中输入文本"故宫简介"。在右侧 CSS 面板中单击"新建 CSS 规则"按钮，创建新的 CSS 样式规则 title1，设置内容如图 9-51 所示。选中文本应用该规则。

（5）将插入点定位到第二行单元格中，选择"插入"→"图像"，将 images 文件夹下的 about.jpg 文件插入单元格。插入点定位在图片后面，插入站点文件夹下的 about.txt 文件内容，如图 9-52 所示。

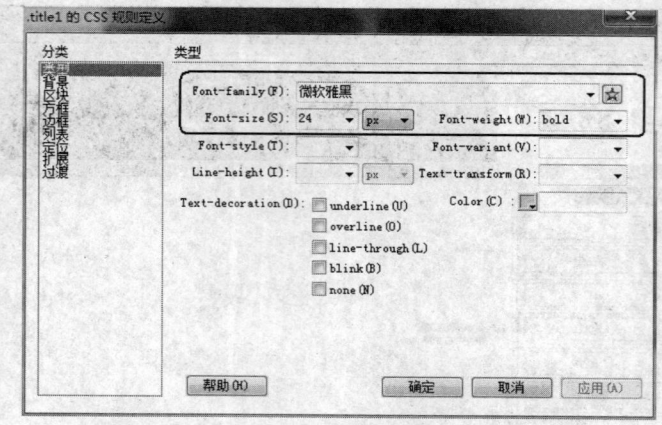

图 9-51　标题文本的 CSS 样式规则

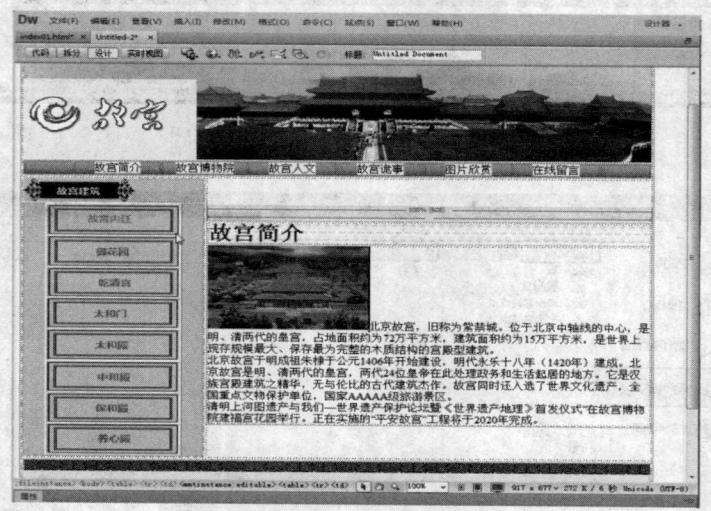

图 9-52　网页文档中插入图片及文本

（6）新建 CSS 样式规则命名为 image，规则设置如图 9-53 所示。选择图片并应用规则。

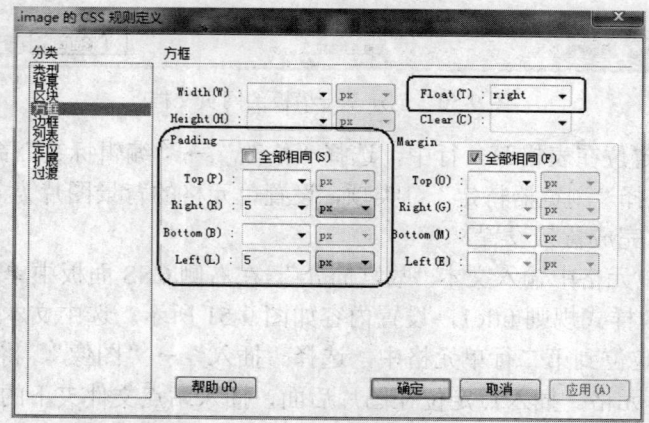

图 9-53　网页文档中图片的 CSS 规则

（7）再新建 CSS 样式规则命名为 content，其规则设置如表 9-1 所示。选中第二行单元格中的文本应用该样式。

表 9-1 content 的 CSS 样式表

分类	属性		取值
方框	Margin	Left	5px（左栏宽度）
		Right	5px（右栏宽度）
类型	Font-family		楷体
	Font-size		18px
	Font-height		20
	Color		#F90（黑色）

（8）选择"文件"→"保存"命令，将网页保存为 ggjj.html。
（9）采用同样的方法，创建网页文档"bwy.html"，如图 9-54 所示。

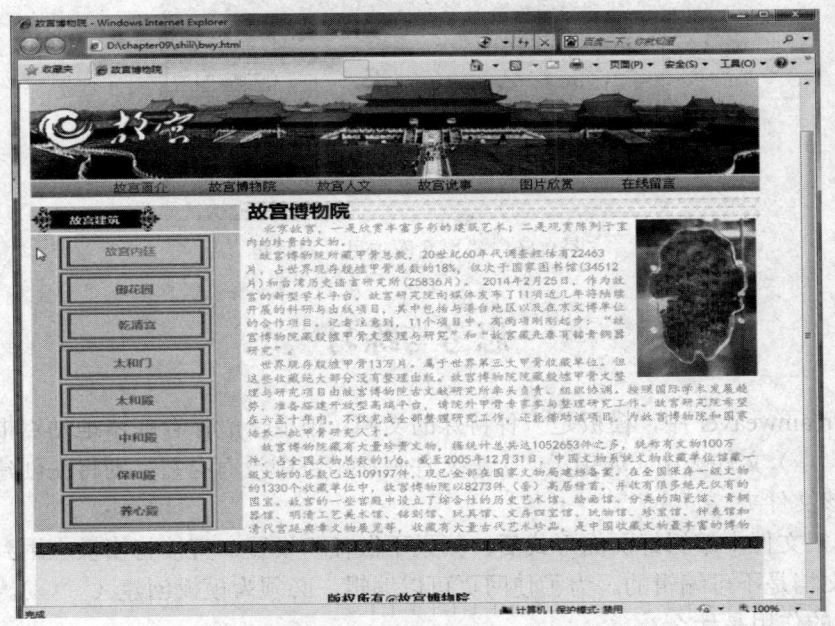

图 9-54 创建网页文档 bwy.html

4．修改库项目文档

（1）在"资源"面板中单击"库"按钮，将面板切换到"库"分类中，单击"编辑"按钮，修改库项目文档。

（2）选择文本"故宫简介"，单击其"属性"面板"链接"文本框后的"指向文件"按钮，将其链接到网页"ggjj.html"上，如图 9-55 所示。

（3）同样方法，对文本"故宫博物院"建立链接，使其链接到"bwy.html"网页上。

（4）保存库项目文档，弹出"更新库项目"对话框，如图 9-56 所示，对网站中引用了该库项目的文档进行更新，单击"更新"按钮，确定更新。

图 9-55　修改库项目文档 header

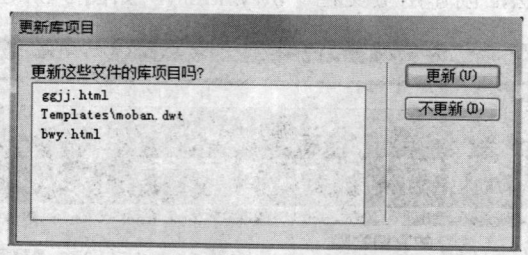

图 9-56　"更新库项目"对话框

思考与练习

1. 在 Dreamweaver 中，模板是一种特殊的文档，模板一般保存在本地站点根文件夹中一个特殊的（　　）文件夹中。如果（　　）文件夹在站点中没有存在，则将在创建新模板的时候自动创建该文件夹。

2. 在模板文件中编辑好页面形式后，如果不做任何设置，直接将模板应用到文档中，则基于模板的文档是不可编辑的。为了使网页可以编辑，必须为模板创建（　　）。

3. 模板的作用是什么？

4. 库的作用是什么？库保存在站点的哪个文件夹内？

第 10 章　行为的应用

【本章导读】

行为是 Dreamweaver 内置的 JavaScript 程序库。在页面中使用行为可以让不懂得编程的人也能将 JavaScript 程序添加到页面中，从而制作出具有动态效果的网页。如果运用得当，一定能使网页增色不少。通过行为的使用，可以在网页中实现许多精彩的交互效果。

【本章要点】

- 行为概述、行为的应用。
- 应用行为设置对象的特殊效果。

10.1　行为概述

行为是事件和由该事件触发的动作的组合。在"行为"面板中，可以先指定一个动作，然后指定触发该动作的事件，从而将行为添加到页面中。

10.1.1　"行为"面板

"行为"面板的作用是为网页元素添加动作和事件，使网页具有互动的效果。

在使用"行为"面板时，涉及 3 个概念：事件、动作和行为。

- 事件：是浏览器对每个网页元素的响应途径，与具体的网页对象相关。
- 动作：是一段事先编辑好的脚本，可用来选择某些特殊的任务，如播放声音、打开浏览器窗口和弹出菜单等。
- 行为：实质上是事件和动作的合成体。

选择"窗口"菜单→"行为"命令，将打开"行为"面板。如图 10-1 所示。"行为"面板各按钮说明：

（1）"显示设置事件"按钮：只显示附加到当前文档的那些事件。

（2）"显示所有事件"按钮：按字母顺序显示属于特定类别的所有事件。一般情况下，在文档中选择了某一个 HTML 标签，就会显示关于那个标签的所有事件。

（3）"添加行为"按钮：点击此按钮，则会弹出快捷菜单，如图 10-2 所示。

这个特定菜单中，包含了可以附加到当前选定元素的动作。从该菜单列表中选择一个动作时，将会出现一个对话框，可以在此对话框中指定该动作的相关参数。

如果该菜单上的某个动作处于"灰显"状态，则说明该动作不能使用。

如果该菜单上的所有动作都处于"灰显"状态，则表示选定的元素无法生成任何事件。选定的元素会在上图中的"标签"后面显示出来。

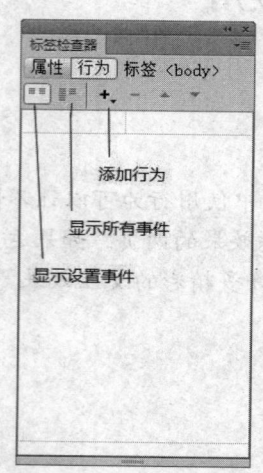
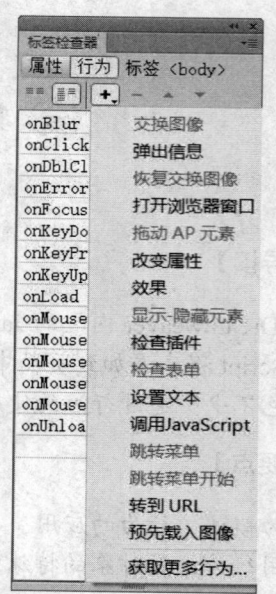

图 10-1 "行为"面板　　　　　　　图 10-2 "添加行为"快捷菜单

（4）"删除事件"按钮：从行为列表中删除所选定的事件和动作。单击"删除事件"按钮，就会删除已经选择的 onClick 事件的"显示/渐隐"动作了，如图 10-3 所示。

（5）选择不同的事件：选择一个行为项，单击这个行为左边的事件，则在该事件的旁边出现一个向下的箭头，如图 10-4 所示。

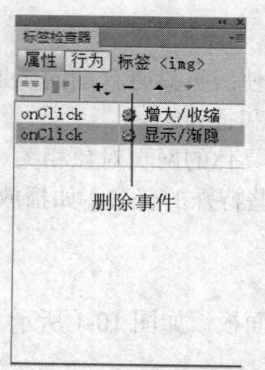
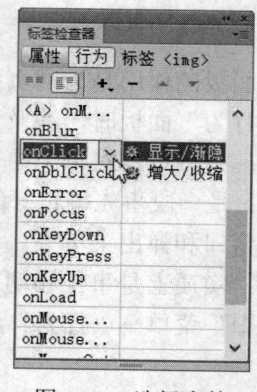

图 10-3 "删除事件"按钮　　　　　　图 10-4 选择事件

单击向下的箭头出现下拉菜单，可以在该菜单中为该行为选择不同的事件。

（6）修改行为参数：选择一个行为项，双击带"▓"标记的行为名称，或者先选中然后按下键盘 Enter 键，可以在弹出的窗口中修改这个行为项的参数。

（7）"向上箭头"或"向下箭头"按钮：在行为列表中上下移动某一事件的选定动作。

当同一事件出现几个行为时，选择其中的一个行为，单击"增加事件值"或者"降低事件值"按钮，可以向上或者向下移动该行为。同一事件的几个行为的排列顺序决定了文档中对象行为的执行顺序。排在上面的先执行，排在下面的后执行。

对于不能在列表中上下移动的行为，箭头按钮将处于禁用状态。

10.1.2 事件

事件是访问者在浏览器上指定的一种操作。如当访问者将鼠标指针移动到某个链接上时,浏览器为该链接生成一个 onMouseOver 事件,然后浏览器查看是否存在相应的 JavaScript 代码。不同的页面元素定义了不同的事件,如在大多数浏览器中,onMouseOver 和 onClick 是与链接关联的事件,而 onLoad 是与图像和文档 body 部分关联的事件。Dreamweaver 提供的常见事件如表 10-1 所示。

表 10-1 常见事件

类型	注释
onClick	用鼠标指针单击元素的一瞬间发生的事件
onAbort	在浏览器窗口中停止加载网页文档的操作时发生的事件
onMove	移动窗口或者框架时发生的事件
onLoad	选定的对象出现在浏览器上时发生的事件
onResize	访问者改变窗口或帧的大小时发生的事件
onUnLoad	访问者退出网页文档时发生的事件
onBlur	鼠标指针移动到窗口或帧外部,即在这种非激活状态下发生的事件
onMouseOver	鼠标指针经过选定元素上方时发生的事件
onMouseOut	鼠标指针经过选定元素之外时发生的事件
onMouseUp	单击鼠标指针右键,然后释放时发生的事件
onMouseMove	鼠标指针指向字段并在字段内移动时发生的事件
onMouseDown	单击鼠标指针右键一瞬间发生的事件
onDragDrop	拖动并放置选定元素的一瞬间发生的事件
onDragStart	拖动选定元素的一瞬间发生的事件
onFocus	鼠标指针移动到窗口或帧上,即激活之后发生的事件
onScroll	访问者在浏览器上移动滚动条时发生的事件
onKeyDown	当访问者按下任意键时产生
onKeyPress	当访问者按下和释放任意键时产生
onKeyUp	在键盘上按下特定键并释放时发生的事件
onAfterUpdate	更新表单文档内容时发生的事件
onBeforeUpdate	改变表单文档项目时发生的事件
onChange	访问者修改表单文档的初始值时发生的事件
onReset	将表单文档重新设置为初始值时发生的事件
onSubmit	访问者传送表单文档时发生的事件
onSelect	访问者选定文本字段中的内容时发生的事件
onError	在加载文档的过程中发生错误时发生的事件
onFilterChange	运用于选定元素的字段发生变化时发生的事件
Onfinish Marquee	当 Marquee 功能显示的内容结束时发生的事件
Onstart Marquee	开始应用 Marquee 功能时发生的事件

10.1.3 动作类型

动作是由预先编写的 JavaScript 代码组成的,这些代码指定特定的任务,如打开浏览器窗口、播放声音、控制 Shockwave 或 Flash、设置状态文本和预先载入图像等。Dreamweaver 提供的常见动作如表 10-2 所示。

表 10-2 常见动作

类型	注释
弹出消息	设置的事件发生之后,显示警告信息
交换图像	发生设置的事件后,用其他图片来取代选定的图片
恢复交换图像	在运用交换图像动作之后,显示原来的图片
打开浏览器窗口	在新窗口中打开 URL
拖动 AP 元素	允许在浏览器中自由拖动 AP 元素
改变属性	改变选定客体的属性
显示-隐藏元素	显示或隐藏特定的层
检查插件	确认是否设有运行网页的插件
检查表单	在检查表单文档有效性时使用
设置框架文本	在选定的帧上显示指定的内容
设置文本域文字	在文本字段区域显示指定的内容
设置状态栏文本	在状态栏中显示指定的内容
调用 JavaScript	调用 JavaScript 特定函数
跳转菜单	可以建立若干个链接的跳转菜单
跳转菜单开始	在跳转菜单中选定要移动的站点之后,只有单击 GO 按钮才可以移动到链接的站点上
转到 URL	可以转到特定的站点或者网页文档上

10.2 行为的应用

10.2.1 调用 JavaScript 行为

调用 JavaScript 行为,允许使用"行为"面板指定当发生某个事件时应该执行的自定义函数或 JavaScript 代码行。可以使用自己编写的 JavaScript 代码或使用网络上免费的 JavaScript 代码。使用此动作可以创建更加丰富的互动特效网页。

调用 JavaScript 行为的方法:

(1)选择一个对象,打开"行为"面板。

(2)单击"添加行为"按钮,在弹出的下拉菜单中选择"调用 JavaScript"命令,如图 10-5 所示。

(3)在"调用 JavaScript"对话框中输入要执行的自定义函数名称或者 JavaScript 代码,如图 10-6 所示。

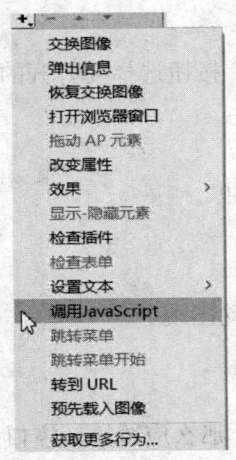
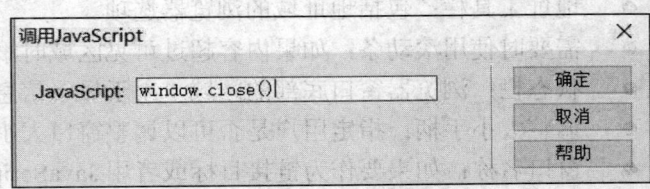

图 10-5 "添加行为"菜单　　　图 10-6 "调用 JavaScript"对话框

（4）单击"确定"按钮，则给选择的对象调用了 JavaScript 行为。有些函数或者 JavaScript 源代码需要修改、调试以后才能正确使用。

（5）查看上面附加的事件是否是需要的事件，如果不是需要的事件，可以修改事件。查看行为参数是否合适，如果不合适，也可以修改行为参数。

10.2.2 打开浏览器窗口行为

使用"打开浏览器窗口"行为，可以在一个新的窗口中打开网页，并且可以指定新窗口的属性、特征和名称。

"打开浏览器窗口"行为的方法：

（1）选择一个对象，打开"行为"面板。

（2）单击"添加行为"按钮，在弹出的下拉菜单中选择"打开浏览器窗口"命令，如图 10-7 所示。

（3）打开"打开浏览器窗口"对话框，按照图 10-8 所示进行设置。

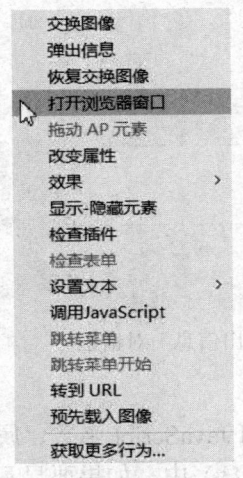
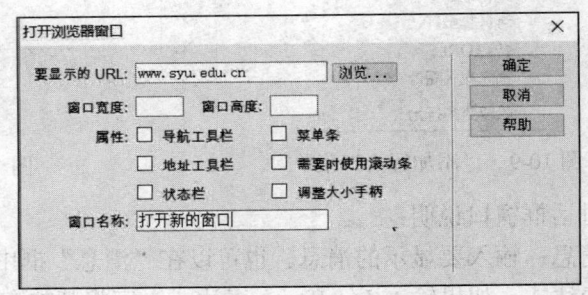

图 10-7 "添加行为"菜单　　　图 10-8 "打开浏览器窗口"对话框

对话框窗口说明：
- 要显示的 URL：输入要显示的 URL，或者单击"浏览"按钮选择要打开的文件。
- 窗口宽度：指定窗口的宽度，单位是像素。
- 窗口高度：指定窗口的高度，单位是像素。
- 导航工具栏：包括前进、后退、主页和刷新等浏览器按钮。
- 菜单条：包括文件、编辑、查看、转到和帮助等。
- 地址工具栏：包括地址域的浏览器选项。
- 需要时使用滚动条：如果内容超过可见区域时滚动条自动出现。
- 状态栏：浏览器窗口底部的区域，用于显示信息。
- 调整大小手柄：指定用户是否可以调整窗口大小。
- 窗口名称：如果要作为链接目标或者用 JavaScript 控制，那么应该给新窗口命名。

（4）单击"确定"按钮。

（5）查看附加的事件是否是需要的事件，如果不是需要的事件，可以更改事件。查看行为参数是否合适，如果不合适，也可以修改行为参数。

10.2.3　弹出信息行为

使用"弹出信息"行为将显示 JavaScript 警告和一个"确定"按钮。

"弹出信息"行为的操作方法：

（1）选择一个对象，打开"行为"面板。

（2）单击"添加行为"按钮，在弹出的下拉菜单中选择"弹出信息"命令，如图 10-9 所示。

（3）打开"弹出信息"对话框，如图 10-10 所示。

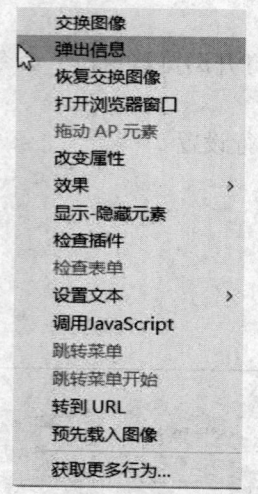

图 10-9　"添加行为"菜单

图 10-10　"弹出信息"对话框

对话框窗口说明：

消息：输入要显示的消息。也可以在"消息"框中输入任何 JavaScript 函数、属性、变量或者表达式。如果输入 JavaScript 表达式，应将其放在大括号（{}）中。如果要显示大括号，应在前面加上反斜杠转义字符（\{ 和 \}）。

使用 JavaScript 表达式示例 1：这个页面的 URL 地址是：{window.location}；将代码输入到"消息"文本框中即可。

使用 JavaScript 表达式示例 2：今天是：{new Date()}；将代码输入到"消息"文本框中即可。

（4）单击"确定"按钮。

（5）查看附加的事件是否是需要的事件，如果不是需要的事件，可以更改事件。查看行为参数是否合适，如果不合适，也可以修改行为参数。

10.2.4　显示-隐藏元素行为

"显示-隐藏元素"行为可以显示、隐藏或者恢复一个或多个页面元素的默认可见性。主要用于在用户与页面进行交互时显示信息。

"显示-隐藏元素"行为的操作方法：

（1）在网页中插入 AP Div，也就是常说的层。

（2）选择<body>标签、某个链接标签（<a>）或者选择一个 AP 元素。打开"行为"面板。

（3）单击"添加行为"按钮，在弹出的下拉菜单中选择"显示-隐藏元素"命令，如图 10-11 所示。

（4）打开"显示-隐藏元素"对话框，如图 10-12 所示。

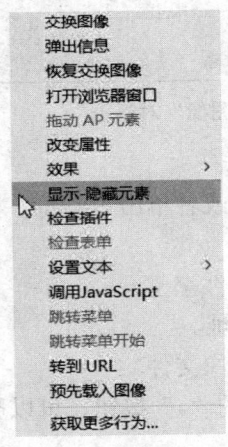

图 10-11　"添加行为"菜单

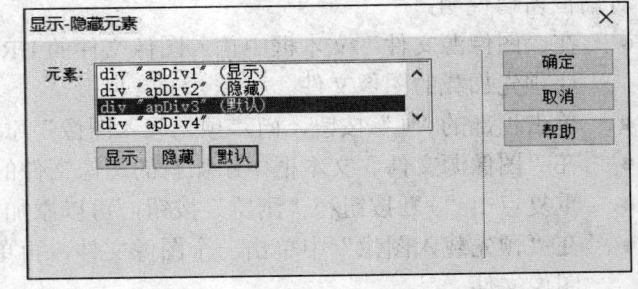

图 10-12　"显示-隐藏元素"对话框

对话框窗口说明：
- 在"元素"文本框中选择需要改变可见性的元素。
- 单击"显示"按钮、"隐藏"按钮或者"默认"按钮可设置元素的可见性。
- 继续选择其他元素并单击相关的按钮，可以设置更多元素的可见性。

（5）单击"确定"按钮。

（6）查看附加的事件是否是需要的事件，如果不是需要的事件，可以更改事件。查看行为参数是否合适，如果不合适，也可以修改行为参数。

10.2.5　预先载入图像行为

使用"预先载入图像"行为可以将暂时不在页面上显示的图像加载到浏览器缓存中。在使用含有较多图像的对象时，可以将所用的图片预先下载到浏览器缓存中，以提高显示的速度和效果。

"预先载入图像"行为的操作方法：

（1）选择一个对象，打开"行为"面板。

（2）单击"添加行为"按钮，在弹出的下拉菜单中选择"预先载入图像"命令，如图 10-13 所示。

（3）打开"预先载入图像"对话框，如图 10-14 所示。

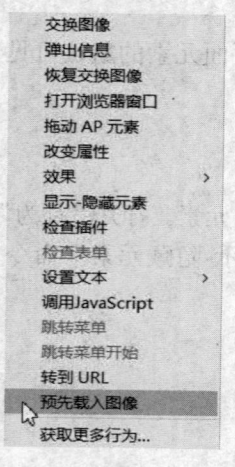

图 10-13 "添加行为"菜单

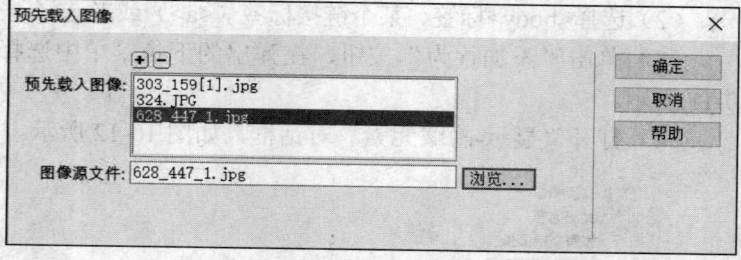

图 10-14 "预先载入图像"对话框

对话框窗口说明：

- 在"图像源文件"文本框中输入图像文件的 URL 地址，或者单击"浏览"按钮选取要预先加载的图像文件。
- 单击顶部的"+"按钮，向"预先载入图像"添加一个文件空位。
- 在"图像源文件"文本框中添加新的图像文件的 URL 地址。
- 重复点击"+"按钮和"浏览"按钮，可以添加更多的图像文件。
- 在"预先载入图像"中单击一个图像文件，再单击顶部的"-"按钮，可以删除一个图像文件。
- 如果在"交换图像"对话框中选取了预先载入图像选项，交换图像动作将自动预先加载高亮图像，因此当使用"交换图像"时不再需要手动添加"预先载入图像"。

（4）单击"确定"按钮。

（5）查看附加的事件是否是需要的事件，如果不是需要的事件，可以更改事件。查看行为参数是否合适，如果不合适，也可以修改行为参数。

10.2.6 交换图像行为

"交换图像"行为通过改变<img>标签的 src 属性将一幅图像替换成另外一幅图像。使用此行为可以创建鼠标经过按钮的效果以及其他图像效果，也可以一次交换多幅图像。

"交换图像"行为的操作方法：

（1）在文档中插入图像。

(2) 在"属性"面板的"ID"文本框中输入图像的 ID。
(3) 重复第（1）步和第（2）步插入其他图像。
(4) 选择一个要交换的图像，打开"行为"面板。
(5) 单击"添加行为"按钮，在弹出的下拉菜单中选择"交换图像"命令，如图 10-15 所示。
(6) 打开"交换图像"对话框，如图 10-16 所示。

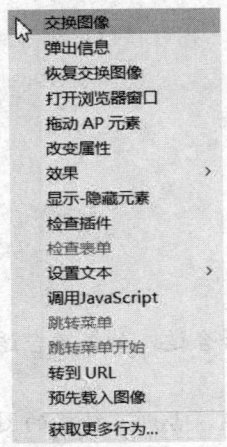

图 10-15 "添加行为"菜单

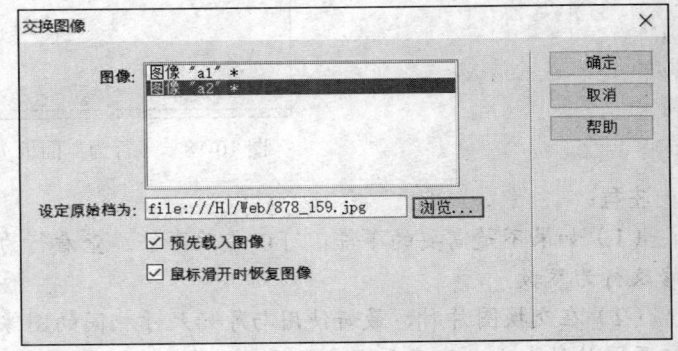

图 10-16 "交换图像"对话框

对话框窗口说明：
- 图像：选择一个需要改变其源文件的图像。
- 设定原始档为：输入新图像的文件路径和名称，或者单击"浏览"按钮选取一个新的图像文件。
- 预先载入图像：选择此项可以将新图像预先加载到浏览器缓存中，防止图像延迟。

(7) 在"交换图像"对话框中再设置"图像"a1"，如图 10-17 所示。

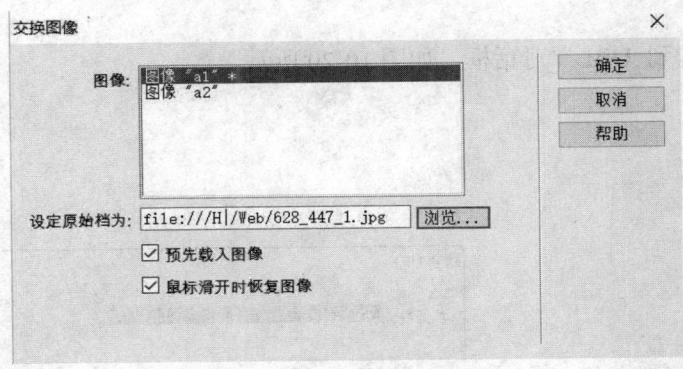

图 10-17 设置交换图像 a1

说明：对于所有需要更改的其他图像重复第（7）步即可，同时对于所有需要更改的图像都要使用相同的"交换图像"动作，就是在"交换图像"对话框中的设置都要一样。否则，相应的"恢复交换图像"动作就不能全部恢复它们。

(8) 单击"确定"按钮。

(9) 查看附加的事件是否是需要的事件,如图 10-18 所示。

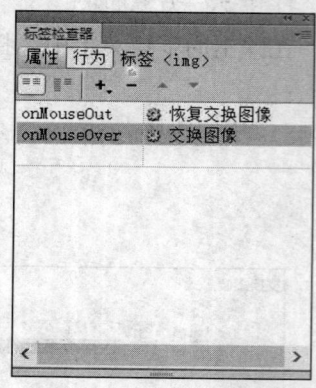

图 10-18 "行为"面板

注意:

(1) 如果不是需要的事件,可以更改事件。查看行为参数是否合适,如果不合适,也可以修改行为参数。

(2) 在交换图片时,最好使用与原始尺寸相同的图像进行交换。否则,替换的图像为了适应原图片的大小(宽度和高度)显示时会出现不必要的变形,比如被压缩或扩展。

10.2.7 转到 URL 行为

"转到 URL"行为可以让用户在当前窗口或者指定框架中打开一个新页面。不仅可以由不同的事件来执行,而且对于一次改变两个或两个以上框架的内容特别有用。

"转到 URL"行为的操作方法:

(1) 选择一个对象,打开"行为"面板。

(2) 单击"添加行为"按钮,在弹出的下拉菜单中选择"转到 URL"命令,如图 10-19 所示。

(3) 打开"转到 URL"对话框,如图 10-20 所示。

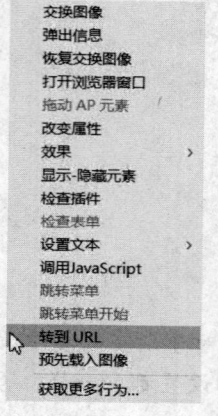

图 10-19 "添加行为"菜单

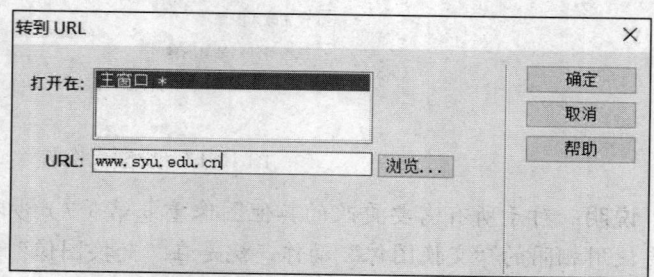

图 10-20 "转到 URL"对话框

对话框窗口说明：
- 打开在：为 URL 选择一个目的窗口。
- URL：直接输入一个 URL 地址，或者单击"浏览"按钮选取一个要打开的文档。

（4）单击"确定"按钮。

（5）查看附加的事件是否是需要的事件，如果不是需要的事件，可以更改事件。查看行为参数是否合适，如果不合适，也可以修改行为参数。

10.2.8 设置文本

"设置文本"行为中包含了 4 项针对不同类型的动作，分别为"设置容器的文本""设置文本域文字""设置框架文本"和"设置状态栏文本"，如图 10-21 所示。

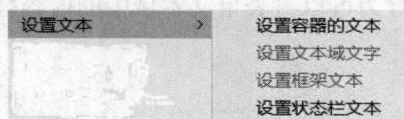

图 10-21 "设置文本"菜单

1．设置容器的文本行为

"设置容器的文本"行为是用指定的内容来代替页面上现有的容器。所谓页面上的容器是指可以包含文本或其他元素的任何 HTML 元素；所谓指定的内容可以包括任何有效的 HTML 源代码。

"设置容器的文本"行为的操作方法：

（1）打开文档，选择一个页面元素。

（2）给选取的元素添加 ID，在"属性"面板的 ID 文本框中输入 ID 号。或者在源代码中直接添加 ID 号。

（3）打开"行为"面板，单击"添加行为"按钮，在弹出的下拉菜单中选择"设置文本"项，在子菜单中选择"设置容器的文本"命令，如图 10-21 所示。

（4）选定"设置容器的文本"菜单，将出现如图 10-22 所示的对话框。

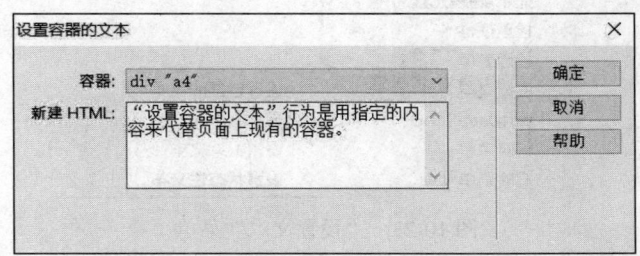

图 10-22 "设置容器的文本"对话框

对话框窗口说明：
- 容器：选择一个目标元素。
- 新建 HTML：输入要设置的文本。

也可以在"新建 HTML"框中输入任何 JavaScript 函数、属性、变量或者表达式。如果输入 JavaScript 表达式，应将其放在大括号（{}）中。如果要显示大括号，应在前面加上反斜杠转义字符（\{ 和 \}）。

使用 JavaScript 表达式示例 1：

这个页面的 URL 地址是：{window.location}；将代码输入到"新建 HTML"文本框中即可。

使用 JavaScript 表达式示例 2：

今天是：{new Date()}；将代码输入到"新建 HTML"文本框中即可。

（5）单击"确定"按钮。

（6）查看附加的事件是否是需要的事件，如果不是需要的事件，可以更改事件。此例中将 onMouseOver 事件修改为 onMouseMove 事件。查看行为参数是否合适，如果不合适，也可以修改行为参数。

2．设置文本域文字行为

使用"设置文本域文字"行为可以将表单文本域中的内容替换为指定的内容。

（1）创建命名的文本域

1）插入单行文本域。

2）插入多行文本域。

注意：在创建单行或者多行文本域时，应确认已经在属性面板的"文本域"框中添加了 ID 号。

（2）"设置文本域文字"行为的操作方法：

1）打开文档，选择一个文本域。

2）打开"行为"面板，单击"添加行为"按钮，在弹出的下拉菜单中选择"设置文本"项，在子菜单中选择"设置文本域文字"命令，如图 10-23 所示。

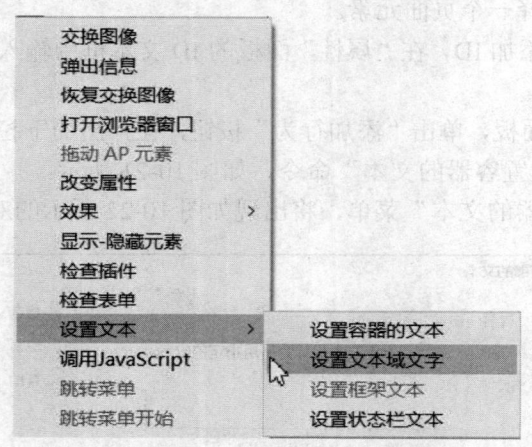

图 10-23　"设置文本"菜单

3）选定"设置文本域文字"菜单，将出现如图 10-24 所示的对话框。对话框窗口说明：

- 文本域：选择一个目标文本域。
- 新建文本：输入要使用的文本。

也可以在"新建文本"框中输入任何 JavaScript 函数、属性、变量或者表达式。如果输入 JavaScript 表达式，应将其放在大括号（{}）中。如果要显示大括号，应在前面加上反斜杠转义字符（\{ 和 \}）。

- 使用 JavaScript 表达式示例 1：
  这个页面的 URL 地址是：{window.location}；将代码输入到"新建文本"文本框中即可。
- 使用 JavaScript 表达式示例 2：
  今天是：{new Date()}；将代码输入到"新建文本"文本框中即可。

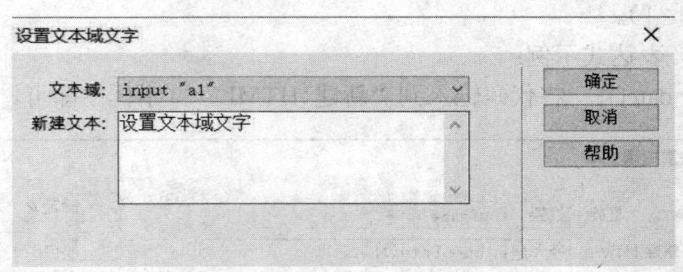

图 10-24 "设置文本域文字"对话框

4）单击"确定"按钮。

5）查看附加的事件是否是需要的事件，如果不是需要的事件，可以更改事件。查看行为参数是否合适，如果不合适，也可以修改行为参数。

3. 设置框架文本行为

使用"设置框架文本"行为可以将框架的内容和格式替换成指定的内容，该内容可以包括任何合法的 HTML 代码。使用该行为可以动态地设置框架的文本，也可以动态显示信息。

"设置框架文本"行为的操作方法：

（1）打开框架网页，选择一个页面元素或者对象。

（2）打开"行为"面板，单击"添加行为"按钮，在弹出的下拉菜单中选择"设置文本"项，在子菜单中选择"设置框架文本"命令，如图 10-25 所示。

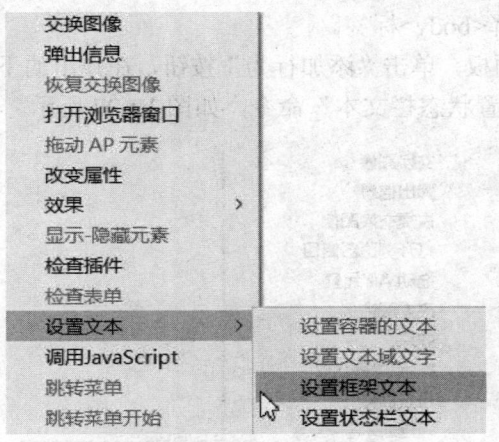

图 10-25 "设置文本"菜单

（3）打开"设置框架文本"对话框，如图 10-26 所示。对话框窗口说明：

- 框架：选择一个目标框架。
- 新建 HTML：输入要设置的文本。

- 获取当前 HTML：将当前目标框架<body>元素的内容复制到"新建 HTML"文本框中，在此基础上进行必要的修改。
- 保留背景色：选择此项，则保留原来框架文档的背景颜色。

也可以在"新建 HTML"框中输入任何 JavaScript 函数、属性、变量或者表达式。如果输入 JavaScript 表达式，应将其放在大括号（{}）中。如果要显示大括号，应在前面加上反斜杠转义字符（\{ 和 \}）。

使用 JavaScript 表达式示例：

今天是：{new date()}；将代码输入到"新建 HTML"文本框中即可。

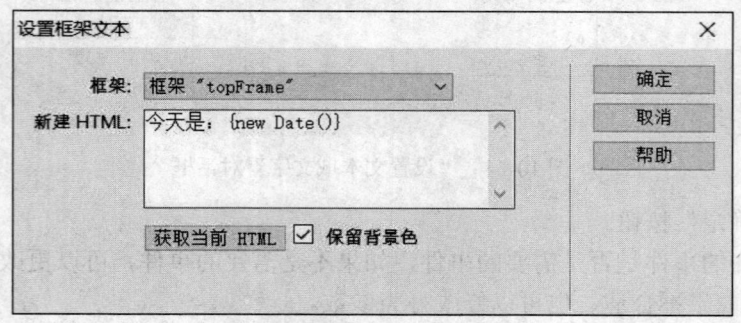

图 10-26 "设置框架文本"对话框

（4）单击"确定"按钮。

（5）查看附加的事件是否是需要的事件，如果不是需要的事件，可以更改事件。查看行为参数是否合适，如果不合适，也可以修改行为参数。

4．设置状态栏文本行为

"设置状态栏文本"行为用于在浏览器窗口底部左侧的状态栏中显示消息。

"设置状态栏文本"行为的操作方法：

（1）打开文档，选择<body>标签。

（2）打开"行为"面板，单击"添加行为"按钮，在弹出的下拉菜单中选择"设置文本"项，在子菜单中选择"设置状态栏文本"命令，如图 10-27 所示。

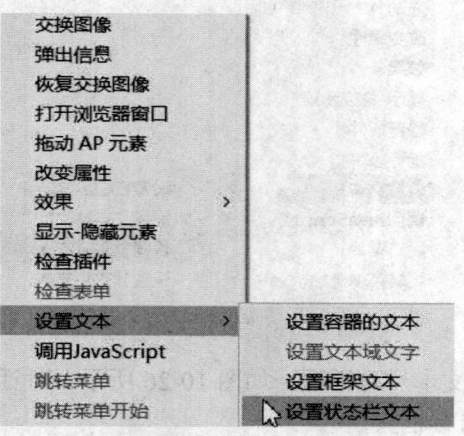

图 10-27 "设置文本"菜单

（3）打开"设置状态栏文本"对话框，如图 10-28 所示。

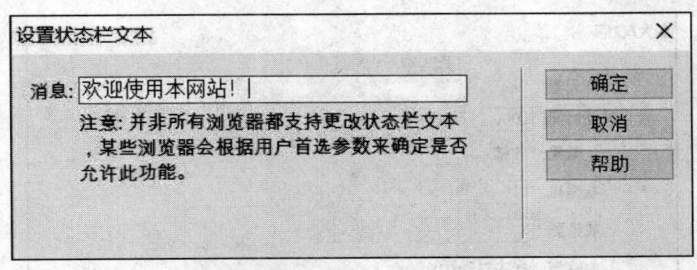

图 10-28　"设置状态栏文本"对话框

（4）单击"确定"按钮，完成设置。

10.3　实践演练

【目的要求】

应用行为可以为对象设置的特殊效果种类有：增大/收缩、挤压、显示/渐隐、晃动、滑动、遮帘、高亮颜色等，如图 10-29 所示。

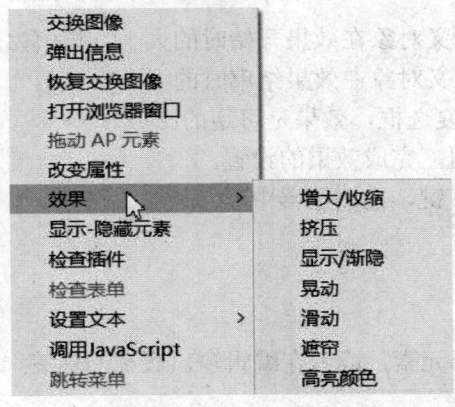

图 10-29　"效果"菜单

【说明】

要向某个元素应用效果，则该元素当前必须处于选定状态，或者必须具有一个 ID。例如，如果要向当前未选定的 Div 标签应用高亮显示效果，则该 Div 必须具有一个有效的 ID 值。如果该元素还没有有效的 ID 值，将需要在 HTML 代码中添加一个 ID 值。

10.3.1　增大/收缩效果

【操作步骤】

（1）在编辑窗口中选择元素，或者在编辑窗口底部的标签选择器中单击相应的页面元素标签。

（2）打开"行为"面板，单击"添加行为"按钮，在弹出的下拉菜单中选择"效果"项，如图 10-29 所示。

（3）在子菜单中选择"增大/收缩"命令，将出现如图 10-30 所示的对话框。

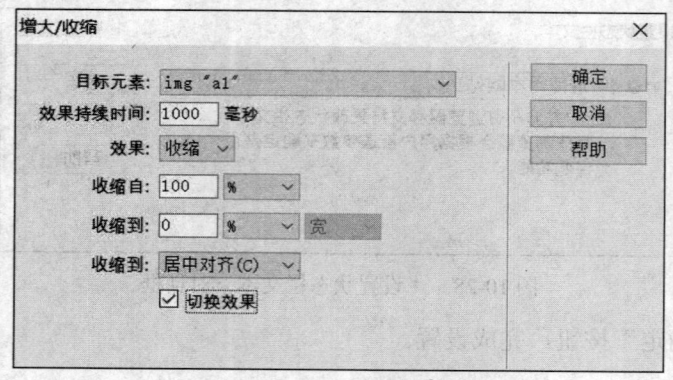

图 10-30 "增大/收缩"对话框

对话框窗口说明：
- 目标元素：选择某个对象的 ID。如果已经选择了一个对象，则选择"当前选定内容"选项。
- 效果持续时间：定义出现此效果所需的时间。
- 效果：增大或收缩。
- 增大自/收缩自：定义对象在效果开始时的大小。该值为百分比大小或像素值。
- 增大到/收缩到：定义对象在效果结束时的大小。该值为百分比大小或像素值。
- 切换效果：勾选此复选框，效果是可逆的。

（4）单击"确定"按钮，完成效果的设置。
（5）保存文档，按 F12 键，在浏览器中显示效果。

10.3.2 挤压效果

【操作步骤】

（1）在编辑窗口中选择元素，或者在编辑窗口底部的标签选择器中单击相应的页面元素标签。

（2）打开"行为"面板，单击"添加行为"按钮，在弹出的下拉菜单中选择"效果"项，如图 10-29 所示。

（3）在子菜单中选择"挤压"命令，将出现如图 10-31 所示的"挤压"对话框。

图 10-31 "挤压"对话框

（4）单击"确定"按钮，完成效果的设置。
（5）保存文档，按 F12 键，在浏览器中显示效果。

10.3.3 晃动效果

【操作步骤】

（1）在编辑窗口中选择元素，或者在编辑窗口底部的标签选择器中单击相应的页面元素标签。

（2）打开"行为"面板，单击"添加行为"按钮，在弹出的下拉菜单中选择"效果"选项，如图 10-29 所示。

（3）在子菜单中选择"晃动"命令，将出现如图 10-32 所示的"晃动"对话框。

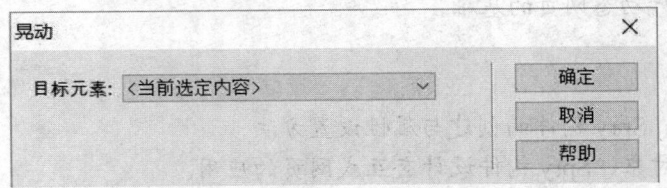

图 10-32　"晃动"对话框

（4）单击"确定"按钮，完成效果的设置。

（5）保存文档，按 F12 键，在浏览器中显示效果。

思考与练习

1．在网页上经常看到这样的效果，当鼠标移到一张图片上的时候，原来的图片就切换为另一张图片，鼠标移开后，又恢复原来的模样，这是如何实现的？

2．设计一个按钮，功能是：按下一按钮时，弹出一个问候的窗口。

3．设计网页，功能是：选择<body>标签，在"显示-隐藏元素"对话框中将"div "apDiv1""设置为隐藏，事件是 onLoad。

4．设计网页，功能是：选择 apDiv2，在"显示-隐藏元素"对话框中将"div "apDiv1""设置为显示。将事件修改为 onMouseMove。

5．设计网页，功能是：选择 apDiv2，在"显示-隐藏元素"对话框中将"div "apDiv1""设置为隐藏。将事件修改为 onMouseOut。

6．操作题：

利用 Dreamweaver 设计一个网页，在网页中包括的对象有：文字、图形、声音、动画、视频、表格及表单等。对设计的网页完成以下操作：

（1）利用 JavaScript 实现打印功能。

（2）利用 JavaScript 实现关闭网页的功能。

（3）利用行为对页面中的对象设置增大/收缩效果。

（4）利用行为对页面中的对象设置晃动效果。

（5）利用行为对页面中的图片设置挤压效果。

第 11 章　用表单创建交互式网页

【本章导读】

本章介绍交互式网页常用的表单对象、Spry 表单验证构件及 Spry 布局构件相关的知识，主要介绍它们的创建和属性设置方法，以及这些对象的功能和应用。本章的内容能够丰富网页动态效果，也是设计动态网页的基础。

【本章要点】

- 表单对象、Spry 构件的创建与属性设置方法。
- 使用表单对象、Spry 构件设计交互式网页的应用。

11.1　关于表单

上网时常常会遇到一些需要用户输入信息的网页界面，如邮箱登录、账号注册、会员登记、问卷调查等，如图 11-1 和图 11-2 所示，这些都要用到表单。

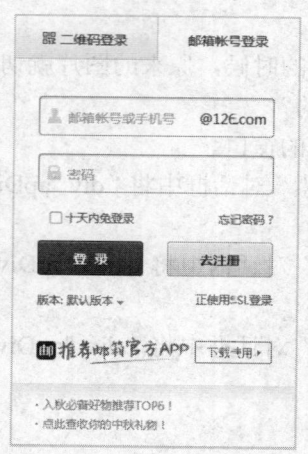

图 11-1　登录界面示例

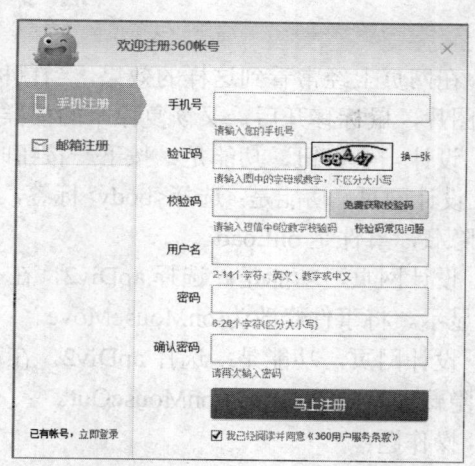

图 11-2　账号注册界面示例

11.1.1　表单概述

表单是由表单标签（<form>）及其所包含的表单元素共同组成的，其中表单标签在网页浏览时并不显示，而是用于定义表单的必要属性，如提交的目标地址、提交方式、表单名称等。网页中的表单元素（如文本域、复选框和按钮等）与其他软件中的表单元素并没有本质区别，都用于从客户端获取信息，实现与服务器之间交互。不同之处在于网页中的表单元素是通过插入 HTML 标签以及设置标签属性来实现的。

表单是访问者同服务器进行信息交流的重要工具。当访问者将信息输入表单并"提交"

时，这些信息将发送至服务器，然后由服务器端脚本或者应用程序进行信息处理，在服务器处理完成后，再反馈到访问者。

一般一个完整的表单设计应该由两部分构成：表单页面和后台程序。网页设计师制作用户可见的表单页面，这是表单的外壳，不能实现登录、注册等表单功能；程序设计师通过 ASP 或 CGI 程序等编写表单资料、反馈信息等程序，这属于用户不可见内容，但却是实现表单功能的核心部分。

11.1.2 在页面中插入表单

通常情况下，只有位于表单标签（<form>标签）中的表单元素才能有效地向服务器提交信息，因此要创建一个如登录、注册等的表单界面，应先从插入表单标签开始。

1. 插入表单

插入表单标签的常用方法如下：

（1）菜单操作：在"插入"菜单中单击"表单"，在展开的子菜单中单击"表单"命令，如图 11-3 所示。

（2）面板操作：在"插入"面板中选择"表单"类别，在列表中单击"表单"命令，如图 11-4 所示。其中文本窗口中的虚线框即为插入的表单。

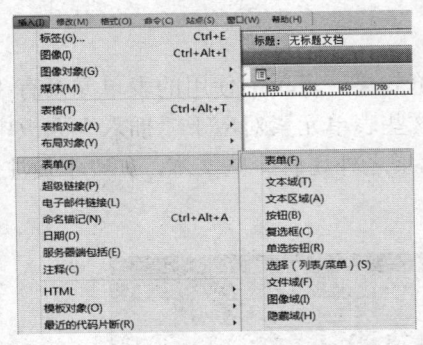

图 11-3 在"插入"菜单操作

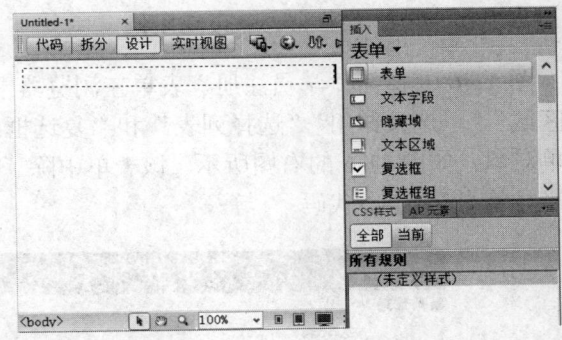

图 11-4 在"插入"面板操作

注意：
- 在 Dreamweaver 中，可以为整个网页创建一个表单，也可以为网页中的部分区域创建表单。
- 插入表单前应定位好插入点。
- 同一网页页面可以插入多个表单，但表单不能嵌套。

2. 设置表单属性

在网页文档中插入表单之后，"属性"面板将会显示该表单的属性，如图 11-5 所示。如果没有出现表单属性，则需单击表单四周的红色虚线，先将其选中。

图 11-5 表单的"属性"面板

用户可在"属性"面板中设置表单的各项属性,各属性的说明如下:

(1)表单 ID:指表单在网页中唯一的识别标识。

(2)动作:指定处理该表单的动态页或脚本路径,其值采用 URL 方式。

(3)方法:可以选择传送表单数据的方式,有以下 3 个选项:

- 默认:使用浏览器默认的方式来处理表单数据。
- POST:表示将表单内容作为消息正文数据发送给服务器。
- GET:把表单值添加给 URL,并向服务器发送 GET 请求。不要对长表单使用 GET 方法。

(4)编码类型:设置发送数据的 MIME 编码类型,它只在发送方法为 POST 时才有效。其默认值为 application/x-www-form-urlencoded;如果要创建文件上传域,应选择 multipart/form-data。

(5)类:可以在下拉列表中选择需要的表单样式。

(6)目标:一共有 4 个选项,含义如下:

- _blank:定义在未命名的新窗口中打开处理结果。
- _parent:定义在父框架的窗口中打开处理结果。
- _self:定义在当前窗口中打开处理结果。
- _top:定义将处理结果加载到整个浏览器窗口中,清除所有框架。

11.1.3 用表格实现表单布局示例

图 11-6 左图为"学员注册"表单在浏览器中的预览效果。表单中使用的表单元素有"文本区域""单选按钮组""选择列表"和"复选框组"。这些表单元素对应于"插入"面板中的表单对象,如图 11-6 的右图所示。该表单中除了表单元素之外还有一些文本,如"学员注册""账号信息""学员代码:"等。

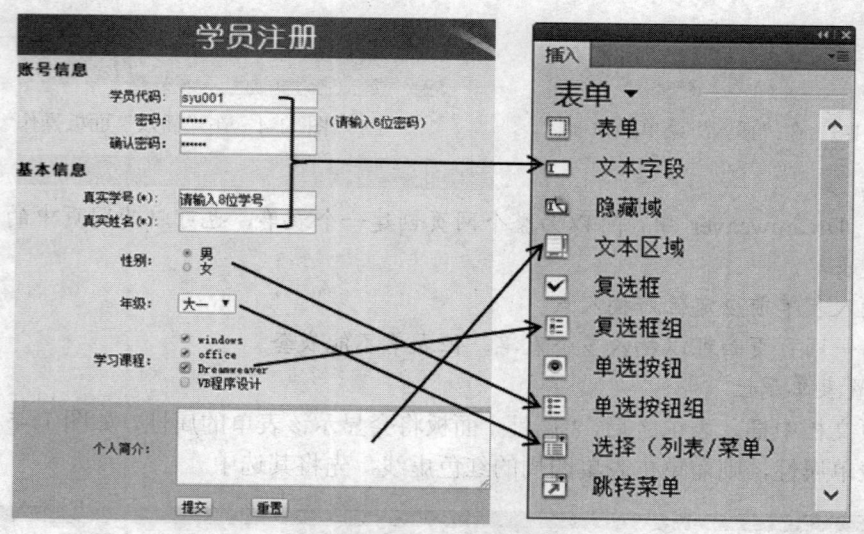

图 11-6 "学员注册"表单及其使用的表单对象

使用"表格"可以更好地组织表单中的这些元素,如图 11-7 所示。在表单域中插入表格不仅易于规划表单布局,而且方便对表格的行/列设置背景、样式等以美化表单。

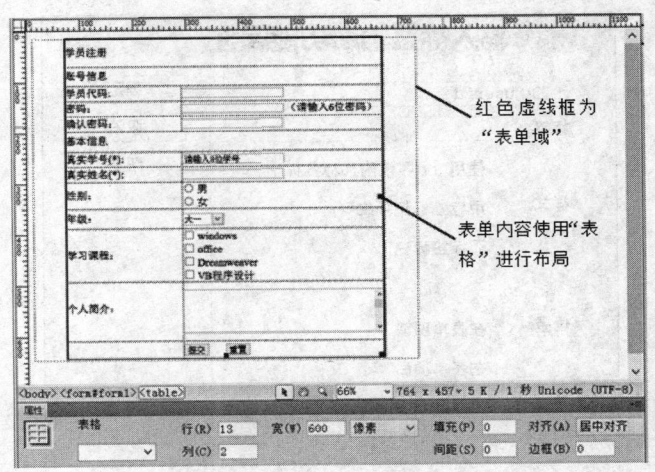

图 11-7　设计过程中的"学员注册"表单

因此创建一个图示中的"学员注册"表单，可以按三个步骤操作：
第一步：创建表单，在表单域中插入表格。
第二步：输入表单中的各种元素，即在表格内输入文本、插入表单对象等。
第三步：设置样式等美化修饰表格。

11.2　表单对象的使用

下面以图 11-6 中的学员注册表单为例，介绍几个基本的表单对象，了解这些表单对象的用途及其操作方法。

11.2.1　文本域与文本区域

文本域是表单中最常见的，文本区域可以看成是文本域的一种变形，即文本域是单行文本情况下使用的，而文本区域更适合输入多行文本，并带滚动条。在"学员注册"表单中用于输入学员代码、密码、真实姓名等后面的文本框在 Dreamweaver 中称为"文本域"（在"插入"面板中名称为"文本字段"）。用于输入个人简历的多行文本区域使用了"文本区域"。

1. 插入文本域
（1）在表单域内定位光标，将在光标处插入文本域。
（2）按以下两种操作方法，将打开"输入标签辅助功能属性"对话框。
● 菜单操作：在"插入"菜单中选择"表单"，在弹出的子菜单中单击"文本域"命令。
● 面板操作：在"插入"面板中选择"表单"分类项，在列表中单击"文本域"选项。
（3）输入标签辅助功能属性设置
图 11-8 为"输入标签辅助功能属性"对话框，属性说明见表 11-1。
（4）文本域属性面板设置
图 11-9 中共插入了 4 个文本域，其中上面的两个在插入文本域时在"输入标签辅助功能属性"对话框中设置了"标签"属性。而下面的两个文本域插入到表格的第 2 列，可以不设置"标签"属性。

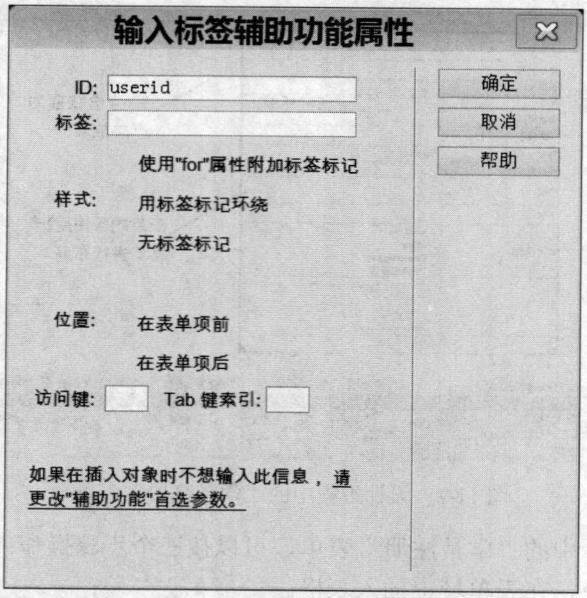

图 11-8 "输入标签辅助功能属性"对话框

表 11-1 对话框中属性说明

属性	作用
ID	ID 属性用于提供对脚本的引用
标签	文本域的提示文本（可省略）
位置	提示文本的位置
访问键	访问该文本域的快捷键
Tab 键索引	在当前网页中的 Tab 键访问顺序

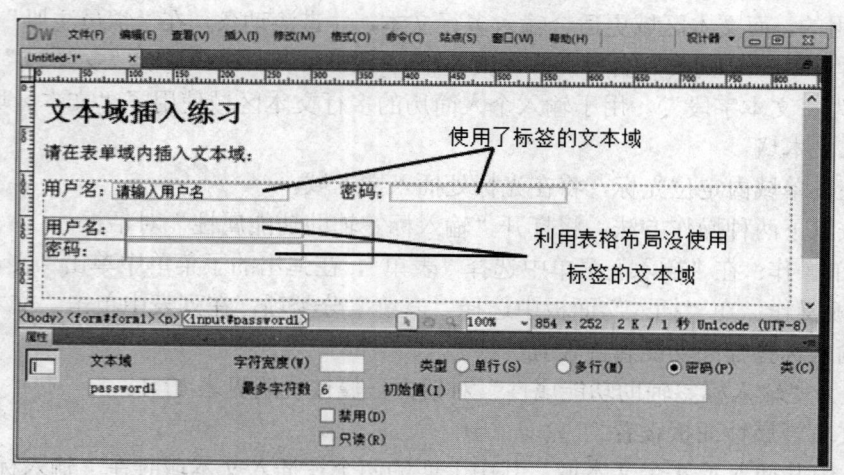

图 11-9 文本域及其属性面板

图 11-9 "属性"面板中各属性的说明见表 11-2。

表 11-2　文本域"属性"面板中各属性说明

属性		作用
文本域		文本域的 id 和 name 属性，用于提供对脚本的引用
字符宽度		文本域的宽度（以字符大小为单位）
最多字符数		文本域中允许输入的最多字符数量
类型	单行	定义文本域中的文本不换行
	多行	定义文本域中的文本可换行
	密码	定义文本域中的文本以密码的方式显示
初始值		定义文本域中初始显示的字符
禁用		定义文本域禁止用户输入（显示为灰色）
只读		定义文本域禁止用户输入（显示方式不变）
类		定义文本域使用的 CSS 样式

2．文本区域

（1）将文本域转换为文本区域

文本域的多行形式就是文本区域，因此将已创建的某文本域的"类型"属性设置为"多行"，即在"属性"面板选中"多行"单选按钮，文本域就会转换为文本区域。

（2）直接插入文本区域

首先在表单域中定位插入点，单击"插入"菜单→"表单"→"文本区域"命令，或者选择"插入"面板→"表单"→"文本区域"选项进行操作。

（3）文本区域的属性设置

插入文本区域时弹出的"输入标签辅助功能属性"对话框与文本域属性的含义相同，此处不再介绍。文本区域的"属性"面板也与文本域类似，只是将"最大字符数"属性改为"行数"属性，用于设置文本区域中可同时显示的文本行数量。按图 11-10 操作，将在光标位置插入一个标签为"个人简介"的文本区域，在"属性"面板中设置其"初始值"等属性，效果如图 11-11 所示。

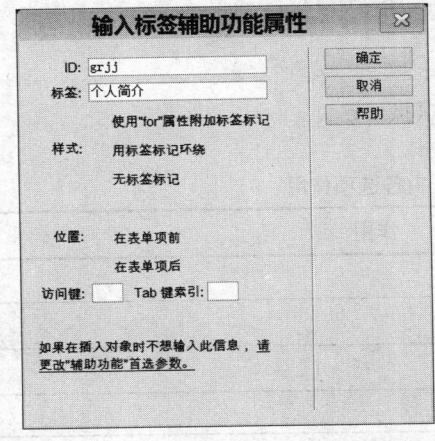

图 11-10　"输入标签辅助功能属性"对话框

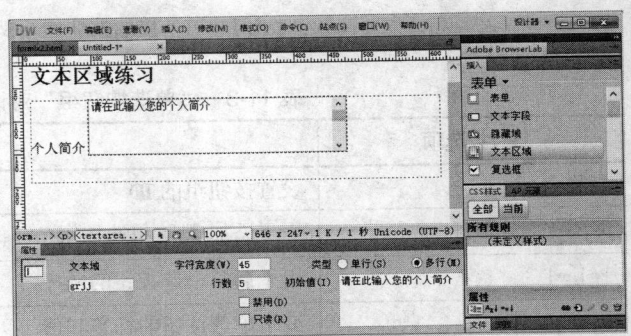

图 11-11　文本区域示例及其操作界面

11.2.2 单选按钮与单选按钮组

单选按钮只能进行单选（选中或不选），单选按钮组由多个单选按钮组成，共有一个名称，单选按钮组用于提供给用户一组互斥的选项，进行多选一。

1. 插入单选按钮组

在表单域中定位插入点。单击选择"插入"菜单→"表单"→"单选按钮组"命令，或者选择"插入"面板→"表单"→"单选按钮组"选项。打开"单选按钮组"对话框，见图 11-12。

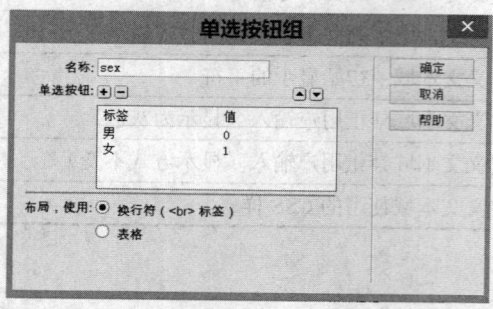

图 11-12 "单选按钮组"对话框

2. "单选按钮组"对话框的设置

在图 11-12 所示对话框中设置表单中的性别选项，单选按钮组的名称为"sex"，共有两个单选按钮，标签分别是"男"和"女"，值为 0 和 1。完成设置单击"确定"按钮，在表单域中出现如图 11-13 所示的单选按钮组。"单选按钮组"对话框中各选项的作用见表 11-3。

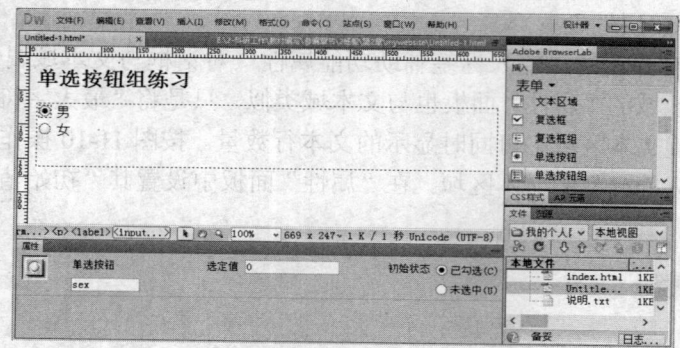

图 11-13 单选按钮组示例及其操作界面

表 11-3 "单选按钮组"对话框中各选项作用

属性/选项	作用
名称	设置按钮组的 ID
➕➖	用于添加/删除单选按钮
🔺🔻	用于调整单选按钮的顺序
标签　值	编辑单选按钮的标签和值
布局，使用：	用于选择单选按钮组使用的布局方式

3. 单选按钮"属性"面板的设置

选中表单域中的一个单选按钮(如"男"),出现单选按钮的"属性"面板。可在面板中设置单选按钮的"名称""选定值"和"初始状态"等属性。其中"选定值"的作用为:设定该单选按钮被选中时,将提交到目标 URL 的值;"初始状态"用于设置该单选按钮在页面载入时是否被选中。

4. 插入单选按钮

插入单选按钮的操作方法及单选按钮的属性设置都与单选按钮组类似,需要注意的是插入单选按钮后弹出的对话框为"输入标签辅助功能属性"对话框,内容参见图 11-8,不再赘述。

11.2.3 复选框与复选框组

复选框是一种允许用户进行多项选择的表单对象。复选框组也是指由多个复选框构成的一个整体,"名称"唯一。在图 11-6 所示的"学员注册"表单中,用于输入"学习课程"的选项为复选框组。复选框与复选框组的插入操作及属性设置方法类似,下面主要介绍复选框组的有关操作。

1. 插入复选框组

首先在表单域中定位插入点。然后单击选择"插入"菜单→"表单"→"复选框组"命令,或者选择"插入"面板→"表单"→"复选框组"选项,打开"复选框组"对话框,见图 11-14。

2. 在"复选框组"对话框和"属性"面板中进行设置

设置图 11-6 所示"学员注册"表单中"学习课程"选项,如图 11-14 所示。设置完成后单击"确定"按钮会在表单域中出现如图 11-15 所示的复选框组。选中其中的某一个复选框,这时"属性"面板会出现复选框的相关属性,在其中完成属性设置。

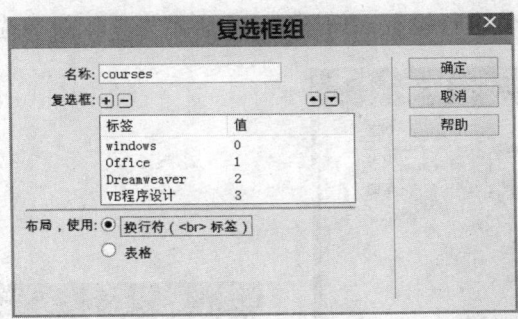

图 11-14 设置"学习课程"选项

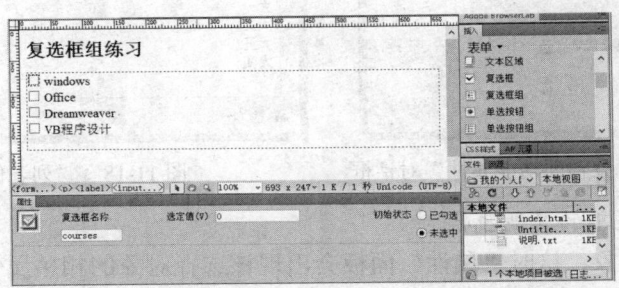

图 11-15 复选框组示例及其操作界面

11.2.4 列表或菜单

"选择(列表/菜单)"也是一种选择性表单对象,供用户在可选择的项目中选择需要的值。在图 11-6 所示"学员注册"表单中用于输入"年级"的选项使用了菜单对象。其中列表与菜单的功能相同,显示方式有所不同,如图 11-16 所示,且二者可以互相转换。列表中会同时显示多条列表项,而菜单只会显示一条。

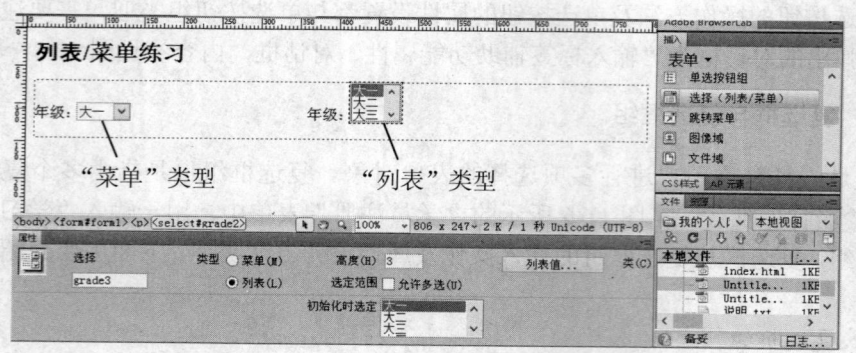

图 11-16 列表/菜单示例及其操作界面

1. 插入列表/菜单

在表单域中定位插入点。单击选择"插入"面板→"表单"→"选择(列表/菜单)"选项。打开"输入标签辅助功能属性"对话框,有关"年级"选项的设置如图 11-17 所示。

2. 设置列表值

在"属性"面板中单击"列表值"按钮,将打开"列表值"对话框,在该对话框中可对列表或菜单的项目标签和值进行设置。如图 11-18 所示为"年级"选项中的值。

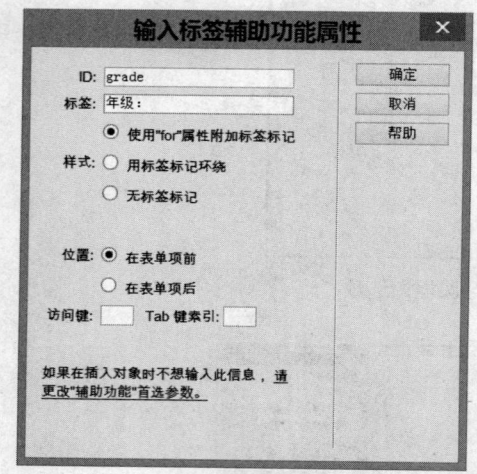

图 11-17 "输入标签辅助功能属性"对话框

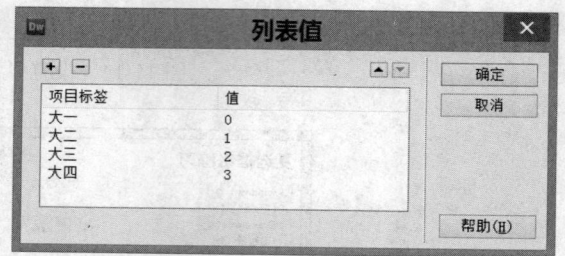

图 11-18 "列表值"对话框

3. 设置列表或菜单的其他属性

选中列表/菜单对象,这时"属性"面板会出现该选择对象的相关属性,如图 11-19 所示,在其中设置相关属性。下面举例说明属性的作用。

图 11-19 列表/菜单的"属性"面板

（1）转换列表或菜单类型

在表单编辑区域内单击选中要修改类型的列表/菜单对象，在"属性"面板的"类型"单选按钮组中单击选择转换后的类型。

（2）设置"年级"选项初始化时显示并选定"大二"

插入"年级"对象并完成列表值的设置后，在其"属性"面板的"初始化时选定"列表框中，单击选中"大二"。

11.2.5 按钮和图像域

1. 普通按钮

按钮是表单中不可或缺的元素。按照按钮对应的功能，可将按钮分成 3 类：提交表单按钮、重设表单按钮和一般按钮。提交表单按钮用于表单的提交操作；重设表单按钮可将表单数据还原到初始状态；一般按钮则需要与脚本程序配合才能实现特定的功能。

（1）插入按钮

在表单域中定位插入点。单击选择"插入"面板→"表单"→"按钮"选项，打开"输入标签辅助功能属性"对话框。

（2）设置按钮属性

单击选中插入的按钮，"属性"面板中会显示该按钮的各种属性，如图 11-20 所示，其各属性的含义如表 11-4 所示。

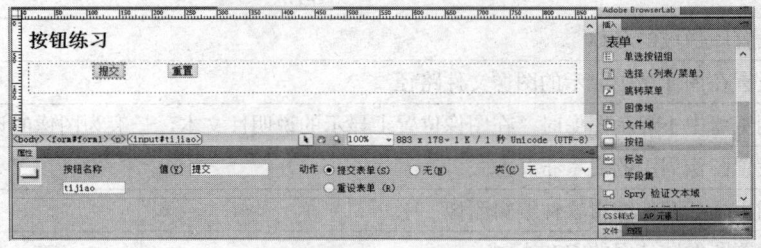

图 11-20 按钮示例及其操作界面

表 11-4 按钮"属性"面板中各属性的作用

属性	作用
按钮名称	设置按钮的 ID 属性
值	设置显示在按钮上的文字内容
动作	设置按钮的类型，即提交表单按钮或重设表单按钮，选择"无"为一般按钮
类	设置按钮使用的 CSS 样式

2. 图像域

网页中的提交、登录等按钮若采用图像形式，则应使用图像域。当访问者单击图像域中的图片时，表单会被提交，与单击提交按钮的功能相同。图像域只能用作表单的提交按钮，不能用于重置按钮。图 11-21 中的"登录"按钮使用了图像域。

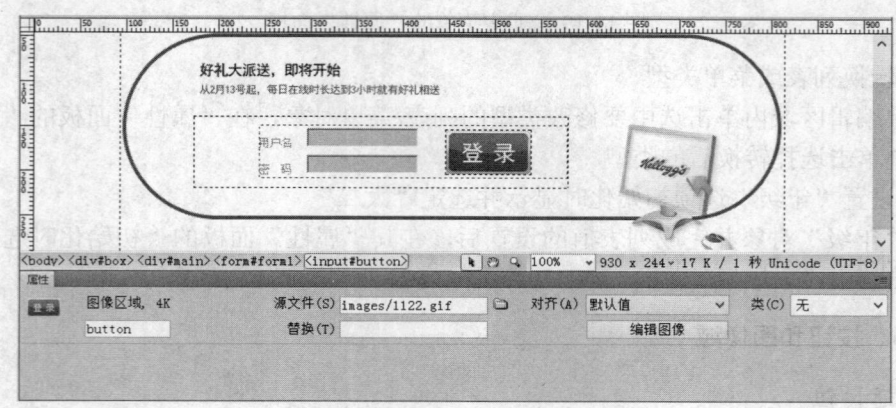

图 11-21　图像域应用示例及其操作界面

（1）插入图像域

在表单域中定位插入点。单击选择"插入"面板→"表单"→"图像域"选项。在打开的"选择图像源文件"对话框中选择相应的按钮图像。

（2）设置图像域的属性

单击选中文档窗口中的图像域，"属性"面板中会显示该图像域的各种属性，各属性的含义如表 11-5 所示。

表 11-5　图像域"属性"面板中各属性的作用

属性	作用
图像区域	设置图像域的名称
源文件	设置在图像域中显示的图像文件路径
替换	浏览器中不显示图像时，在图像位置上显示的说明性文本，一般为图像的设计提示文本
对齐	设置图像周围的文本布局方式
编辑图像	利用外部图像编辑软件编辑图像
类	设置图像域使用的 CSS 样式

11.3　Spry 表单构件

Spry 表单构件是 Dreamweaver 中用于实现异步传输的重要组件，异步传输技术能够在不刷新当前页面的情况下实现数据的请求和响应，是目前应用最多的一种网页脚本技术。Spry 表单构件是一个页面元素，通过启用用户交互来提供更丰富的用户体验。下面将介绍一组具有验证功能的 Spry 表单构件。

11.3.1 Spry 验证文本域

Spry 验证文本域构件是一个文本域，该域用于在站点访问者输入文本时显示文本的状态（有效或无效）。例如，向需要输入电子邮件地址的表单中添加验证文本域的构件，如图 11-22 所示。如果用户键入的内容不符合电子邮件地址格式，验证文本域构件会返回一条消息，声明用户输入的信息无效。因此，Spry 验证文本域与普通文本域的区别在于它可以实现对用户输入内容的验证，并根据验证结果向用户发出相应的提示信息。

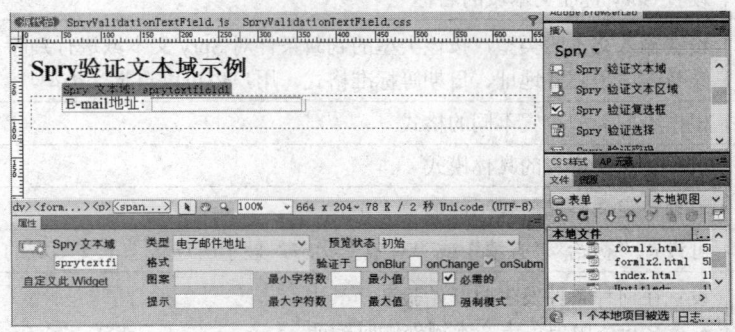

图 11-22　Spry 验证文本域示例及操作界面

1．插入 Spry 验证文本域

（1）在表单域中定位插入点。

（2）插入 Spry 验证文本域的方法如下：

- 菜单操作：在"插入"菜单中选择"Spry"或"表单"，在弹出的子菜单中单击"Spry 验证文本域"命令，如图 11-23 所示。
- 面板操作：在"插入"面板中单击选择"Spry"分类项，在列表中单击"Spry 验证文本域"选项，如图 11-24 所示。

（3）在弹出的"输入标签辅助功能属性"对话框中输入 ID（如：name）、标签（如：E-mail 地址）等选项内容。

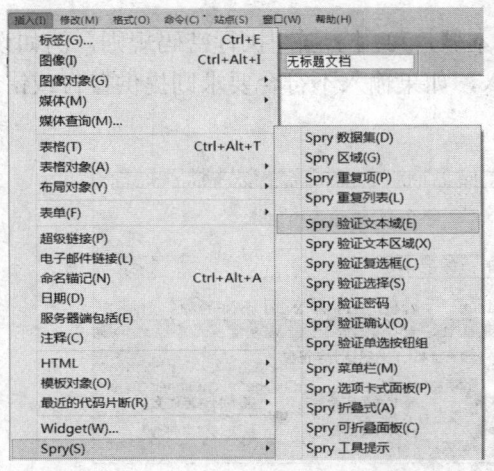

图 11-23　"插入"菜单中"Spry"子菜单

图 11-24　"插入"面板

2. Spry 验证文本域的属性

"Spry 验证文本域"验证功能的实现在于对其判断条件及提示信息等属性的设置。单击文档窗口中 Spry 构件的蓝色标签将其选中,此时"属性"面板显示的是该构件的各属性。表 11-6 为 Spry 验证文本域的各属性及其作用。

表 11-6 Spry 验证文本域"属性"面板中各属性的作用

属性	作用
Spry 文本域	设置 Spry 验证文本域的名称
类型	设置输入文本的类型,按该类型的判断条件对 Spry 文本域进行判断。类型列表中有:整数、电子邮件地址、日期等标准格式,用户也可以自定义类型
格式	根据不同类型设置不同的格式
图案	设置自定义格式的具体模式
提示	设置自定义格式的提示信息
预览状态	可设置"初始""必填"或"有效"状态,显示所选状态下文本域的外观预览
验证于	设置在何种条件发生时开始验证,其中: ● onBlur:用户单击文本域外侧时验证 ● onChange:用户改变文本域内容时验证 ● onSubmit:用户试图提交表单时验证
最小字符数	设置文本域接受的最少字符数(如要求密码至少 6 个字符),对部分类型该属性无效
最大字符数	设置文本域接受的最多字符数
最小值	设置文本域接受的最小值
最大值	设置文本域接受的最大值
必需的	设置文本域中必须输入内容,否则出现错误提示
强制模式	禁止用户输入文本域认定的任何非法字符(如整数类型在强制模式下无法输入字符)

11.3.2 Spry 验证密码

Spry 验证密码构件形式上是一个密码文本域,可用于强制执行密码规则,例如设置输入字符的数目和类型。该构件会验证用户的输入,如果输入不符合要求则提供警告或错误信息。如图 11-25 所示。

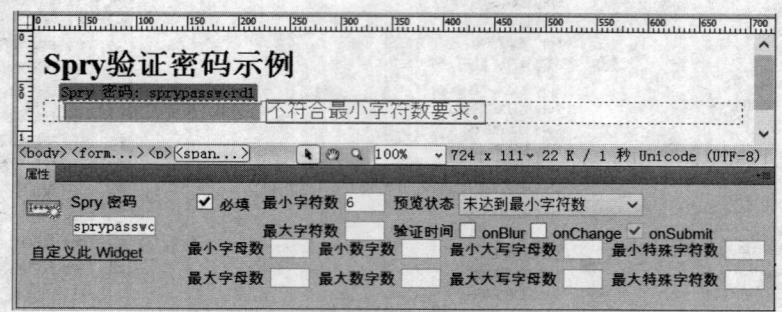

图 11-25 Spry 验证密码示例及其"属性"面板

插入 Spry 验证密码的方法可以参考插入 Spry 验证文本域的方法，此处不再赘述。其属性面板中各属性的作用见表 11-7。

表 11-7 Spry 验证密码"属性"面板中各属性的作用

属性	作用
Spry 密码	设置 Spry 验证密码的名称
必填	设置密码框为必填项目
最小/最大字符数	设置有效密码所需的最少/最多字符数
最小/最大字母数	设置有效密码所需的最少/最多字母数
最小/最大大写字母数	设置有效密码所需的最少/最多大写字母数
最小/最大数字数	设置有效密码所需的最少/最多数字数
最小/最大特殊字符数	设置有效密码所需的最少/最多特殊字符数（！@#等）
预览状态	可设置"初始""必填"或"有效"状态，显示所选状态下密码框的外观预览
验证时间	设置在何种条件发生时开始检查表单，其中： ● onBlur：用户单击验证密码框外侧时验证 ● onChange：用户改变验证密码框内容时验证 ● onSubmit：用户试图提交表单时验证

11.3.3 Spry 验证确认

Spry 验证确认构件外观上是一个文本域或密码表单域，当用户输入的值与同一表单中类似的值不匹配时，该构件将显示有效或无效状态。例如，注册表单中要求用户输入两次密码，第二次输入确认密码的域就可以使用验证确认构件，如果用户第二次输入的密码与前一次不相同，将显示错误信息提示，如图 11-26 所示。

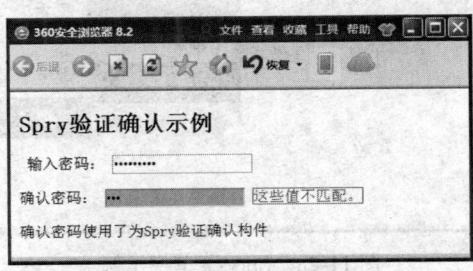

图 11-26 Spry 验证确认示例

插入 Spry 验证确认的方法可以参考插入 Spry 验证文本域的方法，此处不再赘述。其"属性"面板（如图 11-27 所示）中各属性的作用见表 11-8。

图 11-27 Spry 验证确认的"属性"面板

表 11-8　Spry 验证确认"属性"面板中各属性的作用

属性	作用
Spry 确认	设置 Spry 验证确认的名称
必填	设置确认为必填项目
验证参照对象	选择确认内容相同的参照对象,示例中为输入密码的 Spry 验证密码构件
预览状态	可设置"初始""必填"或"有效"状态,显示所选状态下确认框的外观预览
验证时间	设置在何种条件发生时开始检查表单,其中: ● onBlur:用户单击验证确认外侧时验证 ● onChange:用户改变验证确认内容时验证 ● onSubmit:用户试图提交表单时验证

11.4　Spry 布局构件

本节将介绍一组应用广泛的与布局相关的 Spry 复合构件,如 Spry 菜单栏、Spry 选项卡式面板等。这些 Spry 布局构件的交互效果更丰富。可以结合 Div 和 CSS 设计出更加酷炫的网页。

11.4.1　Spry 菜单栏

Spry 菜单栏构件是一组可导航的菜单按钮,将鼠标光标移至其中某个按钮上时,将显示相应的子菜单,这种菜单栏外观漂亮、互动效果好,能够提高网页用户的浏览体验。Spry 菜单栏在网页中的应用效果如图 11-28 所示。

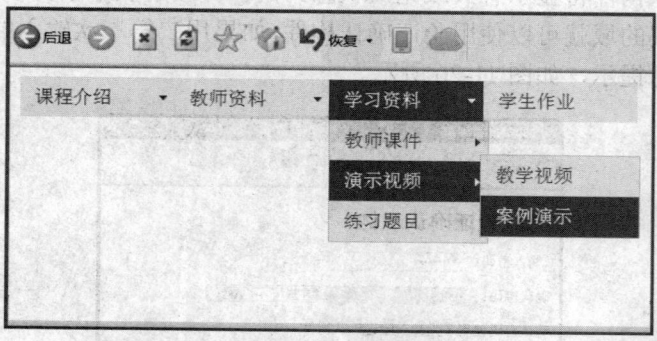

图 11-28　Spry 菜单栏示例

1. 创建 Spry 菜单栏

单击选择"插入"菜单→"布局对象"或"Spry"→"Spry 菜单栏"命令,或者选择"插入"面板→"Spry"或"布局"→"Spry 菜单栏"选项,出现图 11-29 所示对话框。在水平或垂直两种布局方式中选择一种。以水平布局为例,选择后将出现图 11-30 所示的操作界面。

图 11-29　"Spry 菜单栏"对话框

第 11 章　用表单创建交互式网页　271

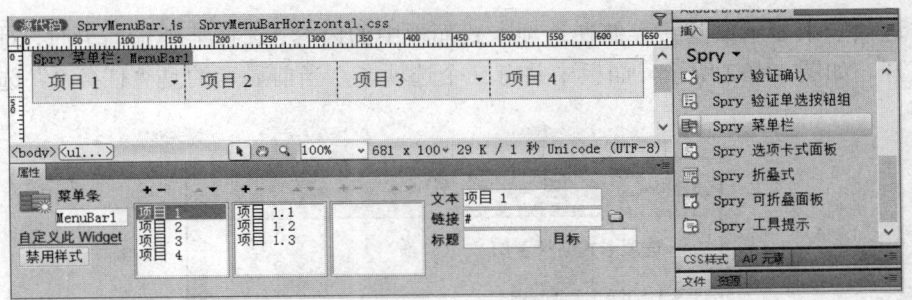

图 11-30　Spry 菜单栏的初始状态及操作界面

2．Spry 菜单栏的属性设置

在文档窗口单击 Spry 菜单栏上方的蓝色标签将其选中，此时"属性"面板显示的是该构件的相关属性，Spry 菜单栏各属性的作用详见表 11-9。菜单深度最多为三级，在属性面板中从左到右依次为一级、二级、三级菜单项列表。图 11-31 为本节示例对应的操作和设置界面。

表 11-9　Spry 菜单栏"属性"面板中各属性的作用

属性	作用
菜单条	设置菜单栏的名称
✚ ➖	用于增加菜单项或删除下面列表中被选中的菜单项
▲ ▼	用于调整菜单项的顺序
文本	可对当前菜单项重命名，即在文本框中输入菜单项新名称
链接	设置当前菜单项的链接目标
标题	设置浏览网页时鼠标移至菜单项上鼠标旁出现的文本
目标	设置在何处打开菜单项链接的页面，有 _blank、_parent 等选项
禁用样式	禁用样式时，菜单栏以项目符号列表形式显示在页面上，而不是显示为菜单栏中带样式的菜单项

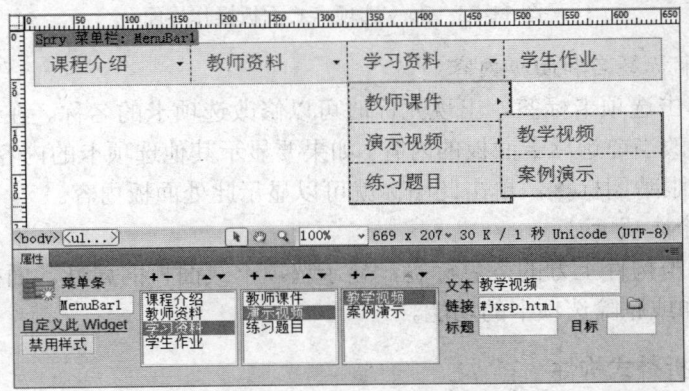

图 11-31　Spry 菜单栏属性设置示例

11.4.2　Spry 选项卡式面板

Spry 选项卡面板构件是一组面板，用来将内容存储到紧凑空间中。用户浏览网页时可以通过单击选项卡来显示或隐藏存储在选项卡式面板中的内容,选择某个选项卡时,对应的构件面板会打开。如图 11-32 所示,面板中共有三个选项卡,当前显示的是"任务 2"选项卡面板中的内容。

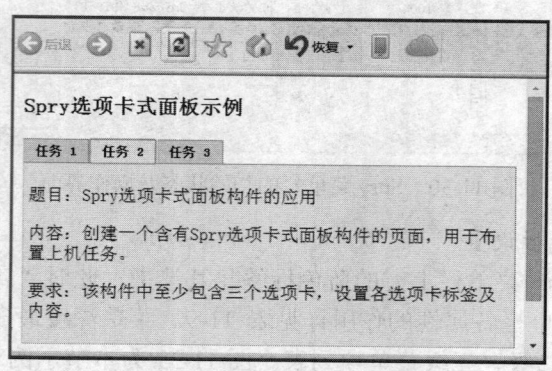

图 11-32　Spry 选项卡式面板示例

1. 插入 Spry 选项卡式面板

选择"插入"面板→"Spry"或"布局"→"Spry 选项卡式面板"选项,出现如图 11-33 所示的操作界面。

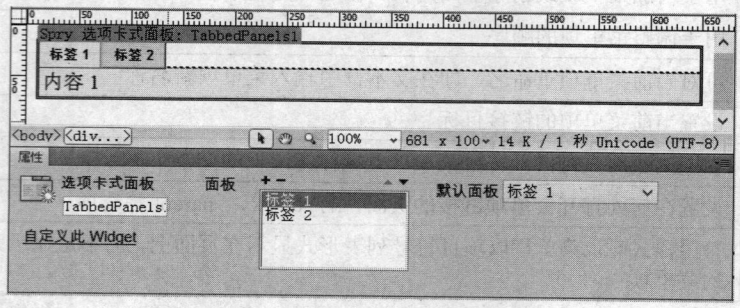

图 11-33　Spry 选项卡式面板操作界面

2. 修改选项卡标签名和面板内容

在文档窗口单击选项卡标签,出现光标时可以修改选项卡的名称。在面板内容处单击,出现光标时可以修改当前选项卡面板的内容。如果要显示其他选项卡的内容,将鼠标移到要显示的选项卡会出现眼睛图标👁,单击此图标就可以显示此处面板内容。

3. 增加或删除选项卡

在文档窗口单击构件上方的蓝色标签,显示选项卡式面板的属性。面板旁的加号和减号按钮➕➖可实现增加或删除选项卡的功能。

11.4.3　Spry 折叠式构件

Spry 折叠式构件是类似于 QQ 面板的一组可折叠的面板,可以将大量内容存储在一个紧凑的空间中。访问者可以单击该构件上的标签名来隐藏或显示各面板中的内容。在图 11-34 的示例中,"我的好友"和"黑名单"的面板内容被折叠隐藏,只显示了"最近联系人"面板中的内容。如果单击"我的好友"标签会显示其面板的内容,其他的面板将被折叠。

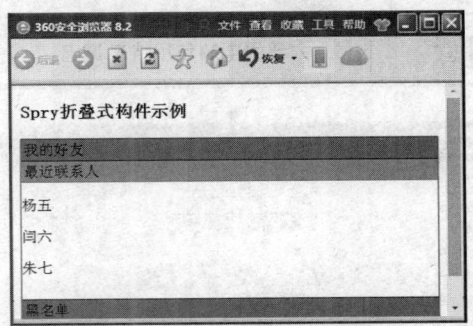

图 11-34　Spry 折叠式构件示例

1. 插入 Spry 折叠式构件

选择"插入"面板→"Spry"或"布局"分类项→"Spry 折叠式"选项，出现如图 11-35 所示的操作界面。

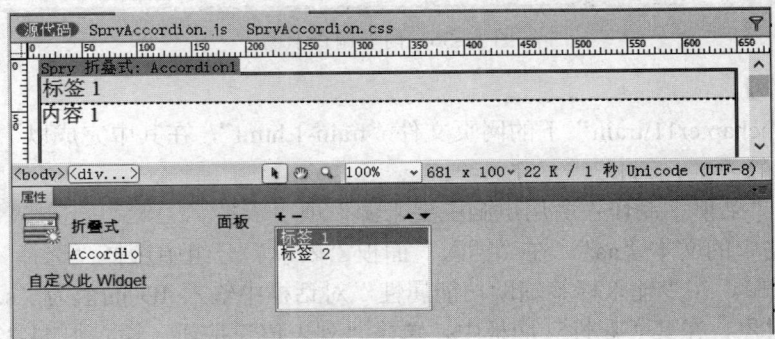

图 11-35　Spry 折叠式构件的操作界面

2. 修改标签名和面板内容

在文档窗口单击面板标签，出现光标时可以修改标签名称，如选中"标签 1"将其内容改为"我的好友"。在面板内容处单击，出现光标时可以修改当前选项卡面板的内容。如果要显示其他选项卡的内容，将鼠标移到要显示的选项卡时会出现眼睛图标，单击此图标就可以显示此处面板内容。

3. 增加或删除面板

在文档窗口单击构件上方的蓝色标签，属性面板会显示出 Spry 折叠式的属性。面板旁的加号和减号按钮可实现增加或删除选项卡的功能。

11.5　实践演练

11.5.1　制作问卷调查网页界面

【目的要求】

创建一个如图 11-36 所示的问卷调查页面，应用单选按钮组、复选框、选择菜单/列表等多种表单对象。本任务的实践目的是掌握各种表单对象的应用及属性设置。

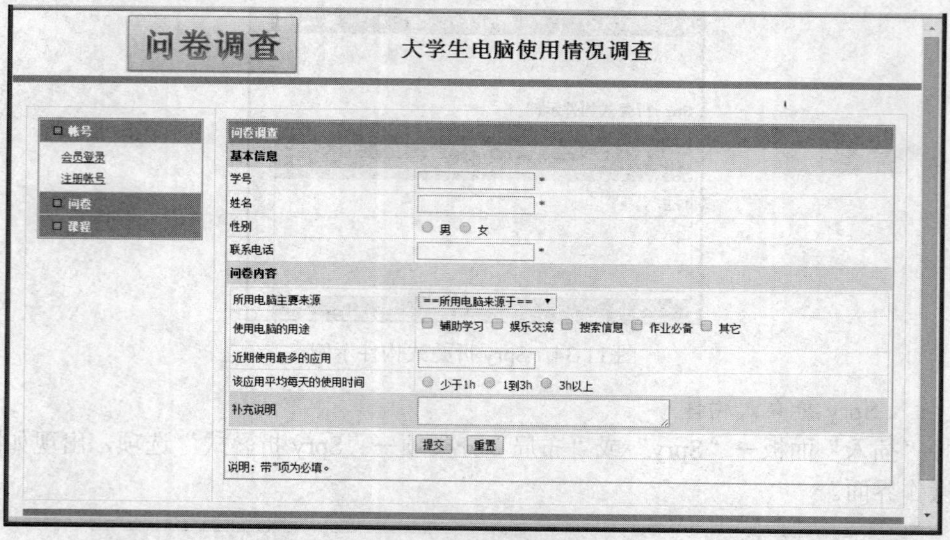

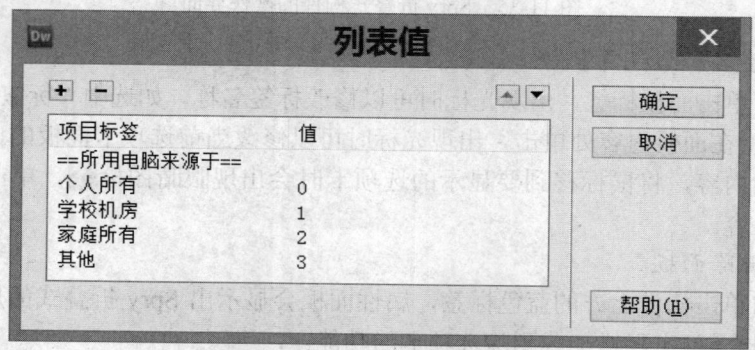

图11-36 问卷调查示例

【准备工作】

打开目录"chapter11\train"下的网页文件"train-1.html",在其中完成以下操作。

【操作步骤】

(1) 使用"菜单"制作"所用电脑主要来源"项

删除单元格中的文本"aa",在"插入"面板"表单"分组中选择"选择(菜单/列表)"项 选择(列表/菜单)。在"输入标签辅助功能属性"对话框中输入 ID 的值为"select-dnly",单击选中该表单对象,在其"属性"面板中,单击"列表值"按钮,输入图11-37所示内容。

图11-37 菜单对象的列表值

(2) 使用"复选框"或"复选框组"制作"使用电脑的用途"项

删除单元格中的文本"bb",制作使用电脑用途的复选项,此处可以使用"复选框",也可以使用"复选框组"。在"插入"面板"表单"分组中选择"复选框组" 复选框组。

插入"复选框组"后,在"复选框组"对话框中设置各选项的标签和值,如图11-38所示。使用加号键添加选项,共输入"辅助学习""娱乐交流""搜索信息"等5个选项,值分别设置为0~4。因为选择了默认的使用换行符进行布局,5个选项会纵向排成一列,可以去掉换行符重新布局,使各选项在一行显示。

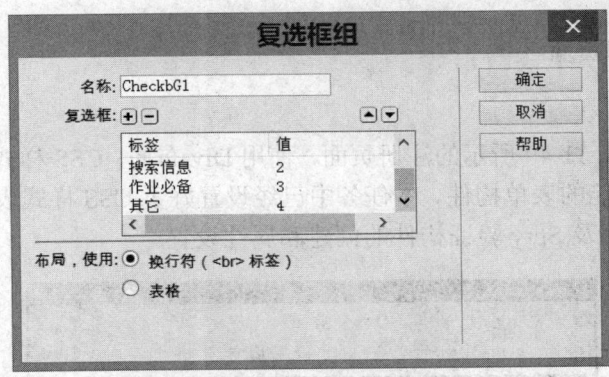

图 11-38 "复选框组"对话框

（3）使用"文本域"制作"近期使用最多的应用"项

在显示"cc"的单元格中删除文本，在"插入"面板"表单"分组中选择"文本字段"选项 文本字段。ID 值设为"zdyy"。

（4）使用"单选按钮组"制作"该应用平均每天的使用时间"项

删除单元格中的文本"dd"，插入"单选按钮组"。在如图 11-39 所示的"单选按钮组"对话框中输入"名称"为"timepd"，并设置各选项的标签和值。在文档窗口或代码窗口，调整各按钮的布局，使其在一行显示。

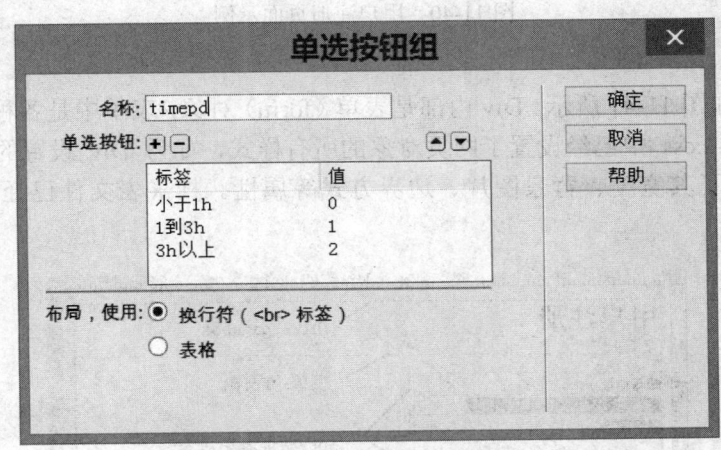

图 11-39 "单选按钮组"对话框中的设置

（5）使用"文本区域"制作"补充说明"项

在显示"ee"的单元格中删除文本，插入"文本区域"。在弹出的"输入标签辅助功能属性"对话框中设置其 ID 值为"bcsm"。在文档窗口选中文本区域对象，在其"属性"面板中设置"字符宽度"为 50 个字符，"行数"为 4 行。

（6）插入按钮

在显示"ff"的单元格中删除文本，插入"按钮"。依次插入"提交"和"重置"按钮。其中"重置"按钮要在其"属性"面板的"动作"属性中选择"重设表单"。

（7）保存文件并在浏览器中预览

按 Ctrl+S 组合键保存网页文件，之后按 F12 键在主浏览器中预览网页。

11.5.2 制作注册页面

【目的要求】

要求创建一个如图 11-40 所示的注册页面，使用 Div 布局，CSS 样式表美化页面。主要应用的 Spry 具有验证功能的表单构件。本任务中已经设置好了 CSS 样式表文件，实践目的是掌握表单页面的制作过程及 Spry 验证构件的创建和属性设置。

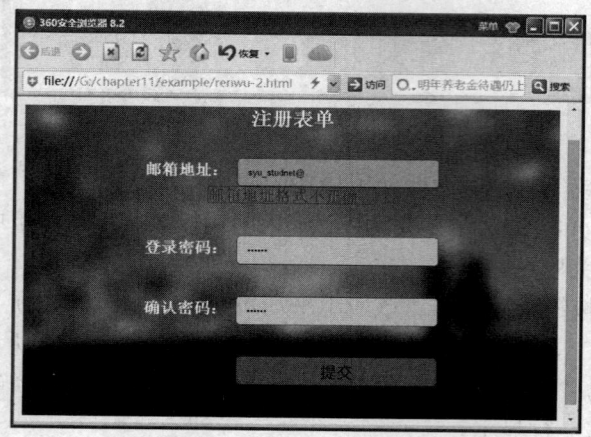

图 11-40　用户注册页面示例

【准备工作】

网页的布局如图 11-41 所示。Div 内部是表单（form）对象，表单中是各种 Spry 验证构件。在样式表文件 11-2.css 中已经设置了网页对象的所有样式，如为 Div 设置的 ID 样式名称为"pagebox"设置了其宽度、背景图片、边界方式等属性。样式表文件已经链接到网页文件 train-2.html。

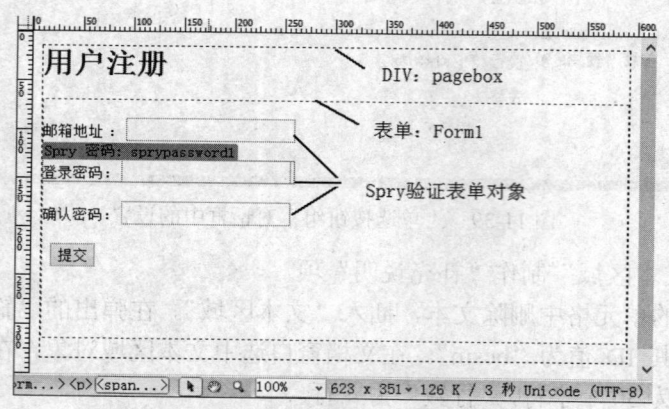

图 11-41　注册页面中包含的对象和布局

在目录"chapter11\train"下创建网页文件"train-2.html"，在其中完成以下操作。

【操作步骤】

1. 插入 Div 和表单

（1）在页面中插入布局对象 Div 标签，设置其类样式为 pagebox。

（2）在此 Div 内输入文本"注册表单"，设置其格式为标题 1。

（3）插入表单对象，并将插入点定位在表单中。

2. 插入各种 Spry 验证表单构件和按钮

（1）在"插入"面板选择"表单"分组中的"Spry 验证文本域"，设置其 ID 为"Emailadd"，标签为"邮箱地址："。在文档窗口单击选中 Spry 文本域标签，显示其"属性"面板，在 Spry 文本域"属性"面板设置其"类型"为"电子邮件地址"，验证时间为 onBlur。

（2）在下方插入"Spry 验证密码"，设置其 ID 为 PassWord，标签为"登录密码："，在其"属性"面板设置最小字符数为 6，最大字符数为 12，验证时间为 onBlur，提示文字为"密码为 6～12 个字符"。

（3）在下方插入"Spry 验证确认"，设置其 ID 为 ConfirmPS，标签为"确认密码："，在其"属性"面板设置验证时间为 onBlur，提示文字为"两次输入的密码不一致"。

（4）在下方插入常规提交按钮，设置其类样式为"button"。

3. 保存并预览网页

按 Ctrl+S 组合键保存文件，按 F12 键预览网页，完成制作。

11.5.3　制作网页教程页面的目录

【目的要求】

要求使用"Spry 折叠式"面板制作"网页设计教程"主页左侧框架中的知识点目录。要求目录中的项目与右侧框架中的教程内容实现链接，例如在左侧目录中单击"Spry 菜单栏"，在右侧主框架中显示该节的相关内容，如图 11-42 所示。该任务的目的是综合运用 Spry 构件、链接、框架等知识，设计具有一定实用性的页面。

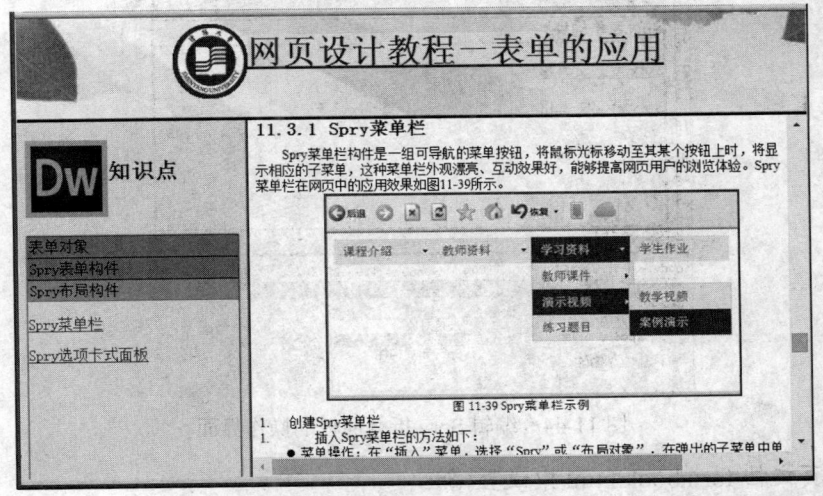

图 11-42　网页设计教程主页

【准备工作】

网页设计教程主页的布局如图 11-43 所示。采用框架结构，上方框架、右侧框架中显示的网页文件已经完成设计，要求在左侧框架对应的 frame-left.html 中设计目录结构。打开 chapter11\train\train-3 目录下的网页文件"frame-left.html"，按下面的步骤完成操作。

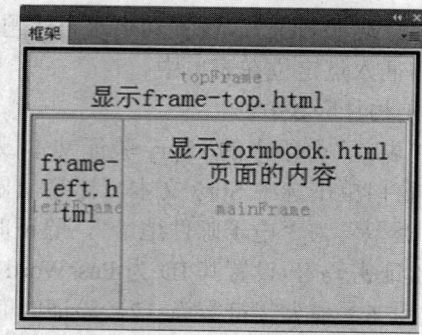

图 11-43　页面的布局

【操作步骤】

1. 插入"Spry 折叠式"构件，并设置其内容

（1）在"插入"面板的"Spry"分组中单击选择"Spry 折叠式"命令 Spry 折叠式 。

（2）在文档窗口中输入面板的内容。添加或删除面板是在构件的"属性"面板中使用加号和减号按钮操作。面板的内容为：第一个面板的标题为"表单对象"，内容包括"文本域与文本区域"和"单选按钮与单选按钮组"；第二个面板的标题为"Spry 表单构件"，内容包括"Spry 验证文本域"和"Spry 验证文本区域"；第三个面板标题为"Spry 布局构件"，内容为"Spry 菜单栏"和"Spry 选项卡式面板"，如图 11-44 所示。

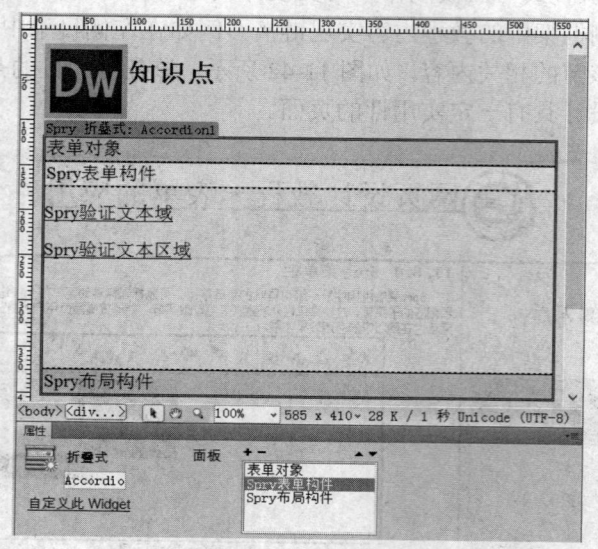

图 11-44　编辑 Spry 折叠面板的操作界面

2. 在网页文档 formbook.html 中设置锚记

打开 chapter11\train\train-3 目录下的网页文件 formbook.html。分别在各二级标题前插入锚记。插入锚记的操作方法：在"插入"面板"常用"组中单击选择"命名锚记"命令 命名锚记 。

例如：在编号 11.1.1 前插入锚记并命名为"form-1"，在 11.1.2 前插入锚记并命名为"form-2"。以此类推，分别在 11.2.1、11.2.2、11.3.1、11.3.2 前插入锚记并分别命名为 spry1-1、spry1-2、spry2-1、spry2-2。完成后，保存并关闭该文件。

3. 在网页文档 frame-left.html 中设置锚点链接

回到网页 frame-left.html 的文档窗口，选中"表单对象"面板中的"文本域与文本区域"，在"属性"面板设置链接，指向文件为 formbook.html，然后在链接栏中添加文本"#form-1"，目标属性设置为 mainFrame。其他内容分别链接到 formbook.html#form-2、formbook.html#spry1-1 等。

设置完成后保存并关闭该文件。

4. 预览主页

保存所有文件后，打开教程主页 index.html，确认左侧框架的源文件是 frame-left.html，右侧框架的源文件是 formbook.html，按 F12 键预览。

思考与练习

1. 表单对象如文本域、复选框等是否需要添加在表单（对应 form 标签）中？
2. 复选框与复选框组有何异同，能否用多个复选框代替一个复选框组？
3. Spry 验证密码与普通的密码类型文本域比较有何异同？
4. 跳转菜单与普通菜单对象比较有何异同？
5. 能否在 Spry 菜单栏构件中设置菜单项链接到某网页，若可行应如何设置？
6. 操作练习：使用表单对象和 Spry 表单构件制作图 11-6 所示的"学员注册"页面。

第 12 章　网页动画制作

【本章导读】

Flash CS6 是 Adobe 公司推出的矢量图形编辑与交互式动画制作的专业软件。利用它可以将音乐、声效、影片、动画以及其他富有创意的界面融合在一起，制作出高品质的网页动画、演示文稿、应用程序以及支持用户交互的其他内容。目前，Flash 已成为一个非常流行的动画制作软件，赢得了广大网页制作者与课件制作者的青睐。

【本章要点】

- Flash CS6 操作界面的组成及功能。
- 网页动画的设计方法。

12.1　Flash CS6 简介

12.1.1　启动 Flash CS6

安装好 Flash CS6 后，就可以通过"开始"菜单中的"程序"组或桌面的快捷图标启动该软件，其窗口界面如图 12-1 所示。

图 12-1　Flash CS6 窗口界面

窗口最上面是菜单栏，窗口从右向左依次是绘图工具栏、"属性"与"库"面板、"颜色"面板、"开始"页、"时间轴"与"动画编辑器"等。

新建 Flash 文档可采用如下的方法：

方法 1：在图 12-1 所示的 Flash CS6 窗口界面中，单击"新建"区域的 ActionScript 3.0 按钮新建 Flash 文档。

方法 2：在 Flash CS6 菜单栏中选择"文件"→"新建"命令，在打开的"新建文档"对话框的"常规"选项卡中选择 ActionScript 3.0，单击"确定"按钮即可。

12.1.2 Flash CS6 工作界面

新建或打开一个 Flash CS6 文档之后，将打开如图 12-2 所示的工作界面，主要由标题栏、菜单栏、常用面板和场景组成。

图 12-2 Flash CS6 工作界面

Flash CS6 提供了人性化的操作面板，常用的面板包括"时间轴""工具""属性""颜色""库"等面板。

（1）"时间轴"面板

"时间轴"面板用于创建动画和控制动画的播放进程。

（2）"工具"面板

"工具"面板是绘制矢量图形最重要的元素，可以用于绘制、选择、填充、编辑图形等。

（3）"属性"面板

"属性"面板是实用而又特殊的面板，用来设置工作中所用元素的属性。"属性"面板有特定的参数选项，会随着选择对象的不同而出现不同的参数。

（4）"颜色"面板

"颜色"面板是绘制图形的重要部分，主要用于设置笔触颜色和填充颜色。

（5）"库"面板

"库"面板可以看作是一个仓库，所有元件都会被自动载入到当前文档的"库"面板中，方便制作动画时调用。

12.1.3 绘图工具的使用

利用 Flash 提供的几何绘制工具可以绘制矩形、椭圆、多角星等图形。这些工具放置在"工具"面板的"矩形工具"按钮 中，用鼠标按住其不放，在弹出的下拉列表中选择需要的绘图工具，在舞台上拖动鼠标就可绘制图形。

例 12-1 利用绘图工具绘制如图 12-3 所示的墙壁。

图 12-3　墙壁

绘制方法：

（1）单击"文件"→"新建"，新建一个名为"墙壁.fla"的动画文档，在"属性"面板中设置其宽和高分别为"940"像素、"570"像素。

（2）在"工具"面板中选择"矩形工具"，打开其"属性"面板，设置笔触为黄色，填充色为橙色，在舞台绘制出宽94、高24像素的矩形。在画好的矩形上方右击，在弹出的快捷菜单中选择"转换为元件"命令。打开"转换为元件"对话框，在"名称"文本框中将建立的元件命名为"砖"，元件类型选择默认的"图形"，单击"确定"按钮，如图 12-4 所示。

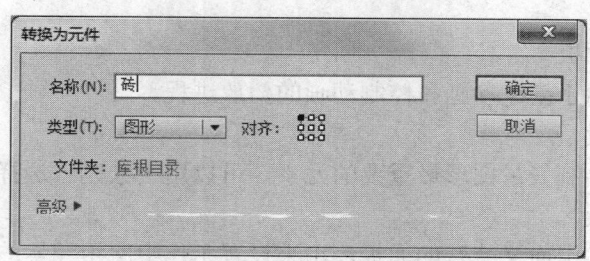

图 12-4　"转换为元件"对话框

（3）在"工具"面板中选择"Deco 工具"，打开其"属性"面板，在"绘制效果"栏的下拉列表框中选择"网格填充"选项。单击"平铺1"选项后的 编辑... 按钮，打开"选择元件"对话框,在元件列表中选择元件"砖",单击"确定"按钮。使用相同的方法,将"平铺2""平铺3""平铺4"设置填充图案为"砖"元件。在"高级选项"中设置"网格布局"为"砖形图案",并选中"为边缘涂色"复选框,如图12-5所示。用鼠标在舞台单击实现填充。

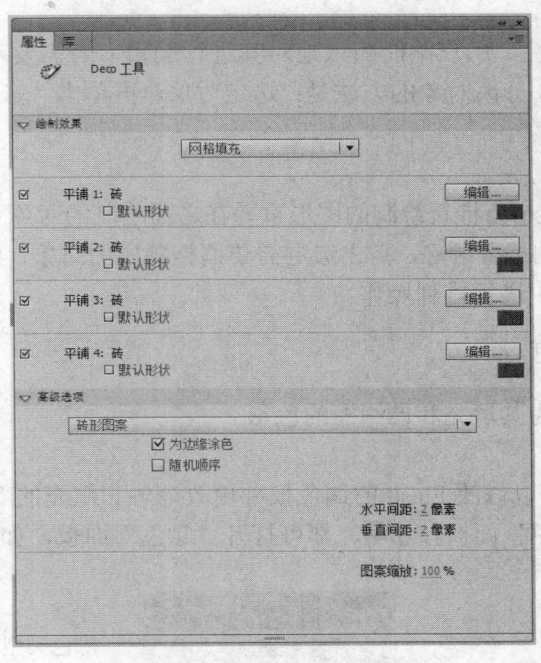

图 12-5 设置"Deco 工具"属性

(4)选择"矩形工具",打开其"属性"面板,设置笔触、填充颜色、笔触高度、矩形边角半径分别为"#FFCC00、#FF0000、5、10"。使用鼠标在舞台上拖动绘制窗户和门的轮廓。

(5)重新选择"矩形工具",打开其"属性"面板,修改填充颜色为"#FFFFFF"。在窗户上绘制4个大小相同的正方形,作为玻璃。

注意:在绘图工具的"属性"面板中设置笔触颜色、笔触高度、填充颜色等选项,在选择其他绘图工具时,之前的设置会被沿用,只需更改需要的部分即可。

(6)选择"椭圆工具",在门上绘制一个门把手。

(7)选择"工具"面板中的"选择工具"按钮,单击选定舞台上绘制的门,按住 Shift 键,同时单击门把手,将同时选定这2个对象,单击"修改"→"组合"命令,选定的2个对象组合为一个整体,可对其整体进行移动、复制等操作。至此,墙壁绘制完成。

12.1.4 编辑图形工具

在 Flash 中绘制图形时,很难一次将图形绘制成功,很多时候需要使用编辑图形工具对绘制的图形进行编辑、优化。

1. 任意变形工具

用该工具框选对象后,可以对其进行旋转、倾斜、缩放、扭曲和封套等操作。

2. 群组对象

当舞台中的对象过多且需要同时操作部分对象,而又不想干涉到其他对象时,可以将需要同时编辑的对象组合在一起成为一个整体,再进行编辑。群组对象的方法是:选定第一个对象后,按 Shift 键的同时选择其他需要选定的对象,再单击"修改"→"组合"命令或按 Ctrl+G 组合键群组对象。

3. 分离对象

由于形状对象的特性,用户不能随意地对其进行编辑,若需要对这样的对象单独进行编辑,就需要先分离对象。分离对象的方法是:选定对象,再单击"修改"→"分离"命令或按 Ctrl+B 组合键分离对象。

4. 对象的排列

在绘制图形时,Flash 会将新绘制的图形重叠在之前绘制的对象上方,遮盖处于下方的部分图形。若要调整对象的层叠顺序,需先选定需要调整顺序的对象,再单击"修改"→"排列"命令,在打开的子菜单中进行排列操作。

12.1.5 填充的应用

绘制图形后常需要为其填充和谐绚丽的色彩。

1. "颜色"面板

通过"颜色"面板可以修改 Flash 的调色板并更改笔触和填充的颜色。选择"窗口"→"颜色"命令或者单击"颜色"面板按钮,都可打开"颜色"面板,如图 12-6 所示。

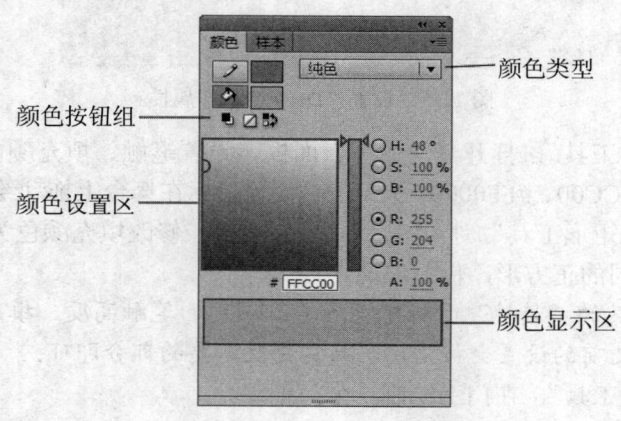

图 12-6 "颜色"面板

其中:
- "笔触颜色"按钮:用于改变图形的边框颜色和笔触颜色。
- "填充颜色"按钮:用于改变图形的形状区域颜色。
- "黑白"按钮:选择该按钮,即可将笔触颜色和背景颜色设置为默认值(笔触颜色为黑色,背景颜色为白色)。
- "无色"按钮:选择该按钮,可让选择的填充或笔触不使用任何颜色。
- "交换颜色"按钮:选择该按钮,将交换笔触颜色和填充颜色。
- "颜色类型"下拉列表框:在该下拉列表框中可以设置修改笔触颜色和填充颜色的颜色填充方式。

- "颜色设置区"：在其中单击可以设置笔触颜色和填充颜色。
- "HSB"栏：在该栏中选中某个单选按钮，通过修改其后的数字，可以调整颜色的色相、饱和度和亮度。
- "RGB"栏：在该栏中选中某个单选按钮，通过修改其后的数字，可以调整颜色的红色、绿色和蓝色的颜色密度值。
- "A"选项：用于设置填充颜色的不透明度（Alpha）。
- "#"文本框：该文本框用于设置颜色的十六进制值，在该文本框中输入颜色的十六进制值即可为当前笔触或填充设置对应的颜色。
- 颜色显示区：为笔触或填充设置好颜色后，该区域将呈现预览颜色效果。

2．"样本"面板

在 Flash 中不仅可以使用"颜色"面板为笔触和填充设置颜色外，还可以使用"样本"面板设置颜色。选择需要设置颜色的笔触或填充区域，再选择"窗口"→"样本"，或者单击"样本"面板按钮，打开样本"属性"面板，在其中单击需要的颜色即可应用当前选择的颜色。

在默认情况下，"样本"面板中存储的是常用的一些颜色。如果有特殊需要还可以对"样本"面板进行添加、删除、编辑、复制等操作。对"样本"面板进行编辑，可单击"样本"面板右上角的按钮，在弹出的下拉列表框中进行设置。

3．"滴管工具"按钮

在 Flash 中，除可以使用"颜色""样本"面板设置填充颜色外，还可以使用"滴管工具"设置颜色。但滴管工具只能通过吸取的方式，将一个已经设置了颜色的图形的填充颜色设置为当前填充色。使用滴管工具设置颜色的方法是：在"工具"面板中选择"滴管工具"，单击选定的颜色进行取色，然后单击需要设置颜色的图形或图像即可。

4．编辑渐变填充

为使图像有立体感，可以使用渐变填充。渐变填充是一个多色的填充方式，使用渐变填充可以让一种颜色平稳地过渡到另一种颜色。在 Flash 中有两种渐变填充方式：线性渐变和径向渐变。

（1）线性渐变：线性渐变是沿着一根轴线改变颜色的渐变方式，可以制作光线斜射到物体上的效果。在"颜色"面板的"颜色类型"下拉列表框中选择"线性渐变"选项，如图 12-7 所示。此时，"颜色"面板中将显示用于设置线性渐变的特有选项。

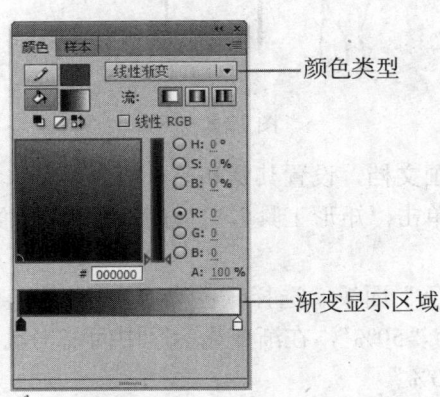

图 12-7　"颜色"面板

其中：
- "流"选项：包括3个按钮，分别用于设置超出线性或渐变限制范围所使用的颜色覆盖方式。
- "线性RGB"复选框：选中该项，将可创建可伸缩的矢量渐变图形。
- 渐变显示区域：在该区域中添加、减少、移动渐变滑块，可以编辑渐变的颜色。

（2）径向渐变：径向渐变会出现一个中心点向外改变颜色的渐变效果，可以制作边缘有光晕的柔和效果。在"颜色"面板的"颜色类型"下拉列表框中选择"径向渐变"选项，再在"颜色"面板中设置渐变效果。其设置方法和线性渐变相同。

5. 颜料桶工具

"颜料桶工具"用于设置图形的填充颜色，填充的图形区域通常是封闭区域，应用的颜色可以是无颜色、纯色、渐变色和位图颜色。

在"工具"面板中选择"颜料桶工具"按钮后，在该面板的选项区域会出现两个按钮，其作用如下：

（1）"空隙大小"按钮：该按钮用于设置外围矢量线缺口的大小对填充颜色的影响程度。其中包括不封闭空隙、封闭空隙、封闭中等空隙和封闭大空隙4种选项。

（2）"锁定填充"按钮：该按钮只能应用于渐变填充，单击该按钮后，不能再应用其他渐变填充。但渐变填充以外的填充不会受到任何影响。

6. 墨水瓶工具

"墨水瓶工具"按钮用于修改路径的颜色和属性，应用的颜色包括无颜色、纯色、渐变色和位图颜色。

例12-2 绘制如图12-8所示冬日效果。具体操作步骤如下：

图12-8 冬日

（1）新建一个空白动画文档，设置其宽和高分别为"600、500"像素。

（2）在"工具"面板单击"矩形工具"，打开其"属性"面板，设置笔触为"无"，在舞台拖动鼠标画出一个矩形。

（3）打开矩形的"颜色"面板，选择颜色类型为"线性渐变"，设置渐变显示区左侧滑块颜色为"#0469FA"、A为"50%"，在渐变显示区中间单击鼠标添加一个滑块，将其设置颜色为"#09B6E7"、A为"50%"。

（4）选定绘制的矩形，在"工具"面板单击"任意变形工具"，将矩形旋转90°，并改变矩形大小的宽和高分别为"600、334"像素。

（5）在"工具"面板单击"Deco 工具"，打开其"属性"面板，设置绘图效果为"树刷子"，在"高级选项"中设置"凋零之冬"，在舞台下方画出枯枝。

（6）在"工具"面板单击"刷子工具"，打开其"属性"面板，设置笔触为"无"，填充颜色为"#00CCFF"，在"工具"面板下方的选项区选定刷子的大小和形状，在舞台绘制出道路。再修改填充颜色为"#CCCCCC"，在舞台绘制出雪痕。

（7）再用黑色的刷子绘制出电线杆，用铅笔绘制电线，至此制作完成。

12.1.6 "时间轴"面板的使用

Flash 动画之所以能动起来，是通过快速播放画面实现的，而快速播放画面都是通过"时间轴"面板实现的。"时间轴"面板最大的功能是放置图层以及控制帧。

1. 认识"时间轴"面板

时间轴用于组织和控制一定时间内的图层和帧中的文档内容。选择"窗口"→"时间轴"命令，打开"时间轴"面板，如图 12-9 所示。

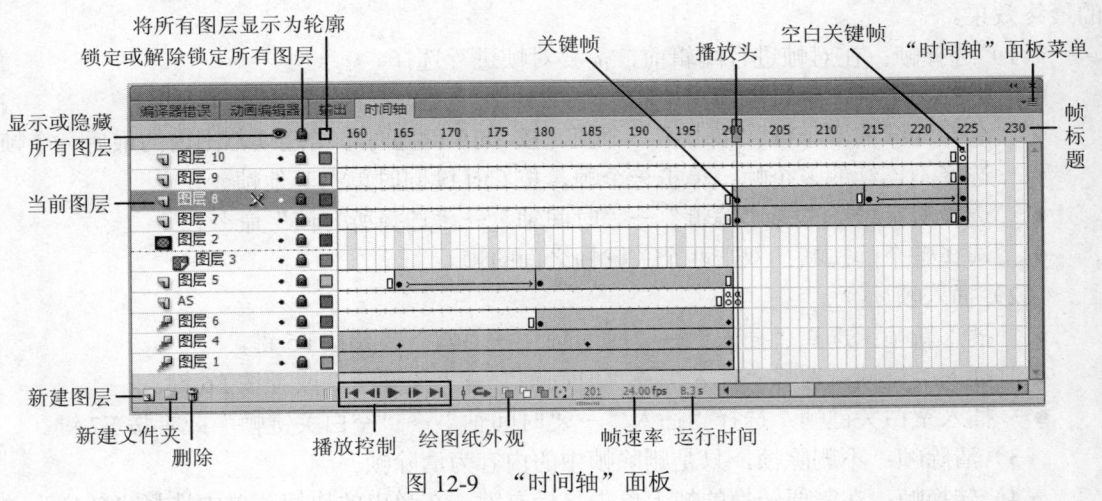

图 12-9 "时间轴"面板

"时间轴"面板中各选项的含义如下：

- 帧：帧是 Flash 动画最基础的组成部分，播放时 Flash 是以帧的排列从左向右依次快速切换，每个帧都是存放于图层上的。
- 空白关键帧：要在帧中创建图形，必须新建空白关键帧，此类帧在时间轴上以空心圆点显示。
- 关键帧：在空白关键帧中添加元素后，空白关键帧将被转换为关键帧，此时，空心圆点将被转换为实心圆点。
- 帧标题：位于时间轴顶部，用于提示帧编号，帮助快速定位帧位置。
- 播放头：用于标识当前的播放位置，可以随意对其进行单击或拖动操作。
- 图层：用于存放舞台中的元素，可一个图层放置一个元件，也可一个图层放置多个元件。
- 当前图层：当前正在编辑的图层。
- 显示或隐藏所有图层：单击后，所有图层将在显示与隐藏间转换。

- 锁定或解除锁定所有图层：单击后，所有图层都不能被编辑，再次单击，将解锁所有图层。
- 将所有图层显示为轮廓：每个图层名称的最右边都有一个颜色块，表示该图层元素的轮廓色。单击本按钮，所有图层中的元素都会显示轮廓色，以帮助更好地识别元素所在的图层。再次单击本按钮，将会取消显示该轮廓色。
- 绘图纸外观轮廓：用于在舞台中同时显示多帧的情况，一般用于编辑、查看有连续动作的动画。
- 帧速率：用于设置和显示当前动画文档一秒中播放的帧数，动作越细腻的动画需要的帧速率越高。
- 运行时间：用于显示播放头所在的播放时间。帧速率不同，相同帧显示的运行时间也有所不同。
- "时间轴"面板菜单：单击后，在弹出的快捷菜单中提供了关于时间轴显示设置的命令。

2. 帧的编辑

在时间轴中，使用帧来组织和控制文档的内容。所以帧的编辑在很大程度上影响着动画的最终效果。

（1）选择帧：在对帧进行编辑前，需要对帧进行选择。
- 选择一个帧：单击该帧。
- 选择连续的多个帧：单击第一个帧，按 Shift 键同时单击连续范围内的最后一个帧。
- 选择不连续的多个帧：单击一个帧，按 Ctrl 键同时单击其他帧。
- 选择所有帧：选择"编辑"→"时间轴"→"选择所有帧"命令。
- 选择整个静态帧：双击两个关键帧之间的帧。

（2）插入帧
- 插入新帧：选择"插入"→"时间轴"→"帧"或者按 F5 键。
- 插入关键帧：选择"插入"→"时间轴"→"关键帧"或者按 F6 键。
- 插入空白关键帧：选择"插入"→"时间轴"→"空白关键帧"或者按 F7 键。

（3）清除帧：不删除帧，只是删除帧中的内容为清除帧。

（4）转换帧：在需要转换的帧上单击鼠标右键，在弹出的快捷菜单中选择"转换为关键帧"或"转换为空白关键帧"命令。

若想将关键帧、空白关键帧转换为帧，可选中需转换的帧，单击鼠标右键，在弹出的快捷菜单中选择"清除关键帧"命令。

（5）翻转帧：在制作一些特效时，如制作手写效果，需要执行翻转帧命令，通过翻转帧，可以将前面的帧内容翻转到结尾帧的位置。翻转帧的方法是：选择含关键帧的帧序列，单击鼠标右键，在弹出的快捷菜单中选择"翻转帧"命令，将该序列的帧顺序进行颠倒。

3. 图层的运用

要绘制、涂色或者对图层或文件夹进行修改，可以在时间轴中选择该图层以激活。时间轴中图层或文件夹名称旁边有铅笔图标 ✏ 表示该图层或文件夹处于活动状态。一次只能有一个图层处于活动状态。

（1）创建、使用和组织图层

创建的每一个 Flash 文档，仅包含一个图层。要在文档中组织插图、动画和其他元素，需要添加更多的图层。创建的图层数量只受电脑内存的限制，而且图层不会改变发布的 SWF 文件的大小。

创建图层：选择一个图层，单击时间轴底部的"新建图层"按钮，或单击鼠标右键，在弹出的快捷菜单中选择"插入图层"命令可创建新图层。

重命名图层：双击图层名称，当图层名称呈蓝色显示时输入新名称。也可在需要重命名的图层上单击鼠标右键，在弹出的快捷菜单中选择"属性"命令，在打开的"图层属性"对话框中进行相应的设置。

调整图层顺序：单击并拖动需要调整顺序的图层，到目标位置后释放鼠标。

（2）查看图层和图层文件夹

在制作多图层动画时，根据需要可以选择查看图层和图层文件夹的方式。

显示或隐藏图层或文件夹：时间轴中图层或文件夹名称旁边若有图标✕，表示图层或文件夹处于隐藏状态。单击时间轴中该图层或文件夹名称右侧"显示"👁列对应的图标，可在显示与隐藏之间切换。

锁定与解锁图层或文件夹：在绘制复杂图形或舞台中对象过多时，为了编辑方便可以将图层锁定。单击时间轴中该图层或文件夹名称右侧"锁定"列对应的图标可在锁定和解锁之间切换。

以轮廓方式查看图层上的内容：用彩色轮廓可以区分对象所属的图层，这在图层很多时较实用。要将图层上所有对象显示为轮廓，可单击该图层名称右侧的"轮廓"列对应的图标，再次单击则关闭。

改变图层轮廓色：在有特殊需要时，Flash 允许自定义设置图层轮廓色。在需要设置轮廓色的图层上单击鼠标右键，在弹出的快捷菜单中选择"属性"命令。打开"图层属性"对话框，单击"轮廓颜色"色块，在弹出的选项框中选择需要的颜色，单击"确定"按钮即可。

修改图层类型：在 Flash 中有 5 种类型的图层，其中常规层包含文档中的大部分插图；遮罩层包含用作遮罩的对象；被遮罩层是位于遮罩层下方并与之关联的图层；引导层包含一些笔触；被引导层是与引导层关联的图层。当发现图层类型不正确时，可以修改图层类型，其方法是：在"图层属性"对话框的"类型"栏中设置需要的类型。

（3）分散到图层

将矢量图导入到 Flash 中时，往往是存放在同一个图层中的，但这不利于编辑。为了对矢量图分别进行编辑，最好将其分散保存到不同的图层中。方法是：选定导入的图形，选择"修改"→"时间轴"→"分散到图层"。

4．场景的使用

在编辑复杂的 Flash 动画时，往往都会通过编辑场景来编辑动画。使用场景能更方便地切换动画效果，并且能实现动画的分段制作，便于后期合成。选择"窗口"→"其他面板"→"场景"命令，打开"场景"面板，在其中就可以对场景进行添加、删除、改名以及其他操作。

5．绘图纸的使用

在默认情况下，舞台中只会显示当前帧中的图像，而在制作逐帧动画或动作比较细腻的动画时，希望能一次查看多帧的动画以便更快地完成编辑。为了满足这一需求，Flash 中设置了绘图纸功能。使用绘图纸功能可使播放头附近一定区域的帧透明显示，其中播放头下的帧全彩色显示，其余帧半透明显示。

（1）使用绘图纸外观：在"时间轴"面板中单击下方的"绘图纸外观"按钮，可看到一定范围内的图像将以半透明的方式显示在舞台中。在帧标签上移动"起始绘图纸外观"和"结束绘图纸外观"标记可调整绘图纸外观的显示范围。

若此时舞台很混乱不利于编辑，可将不需显示的图层设置为锁定或隐藏。

（2）使用绘图纸外观轮廓：当外观复杂或帧与帧之间位移不明显时，会使用绘图纸外观轮廓，使非播放头下的帧以轮廓的形式显示。其使用方法是：在"时间轴"面板中单击下方的"绘图纸外观轮廓"按钮 。

（3）修改绘图纸标记：在"时间轴"面板中单击下方的"修改标记"按钮 ，在弹出的下拉列表框中选择需要的选项即可。

（4）编辑多个帧：默认情况下使用绘图纸标记功能，只能编辑播放头所在的帧。若需编辑多个帧，可单击"时间轴"面板下方的"编辑多个帧"按钮 。

12.1.7 文本工具的使用

在动画中输入文本，需使用"工具"面板中提供的"文本工具" 。在 Flash CS6 中，可以设置传统文本和 TLF 文本。

传统文本是 Flash 中早期文本引擎的名称，适用于较小的动画文件。使用传统文本可以创建静态文本、动态文本和输入文本等。其中静态文本用于制作不会改变的文本；动态文本用于制作可以不断改变的文本，如制作股票报价、时间等；输入文本一般用于输入表单或制作问卷等。传统文本提供了多种处理文本的方法，如水平或垂直放置文本；设置字体、大小、样式、颜色和行距等属性；检查拼写；对文本进行旋转、倾斜或翻转等变形操作；链接文本；使文本可选择；使文本具有动画效果等。

TLF 文本与传统文本相比，加强了对文本的控制，支持更丰富的文本布局功能和对文本属性进行精细控制。TLF 文本提供了 2 种类型的文本容器，包括点文本和区域文本。点文本容器由其中的文本多少确定，而区域文本可通过选择工具调整大小，调整时只需双击容器下方的空心圆点。TLF 文本增强了字符样式、控制更多亚洲字体属性、应用 3D 旋转、色彩效果以及混合模式等属性，文本可按顺序排列在多个文本容器中，支持双向文本等。

1. **传统文本**

（1）在一些 Flash 网页中经常看到文本没有显示完全，通过调整滚动条可以浏览所有文本。这是通过设置传统文本得到的效果。

例 12-3 添加传统动态文本，实现滚动显示文本的效果。具体操作步骤如下：

1）新建一个空白动画文档。在"工具"面板中单击"文本工具" ，打开其"属性"面板，设置文本引擎、文本类型分别为"传统文本、动态文本"，系列、大小、颜色分别为"华文隶书、24.0 点、#000000"，段落中"行为"为"多行"，如图 12-10 所示。

2）将鼠标光标移动到舞台上，按住鼠标左键拖动鼠标创建文本容器，在其中录入多行文本。

3）按住 Shift 键的同时，双击文本容器右下角的白色空心正方形，使之变为黑色实心正方形。

4）用鼠标指向文本容器边框上的曲柄，调整文本容器的大小。

5）同时按下 Ctrl+Enter 组合键测试动画。在打开的 Flash Player 播放器中，用鼠标单击文本区域，再滚动鼠标滑轮即可查看文本滚动效果。

（2）在浏览一些动画时，单击其中的某些文本可以链接到其他的网页。通过设置传统文本可以得到这样的效果。

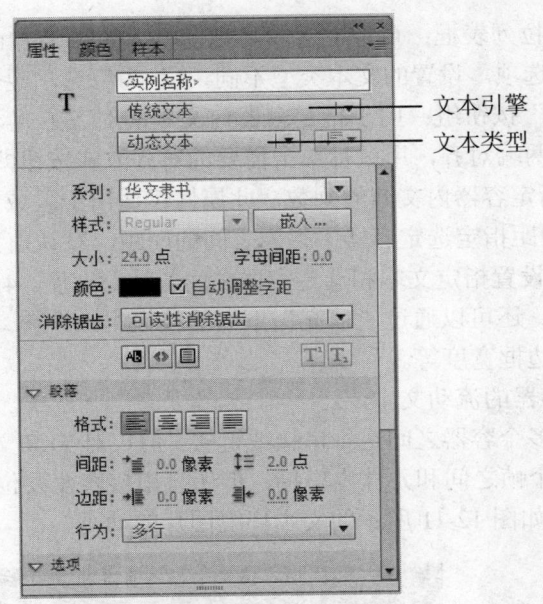

图 12-10 传统动态文本属性设置

例 12-4 在动画中绘制一个按钮，为按钮中的文本添加超链接，使用户在浏览动画时，通过单击该按钮链接到另一个网页界面。具体操作步骤如下：

1）新建一个空白动画文档。

2）在"工具"面板中选择"矩形工具"，打开其"属性"面板，设置笔触、填充颜色均为"#009966"，笔触高度、矩形边角半径分别为"0.1、20.00"。

3）拖动鼠标在舞台绘制一个矩形，在其上通过"文本工具"输入文本"新浪"。

4）选中输入的文本，打开其"属性"面板，将字体颜色设置为"#000000"，在"选项"中设置链接为"http://www.sina.com"，在"目标"下拉列表框选定"_blank"。此时文本下方出现代表超链接文本的下划线。

5）同时按下 Ctrl+Enter 组合键测试动画。在打开的 Flash Player 播放器中，用鼠标单击"新浪"超链接，浏览器将自动打开指定的网页。

2．TLF 文本

由于文本引擎原理不同，TLF 只支持 Open Type 和 True Type 字体，所以部分字体在使用 TLF 引擎时无法使用。当设置文本引擎为"TLF 文本"时，用鼠标在舞台拖动绘制出文本框，文本"属性"将动态改变。

（1）设置字符、段落样式

字符样式是应用于单个字符或字符组的属性（不是整个段落或文本容器）。使用文本"属性"中的"字符"和"高级字符"选项设置字符样式，可以设置行距、文本方向、字距调整、加亮显示、下划线、删除线、连字、大小写、数字格式等。

使用文本"属性"中的"段落"和"高级段落"选项设置段落样式，可以设置文本缩进、对齐、间距等。

（2）容器和流属性

"容器和流"是控制影响整个文本容器的选项，可以设置行为、对齐方式、列和填充等。

1)"行为"下拉列表框：可控制容器如何随文本量的增加而扩展，包括单行、多行、多行不换行和密码等选项。设置的文本类型不同，"行为"选项也会有所不同。

2)"对齐方式"按钮组：用于指定容器内文本的对齐方式，包括与容器顶部对齐、居中对齐、底部对齐和两端对齐，用鼠标单击需要的对齐方式按钮即可应用。

3)列：用于指定容器内文本的列数，此属性仅适用于区域文本容器，默认值是"1"，最大值为"50"。列间距指定选定容器中每列之间的间距，默认值为"20"，最大值为"1000"。

4)填充：用于设置指定文本和选定容器之间的边距宽度。4个方向的内边距可以使用 按钮锁定后保持一致。还可以通过"填充"下面的按钮组 1.0 点 和 ，设置容器边框颜色、背景颜色以及边框宽度等。

（3）跨多个容器的流动文本

文本也可以在多个容器之间进行串接或链接，但仅对 TLF 文本可用，不适用于传统文本。文本容器可以在各个帧之间和元件内串接，但所有串接容器要位于同一时间轴内。

例 12-5 创建如图 12-11 所示的文本环绕图片的动画。

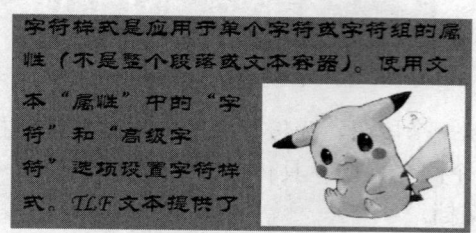

图 12-11　文本环绕图片

具体操作步骤如下：

1）新建一个空白动画文档。选择"文件"→"导入"→"导入到舞台"，选择需要的图片，导入。在该图片的"属性"面板中，更改宽和高分别为"200、144"。用鼠标拖动图片到合适的位置。

2）在"工具"面板单击"文本工具" ，打开其"属性"面板，设置文本引擎为"TLF文本"，系列、大小、颜色分别为"华文隶书、24.0 点、#333333"。

3）将鼠标光标移动到舞台上，按住鼠标左键拖动鼠标创建文本容器，在其中录入多行文本。

4）使用鼠标在当前文本容器的下方再绘制一个文本容器。

5）单击已输入文本的文本容器，发现容器右下角有一个溢出图标 。单击该图标，然后移动鼠标，移动到下方空白文本容器内单击，溢出的文本将自动流入到本容器中，两个文本容器实现了链接，如图 12-12 所示。

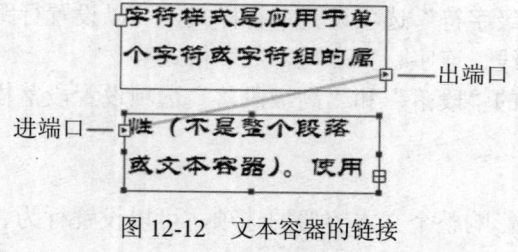

图 12-12　文本容器的链接

若发现文本容器链接错误，可通过两种方法取消两个文本容器之间的链接。一是将容器置于编辑状态，双击要取消链接的进端口或出端口，文本将回流到第一个容器；二是删除其中的一个文本容器，文本将自动流入到未被删除的容器。

6）在"工具"面板选择"选择工具"，选择下面的文本框，鼠标指向其边框，向上拖动，移动该文本容器到合适的位置。

7）同时按下 Ctrl+Enter 组合键测试动画。在打开的 Flash Player 播放器中，用鼠标在文本区域单击，再滚动鼠标滑轮即可查看全部文本。

（4）设置实例名称

"文本引擎"为"TLF 文本"时，在其"属性"面板中可以看到上方有一个"实例名称"文本框。该文本框用于在使用 Flash 制作需要脚本的文本时对文本进行命名。在制作简单的动画时并不需要进行设置，如果需要设置实例名称，为了脚本能正常运行，应使用英文命名。另外，文本类型为静态文本时不能设置实例名称。

3. 分离文本

在网页中经常需要制作特效文字达到强化标题、美化网页的作用。为了实现这一目的，一定要先对文字进行分离。分离后的文字不再是以文本的形式存在，而是被转换为矢量图的格式，对其进行设置达到特效文字的效果。如果不是对单个文本进行分离，就需要执行两次分离操作才能将文本完全分离。

分离文本的具体做法：选定需要分离的文本，选择"修改"→"分离"，或按组合键 Ctrl+B。

例 12-6 创建如图 12-13 所示的渐变色文本。具体操作步骤如下：

（1）新建一个空白动画文档。在"工具"面板中单击"文本工具"，打开其"属性"面板，设置文本引擎、文本类型分别为"传统文本、静态文本"，系列、大小、颜色分别为"华文隶书、90.0 点、#000000"。用鼠标在舞台单击，在创建的文本容器中录入文字"里约奥运"。

图 12-13 渐变色文本效果图

（2）选定已创建的文本容器，按组合键 Ctrl+B 两次，将文字转换为图形对象。保持对转换后图形的选定状态。

（3）选择"颜色"面板，打开如图 12-7 所示的"颜色"面板。在"颜色类型"下拉列表框中选择"线性渐变"；用鼠标单击渐变显示区域左下方的滑块，在文本框"#"中输入"43AD09"；再用鼠标单击渐变显示区域右下方的滑块，在文本框"#"中输入"FFB19C"；将光标移动到渐变显示区域中间的下方边框上，单击鼠标添加渐变滑块，在新建滑块的文本框"#"中输入"FFA1C2"，设置填充颜色的不透明度"A"为"80%"。完成渐变色文本的制作。

若需删除渐变显示区域上添加的渐变滑块，只需将光标移动到要删除的滑块上，然后按住左键，向下拖动到滑块消失，即可删除滑块。

例 12-7 创建如图 12-14 所示的空心文本。具体操作步骤如下：

（1）新建一个空白动画文档。在"工具"面板单击"文本工具"，打开其"属性"面板，设置文本引擎、文本类型分别为"传统文本、静态文本"，系列、大小、颜色分别为"华文隶书、90.0 点、#000000"。用鼠标在舞台单击，在创建的文本容器中录入文字"里约奥运"。

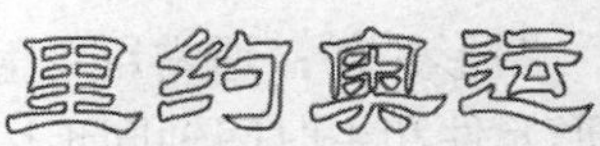

图 12-14 空心文本效果图

(2)选定已创建的文本容器,按组合键 Ctrl+B 两次,将文字转换为图形对象。在舞台空白处单击,取消对转换后图形的选定状态。

(3)在舞台右上角的"显示比例"下拉列表框中,选择"全部显示",放大显示这 4 个字。在"工具"面板单击"墨水瓶工具",打开其"属性"面板,设置笔触颜色、笔触高度分别为"#666666、2.00"。

(4)将鼠标移动到文字上,单击鼠标,为所有的文字描上灰色的边。

(5)选择"工具"面板上的"选择工具"按钮,按住 Shift 键的同时,分别用鼠标单击文字的实心部分,将其全部选中,按 Delete 键将文字的实心部分全部删除,空心文本制作完成。

例 12-8 创建如图 12-15 所示的阴影文本。具体操作步骤如下:

(1)新建空白动画文档。在"工具"面板单击"文本工具",打开其"属性"面板,设置文本引擎、文本类型分别为"传统文本、静态文本",系列、大小、颜色分别为"华文隶书、90.0 点、#999999"。用鼠标在舞台单击,在创建的文本容器中录入文字"里约奥运"。

图 12-15 阴影文本效果图

(2)在"时间轴"面板左侧的图层窗格中,双击图层 1 的图层名称 图层 1,将图层名改为"阴影"。

(3)单击"时间轴"面板左下角的"新建图层"按钮,在"阴影"图层上新建一个图层"正文"。在该图层上输入文字"里约奥运",设置文字的字体、大小与第1)步一样,将文字颜色设置为黑色,即"#000000"。

(4)选定"正文"图层第一帧中的文本,用键盘上的光标移动键调整文字与"阴影"层的文字错开一些距离,产生阴影的效果。

(5)选定"正文"图层第一帧中的文本,按组合键 Ctrl+B 两次,将文字转换为图形对象。在舞台空白处单击,取消对转换后图形的选定状态。

(6)在"工具"面板中单击"墨水瓶工具",打开其"属性"面板,设置笔触颜色、笔触高度分别为"#CCCCCC、1.00"。

(7)将鼠标移动到文字上,单击鼠标,为所有的文字描上灰色的边。阴影文本制作完成。

12.1.8 元件的使用

一个复杂的 Flash 动画中,某些图形或动画片段需要多次重复使用。在这种情况下,可以将这个图形或动画片段制作为元件,在需要时创建该元件的实例即可。同时同一元件的多次应用不会增加动画文件的大小,有利于 Flash 动画后期优化。

1. 元件类型

元件可以分为图形元件、影片剪辑元件和按钮元件 3 种类型,它们使用的范围和作用都有所不同。

图形元件:通常用于静态图像,可用来创建连接到主时间轴的可重复使用的动画片段。图形元件和主时间轴同步运行,交互式控件和声音在图形元件的动画序列中不起作用。由于没有时间轴,图形元件在 FLA 文件中的尺寸小于按钮或影片剪辑。

影片剪辑元件:用于创建可重复使用的动画片段,其中可以包含交互式控件、声音,甚至其他影片剪辑实例。影片剪辑拥有各自独立于主时间轴的多帧时间轴,可将其看作是嵌套在主时间轴内。将影片剪辑放在动画的主时间轴上时,不论影片剪辑由几帧动画构成,在主时间轴上都将只占一帧。

按钮元件:可以创建用于响应鼠标单击、滑过或其他动作的交互式按钮。

2. 创建元件

在 Flash 中,可以通过转换为元件或新建元件的方法创建元件。转换为元件应该先选择舞台上的图形或对象,然后选择"修改"→"转换为元件"命令或按 F8 键来实现。新建元件的方法是:选择"插入"→"新建元件"命令或按 Ctrl+F8 组合键,将新建一个空白的元件,并进入元件的编辑模式进行创建。

创建的元件都会自动保存到当前文档的库中。

3. "库"面板

"库"用于存储和组织在 Flash 中创建的各种元件,还用于存储和组织导入的文件,包括位图图形、声音文件和视频剪辑。选择"窗口"→"库"命令打开"库"面板,如图 12-16 所示。

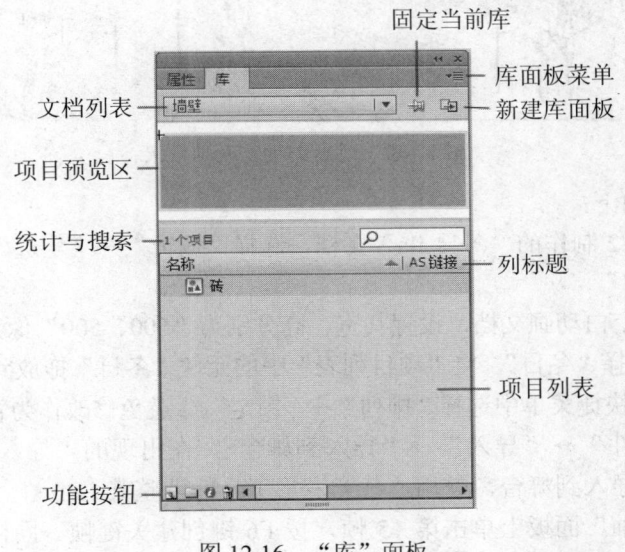

图 12-16 "库"面板

在当前文档中应用库中的项目:在"库"面板中选择需要添加到舞台的项目,将其拖动到舞台中。

将舞台中的对象转换为元件:将舞台中需要转换为元件的对象拖动到"库"面板中。在打开的"转换为元件"对话框中进行设置。

重命名项目:双击需重命名的项目名称可以改名,或单击"库面板菜单"按钮,在弹出的快捷菜单中选择"重命名"命令。

打开外部库:选择"文件"→"导入"→"打开外部库"命令,打开"作为库打开"对话框,选择包含库的 Flash 文档,单击"打开"按钮,打开外部库。

直接复制:选择项目,单击鼠标右键,在弹出的快捷菜单中选择"直接复制"命令,打开"直接复制元件"对话框,在该对话框中可重命名该项目名称,也可以更改元件类型,单击"确定"按钮完成。

从另一个文档复制库项目：在目标项目上单击鼠标右键，在弹出的快捷菜单中选择"复制"命令，转到需"粘贴"的目标库，单击鼠标右键，在弹出的快捷菜单中选择"粘贴"命令完成。

4. 编辑实例

创建元件后，通过在"库"面板中选择需要添加到舞台的元件，将其拖动到舞台或其他元件中创建该元件的实例。还可以通过实例的"属性"面板更改实例在舞台上的 X 轴和 Y 轴坐标，更改实例的宽、高，更改色调、透明度、亮度，可以重新定义实例的行为，并可以设置动画在图形实例内的播放形式。也可以倾斜、旋转或缩放实例，这并不影响元件。

例 12-9　制作跳跃的动物动画。效果如图 12-17 所示。

图 12-17　跳跃的动物动画效果

具体操作步骤如下：

（1）打开例 12-2 制作的"冬日.fla"文档，选择"编辑"→"全选"命令，然后单击"修改"→"转换为元件"。

（2）新建一个空白动画文档，设置其宽、高分别为"600、500"像素。打开"库"面板，在"文档列表"中选择"冬日"，将"项目列表"中的元件"冬日"拖放到舞台创建实例。在实例上右击，在出现的快捷菜单中选择"排列"→"锁定"。（避免修改作为背景的"冬日"图形。）

（3）选择"文件"→"导入"→"导入到舞台"，在出现的"导入"窗口中，将已有的文件"皮卡丘.jpg"导入到舞台，使用"任意变形工具"调整其大小。

（4）在"时间轴"面板上单击第 15 帧，按 F6 键创建关键帧。同样在第 30、45、60 帧处创建关键帧，按照预设跳跃的路径调整各关键帧中皮卡丘图形的位置。

（5）在"时间轴"面板上第 1～15 帧中间任意帧处单击鼠标右键，在出现的快捷菜单中选择"创建传统补间"。使用相同方法，为第 16～30 帧、第 31～45 帧、第 46～60 帧创建传统补间动画。

（6）按 Ctrl+Enter 组合键测试动画。

12.2　利用 Flash CS6 制作网页动画

12.2.1　制作简单动画

Flash 动画通过对时间轴上帧的顺序播放，实现各帧中舞台实例的变化而产生动画效果。Flash 提供了多种类型的动画制作方法，用来创作精彩的动画。

1. 逐帧动画的制作

逐帧动画在每一帧中都会更改舞台的内容，最适合于图像在每一帧中都在变化的动画。创建逐帧动画，需要将每一帧都定义成关键帧，然后为每个帧创建不同的图像。

例 12-10 创建盛开的玫瑰动画。具体操作步骤如下：

（1）新建一个空白动画文档，设置其宽、高分别为"600、500"像素。

（2）选择"文件"→"导入"→"导入到库"，将已有的文件"rose1.jpg"～"rose6.jpg"导入到"库"面板中（6 幅图片依次为玫瑰从花苞到盛开）。

（3）选择第 1 帧，打开"库"面板，将图片"rose1.jpg"拖动到舞台，创建实例。使用"任意变形工具"调整其大小与舞台重合。

（4）选择第 2 帧，按 F7 键插入空白关键帧，打开"库"面板，将图片"rose2.jpg"拖动到舞台，创建实例。使用"任意变形工具"调整其大小与舞台重合。

（5）使用与第 4 步相同的方法将图片"rose3.jpg"～"rose6.jpg"在相应帧上创建实例。

（6）在"时间轴"面板上将帧频率调整为"4fps"。

（7）按 Ctrl+Enter 组合键测试动画。在打开的 Flash Player 播放器中，可以看到玫瑰逐帧开放的过程。

2. 使用动画预设制作动画

Flash 提供了常见但制作较繁琐的动画效果预设，方便用户更快地制作出动画。

例 12-11 创建飘雪的动画。具体操作步骤如下：

（1）选择"文件"→"新建"，在打开的对话框中选择"模板"选项卡，设置类别、模板分别为动画、雪景脚本。

（2）打开"库"面板，在其中选择"BG_snow"和"tree"元件，单击"删除"按钮。

（3）在"时间轴"面板中删除"说明"图层。

（4）选择"背景"图层的第一帧。用"矩形工具"画出填充颜色为#336666 的矩形将舞台覆盖。选择"Deco 工具"，打开其"属性"面板，在"绘制效果"中选择"建筑物刷子"，在舞台下方绘制出几座建筑物。使用"任意变形工具"调整图形的大小。

（5）按 Ctrl+Enter 组合键测试动画。动画效果如图 12-18 所示。

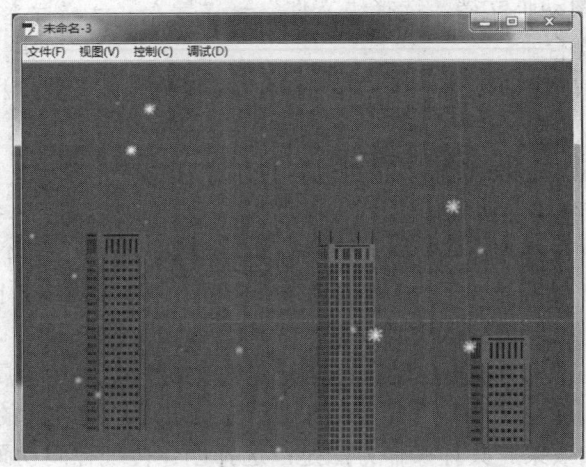

图 12-18 使用动画预设制作飘雪的效果

3. 补间形状动画的制作

补间形状动画是通过 Flash 计算两个关键帧中矢量图形的形状差异，并在关键帧中自动添加变化过程的一种动画类型。

例 12-12 创建倒计时 5 秒的动画。具体操作步骤如下：

（1）新建一个空白动画文档，在"时间轴"面板上修改帧频率为"12fps"。

（2）选择"工具"面板上的"文本工具"按钮，打开其"属性"面板，设置文本引擎、系列、大小、颜色分别为"TLF 文本、Arial、200.0 点、#0000CC"。在舞台输入数字"5"。

（3）选定数字，按 Ctrl+B 组合键 2 次，分离文字。选择"时间轴"面板上的"绘图纸外观"按钮（目的是为方便不同帧上的数字对齐）。选择第 10 帧，按 F7 键插入空白关键帧，在舞台上与第一帧相同的位置输入数字"4"。依此方法，依次在第 20、30、40、50 帧处插入空白关键帧，分别输入"3、2、1、0"，并将每个数字都按 2 次 Ctrl+B 组合键分离。

（4）在"时间轴"面板上第 1～10 帧中间任意帧处单击鼠标右键，在出现的快捷菜单中选择"创建补间形状"。使用相同方法，为第 11～20 帧、第 21～30 帧、第 31～40 帧、第 41～50 帧创建补间形状动画。

（5）单击"时间轴"面板上第 1～10 帧中间的任意帧，打开"属性"面板，在"补间"栏中设置缓动、混合分别为"-40、角形"。

（6）按 Ctrl+Enter 组合键测试动画。

说明：缓动值为负值，动画在补间开始处缓动；若为正值，则在补间结束处缓动。"混合"模式中"分布式"选项可使形状过渡得更加自然、流畅，"角形"选项可在形状变化过程中保持图形中的棱角。

4. 传统补间动画的制作

传统补间动画是根据同一对象在两个关键帧中的位置、大小、Alpha 和旋转等属性的变化，由 Flash 计算自动生成的一种动画类型，其结束帧中的图形与开始帧中的图形密切相关。

Flash 可以为实例、组、类型创建传统补间动画。在为组或类型创建传统补间时，必须先将其转变为元件。

例 12-13 使用传统补间动画创建气球漂浮的动画。具体操作步骤如下：

（1）新建一个空白动画文档。选择"文件"→"导入"→"导入到舞台"，将已有的文件"气球.jpg"导入到舞台。

（2）选择导入的气球图形，按 F8 键，打开"转换为元件"对话框，在其中设置名称、类型分别为"气球、图形"。

（3）选择第 14 帧，按 F6 键插入关键帧，使用"任意变形工具"旋转气球。在第 30 帧也插入关键帧，在其中继续旋转气球。

（4）选择第 1 帧，选择"插入"→"传统补间"命令，为第 1～14 帧创建传统补间动画。采用相同的方法在第 15 帧为第 15～30 帧创建传统补间动画，如图 12-19 所示。

（5）按 Ctrl+Enter 组合键测试动画。

为了使创建的传统补间动画更生动，除了通过对关键帧处元件的属性进行相应的设置，创建移动、缩放、旋转、颜色和明暗变化等效果外，还可以通过对补间的属性设置，添加旋转、缓动、缓入/缓出等附加效果。具体操作方法是：选择创建传统补间动画的任意帧后，打开其"属性"面板，该面板中各选项含义如下：

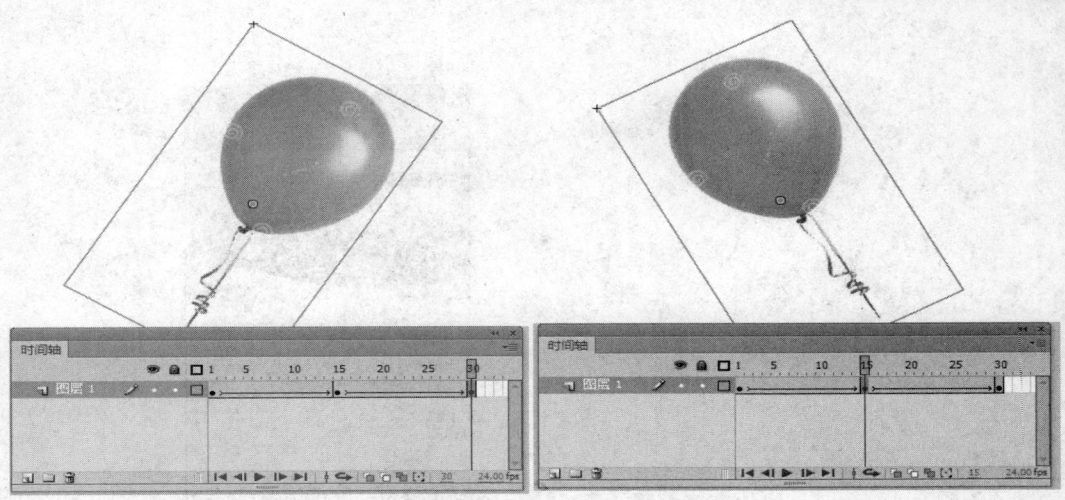

图 12-19　第 30 帧、15 帧的气球及"时间轴"面板

- 缓动：用于设置动画运动的速率。当数值为 0 时，表示正常播放；为负值时，将先慢后快地运动；为正值时，将先快后慢地运动。
- 旋转：用于设置动画中元件对象在运动过程中的旋转方向以及次数。
- 贴紧：当动画文档中有辅助线时，选中该复选框，可使元件对象和辅助线贴紧。
- 调整到路径：如果舞台中绘制了运动路径，选中该复选框，元件对象将跟随着运动路径的方向调整运动方向。
- 同步：选中该复选框，可使元件实例的动画和主时间轴同步。
- 缩放：在制作元件有缩放的效果时，选中该复选框，元件会随着帧的移动变化大小，未选中该复选框，元件播放到有缩放的帧时才会变化大小。

5. 补间动画的制作

补间动画是通过为一个帧中的对象属性指定一个值，并为另一个帧中的相同属性指定另一个值创建的动画。创建补间动画的对象类型包括影片剪辑、图形、按钮元件以及文本字段。

例 12-14　使用补间动画创建奔驰的汽车动画。具体操作步骤如下：

（1）新建一个空白动画文档。选择"插入"→"新建元件"命令，打开"创建新元件"对话框，在其中设置名称、类型分别为"汽车、图形"。

（2）选择"文件"→"导入"→"导入到舞台"，将已有的文件"汽车.jpg"导入到舞台。选择"插入"→"新建元件"命令，在其中设置名称、类型为"汽车行驶、影片剪辑"。

（3）在"库"面板中将"汽车"元件拖动到舞台中，使用"任意变形工具"缩小元件，将其移动到舞台右上角。

（4）在时间轴上第 45 帧按 F5 键插入帧。选择第 20 帧、45 帧按 F6 键插入关键帧。在时间轴上 2～19 帧、21～44 帧间任意帧上右击，在弹出的快捷菜单中选择"创建补间动画"。

（5）选择时间轴上第 30 帧，使用鼠标将汽车元件向左下角拖动（距离尽量长，这就是汽车行驶的轨迹），此时将出现绿色的节点路径，如图 12-20 所示。

（6）返回主场景，从"库"面板中将"汽车行驶"元件移动到舞台右上角。

（7）按 Ctrl+Enter 组合键测试动画。

图 12-20 为"汽车行驶"元件创建补间动画的节点路径

为了使制作出的动画更加符合要求,还可以对补间动画的运动路径进行编辑。常用的编辑补间动画路径的方法有以下几种:

(1)更改补间对象的位置:编辑运动路径最简单的方法是在补间范围的任何帧中移动补间的目标实例。将播放头放在要移动的目标实例所在的帧中,使用"选择工具"将目标实例拖到舞台上的新位置。

(2)在舞台上更改运动路径的位置:可在舞台上拖动整个运动路径,也可在属性检查器中设置其位置。用"选择工具"选择路径,然后将鼠标光标移动到路径上,拖动运动路径至合适的位置。

(3)使用"选择工具"编辑路径的形状:将鼠标光标移动到路径线上,按住左键拖动更改路径的形状。

(4)使用"任意变形工具"编辑路径:使用"任意变形工具"选择运动路径(不要单击补间目标实例),可以进行缩放、倾斜、旋转操作。

(5)使用"部分选取工具"编辑路径的形状:使用"部分选取工具"单击运动路径的端点,然后拖动控制手柄更改曲线。

(6)删除路径:使用"选择工具"在舞台上单击运动路径,按 Delete 键删除补间中的运动路径。

12.2.2 制作高级动画

1. 制作遮罩动画

创建遮罩图层相当于创建一个孔,通过这个孔看到下面图层的内容。

遮罩动画由遮罩图层和被遮罩图层组成，缺一不可。遮罩图层位于上方，是用于确定显示区域的图层，而且其中的对象不能使用 3D 工具；被遮罩图层位于遮罩图层下方，两种图层之间不能有其他图层间隔。

例 12-15 制作探照灯效果动画。具体操作步骤如下：

（1）新建空白动画文档。选择"工具"面板中的"Deco 工具"，打开其"属性"窗口，在"绘制效果"中选择"建筑物刷子"，在"高级选项"中选择"摩天大楼 2"，在舞台中间绘制出一座建筑物。使用"任意变形工具"调整图形的大小。用"选择工具"选定该建筑物，选择"修改"→"转换为位图"。在"时间轴"的第 60 帧处按 F5 键插入帧。

（2）在"时间轴"面板中单击"新建图层"按钮，插入图层 2，在其"属性"面板中设置舞台背景颜色为"#999999"。选择"工具"面板中的"矩形工具"，设置笔触、颜色分别为"无、白色"，在舞台画出一个矩形。选择"任意变形工具"，在工具箱底部选项中单击"扭曲"按钮 ，调整矩形外形为探照灯形状。按 F8 键打开"转换为元件"对话框，设置名称、类型分别为"探照灯、图形"，将图形转换为元件。

（3）在图层 2 的第 1 帧上对探照灯实例使用"任意变形工具"，先拖动旋转中心点到探照灯的底部，然后旋转探照灯并将其置于如图 12-21 左图所示位置。在"时间轴"第 30、60 帧处按 F6 键插入关键帧。将第 30 帧的探照灯实例旋转改变位置，如图 12-21 右图所示。

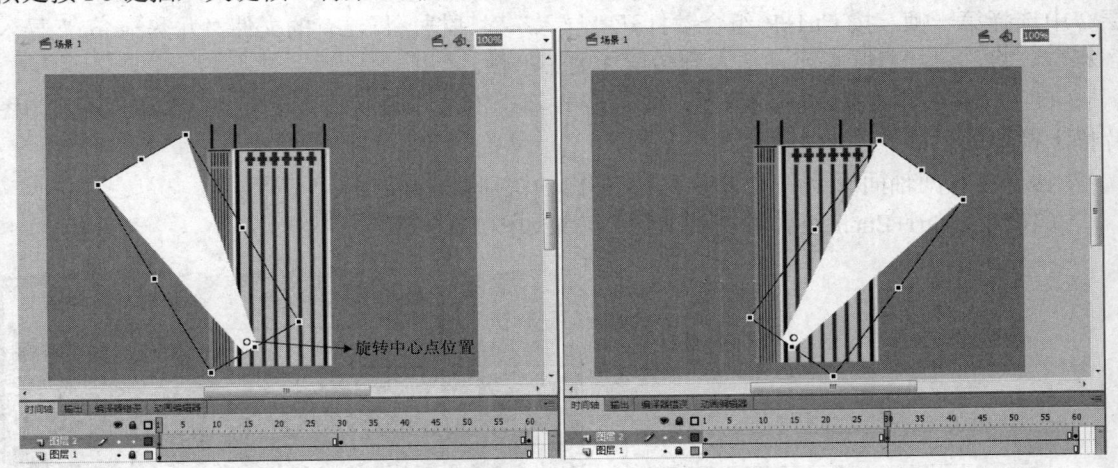

图 12-21 探照灯第 1 帧、30 帧的位置

（4）插入图层 3，将图层 3 拖放到图层 2 下面。选择图层 3 的第一帧，使用"Deco 工具"画出"摩天大楼 1"建筑，并将其与图层 1 中的大楼位置、大小都对齐。

（5）分别在图层 2 的第 1～30 帧、第 30～60 帧之间任意帧上右击，在弹出的快捷菜单中选择"创建补间动画"。在图层 2 上右击，在弹出的快捷菜单中选择"遮罩层"。

（6）按 Ctrl+Enter 组合键测试动画。效果如图 12-22 所示。

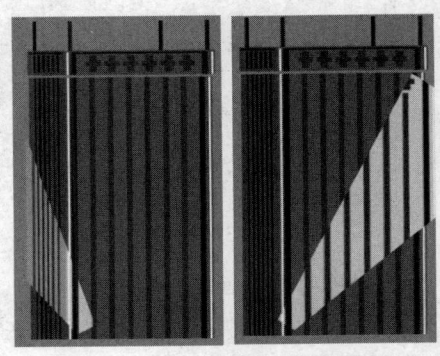

图 12-22 测试探照灯动画效果

例 12-16 制作百叶窗效果动画。具体操作步骤如下：

（1）新建空白动画文档。按 Ctrl+R 组合键打开"导入"对话框，将已有的文件"黄山.jpg"导入到舞台。

（2）按 Ctrl+F8 组合键打开"创建新元件"对话框，设置名称、类型分别为"矩形、影片剪辑"。选择"工具"面板中的"矩形工具"，在其"属性"面板中，设置笔触、填充颜色分别为"无，#000000"，创建 600×30 的矩形。

（3）在时间轴面板图层 1 上，分别在第 23 帧、第 50 帧处按 F6 键插入关键帧，在第 23 帧处，按 Ctrl+T 组合键打开"变形"面板，更改其 Y 轴的数值为 5%。

（4）当第 23 帧处于选择状态时，按 F6 键，这样就在第 24 帧上创建了一个同 23 帧一模一样的关键帧，将该帧拖放到 28 帧处，分别在第 1～23 帧、第 28～50 帧之间任意帧上右击，在弹出的快捷菜单中选择"创建补间形状"。

（5）在第 24 帧插入空白关键帧，在第 55 帧按 F5 插入帧，完成百叶窗一扇叶面的制作。

（6）回到场景，按 Ctrl+F8 键打开"创建新元件"对话框，创建名为"百叶窗"、类型为"影片剪辑"的新元件。将创建的矩形元件通过"库"面板拖入到百叶窗元件编辑区，复制 14 份。执行"视图"→"网格"→"编辑网格"，在对话框中进行如图 12-23 所示的设置。

（7）回到场景中，在时间轴面板上选择"新建图层"按钮，新建图层 2、图层 3。在图层 2 中选择第一帧，按 Ctrl+R 组合键打开"导入"对话框，将已有的文件"九寨沟.jpg"导入到舞台。将创建的百叶窗元件拖入到图层 3 的第一帧。

（8）选择图层 2 第一帧的位图，按 Ctrl+B 组合键将其分离，然后用"墨水瓶"工具为图片描上橙色的边框。

（9）在时间轴面板上右击图层 3，在弹出的快捷菜单中选择"遮罩层"。

（10）按 Ctrl+Enter 组合键测试动画，效果如图 12-24 所示。

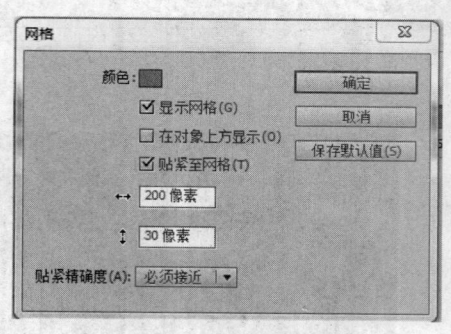

图 12-23 设置"网格"

图 12-24 测试百叶窗动画效果

2. 制作引导动画

引导层在画图时起着辅助作用。在 Flash 中，可以创建引导层，然后将其他图层上的对象与在引导层上的对象对齐。引导层不出现在发布的 Flash 影片中。引导层分为两种，即普通引导层和运动引导层。

普通引导层用直尺图标 表示，起到辅助静态定位的作用。创建普通引导层的步骤如下：选择"文件"→"新建"，新建一个文档，此时时间轴面板上将自动创建图层1。右击该图层，在弹出的快捷菜单中选择"引导层"，这时图层1将被转换为普通引导层。

普通引导层是在普通层的基础上建立的，所有普通图层都可以转换为普通引导层。

运动引导层用弧线图标 表示，在制作影片时起到运动路径的引导作用。创建运动引导层的步骤如下：首先单击"新建图层"按钮，新建一个"图层2"，然后右击"图层2"，在弹出的快捷菜单中选择"添加传统运动引导层"。

运动引导层是一个新的层，在应用中必须和一个图层创建关联后，才能指定为哪个层做运动路径。

例 12-17　制作月球绕地球旋转动画。具体操作步骤如下：

（1）新建一个空白动画文档。选择"文件"→"导入"→"导入到库"，选择已有的图形文件"宇宙.jpg""地球.jpg""月球.jpg"同时导入到"库"。打开"库"面板，将"宇宙.jpg"拖放到舞台，用"属性"面板调整其宽、高分别为"550、400"。

（2）在"时间轴"面板上单击"新建图层"按钮3次，创建3个图层。双击图层1的名称，将其改名为"背景"。用同样的方法将图层2~图层4依次改名为"月球""地球1""地球"。

（3）选择"地球"的第一帧，打开"库"面板，将"地球.jpg"拖放到舞台，用"属性"面板调整其宽、高分别为"172、140"。按 Ctrl+B 组合键将其分离。

（4）选择"月球"的第一帧，按 Ctrl+F8 组合键打开"创建新元件"对话框，创建一个名为"月球绕行"、类型为"影片剪辑"的新元件，进入到"月球绕行"的编辑状态。打开"库"面板拖放位图"月球"到编辑区，用"属性"面板调整其宽、高分别为"48、40"。按 F8 键打开"转换为元件"对话框，设置名称、类型分别为"月球、图形"，在第6帧上按 F6 键，插入关键帧。

（5）返回场景1，选择图层"月球"的第一帧，打开"库"面板，将影片剪辑"月球绕行"拖放到舞台。在图层"月球"名称上右击，在弹出的快捷菜单中选择"添加传统运动引导层"命令，"引导层"建立。选中"引导层"的第一帧，选择"工具"面板上的"椭圆工具"，通过其"属性"面板设置笔触、填充颜色、笔触高度分别为"#FF6633、无、0.25"，在引导层画出一个椭圆。用"工具"面板的"选择工具"选定椭圆的一小段，按 Delete 键将其删除。这个有缺口的椭圆线就是运动引导线。

（6）选择所有图层的第80帧，按 F6 键添加关键帧。在图层"月球"的第2~79帧上右击，在弹出的快捷菜单中选择"创建传统补间"。选择图层"月球"的第1帧，在舞台上调整实例"月球"位置在引导线的右断点，选择工具箱下"贴紧至对象"按钮 使其对齐；再选择第80帧，在舞台上调整实例"月球"位置在引导线的左断点，也选择工具箱下的"贴紧至对象"按钮 使其对齐，如图 12-25 所示。

（7）选择"地球"的第一帧，用"选择工具"选定地球位于椭圆线的上半部分，按 Ctrl+X 组合键剪切，选择"地球1"的第一帧，按 Ctrl+V 组合键粘贴，将其粘贴到原位置。

（8）按 Ctrl+Enter 组合键测试动画。将看到月球沿椭圆引导线运动，好像围绕地球旋转。

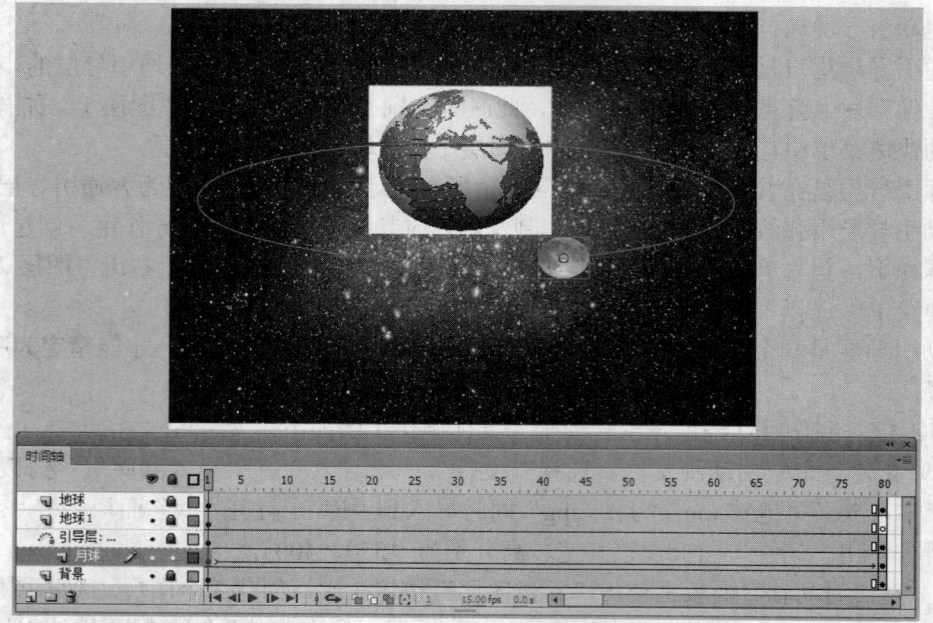

图 12-25　右断点位置的月球

12.2.3　声音的使用

Flash 不仅能控制声音和动画同时播放,而且可以使声音在时间轴上连续播放。

要想使用声音,需要先将声音导入到库中,再从库中调用到时间轴或按钮上。

1. 将声音添加到时间轴

可以将库中的音频通过"库"面板和属性检查器添加到时间轴中。添加声音后,时间轴上添加了声音的帧会出现音频波浪的视觉效果。具体方法有如下两种:

使用"库"面板:在时间轴上选择一个关键帧,然后从"库"面板中选择声音,拖动到舞台即可。

使用属性检查器:在时间轴上选择需要添加声音文件的第一个帧,然后在"属性"面板"声音"栏中"名称"下拉列表框中选择需要的声音文件。

2. 向按钮添加声音

可以将声音和一个按钮元件的不同状态关联起来。因为声音和元件存储在一起,可以用于元件的所有实例。

例 12-18　制作一个按钮元件,为其设置单击按钮时发出声音的效果。

(1) 新建一个空白动画文档。选择"文件"→"导入"→"导入到库",将已有的文件"单击.mp3"导入到库。

(2) 选择"插入"→"新建元件"命令,打开"创建新元件"对话框,设置名称、类型分别为"按钮、按钮",进入元件编辑窗口。

(3) 使用"矩形工具"画出一个椭圆作为按钮。按 3 次 F6 键插入 3 个关键帧。

(4) 新建"图层 2",选择"点击"帧,按 F6 键插入关键帧,选择"属性"面板,在"声音"栏"名称"下拉列表框中选择"单击.mp3"选项,如图 12-26 所示。

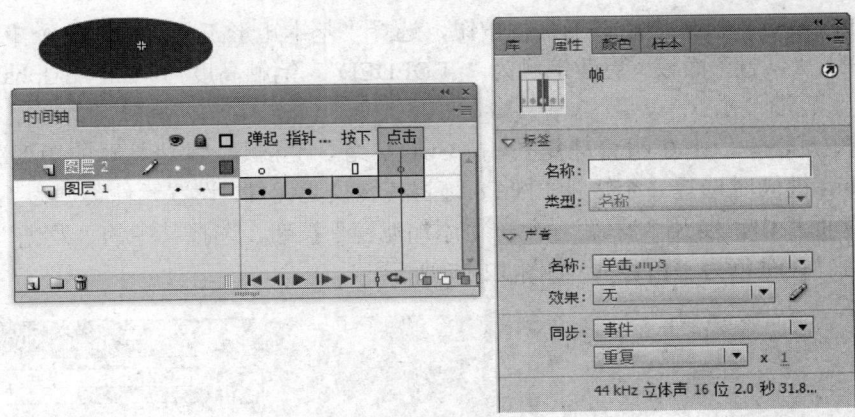

图 12-26 添加声音的按钮元件

（5）回到主场景，从"库"面板中将"按钮"元件拖动到舞台。

（6）按 Ctrl+Enter 组合键测试动画。当单击按钮时，导入的声音文件会播放。

12.2.4 视频的使用

Flash 提供了多种播放视频的方式，但并不是所有的视频都能被导入到 Flash 中使用，以 FLV 或 H.264 格式编码的视频，可以导入到 Flash 中。

将视频合并到 Flash 文档并播放的方法主要有两种：嵌入视频、加载外部视频。

1．嵌入视频的方法

选择"文件"→"导入"→"导入视频"命令，单击"浏览"按钮，选择已有的视频文件，单击"在 SWF 中嵌入 FLV 并在时间轴中播放"单选按钮，单击"下一步"按钮，在"符号类型"下拉列表框中选择"嵌入的视频"选项，单击"下一步"按钮，在打开的窗口中单击"完成"按钮。视频将被导入到舞台中，时间轴也将自动延长到播放视频需要的全部帧数。

2．加载外部视频的方法

（1）选择"窗口"→"组件"命令，打开"组件"面板，展开 Video 文件夹，选择 FlvPlayback 组件拖动到舞台。

（2）选择舞台的组件实例，在"属性"面板中单击"source"选项后的 ✎ 按钮，打开"内容路径"对话框，单击 ■ 按钮，在打开的"浏览源文件"对话框中选择已有的视频文件，单击"确定"按钮完成视频的加载。

（3）使用视频包含的"播放"与"暂停"按钮播放视频。

例 12-19 制作风景视频，内含两个视频文件，并有背景音乐。参考步骤如下：

1）新建一个空白动画文档，打开其"属性"窗口，设置宽、高分别为"1024、576"。

2）选择"文件"→"导入"→"导入到库"，将已有的文件"风景音乐.mp3""九寨沟.jpg""风景 1.flv""风景 2.flv"导入到库，其中的两个视频文件都是作为嵌入视频导入的。

3）从"库"面板中将"九寨沟.jpg"拖动到舞台，通过"属性"面板调整其宽、高分别为"1024、576"。按锁定按钮将图层 1 锁定。

4）新建图层 2。选择第一帧，从"库"面板中将"风景 1.flv"拖动到舞台偏左的位置。

5）新建图层 3。选择第一帧，从"库"面板中将"风景 2.flv"拖动到舞台偏右的位置。

6)新建图层 4。长按"矩形工具"按钮,选择"基本矩形工具"画出一个矩形,遮盖住视频1。打开其"属性"面板,更改笔触为"#EDEDED",笔触高度为"32",Alpha 为"57%",填充颜色为"无"。

7)选择矩形,按 Ctrl+C 组合键复制,按 Ctrl+V 组合键粘贴,并将粘贴的矩形覆盖视频2。

8)按 Shift 键同时选择 2 个矩形,按 F8 键将其转换为元件,设置元件类型为"影片剪辑"。在其"属性"面板中,展开"滤镜",单击"添加滤镜"按钮,选择其中的"发光",设置模糊 X 为"32 像素"、颜色为"白色"。如图 12-27 所示。

图 12-27 设置"滤镜"选项

9)新建图层 5。使用"文本工具",键入文本"梦幻山水",设置 Alpha 为"100%"。

10)新建图层 6。选择第 1 帧,在"属性"面板中设置名称为"风景音乐.mp3",并设置"同步"的"声音循环"为"循环"。

11)选择图层 1~图层 6 的第 120 帧,按 F6 键插入关键帧。

12)按 Ctrl+Enter 组合键测试动画。

12.3 在网页中加入 Flash 动画

在 Dreamweaver 中插入 Flash 动画可以使网页生动、活泼,具有强烈的视觉冲击力。但 Flash 制作的动画源文件格式为 FLA,不能直接发布在网页上,需将其发布成便于网上发布或者在计算机中播放的格式。

FLA 可以发布为多种格式。选择"文件"→"发布设置"命令，可将 FLA 文件发布为如下多种格式的文件：

（1）SWF 文件：适合直接插入到网页中。在默认情况下，选择"文件"→"发布"命令或者按测试动画组合键 Ctrl+Enter，都可以创建 SWF 格式的文件。

（2）HTML 文件：可以直接使用网页浏览器浏览。

（3）GIF 文件：可以导出绘画和简单动画，以供在网页中使用。

（4）JPEG 文件：可将图像保存为高压缩比的 24 位位图。

（5）PNG 文件：是唯一支持透明度（Alpha 通道）的跨平台位图格式。

（6）Win 文件：得到适合 Windows 操作系统使用的 EXE 可执行文件。

（7）Mac 文件：得到适合苹果 Mac 操作系统使用的 APP 可执行文件。

设置好动画发布属性后，可以通过"文件"→"发布预览"命令预览文件，如果效果满意，可以选择"文件"→"发布"或者"文件"→"发布设置"命令中的"发布"按钮得到需要的文件。

例 12-20　在已建立的网页中加入制作的"月球绕地球"动画。具体操作步骤如下：

1）在 Dreamweaver 中打开已建立并保存的网页。

2）单击选定需要插入 Flash 动画的位置，选择"插入"→"媒体"→"SWF"，在出现的"选择 SWF"窗口中选择 SWF 文件"月球绕地球.swf"。

3）调整 SWF 窗口的宽和高分别为"400、350"。此时动画画面不显示。

4）选择"文件"→"保存"，网页将原名原位置保存。

5）在"我的电脑"窗口中，找到保存的该网页，双击打开浏览。或者在网页名称上右击，在弹出的快捷菜单中选择"打开方式"，在其下拉菜单中选择一种网页浏览器进行浏览，可浏览到动画播放，如图 12-28 所示。

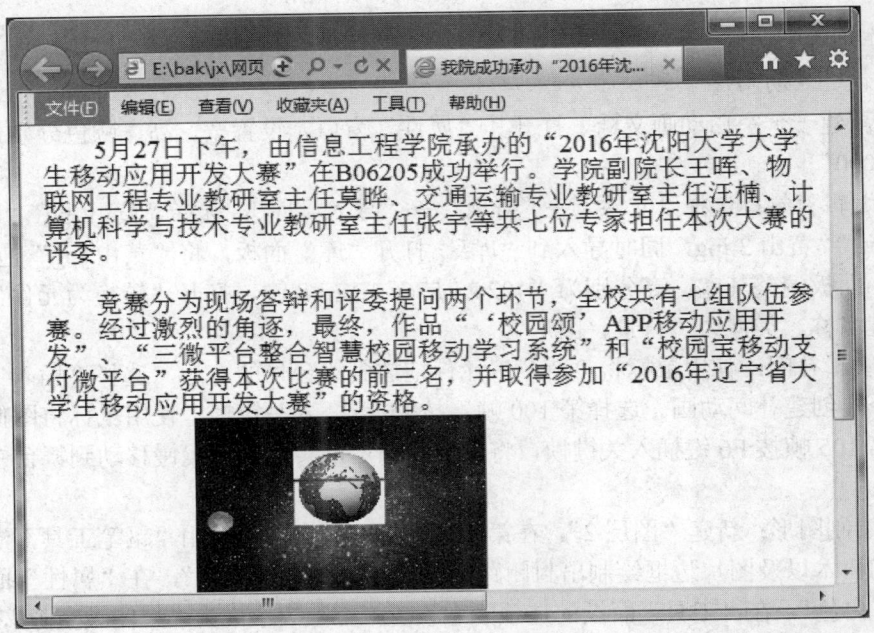

图 12-28　浏览添加 SWF 文件的网页

12.4 实践演练

【目的要求】

网站的进入动画和首页直接影响着浏览者对网站的整体印象,一个好的网站设计都会根据网站的主题而定。本例将制作关于黄山旅游的网站动画。利用元件制作、补间动画、遮罩动画、引导动画等制作网站进入动画和网站导航条,最终效果如图 12-29 所示。

图 12-29　动画实例运行效果

【操作步骤】

1. 制作进入动画

(1) 新建一个空白动画文档,打开其"属性"窗口,设置宽、高、颜色分别为"1024、576、#000000"。

(2) 编辑背景:选择"文件"→"导入"→"导入到库",选择"黄山.jpg""黄山 1.jpg""黄山 2.jpg""黄山 3.jpg"同时导入到"库"。打开"库"面板,将"黄山.jpg"拖放到舞台,用"属性"面板调整其宽、高分别为"1024、576"。按 F8 键,打开"转换为元件"对话框,在其中设置名称、类型为"背景、图形"。

(3) 编辑补间:使用鼠标将"背景"元件拖放到舞台外的右边。选择"插入"→"补间动画"命令,创建补间动画。选择第 100 帧,按 F6 键插入关键帧,使用鼠标将图像移动到舞台中。在第 105 帧按 F6 键插入关键帧,将图层 1 锁定,实现画面慢慢移动到舞台中央的动画效果。

(4) 绘制图形:新建"图层 2",在第 105 帧插入关键帧。使用"钢笔工具"沿着图像下方的山脊和树木以及图片边框绘制出封闭路径。选择"颜料桶工具",在"属性"面板设置填充颜色为"白色",在"工具"面板的选项区中设置"空隙大小"为"封闭大空隙",单击舞台中刚刚画出的封闭区域,将其填充为白色,如图 12-30 所示。

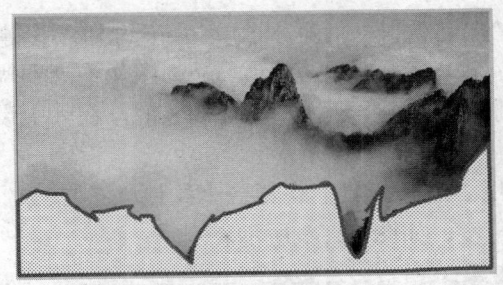

图 12-30　将封闭区域填充为白色效果

(5) 设置边框粗细和边距：新建"图层 3"，在第 105 帧插入关键帧。从"库"面板中将"背景"元件移动到舞台稍左一点的位置，使图层 1 和图层 3 的图像不重叠。选择"背景"元件，在"属性"面板中设置样式、亮度为"亮度、20%"。

(6) 创建传统补间动画：分别在"图层 1"～"图层 3"的第 124 帧上按 F6 键插入关键帧。在图层 3 中将第 124 帧上的"背景"元件移动到舞台中间。在图层 3 的第 105～123 帧之间任意帧上右击，选择"创建传统补间动画"命令，在时间轴上创建传统补间动画。

(7) 创建遮罩动画：将图层 2 移动到图层 3 上方，并在图层 2 上单击鼠标右键，在弹出的快捷菜单中选择"遮罩层"命令，图层 2 转换为遮罩层，图层 3 转换为被遮罩层。

(8) 转换为元件：在图层 1 的第 200 帧插入关键帧。新建"图层 4"，在第 128 帧插入关键帧。从"库"面板中将"黄山 1.jpg"图像拖动到舞台中，使用"任意变形工具"缩放并旋转图像。选择该图像，按 F8 键，在其中设置名称、类型分别为"活动 1、图形"。

(9) 创建补间动画：使用鼠标将"活动 1"元件移动到舞台外的上方。选择"插入"→"补间动画"命令，创建补间动画。在第 140 帧插入关键帧，将"活动 1"元件移动到舞台中，并使用"选择工具"编辑补间动画运动路径，如图 12-31 所示。

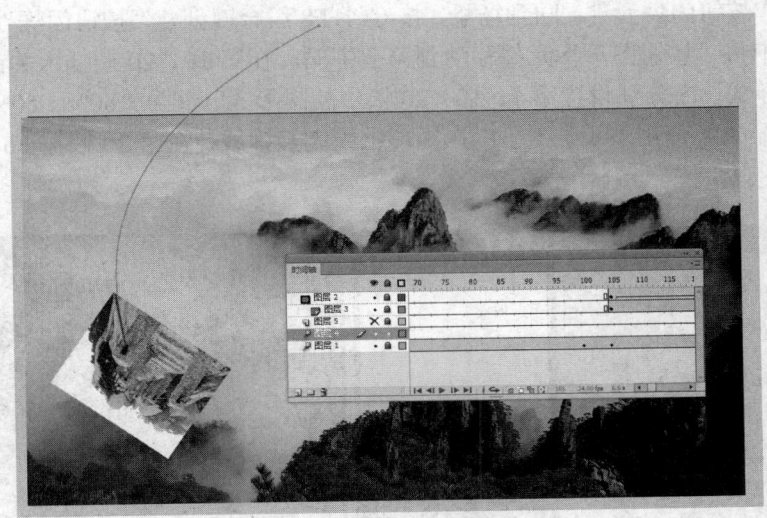

图 12-31　编辑"活动 1"元件补间动画运动路径

(10) 选择补间动画：在图层 4 选择第 128～140 帧任意帧，在"属性"面板中设置旋转、方向分别为"1 次、顺时针"。在第 155 帧按 F6 键插入关键帧。

（11）转换为元件：在"图层4"的第185帧按F6键插入关键帧。新建"图层5"，在第165帧插入关键帧。从"库"面板中将"黄山 2.jpg"图像拖动到舞台中，并使用"任意变形工具"将其缩放到合适大小，旋转到合适角度。按F8键，在其中设置名称、类型分别为"活动2、图形"。

（12）输入文本：使用"线条工具"在舞台上绘制一条白线。使用"文本工具"在舞台输入两段文本，并旋转其角度，如图12-32所示。

图12-32　添加文本和"活动2"元件

（13）编辑传统补间动画：锁定图层4。使用Shift键选中图层5中的所有对象，将其拖动到舞台外上方，以制作对象移动到舞台中间的效果。在第180帧插入关键帧，使用鼠标将舞台外的图像移动到舞台中间，并在第165～179帧上创建传统补间动画。

（14）制作按钮图形元件：选择"插入"→"新建元件"命令，新建一个"按钮图形"图形元件。进入元件编辑窗口，在其中绘制一个白色的圆角矩形。

（15）制作按钮闪烁元件：回到场景，按Ctrl+F8组合键创建"按钮闪烁"影片剪辑元件。从"库"面板中将"按钮图形"元件移动到舞台中间，在第10、20帧插入关键帧。并在"属性"面板的"样式"内分别设置第1、10、20帧中的图形Alpha为"80%、50%、30%"。新建"图层2"，在第1帧使用"线条工具"在矩形上绘制修饰线，在第20帧按F6键插入关键帧，如图12-33所示。

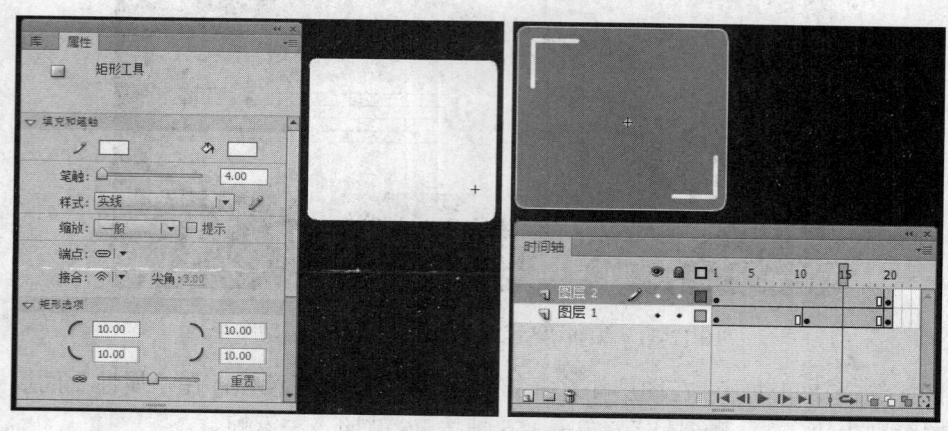

图12-33　创建按钮图形、按钮闪烁元件

（16）制作按钮元件：回到场景，按 Ctrl+F8 组合键新建一个"按钮"按钮元件，进入元件编辑窗口。从"库"面板中将"按钮闪烁"影片剪辑元件移动到舞台中，按 3 次 F6 键，插入 3 个关键帧。选择"按下"帧中的元件，打开"属性"面板，在其中设置样式为"色调"，再设置红、绿分别为"210、36"。使用相同的方法，将"点击"帧中的元件调整为黄色。

（17）新建"图层 2"，选择"文本工具"，在图形中输入文本，如图 12-34 所示。

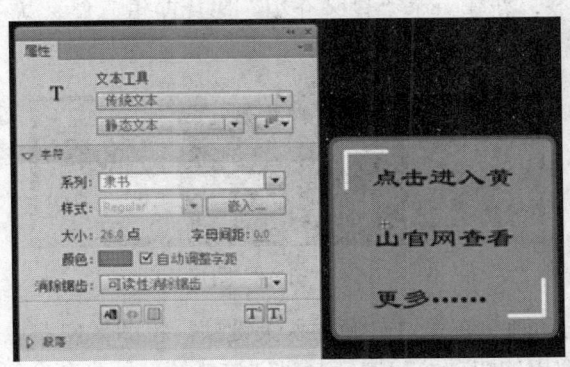

图 12-34　为按钮元件输入文本

（18）应用按钮：返回主场景，新建"图层 6"。在第 180 帧插入关键帧。从"库"面板中将"按钮"元件移动到舞台中，使用"任意变形工具"缩放其大小，并与"活动 2"元件重叠。选择"按钮"元件，在"属性"面板中设置"实例名称"为"anniu"。

（19）创建补间动画：在图层 6 的第 180 帧上单击鼠标右键，选择"创建补间动画"命令，插入补间动画。在第 200 帧插入关键帧。选择第 200 帧，将"按钮"元件移动到舞台下方，制作按钮移动的效果。将图层 6 移动到图层 5 的下方。

（20）输入脚本：新建"图层 7"，将其重命名为"AS"。在第 200 帧插入关键帧，选择"窗口"→"动作"命令，在其中输入脚本，如图 12-35 所示。该脚本将先停止动画的播放，然后通过监听鼠标控制下一步动作，若单击按钮，将会播放下一帧，否则一直停留在本帧。

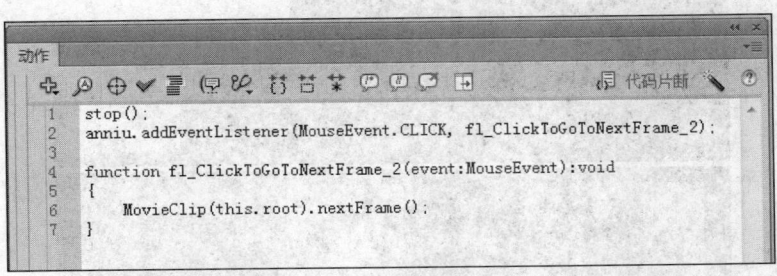

图 12-35　第 200 帧脚本

2．制作网页导航条动画

（1）由于在第 200 帧输入了停止播放帧，为了正常播放，需要在第 201 帧添加播放脚本。选择"AS"图层的第 201 帧，按 F6 键插入关键帧，在"动作"面板中输入脚本"play();"。

（2）添加网页背景：新建"图层 7"，在第 201 帧插入关键帧。从"库"面板中将"黄山 3.jpg"图像移动到舞台中，并锁定图层。

（3）制作热区：热区的作用是为了判断用户在观赏 Flash 时，是否单击了相应的区域。

若单击了该区域,则执行预定动作。按 Ctrl+F8 组合键进入元件编辑窗口,设置名称、类型分别为"热区、影片剪辑"。选择"矩形工具",在"属性"面板中设置笔触、颜色分别为"无、绿色",设置填充色的不透明度为"0%",绘制矩形。

(4)制作景区介绍影片剪辑:回到场景,选择"插入"→"新建元件"命令,用"矩形工具"和"文本工具"新建一个图形元件"介绍",如图 12-36 所示。回到场景,再选择"插入"→"新建元件"命令,新建一个"景区介绍"影片剪辑元件。从"库"面板中将"介绍"元件移动到舞台上。

图 12-36 "介绍"图形元件

(5)创建传统补间动画:在第 16 帧插入关键帧,将图像向左边移动一个图片的位置。选择第 1 帧,右击,在弹出的快捷菜单中选择"创建传统补间"命令,创建传统补间动画。选择第 1 帧,选择"窗口"→"动作",打开"动作"面板,在其中输入脚本"stop();"。

(6)设置形状样式:新建"图层 2",从"库"面板中将"热区"影片剪辑移动到舞台中,并使用"任意变形工具"调整元件形状,在"属性"面板中设置"实例名称"为"requ"。在第 7 帧插入关键帧,再次使用"任意变形工具"调整元件形状。

在第 7 帧调整热区元件时,注意使元件的形状与第 6 帧连接在一起,中间不能有空隙。且第 7 帧的元件形状必须覆盖整个图层 1 中第 16 帧中的"介绍"元件,如图 12-37 所示。

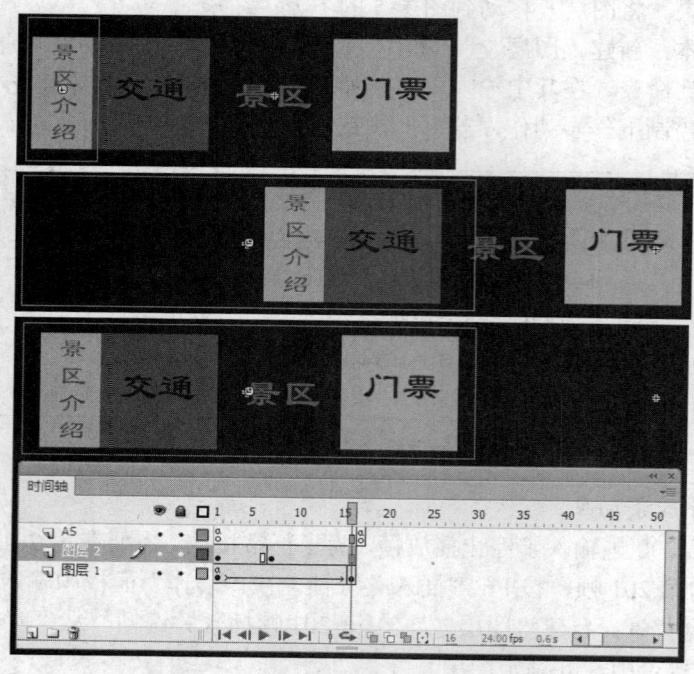

图 12-37 第 1、7、15 帧热区覆盖"介绍"元件示例

(7) 新建"图层 3",将其重命名为"AS",选择第 1 帧,打开"动作"面板,在其中输入脚本,如图 12-38 所示。在第 16 帧插入关键帧,在"动作"面板中输入脚本"stop();"。

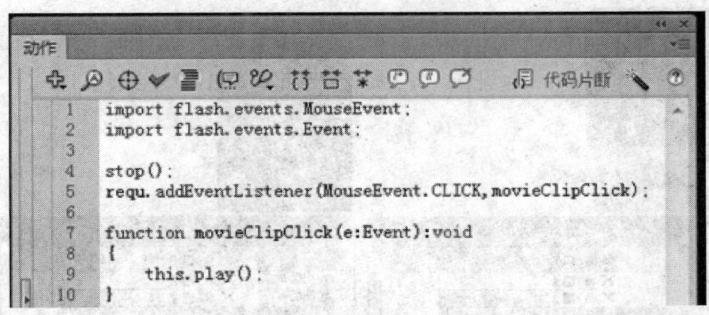

图 12-38　"景区介绍"影片剪辑元件"AS"图层第 1 帧脚本

第 1 帧脚本是用于监听鼠标是否单击了热区元件的区域。若单击了则播放影片剪辑。

(8) 编辑背景条元件:回到场景,按 Ctrl+F8 组合键新建一个"背景条"图形元件,进入元件编辑窗口。选择"矩形工具",在"属性"面板设置笔触、填充颜色、Alpha 分别为"无色、#666666、100%"。使用鼠标在舞台绘制一个矩形。

(9) 制作景区菜单列表:回到场景,按 Ctrl+F8 组合键新建一个"景区菜单 1"图形元件,从"库"面板中将"背景条"元件移动到舞台中。新建图层 2,选择"文本工具"输入文本。使用相同的方法创建"景区菜单 2""景区菜单 3"图形元件,如图 12-39 所示。

(10) 制作按钮元件:按 Ctrl+F8 组合键新建一个"按钮热区"按钮元件,打开元件编辑窗口,在"点击"帧中插入关键帧,使用矩形工具在舞台绘制一个红色的矩形图形作为隐形按钮。如图 12-40 所示。

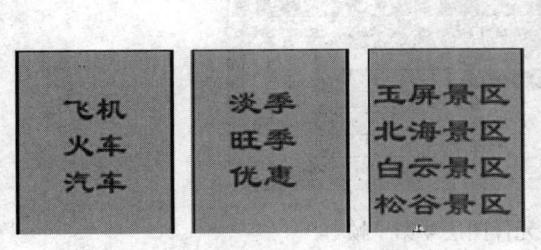

图 12-39　景区菜单 1～3 三个图形元件

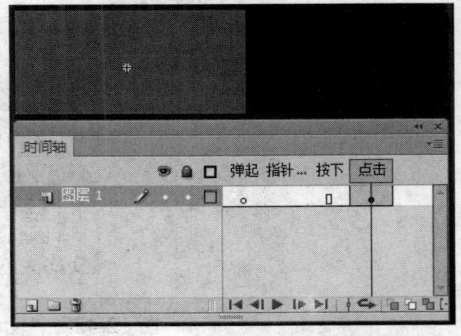

图 12-40　"按钮热区"按钮元件

(11) 编辑交通主菜单:回到场景,按 Ctrl+F8 组合键新建一个"交通"影片剪辑。先使用"文本工具"输入文本"交通"。再新建"图层 2",从"库"面板中将制作的"按钮热区"元件拖入到窗口中,调整其大小并移动位置,使之遮罩住文字"交通"。在"属性"面板设置"实例名称"为"btmenu1"。

(12) 创建补间动画:新建"图层 3",从"库"面板将"景区菜单 1"元件拖动到舞台中,放置在文本"交通"的上方。分别在图层 1～图层 3 的第 15 帧插入关键帧。选择图层 3 的第 15 帧,将"景区菜单 1"实例移动到文本"交通"的下方,然后在图层 3 的第 1～14 帧间的任意帧上右击,在弹出的快捷菜单中选择"创建传统补间",创建传统补间动画,如图 12-41 所示。

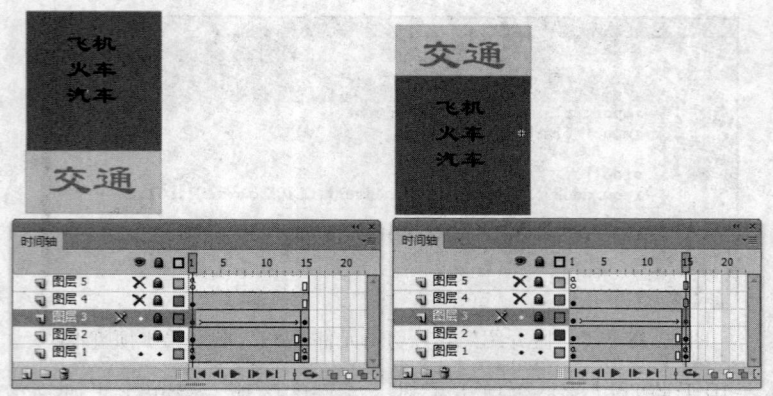

图 12-41 "交通"元件前 3 图层第 1、15 帧

（13）制作遮罩层：新建"图层 4",在景区菜单 1 文本下绘制一个黄色的矩形,如图 12-42 所示。在图层 4 上单击鼠标右键,在弹出的快捷菜单中选择"遮罩层",使得图层 4 转换为遮罩层,图层 3 转换为被遮罩层。

制作遮罩层的目的是为了达到菜单缓慢下降的效果。

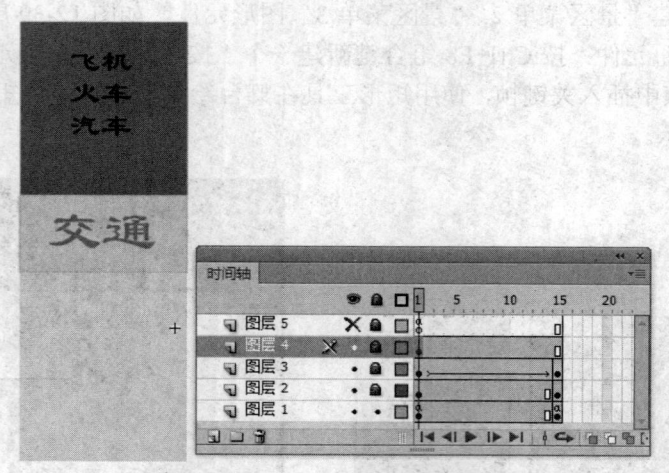

图 12-42 "交通"元件图层 4 第 1 帧

（14）输入脚本：新建"图层 5",选择第 1 帧,在"动作"面板中输入脚本,如图 12-43 所示。在图层 1 的第 1 帧和第 15 帧的"动作"面板中分别输入脚本"stop();"。

图层 5 第 1 帧脚本用于监听鼠标事件,如果鼠标指向热区中的区域,则跳转到第 2 帧开始播放,如果没有则播放第一帧。

（15）制作其他主菜单：返回主场景,使用相同的方法制作"门票""景点介绍"主菜单。

（16）应用景区介绍元件：在图层 7 的第 225 帧插入关键帧。新建"图层 8",在第 200 帧插入关键帧,从"库"面板中将"景区介绍"影片剪辑元件拖动到舞台中,并调整其大小。在图层 8 的第 215、225 帧插入关键帧,在第 225 帧使用鼠标将元件向右大部分拖出舞台外,只留下"景区介绍"一列文本留在舞台内。在第 215～225 帧之间创建传统补间动画，如图 12-44 所示。

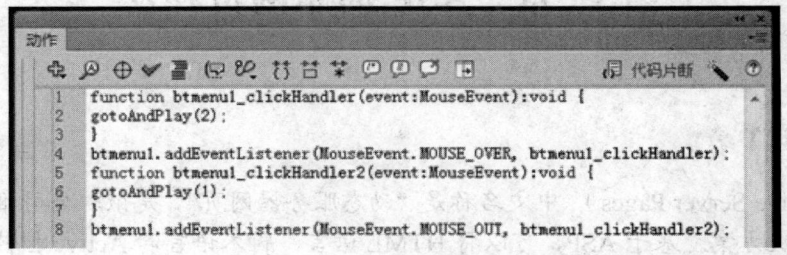

图 12-43　"交通"元件图层 5 第 1 帧脚本

图 12-44　图层 8 第 225 帧画面

（17）应用主菜单元件：新建"图层 9"，在第 225 帧插入关键帧，从"库"面板中将"交通""门票""景点介绍" 3 个影片剪辑元件依次拖动到舞台顶部，如图 12-44 所示。

（18）新建"图层 10"，在第 225 帧插入关键帧，在"动作"面板中输入脚本"stop();"。如果在动画制作的末尾不添加该脚本，动画会重新播放，使制作的导航条没有意义。

（19）按 Ctrl+Enter 组合键测试动画。

思考与练习

1．什么是普通帧、关键帧、空白关键帧？如何插入普通帧、关键帧、空白关键帧？
2．如何创建元件和实例？二者有何区别？
3．如何添加运动引导层？如何将运动对象引导在引导路径上？
4．试做一个圣诞节贺卡。
5．试做动态风光相册。
6．试做一个广告短片。

第 13 章　ASP 动态网页开发

【本章导读】

ASP（Active Server Pages），中文名称是"动态服务器网页"，是微软公司推出的用来建立动态网页的解决方案。基于 ASP，可以将 HTML 语言、脚本语言和 Active 控件组合在一起，产生动态、交互、具有数据库访问功能且高效率的基于 Web 的应用程序。基于 ASP 的网页，文件扩展名必须为.asp。

【本章要点】

- 数据库连接。
- ASP 应用程序开发实例。

13.1　ASP 开发环境设置

ASP 程序必须在 Web 服务器端运行，因此要运行 ASP 程序，就必须要架构 Web 服务器。虽然 ASP 可以在非 Windows 平台下执行，但其主要的运行环境还是基于 Windows 平台上的 IIS（Internet Information Service）环境。IIS 是微软的 Web 服务器产品，用来建立 Web 服务器，向 Internet 用户提供 Web 访问服务。在本地计算机上安装 IIS，该计算机就成为一台 Web 服务器，可以在本地实现 ASP 程序的运行调试。

本章以 Windows 7 平台为例，介绍安装 IIS 的方法。

（1）进入 Windows 7 的控制面板，选择左侧的"打开或关闭 Windows 功能"，如图 13-1 所示。

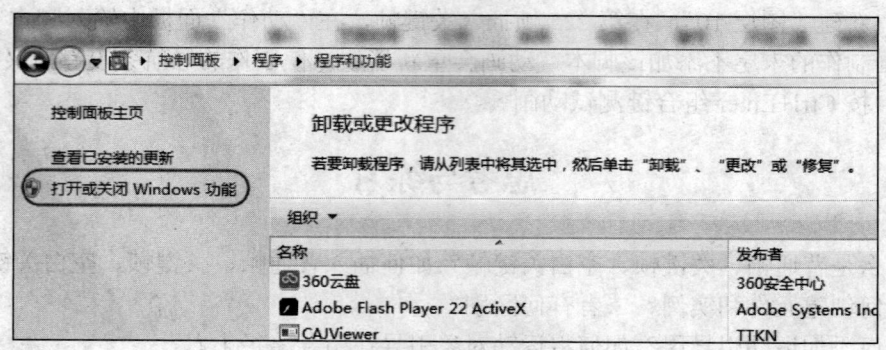

图 13-1　打开或关闭 Windows 功能

（2）在安装 Windows 功能的选项菜单中，选择"Internet 信息服务"功能，将该部分功能的复选框全部选中，如图 13-2 所示。

第 13 章　ASP 动态网页开发　317

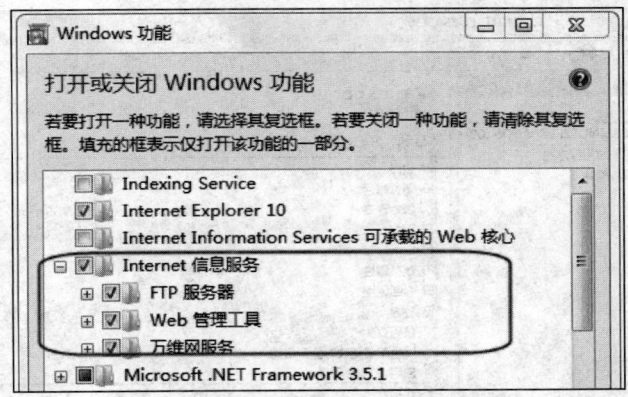

图 13-2　选择 "Internet 信息服务"

（3）再次进入控制面板，选择"管理工具"，打开"Internet 信息服务(IIS)管理器"，进入 IIS 设置界面，如图 13-3 所示。

图 13-3　IIS 管理器

（4）进入到 IIS 控制面板之后，选择"Default Web Site"，打开"ASP"选项，如图 13-4 所示。

图 13-4　ASP 设置

（5）IIS 中 ASP 的父路径默认是没有启用的，需要手工开启，设置"启用父路径"为 True 即可，如图 13-5 所示。

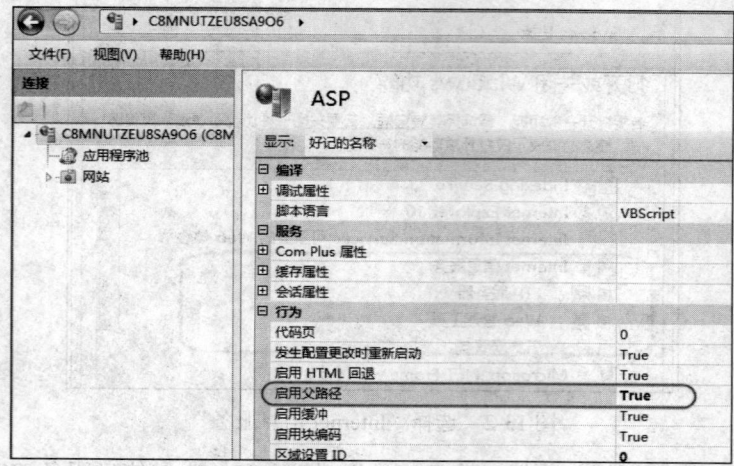

图 13-5　启用父路径

（6）在右侧将"高级设置"打开，修改"应用程序池"为 Classic.NET AppPool，如图 13-6 所示。

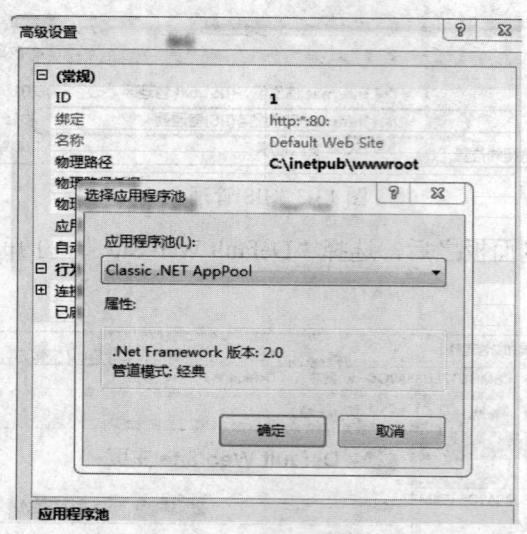

图 13-6　修改应用程序池

（7）由于 Access 数据库使用 32 位数据驱动，Windows 7 中默认是关闭的，因此需要手动打开 32 位支持。打开设置默认程序池的默认设置，修改"启用 32 位应用程序"为 True，如图 13-7 所示。

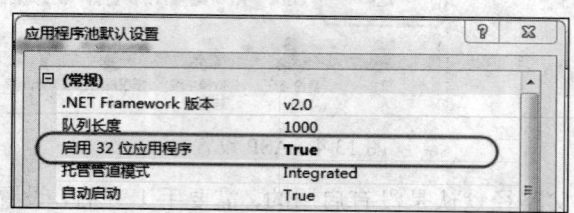

图 13-7　修改"启用 32 位应用程序"

至此，IIS 的基本配置已经完成。Web 服务器的服务参数均使用默认值：Web 服务器端口默认是 80，Web 文件默认目录是 C:\Inetpub\wwwroot。只要将自己设计的 ASP 文件放置在该目录下，就可以通过浏览器来运行 ASP 文件了。如果想修改服务端口、Web 站点的目录以及其他相关参数，可以在高级设置里修改相关参数来实现。

打开浏览器，在浏览器的地址栏输入 http://127.0.0.1/来测试 Web 服务器的运行情况，如果能看到 IIS 的图片，说明 IIS 已经安装成功。

例 13-1 应用 ASP 在页面输出 "Hello World!"，文件名为 "hello.asp"。

源代码如下：

```
<% @ language="vbscript"%>
<html>
<body>
<%
Response.write("Hello World!")
%>
</body>
</html>
```

程序的运行结果如图 13-8 所示。

图 13-8　程序运行结果

将程序 hello.asp 拷贝到 C:\Inetpub\wwwroot 目录下，并在浏览器中输入 "http://127.0.0.1/hello.asp" 观察运行结果。

尽管在 Windows 7 平台可以安装 IIS 的程序运行环境，但是需要知道，该环境只适合做测试或者访问量很小的情况，并不适合应用在大量数据访问的生产场合。在生产场合使用 ASP，必须要基于 Windows Server 安装 IIS 的环境。

13.2　数据库应用

13.2.1　创建 Access 2010 数据库

1. 创建数据库

创建数据库，可以使用模板也可以直接创建。这里举例创建一个数据库 student.mdb，在数据库中创建表 student。表 student 的结构见表 13-1，数据记录见表 13-2。

表 13-1 student 表结构

字段名	含义	类型	大小	主键
id	序号	数字型	整型	
S_ID	学号	数字	9	*
S_NAME	姓名	文本	20	
S_SEX	性别	文本	2	
S_NATION	民族	文本	10	
S_BIRTHDAY	生日	日期		
S_ACADEMY	学院	文本	20	
S_CLASS	班级	文本	20	

表 13-2 student 表数据记录

序号	学号	姓名	性别	民族	生日	学院	班级
1	201612290	韩晓华	女	汉族	1998/1/2	信息学院	计算机 1601
2	201612291	李海明	男	汉族	1998/7/21	信息学院	计算机 1601

例 13-2 创建数据库。操作步骤如下：

（1）启动 Access 2010 应用程序。

（2）单击“文件”选项卡，选择“新建”，在右侧窗口中，单击“空数据库”按钮，并设置数据库的存储路径和文件名为“学生成绩管理”。

（3）单击“创建”按钮，显示“数据库”窗口，可在此窗口中管理数据库的各个对象。

（4）创建 student 表。选择“表 1”，单击鼠标右键，在弹出的快捷菜单中，选择“设计视图”，修改系统默认的表名为“student”。

（5）单击“确定”按钮，进入设计视图，创建该表的表结构。创建完成的表结构如图 13-9 所示。

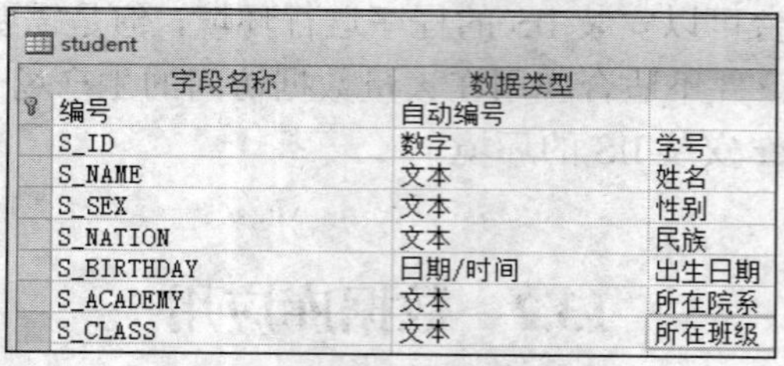

student

字段名称	数据类型	
编号	自动编号	
S_ID	数字	学号
S_NAME	文本	姓名
S_SEX	文本	性别
S_NATION	文本	民族
S_BIRTHDAY	日期/时间	出生日期
S_ACADEMY	文本	所在院系
S_CLASS	文本	所在班级

图 13-9 student 表结构

（6）student 表结构设置之后，双击“student”表输入数据，如图 13-10 所示。

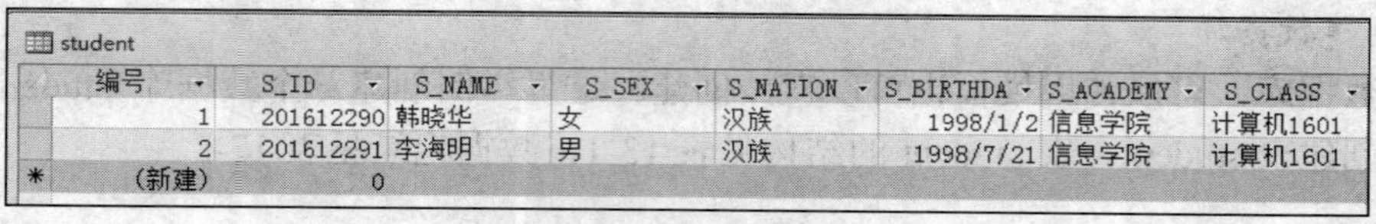

student

编号	S_ID	S_NAME	S_SEX	S_NATION	S_BIRTHDA	S_ACADEMY	S_CLASS
1	201612290	韩晓华	女	汉族	1998/1/2	信息学院	计算机1601
2	201612291	李海明	男	汉族	1998/7/21	信息学院	计算机1601
* (新建)	0						

图 13-10 student 表的数据

（7）由于 Access 2010 默认的数据库文件不是.mdb 格式，因此要将数据库文件以 2002-2003 格式输出。在"文件"菜单中选择"保存并发布"，选中右侧的"Access 2002-2003 数据库"，在弹出的"另存为"对话框中选择要输出的路径，填写文件名为"student"，这样将生成 student.mdb 数据库，如图 13-11 所示。至此，数据库创建完成。

图 13-11　输出 student.mdb 文件

2．SQL 查询

结构化查询语言 SQL（Structured Query Language）是关系数据库的标准语言。该语言语法结构简单、使用方便，很多关系数据库产品都支持 SQL 语言。

Select 查询语句的语法格式如下：

　　Select<列表达式>from <目标数据表名>[Where <条件表达式>][Order By<列名>][ASC|DESC]

其中：

- <列表达式>：可以是字段名表或包含字段的表达式，其中列是字段名。通常用来表示查询需要的结果。
- From <目标数据表名>：表示要检索的数据表。
- [Where<条件表达式>]：指定查询条件，通常是一个逻辑表达式，例如"分数>=80"。
- [Order By <列名>]：按指定的列名排序。
- [ASC|DESC]：指定排序的方式，ASC 表示升序排序，DESC 表示降序排序。

该语句的功能是在指定的目标数据表中，按照 Where 子句中的查询条件检索出符合条件的所有记录，将其按照 Select 的"列表达式"列表排序。如果有 Order By 子句，需按照该子句的列名把查询结果排序显示。默认是升序排列（ASC）。

Select 查询语句的使用方法较多，下面只就最常见的查询类型做一个简单的实例。

例 13-3　查询例 13-2 创建的数据库中所有女学生信息。

查询语句是"Select * from student where S_SEX='女'"，该查询能够实现在数据表 student 中检索出所有女生的记录。下面在数据库中做简单的检索实现。

（1）打开 student.mdb 数据库。

（2）单击"创建"菜单"查询"组中的"查询设计"按钮，将打开的"显示表"对话框关闭。这时出现"查询工具设计"选项卡,在"结果"组中选择"SQL"按钮。

(3) 将窗口切换到 SQL 视图,在 SQL 视图中输入 SQL 语句"Select * from student where S_SEX='女'"。

(4) 单击"运行"后,即可看到检索出的全部女生的数据记录,查询结果如图 13-12 所示。

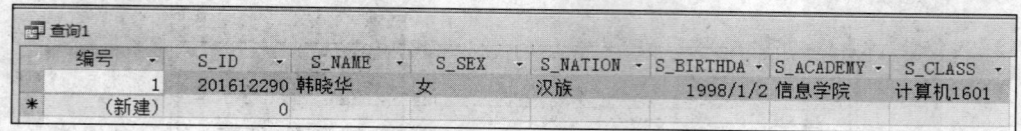

图 13-12　查询结果

13.2.2　数据库连接方法

ADO(ActiveX Data Objects,ActiveX 数据对象)是微软为数据库应用开发的面向对象、与语言无关的通用数据访问接口,它提供一个能够访问不同数据库的统一接口,这样使得开发人员无需关心具体的数据库,只要基于 SQL 就能实现对数据的操作。

在 ASP 中,ADO 是数据库访问组件,ADO 对象如表 13-3 所示。

表 13-3　ADO 对象表

对象名	对象说明
Connection	连接对象,用来建立与数据库的连接
Recordset	记录集对象,用来浏览和操作已经连接的数据库内的数据
Command	数据命令对象,返回一个记录集或者执行的一个操作
Field	域对象,用来取得一个记录集内的不同字段值
Parameter	参数对象,代表 SQL 存储过程或者查询中的一个参数,该参数仅仅被传递给 Command 对象
Property	属性对象,代表数据提供者的属性
Error	错误对象,代表 ADO 产生错误

1. 数据库连接 Connection 对象

目前主要使用 OLE DB 数据库驱动程序建立与数据库的连接。该方法直接使用程序代码实现与数据库的连接,具有很好的灵活性。

在 OLE DB 方法中,将连接数据库所需要的 ODBC 驱动,数据库名称放置到 ADO Connection 对象的连接字符串中,实现数据库的连接。

以 Access 为例,如果要连接 Access 创建的 a.mdb 数据库,其连接代码如下:

```
<%
Set adocon = Server.CreateObject("ADODB.Connection ")
            '创建 Connection 对象实例,指定变量名为 adocon
Adocon.Open "Driver={Microsoft Access Driver(*.mdb)};DBQ="&_Server.MapPath("a.mdb")
            '使用 Server.MapPath 转换出数据库路径并建立数据库连接
%>
```

连接 SQL Server 的代码如下:

```
<%
Set adocon = Server.CreateObject("ADODB.Connection ")
            '创建 Connection 对象实例,指定变量名为 adocon
Adocon.Open "Driver={SQL Server};Server=(Local);UID=用户 ID;PWD=用户 PASSWD;"&_
            "Initial Catalog=数据库名称"
            'UID 是登录 SQL Server 服务器的用户名,PWD 是该用户的口令,
            Initial Catalog 是要连接的数据库的名称
%>
```

Connection 对象常用的方法有 Open、Close 和 Execute 方法。

(1) Open 方法

Open 方法用来建立与数据库的连接,在该方法完成之后,才能对数据库进行数据处理。其语法格式是:

    Connection1.Open [ConnectionString,UserID,Password,Options]

其中:

- Connection1:为数据库连接的 Connection 对象实例。
- ConnectionString:表示含有连接信息的字符串。
- UserID:用户名。
- Password:用户口令。
- Options:打开连接的方式。

连接数据库 a.mdb 的代码如下:

```
<%
Set Connection1 = Server.CreateObject("ADODB.Connection ")
Connection1.Open "Driver={Microsoft Access Driver(*.mdb)};DBQ="&_Server.MapPath("a.mdb")
%>
```

(2) Close 方法

对打开的数据库进行操作之后,应该使用 Close 方法关闭已经打开的数据库连接对象,释放所有关联的系统资源。Close 方法并没有把连接对象从内存中删掉,如果需要将对象从内存中完全删除,可以在关闭该连接之后,将对象属性设置为"Nothing"。

关闭连接对象的代码如下:

```
<%
Connection1.close
Set Connection1= nothing
%>
```

(3) Execute 方法

该方法用来执行指定的查询、SQL 语句及存储过程。

其语法格式为:

    Connection1.Execute [CommandText,RecordsAffected,Options]

其中:

- CommandText:为字符串,内容可以是 SQL 语句、表名称或存储过程等。
- RecordsAffected:是一个长整数变量,返回本次操作所影响到的记录数。
- Options:是一个长整数,用来解释参数 RecordsAffected 的方式,默认不指定字符串内容。

例 13-4 向 a.mdb 数据库中添加一条新的记录。

```
<%
Set Connection1 = Server.CreateObject("ADODB.Connection ")
Connection1.Open "Driver={Microsoft Access Driver(*.mdb)};DBQ="&_Server.MapPath("a.mdb")
strSQL="insert into s(学号,姓名,性别,年龄,籍贯,政治面貌) values('15006','李小舟','女','18','辽宁','共青团员')"              '将 SQL 插入语句赋值给变量 strSQL
Connection1.Execute(strSQL)         '执行 SQL 语句,添加记录
Connection1.close
Set Connection1= nothing
%>
```

程序运行之后,数据库 a.mdb 将增加一条新的记录。

2. 检索数据 Recordset 对象

Recordset 对象是 ADO 中非常重要的对象,在 ASP 脚本中表示从 SQL 语句查询返回的数据行。在任何时候,Recordset 对象所指的记录均为集合内的某一条记录。

Recordset 对象必须先创建再使用,一般使用 Connection.Execute 方法创建 Recordset 对象实例。如下面的代码所示:

```
<%
Set Connection1 = Server.CreateObject("ADODB.Connection ")
Connection1.Open "Driver={Microsoft Access Driver(*.mdb)};DBQ="&_Server.MapPath("a.mdb")
    strSQL="select * from s "           '将 SQL 插入语句赋值给变量 strSQL
    Set rs =Connection1.Execute(strSQL)  '执行 SQL 语句,创建 Recordset 对象实例 rs
%>
```

在对数据库进行操作时,有一个重要的概念"游标"(即指针)需要说明。游标是存储在内存中的一张虚拟表,当打开数据库并创建了一个 Recordset 对象的时候,Recordset 对象就从数据库中得到一个数据集,并用它充实游标。如果数据表中包含多条记录,则当前的记录指针指向第一条记录。可以在使用过程中,根据需要,移动游标指针,指向需要访问的数据表的某一条记录。

Recordset 对象的方法和属性比较多,常用的方法有 Open、Close、MoveNext、Update、Delete 方法、BOF 属性及 EOF 属性、PageSize 属性,这里只做简单说明。

(1) Open 方法

Open 方法用于打开当前的游标。

(2) Close 方法

Close 方法用于关闭 Recordset 对象并释放相关资源。同 Connection 对象一样,在使用 nothing 关闭之前,它依然存在,并且可以重新打开。在关闭当前编辑的记录之前,必须要使用 Update 等方法结束操作,否则会出现错误。

(3) MoveNext 方法

MoveNext 方法用于移动 Recordset 对象的记录指针,把当前的指针向后移动一位。但是在使用中需要注意,当指针移动到 Recordset 最后时,调用该方法会产生错误。因此在使用时要结合属性来判断是否到达 Recordset 最末。

(4) Update 方法

在 Recordset 对象允许更新且不是批量更新的模式下,Update 方法将 Recordset 对象中当

前记录的修改保存到数据源中。在该方法调用完成之后，当前记录指针不发生改变。

（5）Delete 方法

Delete 方法用来将 Recordset 对象中的当前记录或者一组记录标记为待删除，如果 Recordset 对象不允许删除记录，程序将产生错误。

在立即更新模式中，使用 Delete 方法将立即删除数据库中的记录；反之，在批量更新模式下，所有标识为待删除的记录会暂存在内存中，直到调用 UpdateBatch 方法才会删除这些记录。在删除当前记录之后，指针依旧停留在原地，除非移动了指针。一旦移走指针，则被删除的记录将不可访问。

（6）BOF 及 EOF 属性

BOF 标识当前记录是否位于 Recordset 对象的第一条记录之前；EOF 标识当前记录是否位于 Recordset 对象的最后一条记录之后。BOF 及 EOF 属性返回值是布尔值，如果打开的 Recordset 对象里没有任何记录，则 BOF 及 EOF 属性此时都为 True。

（7）PageSize 属性

PageSize 属性用来设置每一页所包含的记录数，常用来对记录集进行分页显示。默认每页 10 条记录。在 Web 页面查询中，该属性常用来与其他属性配合，实现查询记录的分页显示。

13.3　ASP 应用程序开发

本节通过实例来介绍 ASP 应用程序的开发知识。

13.3.1　基于 GET 方式提交用户信息

本实例由 2 个程序组成，程序 13-5.asp 产生接收用户信息的表单，并用 GET 方式向服务器端提交数据，程序 13-6.asp 用于接收数据，并在页面输出处理的结果。

例 13-5　本程序文件名为 13-5.asp。功能是产生接收用户信息的表单，并将用户信息数据以"get"方式提交给后台处理程序 13-6.asp 处理。文件程序运行结果如图 13-13 所示。

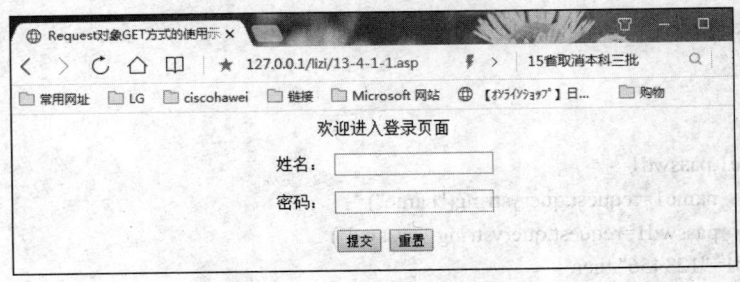

图 13-13　用户输入表单页

源代码如下：

```
<head>
<title>Request 对象 GET 方式的使用示例</title>
</head>
<body>
<form action="13-6.asp" method="get" name="form1" target="_blank" id="form1">
```

```
            <p align="center" class="STYLE1">欢迎进入登录页面</p>
            <p align="center"><span class="STYLE2">姓名：</span>
            <label>
            <input type="text" name="name" id="name" >
            </label>
            </p>
            <p align="center"><u></u>
            <label></label>
            <span class="STYLE2">密码：</span>
            <label>
            <input type="password" name="passwd" id="passwd" >
            </label>
            </p>
            <p align="center">
            <label>
            <input type="submit" name="button" id="button" value="提交" >
            </label>
            <label>
            <input type="reset" name="button2" id="button2" value="重置" >
            </label>
            </p>
            <p></p>
            </form>
            </body>
            </html>
```

例 13-6　本程序接收用户以"get"产生传递的用户数据信息集，并取出其中的各个数据信息，文件名为 13-6.asp。程序运行结果如图 13-14 所示。注意观察浏览器里显示的传递参数的方式。

源代码如下：

```
<head>
<title>Request 对象 GET 方式使用示例</title>
</head>
<body>
<%
dim name1,passwd1
        name1=request.querystring("name")
        passwd1=request.querystring("passwd")
if passwd1="123456" then
    %>
<span class="STYLE4">欢迎您！<%=name1%>朋友！
<% else %>
            您输入的口令为<%=passwd1%>
<p>您的口令不正确，请返回重新输入。</p>
<% end if %>
</body>
</html>
```

图 13-14　以 "get" 方式传递用户信息页面

13.3.2　基于 POST 方式提交用户信息

本实例由两个程序组成，程序 13-7.asp 产生用户输入信息的表单，并用 "post" 方式向服务器端提交数据，程序 13-8.asp 用于接收数据，并在页面输出处理的结果。

例 13-7　本程序产生用户登录页面，把用户通过表单输入的用户"姓名""密码"信息以"post"方式传递给程序 13-8.asp 处理。程序运行页面如图 13-15 所示。

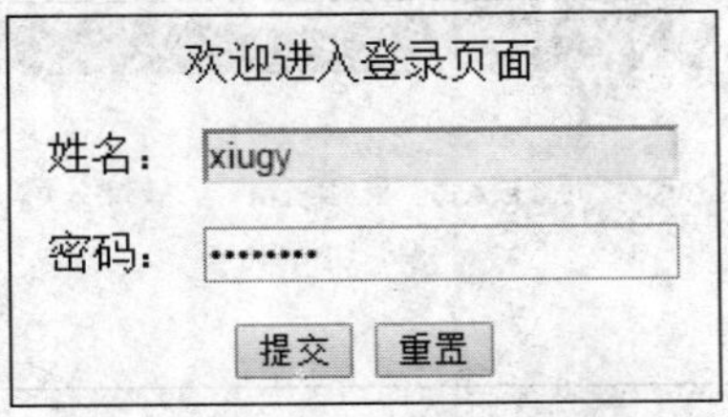

图 13-15　用户登录页面

源代码如下：

```html
<head>
<title>Request 对象 Form 集合的使用</title>
</head>
<body>
<form action="13-8.asp" method="post" name="form1" target="_blank" id="form1">
<p align="center" class="STYLE1">欢迎进入登录页面</p>
<p align="center"><span class="STYLE2">姓名：</span>
<label>
<input type="text" name="name" id="name" />
</label>
</p>
<p align="center"><span class="STYLE2">单位：</span>
<label>
<input type="text" name="from" id="from" />
</label>
</p>
<p align="center"><u></u>
<label></label>
<span class="STYLE2">密码：</span>
<label>
<input type="text" name="password" id="password" />
</label>
```

```
</p>
<p align="center">
<label>
<input type="submit" name="button" id="button" value="提交" />
</label>
<label>
<input type="reset" name="button2" id="button2" value="重置" />
</label>
</p>
<p></p>
</form>
</body>
```

例 13-8 本程序收集例 13-7 程序以"post"方式传递的用户"姓名""密码"信息,输出欢迎用户登录的信息。程序运行页面如图 13-16 所示。

图 13-16 欢迎用户登录信息页面

源代码如下:

```
<%@ language="vbscript" %>
<html>
<head>
<title>Request 对象 Form 集合的使用</title>
</head>
<body>
<p> </p>
<p class="STYLE2">
<div align="center" class="STYLE3">成功登录</div>
</p>
<p align="center">
<%
dim yourname,passwd
yourname=request.form("name")
passwd=request.form("password")
%>
<span class="STYLE4">欢迎您!</span><span class="STYLE5"><%=yourname%></span>
<br>
</p>
</body>
</html>
```

13.3.3 重定向

本实例由两个程序文件组成,程序 13-9.asp 调用重定向方法,将页面重定向到"redirect.asp"页面。程序运行页面如图 13-17 所示。

图 13-17 重定向实现页面跳转

例 13-9 程序名为 13-9.asp。调用重定向方法,将页面重定向到"redirect.asp"页面。源代码如下:

```
<%@ language="vbscript"%>
<head>
    <title>redirect 方法的使用</title>
</head>
<body>
    <%
    response.redirect("redirect.asp")
    %>
</body>
</html>
```

例 13-10 程序名为 redirect.asp,本程序产生一个"欢迎"页面,注明本页面由 13-9.asp 跳转而来。

```
<%@ language="vbscript"%>
<html>
<head>
    <title>redirect 方法的使用</title>
</head>
<body>
    <p align="center" class="STYLE1"><strong>欢迎光临本网站!</strong></p>
    <p align="center" class="STYLE1"><strong>本网页是由 13-9.asp 页面重定向而来</strong></p>
</body>
</html>
```

13.3.4 获取服务器的运行参数

本实例只有一个程序文件,用来获取服务器上相关的参数,并在网页上输出。在实际应用中,获取服务器信息非常有意义,因此本程序在实际应用中具有借鉴意义。

例 13-11 本程序调用 Server 对象,获取服务器上的各种信息。程序名为 13-11.asp。程序运行结果如图 13-18 所示。

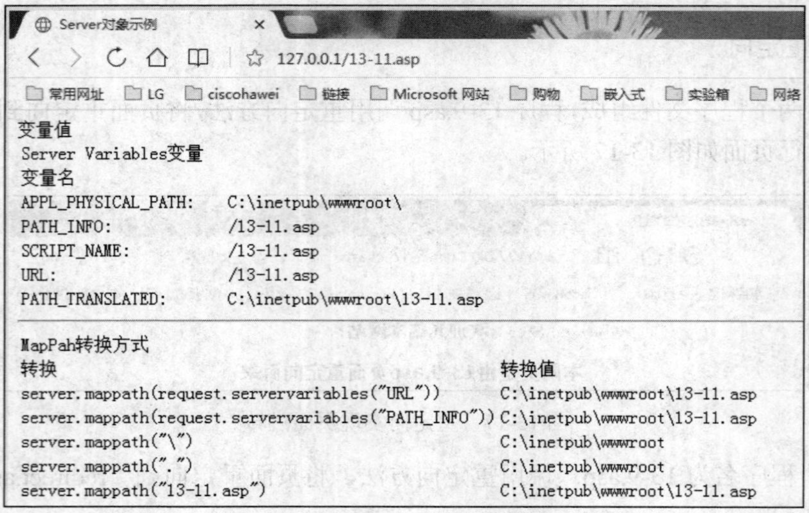

图 13-18 服务器参数输出页面

源代码如下：

```
<head>
    <title>Server 对象示例</title>
</head>
<body>
    <table><tr><td width="177">Server Variables 变量<br></td><td width="17"></td></tr>
    <tr><td>变量名</td></td>变量值<td width="0"></td><td width="101"></td></tr>
    <tr><td>APPL_PHYSICAL_PATH: </td><td>
        <%=Request.servervariables("APPL_PHYSICAL_PATH")%><br></td></tr>
    <tr><td>PATH_INFO:</td><td><%=request.servervariables("PATH_INFO")%><br></td></tr>
    <tr><td>SCRIPT_NAME:</td><td><%=request.servervariables("SCRIPT_NAME")%><br></td></tr>
    <tr><td>URL:</td><td><%=request.servervariables("URL")%><br></td></tr>
    <tr><td>PATH_TRANSLATED:</td><td><%=request.servervariables("PATH_TRANSLATED")%>
        </td></tr></table><hr>
    <table><tr><td>MapPath 转换方式<br></td></td></tr>
    <tr><td>转换</td><td>转换值</td></td></tr>
    <tr><td>server.mappath(request.servervariables(&quot;URL&quot;))</td><td>
        <%=server.mappath(request.servervariables("URL"))%><br></td></tr>
    <tr><td>server.mappath(request.servervariables("PATH_INFO"))</td><td>
    <%=server.mappath(request.servervariables("PATH_INFO"))%><br></td></tr>
    <tr><td>server.mappath("\")</td><td><%=server.mappath("\")%><br></td></tr>
    <tr><td>server.mappath(".")</td><td><%=server.mappath(".")%><br></td></tr>
    tr><td>server.mappath("13-11.asp")</td><td><%=server.mappath("13-11.asp")%><br></td></tr>
    </table>
</body>
</html>
```

13.3.5 简单的网站计数器实现

本程序使用 Application 对象来实现页面上用户数的统计。

例 13-12 本程序使用了 Application 对象来实现页面上用户数的统计,在统计过程中使用了 Lock 和 Unlock 两种方法。程序运行结果如图 13-19 所示。在运行中,可以反复刷新网页,能看到计数器的值每次都发生变化。需要注意,每次用户刷新页面,计数器值变化,但是实际上用户数没增加。因此在实际中,仅仅用 Application 对象实现的计数器是不能有效计数的。

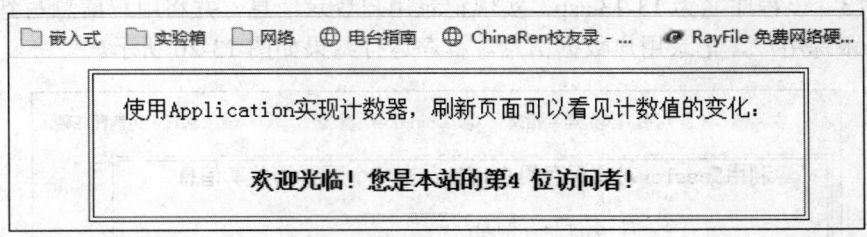

图 13-19 简单的网页计数器

源代码如下:

```
<%@ language="vbscript" %>
<head>
    <title>Application 实现计数器</title>
</head>
    <%                              '定义一个计数器
    dim counter
            counter=0               '阻止其他用户同一时刻修改计数器的值
            Application.lock        '计数器值加1
    application("counter")=application("counter")+1
                                    '解锁计时器,使得其他用户可以修改计数器值
            application.unlock
    %>
<body>
    <table width="506" height="111" border="1"align="center" class="default">
    <tr>
    <td width="500"><p align="center"><span class="STYLE2">使用 Application 实现计数器,刷新页面可以看见计数值的变化</span>: </p>
    <p align="center"><br>
    <span class="STYLE2"><strong>欢迎光临!您是本站的第<%=application("counter")%>位访问者!</strong></span></p></td>
    </tr>
    </table>
</body>
</html>
```

13.3.6 利用 Session 对象记录用户信息

Session 对象在网页应用程序中是很重要的对象。由于 HTTP 协议是无状态的,这样从一个页面跳转到另一个页面,服务器无法知道用户状态,也无法跟踪用户。因此,在多数应用中,涉及跟踪或者记录用户信息时,就需和 Session 对象打交道。类似"购物车"等应用更是需要使用 Session 对象来跟踪用户,记录用户信息。本实例通过基本的例子展示 Session 对象的特

性。实例由 3 个程序文件组成。其中，程序文件 13-13.asp 用于用户在登录系统时，记录用户的 Session 对象信息。跳转页面 session.asp 文件用于在中间做中转，记录用户 Session 信息，并跳转到另外的测试页面 another.asp。测试页面 another.asp 用来测试在跳转到其他页面之后，服务器依然在跟踪用户，记录用户的身份信息以及其他 Session 信息。

例 13-13 该程序名为 13-13.asp，实现记录用户登录信息，并将用户信息写到 Session 对象中，用来跟踪用户，记录用户数据信息。程序运行结果如图 13-20 所示。

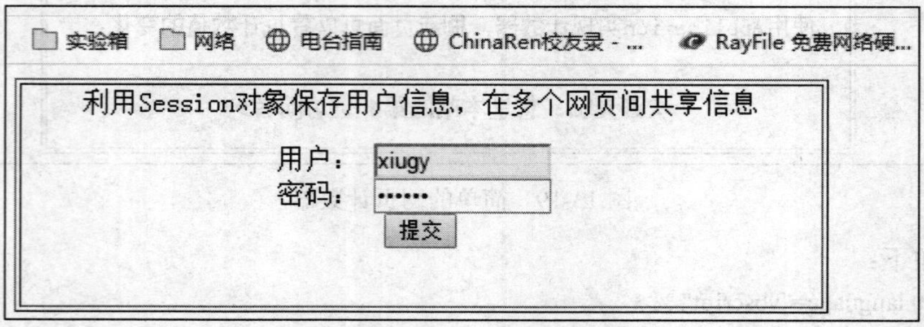

图 13-20 利用 Session 的登录页面

源代码如下：

```
<html>
    <title>Session 对象的使用示例</title>
<body>
    <table width="473" height="124" border="1" align="center">
    <tr>
    <td width="463">
    <form name="form1" method="post" action="session.asp">
    <p align="center" class="STYLE1">利用 Session 对象保存用户信息，在多个网页间共享信息</p>
    <p align="center"><span class="STYLE2">用户</span>：
    <input name="name" type="text" size="10">
    <br>
    <span class="STYLE2">密码</span>：
    <input type="password" name="word" id="word" size="10">
    <br>
    <input type="submit" name="submit" value="提交">
    </p>
    </form>
    <p> </p></td>
    </tr>
    </table>
</body>
</html>
```

例 13-14 程序文件名 session.asp。该程序用来接收由 13-13.asp 传递的用户信息，存储用户的 Session 数据对象，并引导用户到另外一个网页来测试 Session 对象存储的信息。程序运行结果如图 13-21 所示。

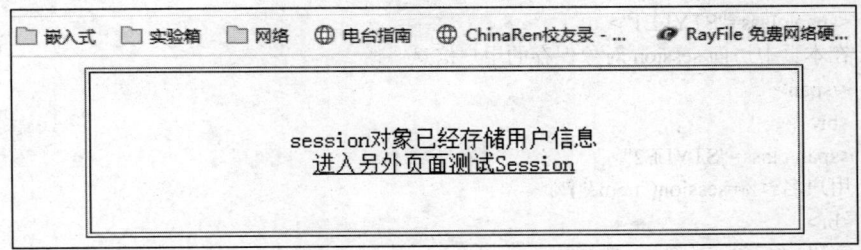

图 13-21 session 页面

源代码如下：
```
<html>
<body>
<table width="505" height="124" border="1" align="center">
<tr>
<td width="495">
<div align="center"><span class="STYLE1">
<%
session("name")=request.form("name")
session("word")=request.form("word")
%>
session 对象已经存储用户信息</span>）<br>
<a href="another.asp" class="STYLE2">进入另外页面测试 Session</a></div></td>
</tr>
</table>
</body>
</html>
```

例 13-15　程序文件名 another.asp。该程序用来验证由 13-13.asp 和 session.asp 文件存储的用户 Session 对象，表明服务器基于 Session 对象能一直记录用户并实现对用户的跟踪。程序运行结果如图 13-22 所示。

图 13-22 session 测试页面

源代码如下：
```
<html>
<body>
<table width="482" height="124" border="1" align="center" class="default">
<tr>
<td width="496">
<div align="center">
```

```
            <span class="STYLE1">
            在本页中访问 session 对象保存的用户信息
            </span>
            <br>
            <span class="STYLE2">
            用户名:<%=session("name")%>
            <br>
            密码:<%=session("word")%>
            </span>
            </div>
            </td>
            </tr>
            </table>
        </body>
        <html>
```

13.3.7 使用 Session 变量控制计数器

基于之前的例子，我们知道使用 Application 对象实现的计数器在统计上存在问题，其在统计中不能有效区分用户，当某一个用户对网站多次访问时，计数器会记录为多个用户来统计，导致计数上的数据失真，因此在实际使用中往往是结合 Session 对象来实现网站计数器功能。本实例只有一个文件。程序使用 Session 来跟踪用户数，能有效区分同一个用户的反复访问；同时使用 Application 对象来记录数值，有效保证了网站计数器数字的准确性。

例 13-16 使用 Application 对象和 Session 对象实现网站计数器功能。程序文件名为 13-16.asp。程序运行的结果如图 13-23 所示。

图 13-23 网站计数器页面结果

源代码如下：

```
<%@ language="vbscript"%>
<head>
    <title>用 Session 变量控制计数器</title>
</head>
<body>
    <p align="center" class="STYLE1">使用 Session 变量实现网页访问有效计数</p>
    <p align="center" class="STYLE1">欢迎光临本网站！</p>
    <p align="center" class="STYLE1">
    <%
```

```
        if isempty(session("connected")) then
        application.lock()
        application("mycounter")=application("mycounter")+1
        application.unlock()
        end if
        session("connected")=true
    %> 您是本站的第<%=application("mycounter")%>位访问者！</p>
    <p align="center" class="STYLE1">您的 SessionID：<%=session.SessionID%></p>
    </body>
</html>
```

13.3.8　使用 ADO 访问数据库

例 13-17　本实例使用 ADO 实现对数据库的访问。实例中数据库为前面创建的数据库 Student.mdb。程序使用 ADO 基于 OLE DB 连接数据库，打开 student.mdb 数据库的 student 表，并使用 Select 查询语句，把全部内容显示在网页上。程序文件名为 13-17.asp。运行结果如图 13-24 所示。

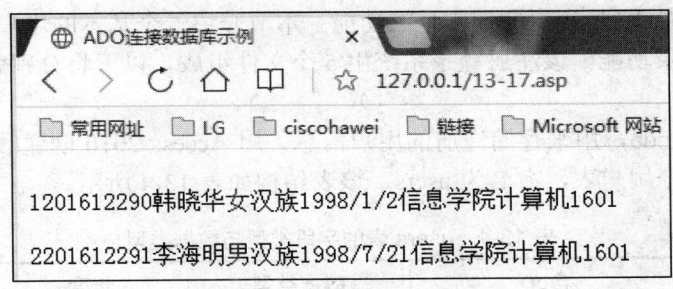

图 13-24　基本的 ADO 查询结果

源代码如下：
```
<%@ language="vbscript" >
<html>
<head>
    <title>ADO 连接数据库示例</title>
</head>
<body>
    <%
    dim conn
    dim sql
    dim rs
        set conn = Server.CreateObject("ADODB.Connection")
        conn.Open "Provider=Microsoft.ACE.OLEDB.12.0;"&"Data Source="&Server.MapPath("student.mdb")
                                        '连接数据库，注意 Access2010 的驱动名称
        set rs= Server.CreateObject("ADODB.Recordset")   '查询所有记录的语句
    sql="Select * From student"
    rs.open sql,conn,1,1
        do while not rs.eof                              '判断是否到表的最后一条记录
```

```
            response.write"</br>"
        for i=0    to rs.fields.count-1
            response.write rs.fields(i).value
        next
            response.write"</br>"
            rs.movenext                              '移动指针
        loop
            rs.close
        set rs=nothing
            conn.close
        set conn=nothing
        %>
    </body>
</html>
```

13.4 实践演练

用户注册登录是 Web 应用非常常见的功能。本节介绍一个基本的用户登录注册系统，实现用户的注册和登录功能。该注册登录系统由 5 个文件组成，以下将分别做介绍。

1. 数据库文件

文件名为 user.mdb，用来存储注册的用户信息。用 Access 2010 创建数据库 user.mdb，在该数据库里创建一个用户表，命名为 users，该表结构如表 13-4 所示。

表 13-4 users 表的字段类型与数据类型

字段名	含义	数据类型	长度	主键
userid	用户 ID	字符	20	*
passwd	密码	字符	10	
sex	性别	字符	2	
mail	E-mail 地址	字符	40	

2. 登录页面文件

登录页面文件名为 13-18.asp，用于产生用户登录的表单，收集用户输入的"用户名"及"密码"，并在用户提交之后，将输入的数据传递给登录查询文件 13-19.asp；本页面中还有一个链接，指向注册文件 13-20.asp，供没有注册过的用户转到注册页面完成信息注册。

源代码如下：

```
<%@ language="vbscript"%>
<html>
    <head>
        <title>用户登录页面</title>
    </head>
    <body>
        <form action="13-19.asp" name="form1" method="post">
        <p align="center"> </p>
```

```html
            <p align="center">
                <strong>
                    <font color="#000066">
                        如果您第一次登录,请<a href="13-20.asp"> 注册 </a>
                    </font>
                </strong>
            </p>
            <p align="center"> 用户名:
<input type="text" name="username" id="username">
            </p>
                <p align="center"> 密 码:
<input type="password" name="passwd" id="passwd">
            </p>
            <p align="center">
                <input type="submit" name="button" id="button" value="提交">
            </p>
            <p> </p>
        </form>
            <p align="center"> </p>
            <p align="center"> </p>
    </body>
</html>
```

程序运行结果如图 13-25 所示。

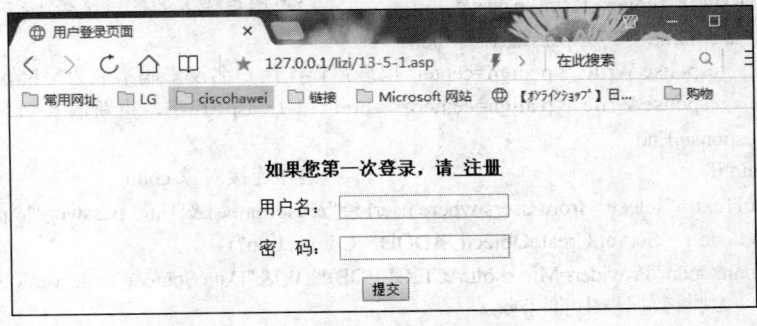

图 13-25 登录页面

程序说明:

(1)"注册"链接到文件 13-20.asp,用于第一次使用本系统的用户来完成注册,之后才能登录。

(2)用户表单使用"post"方式提交给登录处理程序 13-19.asp 文件。

(3)本程序未对用户输入的信息进行审核和判断,均交给登录处理程序来完成。

3. 登录处理程序

登录处理程序文件名为 13-19.asp。该文件用来接收登录页面传递来的"用户名"和"密码"数据,并与从数据库表中查询到的数据进行对比。如果用户名或者密码中有一条不匹配,则给出出错信息,并提供链接以便用户可以返回到登录页面,如图 13-26 所示;如果用户名及密码都匹配,则提示用户登录成功,如图 13-27 所示。

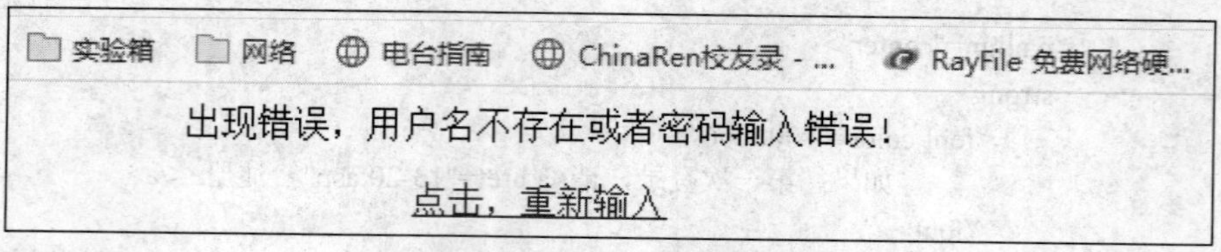

图 13-26 用户输入错误的运行结果

图 13-27 用户登录成功的运行结果

源代码如下：

```asp
<%@ language="vbscript" %>
<% response.Buffer=true %>
<html>
<head>
    <title>登录成功</title>
</head>
<body>
    <%                                              '收集用户填写的数据
        username1=request.form("username")
        passwd1=request.form("passwd")              '检查用户输入的信息是否为空
        if username1="" or passwd1="" then
            response.Write "<p align=center>出现错误，用户名及密码不能为空!</p>"
            response.Write "<p align=center><a href=13-18.asp>点击，重新输入</a></p>"
    response.End
        end if
                                                    '创建连接对象 conn
        sqlText= "select * from users where userid='"&username1&"' and passwd='"&passwd1&"'"
        set conn = Server.CreateObject("ADODB.Connection")
        conn.Open "Provider=Microsoft.ACE.OLEDB.12.0;"&"Data Source="&Server.MapPath("user.mdb")
            '判断数据表中的记录
            set rs1=conn.Execute(SqlText)
            if rs1.Eof Then
                response.Write "<p align=center>出现错误，用户名不存在或者密码输入错误!</p>"
                response.Write "<p align=center><a href=13-18.asp>点击，重新输入</a></p>"
                response.End
            else
                response.Write "<div align=center><H1>登录成功!</H1></div>"
                conn.close
                set conn=nothing
    End if
    %>
</body>
</html>
```

4. 注册页面文件

注册页面文件名称为 13-20.asp。该文件用于产生用户输入表单,并使用"post"方法提交给后台注册审核文件 13-21.asp。在本程序中,也未对数据输入是否符合规范做判断,而是把判断交给了后台的注册审核文件来完成。

程序运行结果如图 13-28 所示。

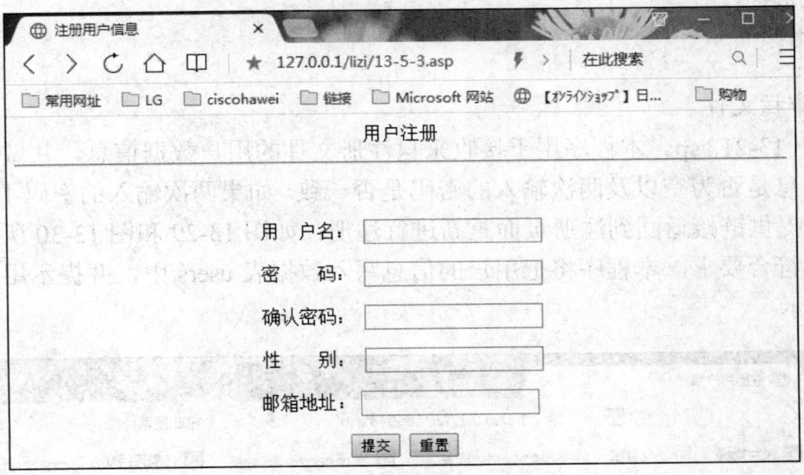

图 13-28 用户注册页面运行结果

源代码如下:

```
<%@ language="vbscript"%>
<head>
    <title>注册用户信息</title>
</head>
<body>
    <p align="center">用户注册</p><hr>
    < p></p>
    <form name="form" action="13-21.asp" method="post">
    <p> </p>
    <p align ="center">用 户名:
    <input name="username" type="text" maxlength="20" >
    </p>
    <p align ="center">密  码:
    <input name="passwd1" type="password" maxlength="20" >
    </p>
    <p align ="center">确认密码:
    <input name="passwd2" type="password" maxlength="20" >
    </p>
    <p align ="center">性  别:
    <input name="sex" type="text" maxlength="20" >
    </p>
    <p align ="center"> 邮箱地址:
    <input name="mailaddr" type="text" maxlength="20" >
```

```
            </p>
            <p align ="center">
            <input type="submit" name="Submit" value="提交">
            <input type="reset" name="Submit2" value="重置">
            </p>
            <p> </p>
          </form>
      </body>
</html>
```

5. 注册审核文件

文件名为 13-21.asp。本程序用于接收来自注册文件的用户数据信息,并做简单的审核,判断各输入信息是否为空以及两次输入的密码是否一致。如果两次输入的密码不一致,将提示用户出错,并提供链接返回到注册页面重新进行注册,如图 13-29 和图 13-30 所示;如果用户输入的信息均符合要求,本程序将把用户的信息写入数据表 users 中,并提示用户注册成功,如图 13-31 所示。

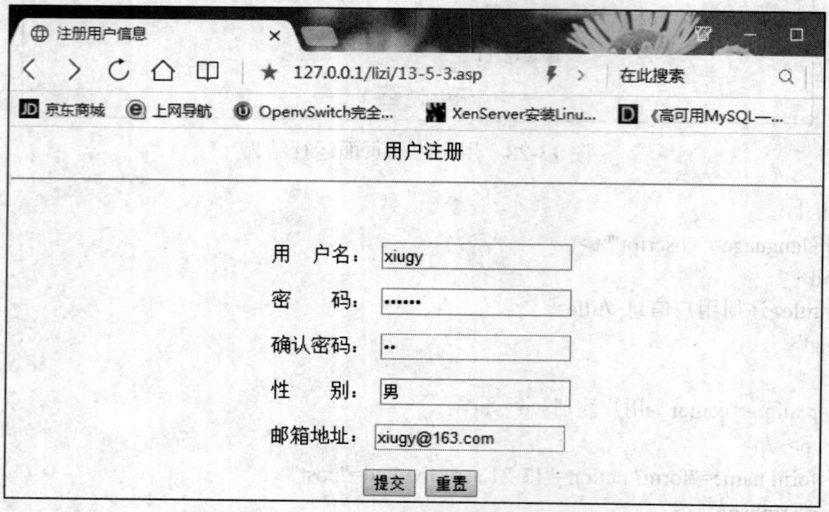

图 13-29 用户输入的密码不一致的页面

图 13-30 提示用户密码输入不一致的页面

图 13-31 用户注册成功页面

源代码如下：

```asp
<%@ language="vbscript"%>
<html>
<head>
    <title>注册处理</title>
</head>
<body>
    <%
        '创建连接对象conn
        set conn = Server.CreateObject("ADODB.Connection")
        conn.Open "Provider=Microsoft.ACE.OLEDB.12.0;"&"Data Source="&Server.MapPath("user.mdb")
        '收集用户填写的数据
        username1=request.form("username")
        pwd1=request.form("passwd1")
        pwd2=request.form("passwd2")
        sex1=request.form("sex")
        mailaddr1=request.form("mailaddr")
        '检查用户输入的信息是否为空
        if username1="" or pwd1="" or pwd1<>pwd2 then
        response.write "<p align=center>出现错误，用户名及密码不能为空，两次输入密码要一致！</p>"
        response.write "<p align=center><a href=13-20.asp>点击，重新注册</a></p>"
        response.End
        else
            sqlText="'"&username1&"','"&pwd1&"','"&sex1&"','"&mailaddr1&"'"
            conn.Execute("Insert into users(userid,passwd,sex,mail) values("&SqlText&")")
            conn.close
            set conn=nothing
                response.write("<p align=center>注册成功!</p>")
            End if
    %>
</body>
</html>
```

思考与练习

1．在安装有Web服务器软件的计算机上，要运行一个ASP文件，通常将该文件存储在什么位置？

2．若想在本地计算机上测试IIS的ASP引擎是否安装成功，应在浏览器地址栏中输入何种形式的URL？

第 14 章　网站开发

【本章导读】

一个网站从建立到投入使用通常要遵循以下顺序：规划站点、构建本地站点和远程站点、站点的测试以及站点的上传与发布。

【本章要点】

网站制作流程。

14.1　网站制作

网站建设涉及营销学、平面设计、程序设计、数据库开发、计算机网络等多门学科，是一个综合的系统工程。网站制作主要包括网站的前期策划、中期制作和后期维护三个阶段。

1. 前期策划

前期策划包括市场调研、用户需求分析、资料整理，根据用户的需求指定出网站的整体规划。

（1）前期调研

一个网站项目的确立是建立在各种各样的需求上面的，这种需求往往来自于客户的实际需要或者是出于公司自身发展的需要。在网站建设之前，要对用户的需求、市场前景进行充分的调查。

调查的内容包括：网站当前以及日后可能出现的功能需求；客户对网站性能（如访问速度）和可靠性的要求；确定网站维护的要求；网站的实际运行环境；网站页面总体风格以及美工效果；主页面和次级页面的数量，是否需要多种语言版本；内容管理及录入任务的分配；各种页面特殊效果及其数量；项目完成时间及进度；项目完成后的维护责任等。

通过调研和与客户的交流，明确用户需求，进行需求分析，确定客户想要做一个什么类型的网站，网站的主题、网站的风格，以及网站的域名和空间等。

（2）收集素材

通过调查明确了网站的主题后，就要围绕网站的主题收集素材。包括文本、图片、音频、视频等。素材的准备很重要，素材准备越充分，后期的制作就会越容易。

（3）资料整理

素材收集完成，要按照需求进行分类整理，方便后续的网页制作。

（4）规划网站

明确了用户的需求，根据收集的资料，在着手设计之前先要进行网站规划。网站规划包含网站的结构、栏目的设计、网站的风格、网站的导航、颜色搭配、版面布局以及文字图片的运用等诸多方面。一个网站的设计成功与否，很大程度上取决于网站的前期规划，只有在制作网站前把各方面都考虑周到，在设计时才能胸有成竹。

2. 中期制作

网站制作是网站设计的核心。根据网站的规划，综合资料整理获得的素材，进行网页的前台设计、页面代码的编写和网站后台程序的开发。

（1）前台设计

前台设计主要是网站界面及网站的整体效果设计。包括网站的色彩风格，页面的布局效果，绘制网站所使用的图表、按钮、导航等用户界面元素。设计的工具有 Photoshop、Firework 等。

前台界面是直接面向用户的接口，其设计直接影响用户的体验，决定了网站界面的友好程度。

（2）页面代码的编写

在前台界面设计完成后，还需要将设计的界面应用到具体的网页中。具体到网站开发就是将前台利用 Photoshop 或 Fireworks 设计完成的图像，用 Dreamweaver 或其他网页编辑工具制作成具体的网页文档，其中需要使用到 HTML、CSS、JavaScript 等技术。

（3）后台程序的开发

后台程序指实现网站与用户交互（如注册登录、留言板、购物等功能），用 PHP、ASP、JSP、ASP.NET 等网页编程语言编写的程序，该程序只在服务器端运行，所以叫后台程序。

后台程序开发的工作，就是根据前台界面的需求，通过程序代码动态地提供各种服务信息。除此之外，还应提供一个简洁的管理界面，便于后期网站的维护。

网站的运营及为用户提供的各种服务，依赖于网站高效的后台程序及结构合理的数据库系统。

3. 后期维护

在完成网站的前台设计、页面代码的编写及后台程序的开发后，还应对网站进行测试、发布和维护等工作，进一步完善网站的内容。

（1）网站测试

任何一个刚刚开始运转的新网站都要测试其性能，网站测试可以发现网站的各种漏洞，避免网站在运行时出现各种问题，以免影响以后网站的发展和更新。

网站测试工作由测试人员完成，主要从网站的实用性、安全性、稳定性方面进行测试，具体的测试内容包括：网站功能测试、网页中的内容校对、页面链接的有效性测试、代码测试、数据库功能测试、网页在不同分辨率下的显示状态、浏览器的兼容性测试等。

（2）网站发布

网站完成测试后，即可通过 FTP、SETP 或 SSH 等文件传输方式，也可利用 Dreamweaver，将制作完成的网站上传到服务器中，并开通服务器网络，使其能够进行各种对外服务。

网站的发布还包括网站的宣传和推广等工作。使用各种搜索引擎优化工具对网站的内容进行优化，可以提高网站被用户检索的几率，提高网站的访问量。

（3）网站维护

网站维护包括对服务器软件、硬件的维护，系统升级，数据库优化及更新网站内容等。

网站维护是一项长期的工作。定期对网站界面进行升级改版，更新网站的内容，让用户能够及时地看到网站的新内容。

14.2 网站的发布流程

网站发布就是将制作好的网站，上传到互联网中的 Web 服务器上，以供用户浏览。只有发布后的网页才能在 Internet 上浏览。

上传网站前的准备工作包括测试站点、申请域名、申请网站空间，然后才能上传站点、同步站点。

14.2.1 网站的测试

在完成了本地站点所有页面的设计之后，必须经过必要的测试工作，使网站能够稳定地工作。网站系统测试与传统的软件测试不同，它是从最终用户的角度对网页内容和网站整体性能进行有效的测试，不但需要检查网站是否按设计的要求运行，而且还要测试网页在不同用户端的显示是否正常。

1. 网页测试的内容和方法

（1）网页测试的内容

1）本地站点测试

本地站点测试包括 HTML 语法检查、链接测试、清理文档、浏览器的兼容性等，利用 Dreamweaver 可实现本地站点的测试。

- HTML 语法检查。不正确的 HTML 语法会影响浏览器的编译速度，而且可能会导致页面在容错性差的浏览器中出错。
- 链接测试。链接是网站系统的一个主要特征，它是在页面之间切换和指导用户到达浏览页面的主要手段。链接测试可以分为三个步骤：首先，测试所有链接是否按指示的那样，确实链接到了该链接指定的页面；其次，测试所链接的页面是否存在；最后，保证网站上没有孤立的页面，所谓孤立的页面是指没有链接指向该页面，只有知道正确的 URL 地址才能访问的页面。
- 拼写检查。检查网页上的中英文文法错误。
- 清理文档。对制作完成的网页，清理一些空标签和利用 Word 编辑 HTML 时产生的多余标签，最大限度地减少错误的发生，以便更好地访问。
- 浏览器的兼容性测试。测试网页在不同的浏览器和不同的版本下运行和显示的状况。在实际应用中，用户会使用不同的浏览器，有些网页设计的方法，如框架和层次等，在不同的浏览器中显示的状态不同，有的浏览器根本不支持。不同的浏览器对安全性和 Java 的设置也不一样。通过此项测试和修改，可以保证网页在大多数的浏览器中都能正确显示。

2）操作系统的兼容性测试

网站的用户究竟使用哪一种操作系统，取决于用户系统的配置，这样就可能会发生兼容性问题。操作系统的兼容性测试，主要测试在不同的操作系统下，网页显示效果是否一致，最常见的操作系统有 Windows、UNIX、Linux 等。

3）分辨率测试

测试网页在显示器不同分辨率下的显示状态，比如显示器在 1024*768 像素与 1600*900

像素等情况下网页的变化。

4)下载时间测试

测试网页在不同链接速度下的下载时间,并且指出被测试页面所链接的文件(图片文件、框架页面、样式表文件、脚本文件等)中哪个过于庞大。

(2)网页测试的方法

网页测试的方法如表 14-1 所示。

表 14-1 网页测试的方法

测试类型	测试方法
HTML 语法检查	用 Dreamweaver 中的菜单"命令"→"清理"
链接情况检查	用 Dreamweaver 中的"结果"面板
拼写检查	用 Dreamweaver 中的菜单"命令"→"检查拼写"
清理文档	用 Dreamweaver 中的菜单"命令"→"清理 XHTML"
浏览器兼容性测试	用 Dreamweaver 中的"结果"面板
操作系统兼容性测试	在不同操作系统下进行测试
分辨率测试	在操作系统中调整分辨率
下载时间测试	将网页上传、下载测试

2. 可用性测试

从内容、导航、图形、整体界面等方面对网站进行测试。

(1)内容测试

内容测试用来检验 Web 网站提供信息的正确性、准确性和相关性。

(2)导航测试

测试 Web 系统的页面结构。导航条、菜单、链接的风格是否一致,各种提示是否准确,确保用户凭直觉就知道是否还有内容,内容在什么地方。

(3)图形测试

要确保图形有明确的用途,图片或动画不要胡乱地堆在一起,以免浪费传输时间。Web 应用系统的图片尺寸要尽量地小,并且要能清楚地说明某件事情,一般都链接到某个具体的页面。

- 验证所有页面字体的风格是否一致。
- 背景颜色应该与字体颜色和前景颜色相搭配。
- 图片的大小和质量也是一个很重要的因素,一般采用 JPG 或 GIF 压缩。

(4)整体界面测试

整体界面测试即对整个 Web 系统的页面结构设计的测试,是用户对系统的一个整体感受。如当用户浏览 Web 网站时,应考虑是否感到舒适,是否凭直觉就知道要找的信息在什么地方,整个 Web 应用系统的设计风格是否一致。

3. 服务器和应用系统测试

测试后台服务器能允许多少个用户同时在线,能否处理大量用户对同一个页面的访问,以及在访问高峰、瞬时访问高峰时的状态。

(1)网站负荷测试和压力测试

为了预测和防止系统瘫痪及不可接受的服务迟缓,需要测试以下关键目标:

- 确定一个应用能够支持的并发用户和交易的上限。
- 证明一个应用能够接受的每小时/每天的并发用户数和交易数。
- 证明一个应用和设置能够连续运行（24*7 模式）。
- 证明后台服务器能够承受期望的连接数。
- 证明单个的业务交易能够在合理的时间内完成。

以上关键目标的测试可用测试程序测试。

（2）接口测试

主要测试 Web 站点和服务器之间，及 Web 站点和外部的通信。

4. 安全性测试

网站的安全性测试主要有：

（1）对于先注册后登录的网站，必须测试有效和无效的用户名和密码，要注意是否区分大小写，可以试多少次的限制，是否可以不登录而直接浏览某个页面等。

（2）网站是否有超时的限制，也就是说，用户登录后一定时间内没有单击任何页面，是否需要重新登录才能正常使用。

（3）为了保证网站的安全性，日志文件是至关重要的。需要测试相关信息是否写进了日志文件、是否可追踪。

（4）当使用了加密算法时，还要测试加密是否正确，检测信息的完整性。

（5）服务器端的脚本常常构成安全漏洞，这些漏洞又常常被黑客利用，所以测试没有经过授权就不能在服务器端放置和编辑脚本的问题。

14.2.2 域名的注册和备案

域名是 Internet 网络上的一个服务器或一个网络系统的名字，在全世界，没有重复的域名，域名具有唯一性。要想在网上建立服务器发布信息，必须首先注册自己的域名，有了自己的域名才能让别人访问到自己的页面。

1. 域名的注册步骤

域名注册的步骤如下：

（1）查询注册域名，在申请注册之前，须检索自己选择的域名是否已经被注册，如已被注册，要改用其他域名。

（2）填写注册申请表，可在线填写也可发送 E-mail 填写。

（3）等待审核书面申请。

（4）书面申请材料的审核。

（5）缴纳注册费用。

（6）注册成功。

域名有收费的也有免费的，大多数都是收费的。域名的注册网站有很多，例如，中国互联网络信息中心（http://www.cnnic.net.cn）、中国万维网（http://www.szhot.com）等。

2. 域名解析

域名解析是指将域名解析为 IP 地址，解析成功后，才能通过域名访问到您的网页。域名服务商都提供域名解析服务。

3. 域名备案

2005 年起，信息产业部开展全国的网站备案登记。凡是具有独立域名的网站都应该进行备案登记，未备案者，将由各地通信主管部门根据有关规定予以关闭，备案完全免费。可登录中华人民共和国工业和信息化部网站查询（http://www.miit.gov.cn/）。

14.2.3 网站的发布

完成了本地站点所有页面的设计，经过了必要的测试工作后网站能够稳定地工作，注册了域名之后，就可以将站点上传到远程 Web 服务器上，成为真正的站点，这就是站点的发布。

1. 网站的建立方式

想建立一个自己的网站，就要选择适合自身条件的网站空间，网站空间的主要类型有免费网站空间、虚拟主机、托管服务器、自建网站系统，可根据需要选择。

（1）免费空间

免费空间不需费用，或费用低廉，一般适合个人网站。按照免费空间支持的脚本和其数据库，一般将其分为：asp 免费空间、php 免费空间、asp/php 免费空间、net 免费空间、jsp 免费空间等；按国别来区分，一般分为两大类：国内免费空间和国外免费空间。

（2）虚拟主机

虚拟主机适用于一些小型、结构较简单的网站。虚拟主机是使用特殊的软、硬件技术，把一台运行在互联网上的服务器主机分成很多台"虚拟"的主机，每一台虚拟的主机都具有独立的域名和 IP 地址，具有完整的互联网服务器（WWW、FTP、E-mail 等）功能，虚拟主机之间完全独立，并可由访问者自行管理。

用户根据需要租用 ISP 服务商提供的"虚拟主机"的一定空间，按照"虚拟主机"指定的目录将用户的网页和其他资料放到网上。由于主机的管理与维护的大多数工作由 ISP 服务商完成，所以用户管理"虚拟主机"的主要工作就是网页上传和电子邮件的处理。

在外界看来，每一台虚拟主机和一台独立的主机完全一样。由于多台虚拟主机共享一台真实服务器资源，每个用户承担的硬件费用、网络维护费用、通信线路的费用均大幅降低。网站使用和维护服务器的技术问题由 ISP（Internet Service Provider，互联网服务提供商）服务商负责，用户可以不用担心技术障碍，不必聘用专门的管理人员。

（3）托管服务器

虚拟主机不仅仅被共享环境下的系统资源所限制，而且也被主机提供商允许在虚拟主机上运行的软件和服务所限制，在共享的服务器环境下，一些功能和属性不得不被禁止，受限制或不支持。当网站已经成熟后，用户希望内容动态变化、链接互动化、个性化，而这需要依靠托管主机才能得到较好的解决。

服务器托管是指用户将自己独立的服务器寄放在互联网服务商的机房，日常系统维护由互联网服务商进行，用户自己进行主机内部的系统维护及数据更新，可为用户节省大量的资金。

与虚拟主机的方式相比，用户有了更大的网络空间与更高的管理权限。主机托管可以减轻用户缺少网站设计与管理人员所带来的压力，解决网站建设后在技术支持及维护等方面可能出现的各种问题，适用于技术实力欠缺的用户构建中型网站。

（4）自建网站系统方式

对于大型企业而言，由于设计的网站比较大，功能也齐全，则需要申请独立的域名建立网站，投资至少一台价格较高的服务器，也需要架设专线，由专人维护。

综上所述，用户可以根据需要来选择正确的方式。如果用户只是想有一个自己的 WWW 网站，那么只要加入一个 ISP 就可以得到一个 WWW 网站；如果用户想尝试网管的乐趣，则可以考虑申请虚拟主机服务，而且现在租用虚拟主机的费用并不高；如果用户想建立专业的商业网站，建议最好租用服务器或购买自己的服务器。

2. 网站的发布

网站的发布也就是将制作好的网站发送到 Web 服务器上的过程。网站的发布有 FTP、虚拟主机管理控制面板、Dreamweaver 等工具。

（1）FTP 方式：FTP（File Transfer Protocol）是文件传输协议的简称，它也是源自于 ARPANET 工程的一个协议，主要用于在互联网中传输文件，它可以使得运行在任何操作系统下的计算机都可以在互联网中接收和发送文件。通常也将遵循该协议的服务称为 FPT。

将网站发送到 Web 服务器通常需要 FTP 软件，目前有很多优秀的 FTP 客户软件，它们各有千秋。比较著名的 FTP 客户软件主要有 CuteFTP、LeapFTP、FlashFXP 以及网络蚂蚁 NetAnts 等，其中 CuteFTP 功能强大，简便易用，拥有较多的用户。

（2）虚拟主机管理控制面板：虚拟主机管理中有上传入口。

（3）Dreamweaver 的发布功能。

3. 网站同步

网站同步是指使远程站点和本地站点内容同步。

在 Dreamweaver 中，单击菜单"站点"→"同步站点范围"→选择同步范围（整个站点、选中的文件）及同步方向（本地到远程、远程到本地、双向一致），就可以实现远程站点和本地站点内容同步。

14.2.4 网站的推广

网站推广是通过借助有效手段对网站进行宣传，增大浏览量。

（1）传统媒体的推广

可以通过电视广告、报纸书刊、户外广告以及其他印刷品，如赠品、名片、宣传页等方式推广。

（2）网络媒介

登录网站导航站点，如www.hao123.com网址大全；在浏览量较大的网站上做广告；发送电子邮件，使用留言板、博客留言、网络论坛留言等。

（3）注册加入搜索引擎，如 http://cn.yahoo.com（中文雅虎）、http://www.baidu.com（百度）、http://www.google.com（谷歌）等。

（4）友情链接、交换链接。

14.3 制作一个企业网站

本节以思缘珠宝首饰有限责任公司的网站建设为例来介绍网站的创建、制作、测试及发布的过程，通过本节的学习详细了解网站的建设思路和基本流程。

14.3.1 网站设计规划

一个网站的开发是建立在各种需求之上的,因此,在进行网站设计时,应详细了解、分析、明确用户的需求,并且能够准确、清晰地将用户需求以网页文档的形式表现出来。

思缘珠宝首饰有限责任公司主要从事首饰设计、制作和销售,该公司的网站主要是为了宣传自己公司的品牌,树立公司的形象,吸引国内外客户。

1. 网站的设计定位

在设计前要先与客户进行有效的沟通,了解客户的需求,明确建设网站的目的,确定网站的主题和内容、色彩、布局等要求。

思缘珠宝首饰有限责任公司要求网站设计风格时尚、新颖,同时又要有自己的特点,因此在设计时整体色调以紫色为主,与网站的 LOGO 相一致,并使用产品图片来突出品牌。

为了更好地宣传企业的品牌,达到推广产品的目的,采用了独立网站引导页面作为网站的首页。作为网站的引导页面,主要目的是广告宣传,所以在形式与功能的结合方面,更偏重于形式,以突出品牌形象与产品为主,着重在于产品的宣传上,其他的栏目都放在二级栏目页面中,引导页只设置进入按钮。

2. 确定网站结构布局

首页只显示产品图片和版权信息、联系方式等,所以采用了通栏式布局,以突出图片的宣传效果。二级栏目页面采用如图 14-1 所示的布局,A 区为网页的头部,放置网站的 banner 和导航菜单,左侧 B 区放置栏目导航,右侧 C 区放置网页的主要内容,这样既有足够的空间放置网站内容,也突出了网站的标志和 banner,底部 D 区放置版权信息、联系方式等。

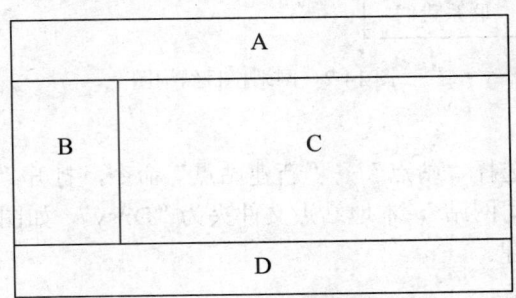

图 14-1 二级栏目页面的布局

3. 网站的结构

网站包含"首页""公司简介""新闻资讯""新品推荐""产品系列""品牌加盟""联系我们"栏目,各栏目下还包含下一级子栏目,网站的整体栏目结构如图 14-2 所示。

4. 创建站点文件夹

在某个硬盘上(这里选择 D 盘),创建文件夹 sy 为站点根目录文件夹,在 sy 文件夹中创建 image 文件夹,用来存放网站中用到的图片,css 文件夹存放样式文件,所有网页文档均存放在站点根目录文件夹 sy 中,栏目不再另设文件夹。

在设计网站时,如果栏目的内容比较多,可每个栏目单独建立一个文件夹,栏目中用到的所有素材均存放在相应栏目的文件夹中。

首页文档以 index.html 命名,其余网页文件名应预先都设计好。

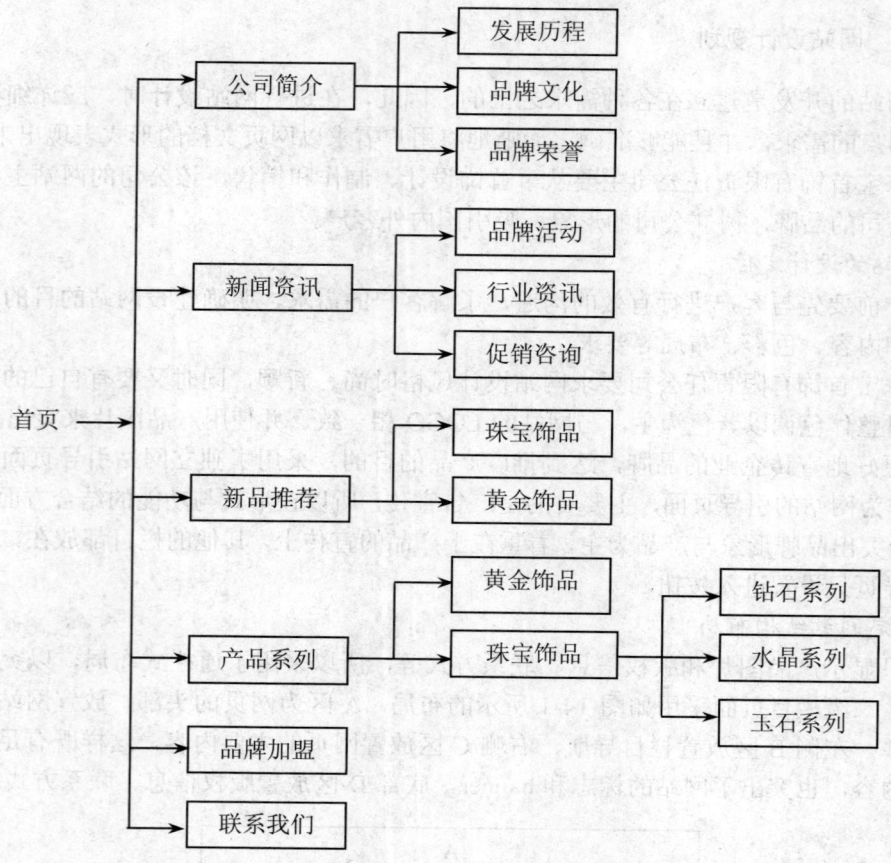

图 14-2 网站栏目结构图

5. 创建本地站点

启动 Dreamweaver，选择"站点"→"新建站点"命令，打开"站点设置对象"对话框，设置站点名称为"思缘公司网站"，本地站点文件夹为"D:\sy"，如图 14-3 所示，单击"保存"按钮，完成本地站点的创建。

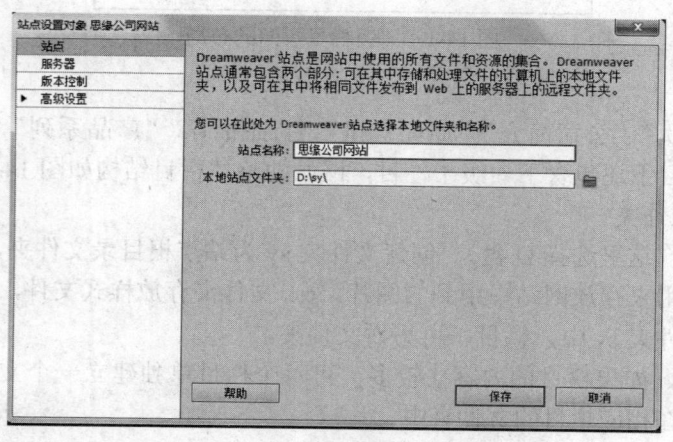

图 14-3 创建本地站点

14.3.2 首页制作

1. 定义页面通用样式表文件

网站中的所有页面应该协调一致,风格统一。如果在每个页面中都定义相同的 CSS 样式,会增加设计的工作量,还不利于 CSS 样式的管理,此时,可以创建一个或若干个外部 CSS 样式表文件,在使用时链接到应用样式的页面即可。

(1)创建 CSS 样式表文件。选择"文件"→"新建"命令,打开"新建文档"对话框,选择"空白页"→CSS 选项,如图 14-4 所示。

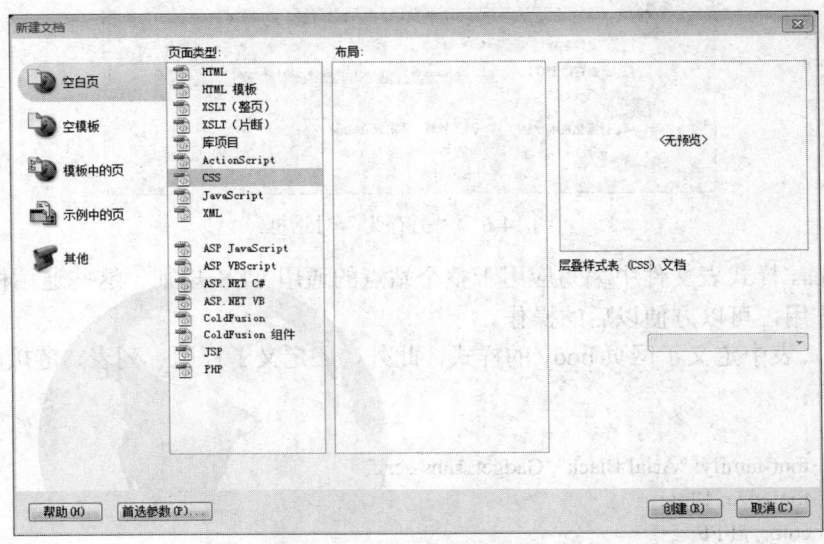

图 14-4 "新建文档"对话框

(2)单击"创建"按钮,新建一个外部 CSS 样式表文件,打开样式表文件编辑界面,如图 14-5 所示,在此窗口中输入样式代码,选择"文件"→"保存"命令,打开"另存为"对话框,如图 14-6 所示,将其保存在 css 文件夹中,文件名为 style.css,单击"保存"按钮,保存样式表文件。

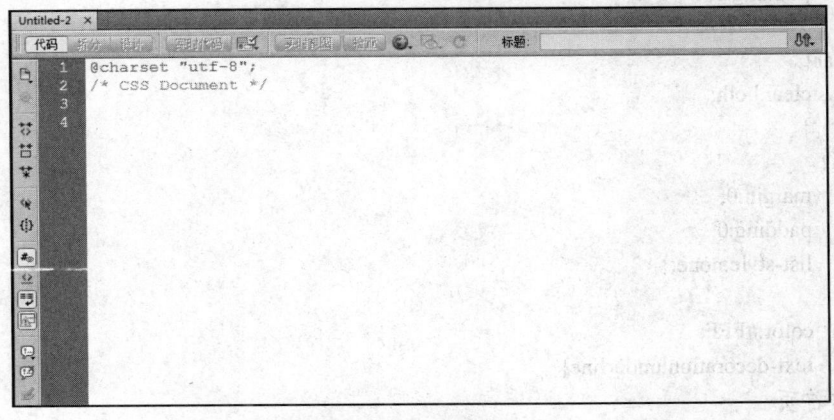

图 14-5 样式表编辑窗口

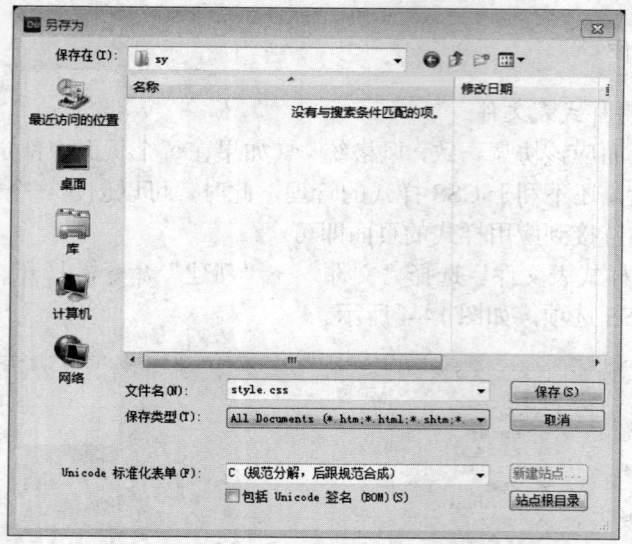

图 14-6 "另存为"对话框

在 style.css 样式表文件中编写应用于整个站点的通用 CSS 规则。这些通用样式对所有的选择符都起作用,可以方便以后的操作。

(3) 样式表中定义了网页 body 的样式,此外,还定义了标题、列表、链接的 CSS 样式,CSS 代码如下:

```
body {
    font-family: "Arial Black", Gadget, sans-serif;
    font-size: 12px;
    color: #FFF;
    background-color: #CEA9D6;
    margin: 0px;
    padding: 0px;
}
h1,h2,h3,h4,h5{
    margin:0;
    padding:0;
    }
.clear{
    clear:both;
    }
ul,li{
    margin:0;
    padding:0;
    list-style:none;}
a{
    color:#FFF;
    text-decoration:underline}
```

2. 制作首页

(1) 新建网页文档,保存为 index.html,文档的标题设置为"思缘-首页"。

（2）链接外部样式表文件。打开"CSS 样式"面板，单击右下角的"附加样式表"按钮，在弹出的"链接外部样式表"对话框中，单击"浏览"按钮，如图 14-7 所示，在弹出的"选择样式表文件"对话框中，单击"浏览"按钮，选择样式表文件 style.css，单击"确定"按钮。

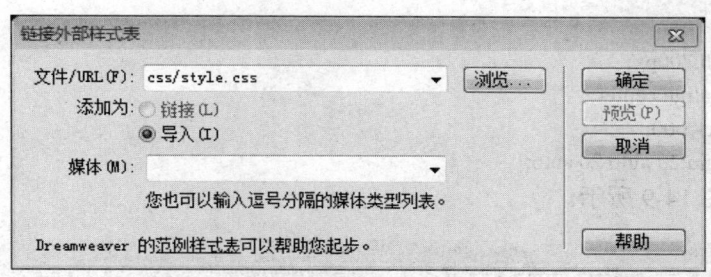

图 14-7 "链接外部样式表"对话框

这时在"代码"视图的<head>与</head>之间会添加如下代码：
  <link href="css/style.css" rel="stylesheet" type="text/css" />
当然也可以直接在"代码"视图中输入代码链接外部样式表文件。
准备工作完成，下面开始具体的制作。

（3）使用 div 搭建页面框架

使用 CSS+Div 布局页面。首先需根据页面的内容，对整体框架进行合理规划，包括整个页面分为哪些模块、各个模块间的父子关系等。由于本网站的首页只是一个引导页，主要由图片和底部组成，因此整体上考虑将网页页面分成两个 div 块#ifrm 和#ifooter，如图 14-8 所示。

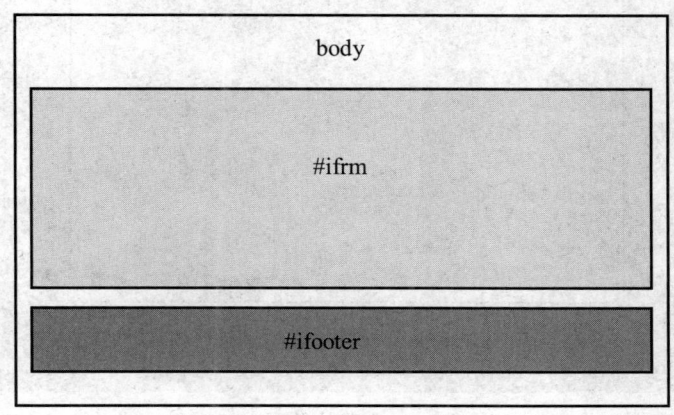

图 14-8 首页内容框架示意图

确定内容框架后，便可以开始搭建 div 块的结构，根据图 14-8 所描述的 id 进行架构。在"代码"视图的<body>与</body>之间，编写如下代码：
  <div id=" ifrm">ifrm</div>
  <div id=" ifooter">ifooter</div>
这样 HTML 文档就搭建完毕了。

（4）搭建好页面的框架后，便可以利用 CSS 对各个 div 块进行定位，实现对页面的整体规划，然后再在各个块中添加内容。由于在 style.css 文件中已经对网页<body>标签进行了设置，这里只需要定义 CSS 来控制#ifrm 和#ifooter，打开 style.css 文件，在文件中添加如下 CSS 代码：

```
#ifrm{
    width:700px;
    margin:40px auto 50px auto;
}
#ifooter{
    width:700px;
    text-align:center;
    color:#000;
    margin:20 auto 20 auto;}
```

首页效果如图 14-9 所示。

图 14-9　用 CSS 定位 div 后的效果

接下来，在块中添加内容，在#ifrm 块中添加页中页，在#ifooter 块中添加首页底部内容，完成后效果如图 14-10 所示。

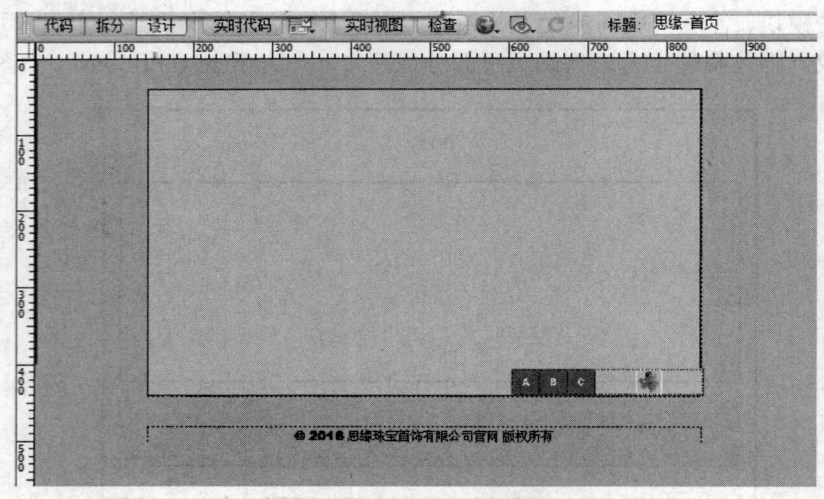

图 14-10　完成的首页底部

（5）插入关键字和网页说明

很多常用的搜索引擎都会自动读取页面文档的关键字和网页描述，并将这些信息加入到搜索引擎的数据库索引中。为了提高网站的访问量，需要在首页中插入关键字和网页说明。

1）插入关键字

在 Dreamweaver 中，单击"插入"→"HTML"→"文件头标签"→"关键字"命令，弹出"关键字"对话框，如图 14-11 所示。在"关键字"文本框中输入相应的关键字，这里输入"首饰、珠宝、黄金饰品"，单击"确定"按钮，即可在文档中插入关键字。

2）插入网页描述说明

在 Dreamweaver 中，单击"插入"→"HTML"→"文件头标签"→"说明"命令，弹出"说明"对话框，如图 14-12 所示。在"说明"文本框中输入相应的说明文字，这里输入"思缘珠宝首饰有限公司"，单击"确定"按钮，即可在文档中插入网页描述说明。

图 14-11 "关键字"对话框

图 14-12 "说明"对话框

14.3.3 栏目页面的制作

下面以"公司简介"页面为例，介绍栏目页面的制作，完成后的效果如图 14-13 所示。

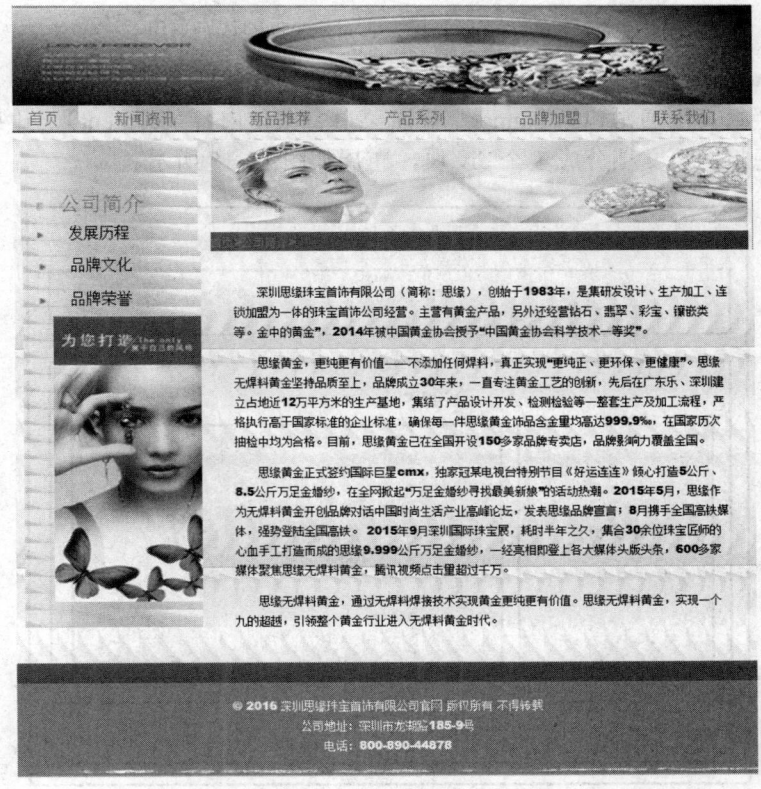

图 14-13 "公司简介"页面效果

1．链接到样式表

打开 Dreamweaver，新建网页文档，命名为 about.html，输入文档标题"思缘珠宝首饰有限公司-公司简介"，切换到"代码"视图，在<head>与</head>之间输入如下代码：

```
<link href="css/style.css" rel="stylesheet" type="text/css" />
```
链接到样式表文件 style.css，如图 14-14 所示。

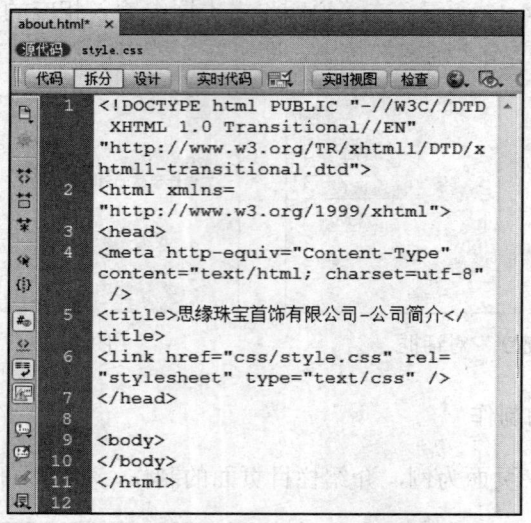

图 14-14　链接到样式表 style.css 的代码窗口

2. 使用 div 搭建页面框架

最简单的栏目页面通常包括 banner、导航菜单、主体内容（content）与网页底部注脚等，因此整体上考虑将网页文档分成 3 个 div 块，布局如图 14-15 所示。

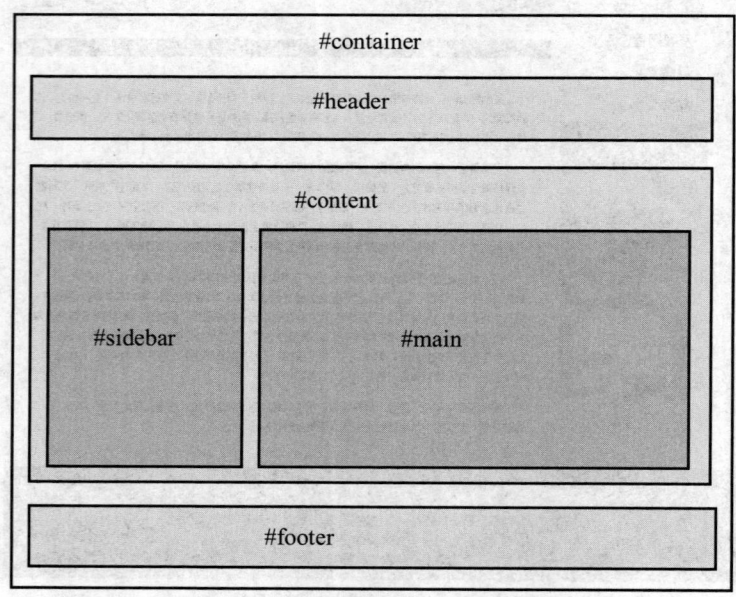

图 14-15　栏目页面的 div 框架

页面整体部分放在一个大的#container 容器对象中，采用 3 行 2 列的布局方式，banner 和导航放在#header 中，#content 对象包含#sidebar 和#main 两列，底部为#footer。

各部分 div 的解释如下：

```
#container{} /*页面层容器*/
    #header{} /*页面头部*/
    #content{} /*页面主体*/
        #sidebar{} /*左侧栏目导航*/
        #main{} /*右侧主体内容*/
    # footer {} /*页面底部*/
```

内容框架确定后，开始搭建 div 块结构，根据图 14-15 所描述的 id 进行架构。在"代码"视图的<body>与</body>之间，编写如下 HTML 代码：

```
<div id="container" >
    <div id="header">header</div>
    <div id="content">
        <div id="sidebar">sidebar</div>
        <div id="main">main</div>
    </div>
</div>
<div id="footer">footer</div>
```

3. 利用 CSS 对各个块进行定位并添加内容

（1）定义块#container 的样式

在样式表文件 style.css 中添加样式代码，定义块#container 的样式，代码如下：

```
#container{
    width:854px;
    margin:0 auto;}
```

（2）制作头部内容

1）定义头部#header 的样式

在样式表文件 style.css 中添加样式代码，定义头部#header 的样式，代码如下：

```
#header{
    height:150px;
    border-bottom:3px solid #6b3f3e;}
```

2）添加头部内容

在文档的<div id="header">与</div>之间插入表格与图片，代码如图 14-16 所示。

```
<div id="header">
  <table width="100%" border="0" cellspacing="0"
cellpadding="0">
    <tr>
      <th colspan="6" scope="col"><img src="image/top.jpg"
      width="854" height="120" /></th>
    </tr>
    <tr id="dh">
      <td height="31"><a href="about.html">首页</a></td>
      <td><a href="xwzx.html">新闻资讯</a></td>
      <td><a href="#">新品推荐</a></td>
      <td><a href="#">产品系列</a></td>
      <td><a href="#">品牌加盟</a></td>
      <td><a href="mail:sy@163.com">联系我们</a></td>
    </tr>
  </table>
</div>
```

图 14-16 <div id="header">与</div>之间的代码

3）设置导航的样式

在样式表文件 style.css 中设置导航的样式，代码如下：

```css
#dh{
    font-size:18px;
    text-align:center;
    background: url(../image/top-bg1.jpg) repeat-x;}
#dh a{color:#F60;;
text-decoration:none;}
#dh a:hover{
    color:#000;
    text-decoration: underline;}
```

（3）制作主体内容

主体内容#content 包括左侧导航#sidebar 和公司简介内容文字#main。

1）设置#content 的样式

在样式表文件 style.css 中添加样式代码，定义内容#content 的样式，代码如下：

```css
#content{
    width:854;
    overflow:auto;          /*高度自适应*/
    background:repeat-xurl(../image/body-bg.jpg) left top;
    }
```

2）定义#sidebar 的内容和样式

在样式表文件 style.css 中添加样式代码，定义内容#sidebar 的样式，代码如下：

```css
#sidebar{
    width:170px;
    height:530px;
    background: repeat url(../image/sidebar-bg.jpg) ;
    padding:50px 0 0 35px;
    float:left;
    margin:10px 0 0 10px; }
```

3）添加导航列表

#sidebar 块是栏目导航列表，需要在<div id="sidebar">与</div>之间插入<ul>与<li>标签，如图 14-17 所示。

```html
<div id="content">

    <div id="sidebar">
    <ul>
    <li class="dg" >公司简介</li>
    <li><a href="fzlc.html"><a href="fzlc.html" target="_blank">发展历程</a></li>
    <li><a href="image/pawh.html" target="_blank"><a href="#">品牌文化</a></li>
    <li><a href="ppry.html"><a href="ppry.html" target="_blank">品牌荣誉</a></li>
    </ul>
    </div>
```

图 14-17 <ul>与<li>标签的内容

4）设置列表的样式

在 style.css 中设置列表的样式，代码如下：

```
#sidebar ul li{
    height:40px;
    line-height:40px;
    padding:0 0 0 20px;
    color:#000;
    font-size:18px;
    list-style-image:url(../image/icon.jpg)
    }
#sidebar ul li.dg{
    height:40px;
    line-height:50px;
    padding:0 0 0 10px;
    color:#F60;
    font-size: 24px;
    list-style-image:url(../image/icon2.jpg)
    }
```

5）设置导航列表的超链接

将"发展历程"链接到 pzlc.html，"品牌文化"链接到 pawh.html，"品牌荣誉"链接到 pary.html。

在 style.css 样式表文件中，设置超链接的样式，代码如下：

```
#sidebar ul li a{
    color:#000;
    text-decoration:none;}
#sidebar ul li a:hover{
    color:#000;
    text-decoration: underline;}
```

在#sidebar 的列表下插入图片，如图 14-18 所示的加底纹一行的代码。

```
13      <div id="sidebar">
14          <ul>
15          <li class="dg" >公司简介</li>
16          <li><a href="#"><a href="fzlc.html" target="_blank">发展历程</a></li>
17          <li><a href="image/pawh.html" target="_blank"><a href="#">品牌文化</a></li>
18          <li><a href="#"><a href="ppry.html" target="_blank">品牌荣誉</a></li>
19          </ul>
20          <img src="image/side.jpg" width="170" height="340"  />
21      </div>
```

图 14-18　插入图片的代码

此时页面设计效果如图 14-19 所示。

6）设计#main 部分的内容

该部分包括 banner、公司简介标题和文字内容。

在 style.css 样式文件中，创建样式，设置#main 的样式，代码如下：

```
#main{
    width:620px;
    margin:10px 5px 0 0;
    float:right}
```

图 14-19 页面效果

切换到"代码"视图，在<div id="main">与</div>之间插入代码，添加 banner、公司简介标题和文字内容，代码如下：

```
<div id="main">
    <div class="banner"><img src="image/banner.jpg" /></div>
    <div class="topic">首页>公司简介></div>
    <div class="txt">公司简介文字内容</div>
</div>
```

设置 banner、公司简介标题和文字内容的样式。在 style.css 样式文件中，添加如下代码：

```
.banner{
    margin-bottom:10px;}
.topic{
    background:repeat-xurl(../image/topic-bg.jpg);
    color:#F60;
    height:24px;
    line-height:24px;
    }
.txt{
    color:#000;
    padding:24px;
    line-height:24px;
    text-indent:2em;}
```

（4）制作页面底部#footer 部分

在 style.css 样式文件中，设置#footer 的样式，代码如下：

```
#footer{
    line-height:10px;
    height:100px;
```

　　　　　text-align:center;
　　　　　padding:32px 0 0 0;
　　　　　clear:both;
　　　　　background:#BB914A repeat-x url(../image/topic-bg.jpg) center top;}
在#footer 中输入版权信息。

至此，整个栏目页面制作完成，预览网页，效果如图 14-13 所示。

14.3.4　测试与发布网站

　　网站制作完成后，在正式发布之前要进行必要的测试，以发现网站存在的错误，然后申请域名、申请空间，上传到服务器。

　1．网站的测试

　　网站的测试内容，在 14.2.1 节"网站的测试"中已经做了详细的介绍，这里只介绍利用 Dreamweaver 在本地机上对站点的链接等进行测试。

　　（1）浏览器的兼容性测试

　　测试的操作步骤：

　　Step1：打开要检查的网页文档，单击"文件"→"检查页"→"浏览器兼容性"命令，如图 14-20 所示，或单击文档工具栏中的"检查浏览器兼容性"按钮，在弹出的菜单中选择"检查浏览器兼容性"命令，如图 14-21 所示。

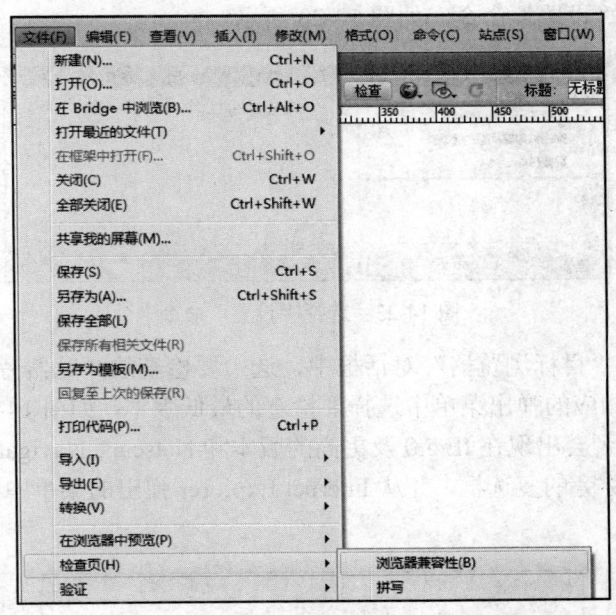

图 14-20　打开浏览器兼容性菜单

　　Step2：这时 Dreamweaver 会扫描文件，并在"浏览器兼容性"面板中报告所有潜在的 CSS 出现的问题，如图 14-22 所示。信任评级由四分之一、二分之一、四分之三或完全填充的圆表示，指示了错误发生的可能性（四分之一填充的圆表示可能发生，完全填充的圆表示非常可能发生）。对于找到的潜在的错误，Dreamweaver 还提供了指向有关 Adobe CSS Advisor 错误的文档的直接链接、详述已知浏览器呈现错误的 Web 站点以及修复错误的解决方案。

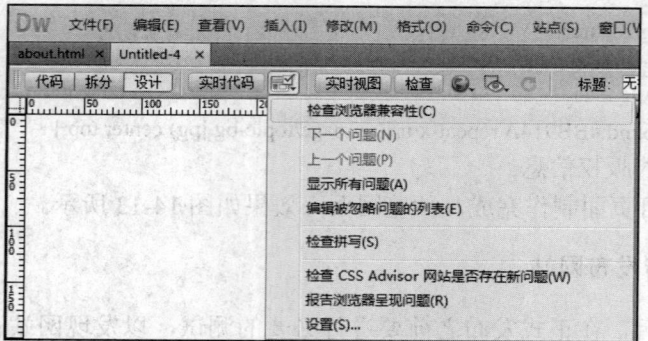

图 14-21　工具栏中的"检查浏览器兼容性"按钮

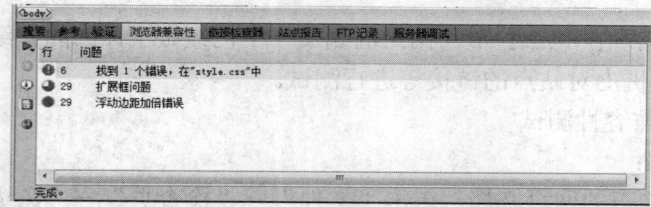

图 14-22　"浏览器兼容性"面板

Step3：若要对目标浏览器进行设置，可在"浏览器兼容性"面板中单击左上角的 ▶ 按钮，从弹出的菜单中选择"设置"命令，如图 14-23 所示。

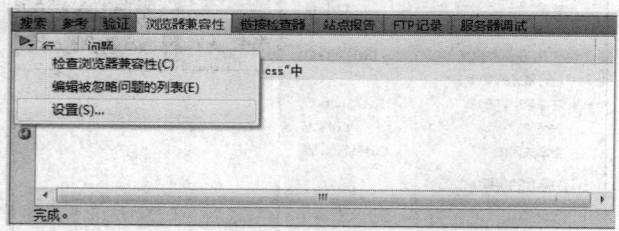

图 14-23　选择"设置"命令

Step4：在弹出的"目标浏览器"对话框中，选中要检查的浏览器旁边的复选框，对于每个选定的浏览器，从相应的弹出菜单中选择要检查的最低版本，如图 14-24 所示。例如，若要查看 CSS 呈现错误是否会出现在 IE 5.0 及更高的版本和 Netscape Navigator 7.0 及更高版本中，可选中这些浏览器名称旁的复选框，并从 Internet Explorer 弹出的菜单中选择 5.0，从 Netscape 菜单中选择 7.0。

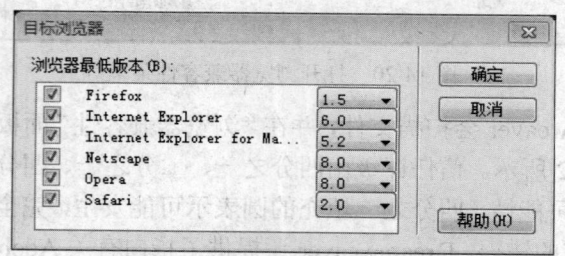

图 14-24　选择要检查的浏览器最低版本

(2) 链接情况检查

链接情况测试需检查整个站点的链接，检查链接的潜在问题，以便及时发现链接错误并进行修改。

测试的操作步骤：

Step1：在 Dreamweaver 中，单击"窗口"→"结果"→"链接检查器"菜单，或按 F7 快捷键，打开"链接检查器"面板，如图 14-25 所示。

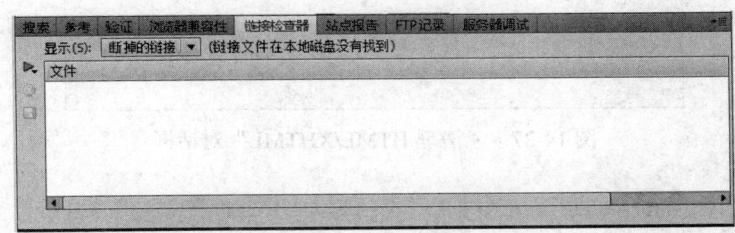

图 14-25 "链接检查器"面板

Step2：打开"链接检查器"选项卡，单击左侧"检查链接"按钮，检查当前整个本地站点的链接，依次检查"断掉的链接""外部链接""孤立的文件"，如图 14-26 所示。反复修改和检测，直到没有错误。

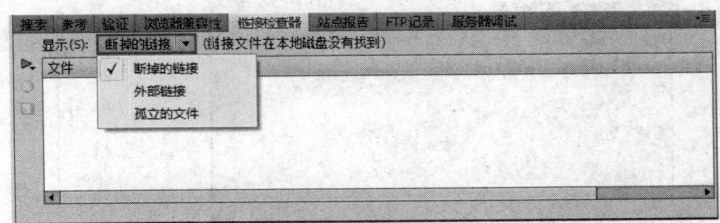

图 14-26 "链接检查器"选项卡

- 断掉的链接：可在列表中直接双击，打开文件进行修改。
- 外部链接：只能在网络环境下测试是否好用。
- 孤立的文件：不是错误，不需要修改。

(3) HTML 语法检查

测试 HTML 代码中是否有语法错误，清理一些空标签和使用 Word 编辑 HTML 时产生的多余标签。

测试操作步骤：

Step1：在 Dreamweaver 中，单击"命令"→"清理 XHTML…"命令，打开如图 14-27 所示的"清理 HTML/XHTML"对话框，在该对话框中，选中要清理选项的复选框，对选中的选项进行清理。

Step2：在 Dreamweaver 中，单击"命令"→"清理 Word 生成的 HTML…"命令，打开如图 14-28 所示的"清理 Word 生成的 HTML"对话框，在该对话框中，选中要清理选项的复选框，对选中的选项进行清理。

(4) 拼写检查

检查网页上的中英文语法错误。单击"命令"→"检查拼写"命令即可。

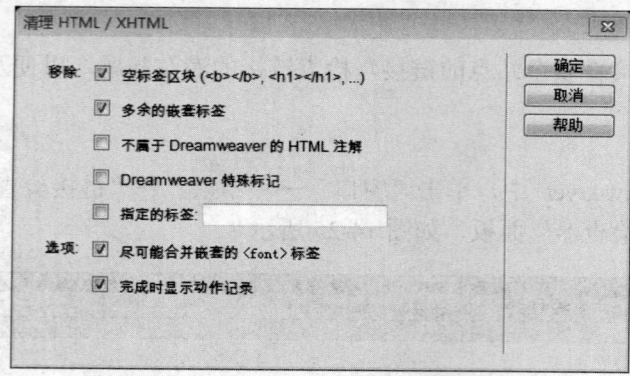

图 14-27 "清理 HTML/XHTML"对话框

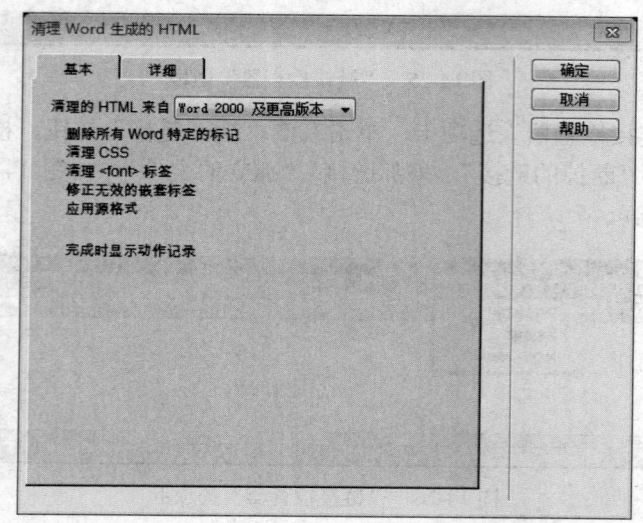

图 14-28 "清理 Word 生成的 HTML"对话框

(5) 站点报告

利用 Dreamweaver 中的"站点报告"功能，对网站中的所有文件进行逐一检查，防止网页中出现错误。

操作步骤：

Step1：单击"窗口"→"结果"→"站点报告"命令，打开"结果"面板，选择"站点报告"选项卡，单击"结果"面板左侧的"报告"按钮，如图 14-29 所示，打开"报告"对话框。

图 14-29 "结果"面板"站点报告"选项卡

Step2：在如图 14-30 所示的"报告"对话框中，可以进行报告设置，单击"运行"生成报告。

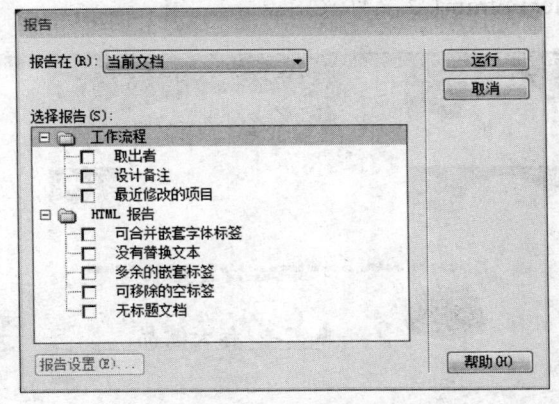

图 14-30 "报告"对话框

2．发布网站

网站进行了必要的测试，申请了域名和网站空间后，就可以通过 Dreamweaver 或 FTP 软件发布了。

14.4 实践演练

【任务 1】
请利用所学的网页设计知识，设计一个"个人简历"网页，网页预览效果如图 14-31 所示。所用素材在 chapter14\train1-1 文件夹中。

图 14-31 "个人简历"网页预览效果

【任务2】

请利用所学的网页设计知识,设计一个"春天农场"网站的首页,网页预览效果如图 14-32 所示。所用素材在 chapter14\train1-2 文件夹中。

图 14-32 "春天农场"网站首页的预览效果

思考与练习

1. 简述网站的制作流程。
2. 制作完成的网站,在发布之前为何要进行测试?
3. 网站测试的内容有哪些?
4. 网站推广方式有哪些?
5. 简述网站的发布流程。
6. 一个好的网站的标准是什么?

参考文献

[1] 九州书源. Dreamweaver CS6 网页制作. 北京：清华大学出版社，2015.
[2] 胡崧，吴晓炜，李胜林. Dreamweaver CS6 从入门到精通. 北京：中国青年出版社，2015.
[3] 文杰书院. Dreamweaver CS6 网页设计与制作. 北京：清华大学出版社，2015.
[4] 张明星. Dreamweaver CS6 网页设计与制作详解. 北京：清华大学出版社，2014.
[5] 马占欣，李亚，李巍，支建飞. 网页设计与制作. 第二版. 北京：中国水利水电出版社，2013.
[6] 齐建玲，杨艳杰等. 网页设计与制作实用技术. 第二版. 北京：中国水利水电出版社，2012.
[7] 任正云，赖玲，严永松等. 网页设计与制作. 第二版. 北京：中国水利水电出版社，2015.
[8] 腾飞科技，孙良营. 巧学巧用 Dreamweaver CS6、Flash CS6、Fireworks CS6 网站制作. 北京：人民邮电出版社，2013.
[9] 朱印红. 网页设计与制作教程. 北京：机械工业出版社，2011.
[10] 智丰工作室，邓文达，武国英. Dreamweaver CS5 网页设计与制作宝典. 北京：清华大学出版社，2011.
[11] 牛红惠，王超英，孙鹰. Dreamweaver CS5 中文版标准教程. 北京：清华大学出版社，2011.
[12] Dreamweaver CS6/Flash CS6/Photoshop CS6 中文版网页设计三合一. 北京：中国青年出版社，2013.